新版经典电工电路
识图·布线·接线·调试·维修

黄海平　黄鑫　编著

科学出版社
北京

内　容　简　介

本书精选了44个电工实用电路，每个电路都给出了简明清晰的原理叙述，完整的电路布线、接线指导，直观的元器件作用表及选型说明，详尽的电路调试方法和故障维修指南。本书力求把每一个电路讲深讲透，以使读者能够触类旁通，举一反三。

本书适合各级院校电工、电子、自动化及相关专业师生参考阅读，也可作为电工技术人员的参考用书。

图书在版编目（CIP）数据

新版经典电工电路：识图·布线·接线·调试·维修/黄海平，黄鑫编著. —北京：科学出版社，2015.3（2018.5重印）

ISBN　978-7-03-042484-6

Ⅰ.新…　Ⅱ.①黄…　②黄…　Ⅲ.电路-基本知识　Ⅳ.TM13

中国版本图书馆CIP数据核字（2014）第268209号

责任编辑：孙力维　杨　凯／责任制作：魏　谨

责任印制：张克忠／封面设计：杨安安

北京东方科龙图文有限公司　制作

http://www.okbook.com.cn

科学出版社　出版

北京东黄城根北街16号

邮政编码：100717

http://www.sciencep.com

天津市新科印刷有限公司　印刷

科学出版社发行　各地新华书店经销

*

2015年3月第　一　版　开本：890×1240　1/32

2018年5月第十一次印刷　印张：12

印数：21 001—26 000　字数：380 000

定价：39.80元

（如有印装质量问题，我社负责调换）

前言

随着社会经济的飞速发展和就业压力的不断增大，电工技术人员不仅要有扎实的理论功底，还要具备过硬的实践技能，才能在竞争压力不断加大的社会里，有自己的一片天地。电路是电工技术人员工作中必然会遇到的，电路千变万化，但万变不离其宗。只要将最基本的电路学好吃透，就能举一反三，触类旁通。为此，我们将经典的电工电路进行深度挖掘，集电路原理、识图、布线、接线、调试、维修于一体，力求把每个电路讲深讲透，使读者的技能得到快速提高。

本书特点如下：

（1）电路原理叙述清晰，简明易懂。

（2）电路布线、接线图示清晰，指示明确。

（3）电气元件作用表一一对应，型号标示清晰。

（4）电路调试方法准确，指导性强。

（5）常见故障及维修方法实用，可操作性强。

总之，本书是一本能够帮助广大电工技术人员，特别是电工初学者学好电工电路的不可多得的参考资料。

参加本书编写的还有黄鑫、黄海静、李燕、李志平等，在此表示衷心的感谢。

由于作者水平有限，书中不当之处在所难免，敬请读者批评指正。

黄海平

2014 年 10月于山东威海福德花园

目 录 CONTENTS

·第 1 章　单向直接启动控制电路

1.1　单向点动控制电路 …… 2

1.2　启动、停止、点动混合电路 …… 8

1.3　单向启动、停止电路 …… 16

1.4　用一只按钮控制电动机启停电路 …… 24

1.5　低速脉动控制电路 …… 32

1.6　电动机多地控制电路 …… 38

1.7　三地控制的启动、停止、点动电路 …… 46

·第 2 章　可逆直接启动控制电路

2.1　具有三重互锁保护的正反转控制电路 …… 56

2.2　用电弧联锁继电器延长转换时间的正反转控制电路 …… 67

2.3　只有按钮互锁的可逆启停控制电路 …… 76

2.4　只有接触器辅助常闭触点互锁的可逆启停控制电路 …… 84

2.5　接触器、按钮双互锁的可逆启停控制电路 …… 92

2.6　只有按钮互锁的可逆点动控制电路 …… 101

2.7　只有接触器辅助常闭触点互锁的可逆点动控制电路 …… 108

2.8　接触器、按钮双互锁的可逆点动控制电路 …… 116

2.9　利用转换开关预选的正反转启停控制电路 …… 124

2.10　防止相间短路的正反转控制电路 …… 132

2.11　可逆点动与启动混合控制电路 …… 140

第 3 章 顺序控制电路

3.1 两台电动机联锁控制电路 …… 150
3.2 效果理想的顺序自动控制电路 …… 159
3.3 多条皮带运输原料控制电路 …… 168

第 4 章 降压启动控制电路

4.1 手动串联电阻器启动控制电路 …… 176
4.2 定子绕组串联电阻器启动自动控制电路 …… 185
4.3 延边三角形降压启动自动控制电路 …… 194
4.4 自耦变压器手动控制降压启动电路 …… 203
4.5 自耦变压器自动控制降压启动电路 …… 212
4.6 频敏变阻器启动控制电路 …… 220
4.7 手动Y－△降压启动控制电路 …… 230
4.8 自动Y－△降压启动控制电路 …… 238

第 5 章 制动控制电路

5.1 单向运转反接制动控制电路 …… 248
5.2 双向运转反接制动控制电路 …… 257
5.3 直流能耗制动控制电路 …… 267
5.4 单管整流能耗制动控制电路 …… 276
5.5 全波整流单向能耗制动控制电路 …… 284
5.6 电磁抱闸制动控制电路 …… 293
5.7 改进的电磁抱闸制动电路 …… 301
5.8 不用速度继电器的单向运转反接制动控制电路 …… 308
5.9 采用不对称电阻器的单向运转反接制动控制电路 …… 316

·第 6 章 供排水控制电路

6.1 电接点压力表自动控制电路 ………………………………… 326
6.2 防止抽水泵空抽保护电路 …………………………………… 334
6.3 供排水手动 / 定时控制电路 ………………………………… 342
6.4 排水泵故障时备用泵自投电路 ……………………………… 349

·第 7 章 自动往返控制电路

7.1 自动往返循环控制电路 ……………………………………… 358
7.2 仅用一只行程开关实现自动往返控制电路 ………………… 368

第 1 章

单向直接启动控制电路

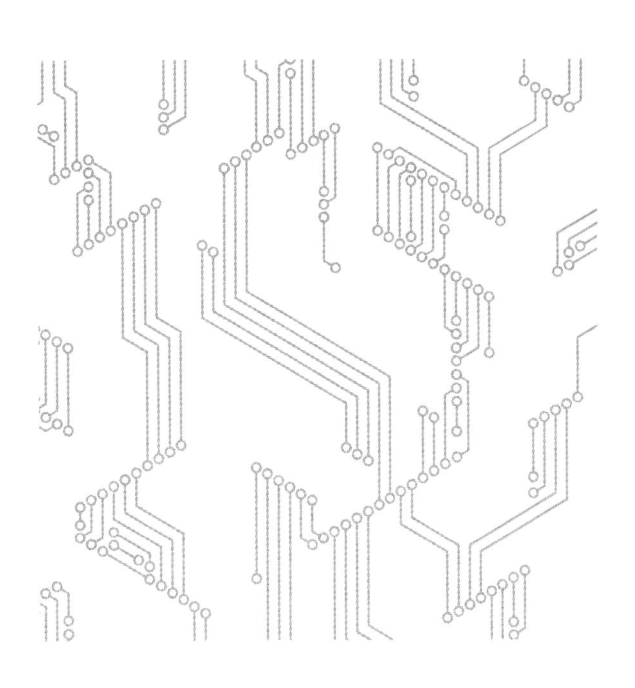

1.1 单向点动控制电路

工作原理（图 1.1）

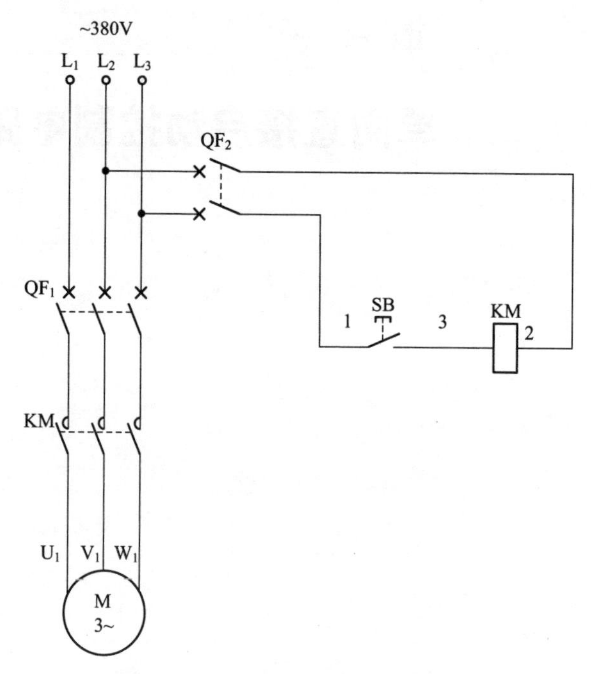

图 1.1　单向点动控制电路原理图

首先，合上主回路断路器 QF_1、控制回路断路器 QF_2，为电路工作提供准备条件。

点动： 按下点动按钮 SB（1-3），交流接触器 KM 线圈得电吸合，KM 三相主触点闭合，电动机得电启动运转，拖动设备工作。按住点动按钮的时间即电动机点动运转的时间。

停止： 松开点动按钮 SB（1-3），交流接触器 KM 线圈断电释放，KM 三相主触点断开，电动机失电停止运转，拖动设备停止工作。

电路布线图（图 1.2）

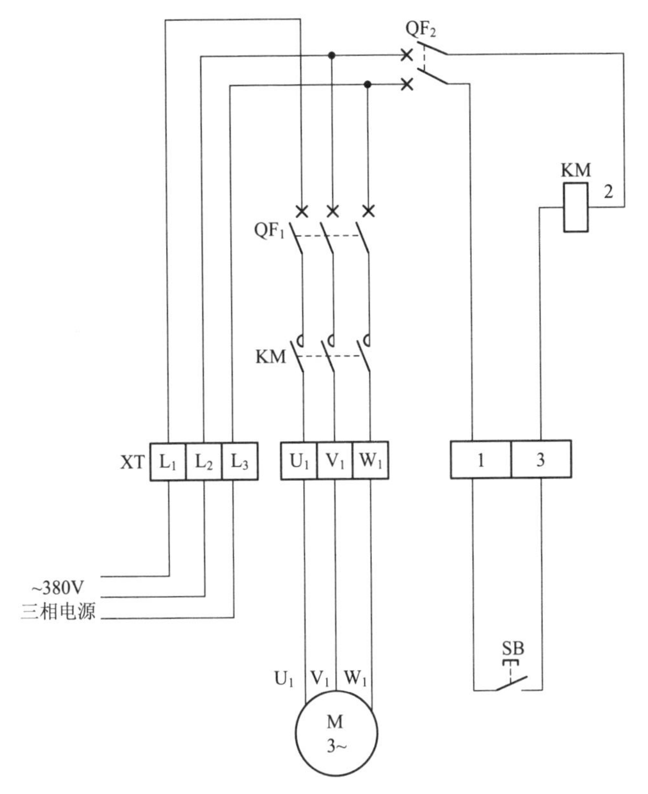

图 1.2　单向点动控制电路布线图

从图 1.2 中可以看出，XT 为接线端子排，通过端子排 XT 来区分电气元件的安装位置，XT 的上方为放置在配电箱内底板上的电气元件，XT 的下方为外接或引至配电箱门面板上的电气元件。

从端子排 XT 上看，共有 8 个接线端子。其中，L_1、L_2、L_3 这 3 根线为由外引入配电箱的三相交流 380V 电源，并穿管引入；U_1、V_1、W_1 这 3 根线为电动机线，穿管接至电动机接线盒内的 U_1、V_1、W_1 上；1、3 这 2 根线为控制线，接至配电箱门面板上的按钮开关 SB 上。

电路接线图（图 1.3）

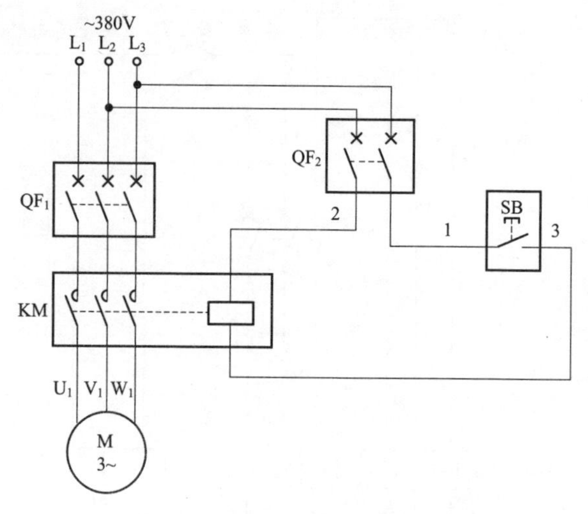

图 1.3　单向点动控制电路实际接线

元器件安装排列图及端子图（图 1.4）

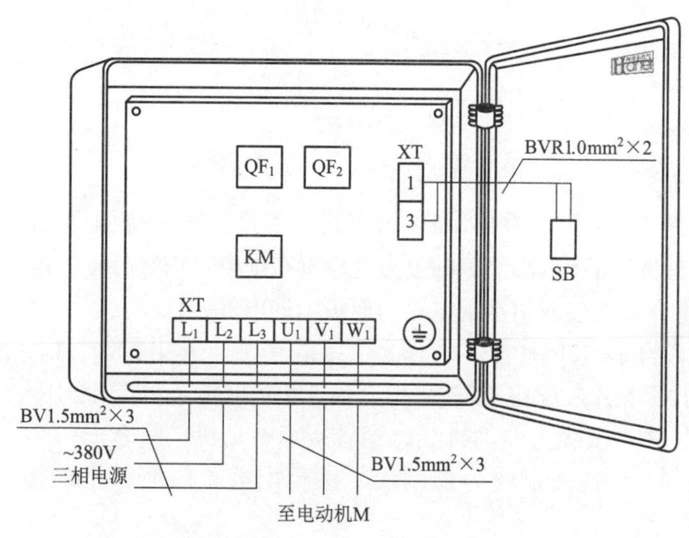

图 1.4　单向点动控制电路元器件安装排列图及端子图

从图1.4中可以看出，断路器QF_1、QF_2及交流接触器KM安装在配电箱内底板上；按钮开关SB安装在配电箱门面板上。

通过端子L_1、L_2、L_3将三相交流380V电源接入配电箱中。

端子U_1、V_1、W_1接至电动机接线盒中的U_1、V_1、W_1上。

端子1、3将配电箱内的器件与配电箱门面板上的按钮开关SB连接起来。

按钮接线图（图1.5）

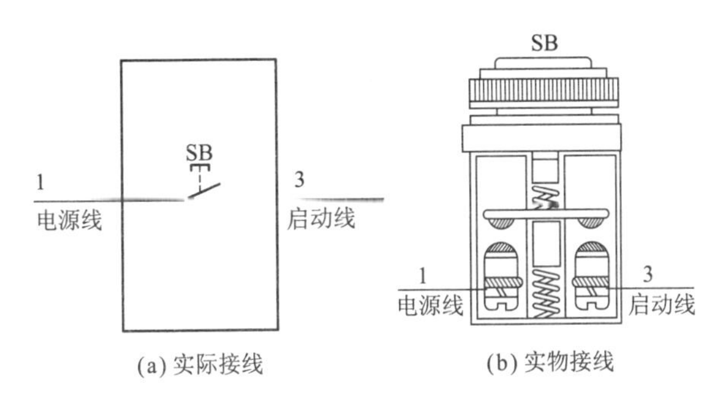

图1.5 单向点动控制电路按钮接线

电气元件作用表（表1.1）

表1.1 电气元件作用表

符　号	名称、型号及规格	器件外形及相关部件介绍		作　用
QF_1	断路器 DZ47-63 10A，三极		三极断路器	主回路过流保护
QF_2	断路器 DZ47-63 6A，二极		二极断路器	控制回路过流保护

续表 1.1

符 号	名称、型号及规格	器件外形及相关部件介绍		作 用
KM	交流接触器 CDC10-10 线圈电压 380V		线圈 三相主触点 辅助常开触点 辅助常闭触点	控制电动机电源
SB	按钮开关 LA19-11		常开触点	点动操作
M	三相异步电动机 Y90S-2 1.5kW，3.4A 2840r/min		M 3~	拖动

依据电气元件作用表给出的相关技术数据选择导线。本电路所配电动机型号为 Y90S-2、功率为 1.5kW、电流为 3.4A。其电动机线 U_1、V_1、W_1 可选用 BV 1.5mm^2 导线；电源线 L_1、L_2、L_3 可选用 BV 1.5mm^2 导线；控制线 1、3 可选用 BVR 1.0mm^2 导线。

电路调试

本电路最大的优点是主回路与控制回路分别由断路器 QF_1、QF_2 进行控制，所以调试起来也方便许多。

首先，断开主回路断路器 QF_1，先不让电动机运转。合上控制回路断路器 QF_2，调试控制回路工作情况是否正常。按下点动按钮 SB，此时配电箱内的交流接触器 KM 线圈得电吸合，一直按着 SB 不放手，KM 就一直吸合着；当松开 SB 时，交流接触器 KM 线圈就断电释放。

反复试验多次，直到能按控制要求动作，控制回路调试完毕。

此时可调试主回路，合上主回路断路器 QF_1，需注意电动机转向是否有要求，以及电动机与拖动设备之间是否存在问题。按一下（时间越短越好）点动按钮SB，观察电动机转向是否符合要求以及工作是否正常，若运转正常，再长时间按住点动按钮SB不放手，观察电动机运转情况，若运转正常，电路调试结束。最后将热继电器整定电流设置在3.4A上即可。

常见故障及排除方法

（1）断路器 QF_2 合不上。此故障可能原因为 QF_2 后端连接导线有破皮短路现象或断路器 QF_2 本身故障损坏。

（2）一按点动按钮SB，断路器 QF_2 就动作跳闸。此故障可能原因为交流接触器KM线圈烧毁短路。

（3）松开按钮SB后，交流接触器KM线圈仍吸合不释放，电动机仍运转。此故障有三种原因应分别处理。第一种：断开控制回路断路器 QF_2，观察交流接触器KM是否有释放声音以及动作情况，若KM动作，一般为按钮开关SB短路了，更换按钮开关即可；第二种：交流接触器主触点熔焊，需更换交流接触器；第三种：交流接触器铁心极面有油污造成释放缓慢，处理方法很简单，将交流接触器拆开，用细砂纸或干布将铁心极面擦净即可。

（4）一按动SB，主回路断路器 QF_1 就动作跳闸。可能原因是电动机出现故障；断路器 QF_1 自身有故障；主回路有接地现象；导线短路。

（5）一按动SB，电动机“嗡嗡”响，电动机不转动。可能原因是电源缺相，应检查 QF_1、KM、FR及供电电源 L_1、L_2、L_3，查找缺相处并加以排除。

（6）按动SB无反应。可能原因为按钮SB损坏；交流接触器KM线圈断路；控制回路开路或导线脱落。

1.2 启动、停止、点动混合电路

工作原理（图 1.6）

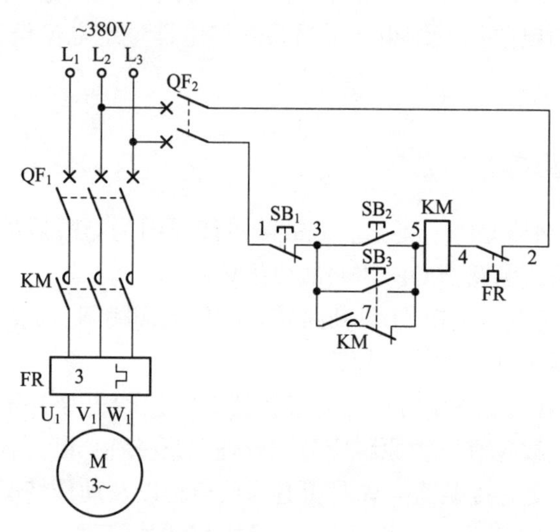

图 1.6　启动、停止、点动混合电路原理图

首先，合上主回路断路器 QF_1、控制回路断路器 QF_2，为电路工作提供准备条件。

启动： 按下启动按钮 SB_2（3–5），交流接触器 KM 线圈得电吸合且 KM 辅助常开触点（3–7）与点动按钮 SB_3 的一组常闭触点（5–7）串联组成自锁，KM 三相主触点闭合，电动机得电启动运转，拖动设备工作。

停止： 按下停止按钮 SB_1（1–3），交流接触器 KM 线圈断电释放，KM 辅助常开触点（3–7）断开，解除自锁，KM 三相主触点断开，电动机失电停止运转，拖动设备停止工作。

点动： 按下点动按钮 SB_3，SB_3 的一组常闭触点（5–7）断开，解除自锁，SB_3 的另一组常开触点（3–5）闭合，交流接触器 KM 线圈得电吸合，KM 三相主触点闭合，电动机得电启动运转，拖动设备工作；松开点动按钮 SB_3，交流接触器 KM 线圈断电释放，KM 三相主触点断开，电动机失电停止运转，拖动设备停止工作。

电路布线图（图 1.7）

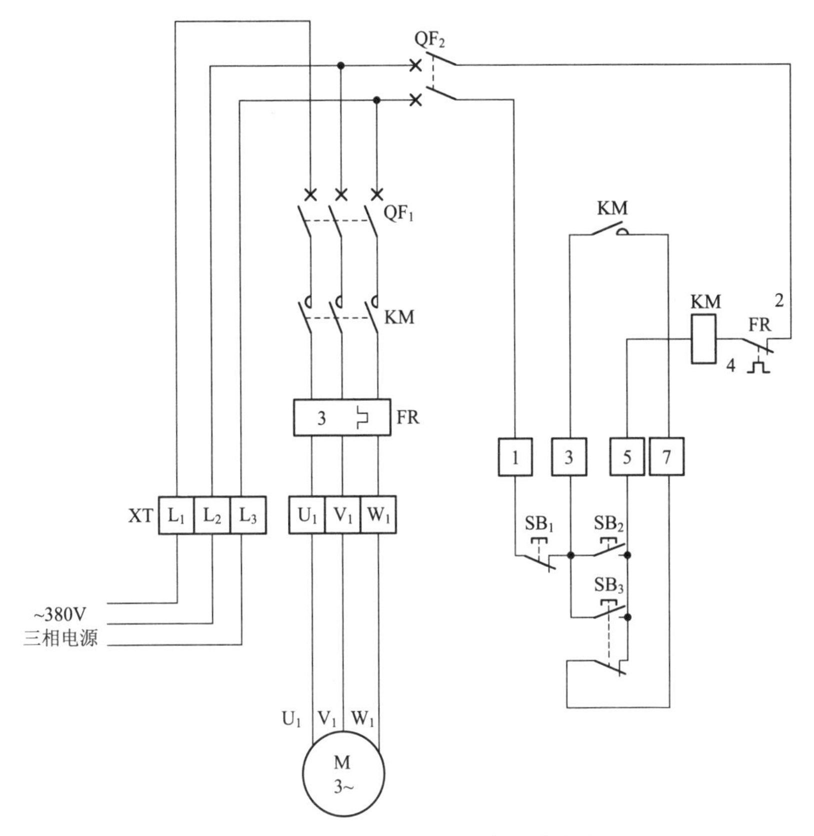

图 1.7　启动、停止、点动混合电路布线图

从图 1.7 中可以看出，XT 为接线端子排，通过 XT 来区分电气元件的安装位置，XT 的上方为放置在配电箱内底板上的电气元件，XT 的下方为外接或引至配电箱门面板上的电气元件。

从端子排 XT 上看，共有 10 个接线端子。其中，L_1、L_2、L_3 这 3 根线为由外引入配电箱内的三相交流 380V 电源，并穿管引入；U_1、V_1、W_1 这 3 根线为电动机线，穿管接至电动机接线盒内的 U_1、V_1、W_1 上；1、3、5、7 这 4 根线为控制线，接至配电箱门面板上的按钮开关 SB_1、SB_2、SB_3 上。

电路接线图（图 1.8）

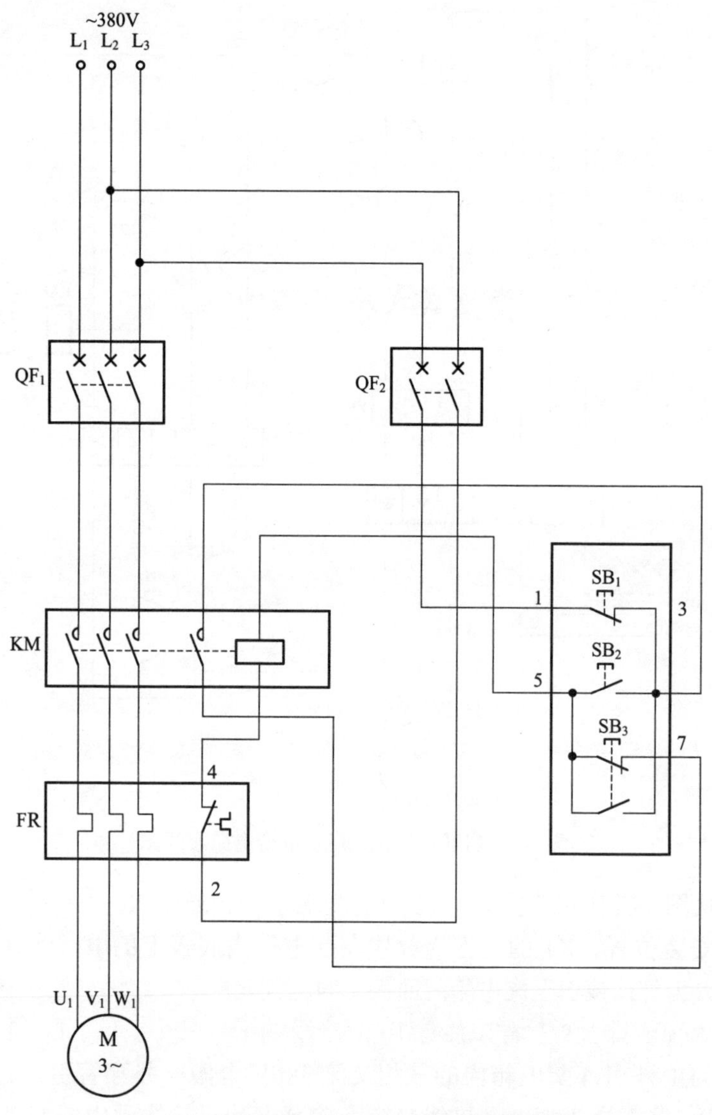

图 1.8　启动、停止、点动混合电路实际接线

元器件安装排列图及端子图（图 1.9）

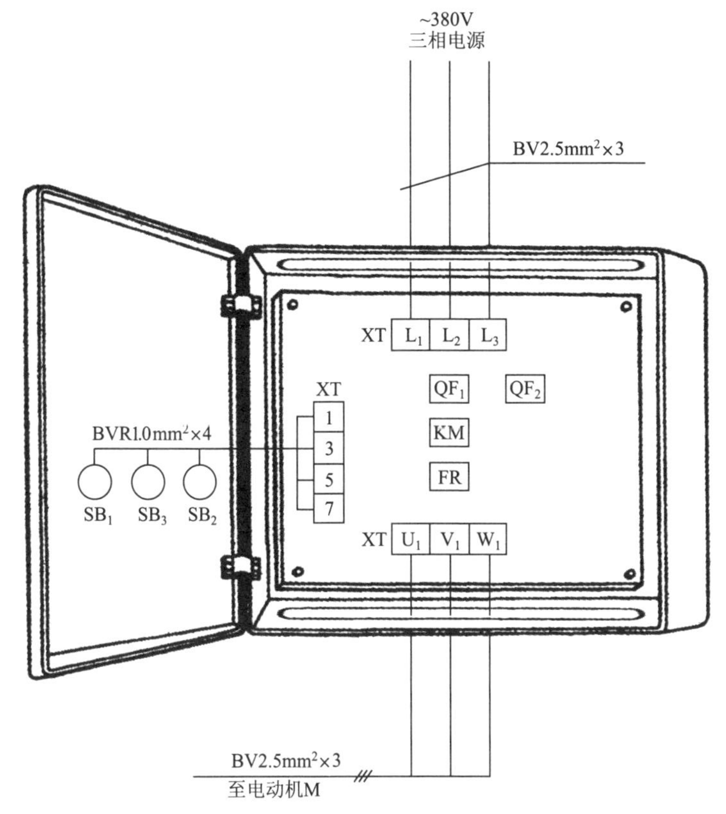

图 1.9 启动、停止、点动混合电路元器件安装排列图及端子图

从图 1.9 中可以看出，断路器 QF_1、QF_2，交流接触器 KM，热继电器 FR 安装在配电箱内底板上；按钮开关 SB_1、SB_2、SB_3 安装在配电箱门面板上。

通过端子 L_1、L_2、L_3 将三相交流 380V 电源接入配电箱中。

端子 U_1、V_1、W_1 接至电动机接线盒中的 U_1、V_1、W_1 上。

端子 1、3、5、7 将配电箱内的器件与配电箱门面板上的按钮开关 SB_1、SB_2、SB_3 连接起来。

按钮接线图（图 1.10）

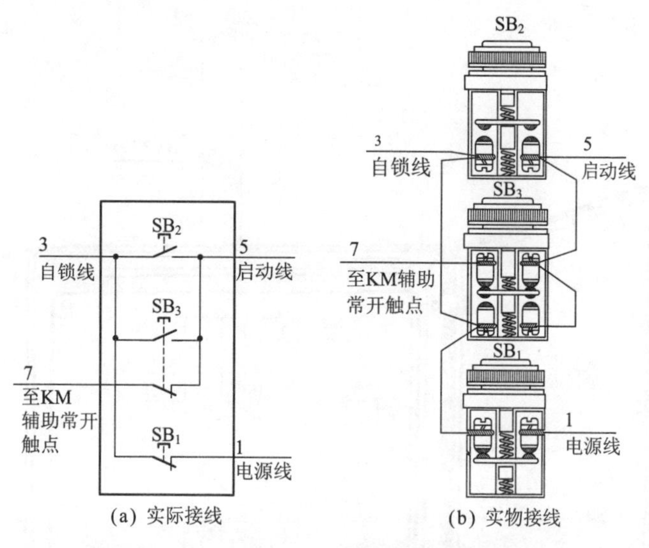

(a) 实际接线　　(b) 实物接线

图 1.10　启动、停止、点动混合电路按钮接线

电气元件作用表（表 1.2）

表 1.2　电气元件作用表

符　号	名称、型号及规格	器件外形及相关部件介绍		作　用
QF_1	断路器 CDM1-63 10A，三极		三极断路器	主回路短路保护
QF_2	断路器 DZ47-63 6A，二极		二极断路器	控制回路短路保护

续表 1.2

符 号	名称、型号及规格	器件外形及相关部件介绍		作 用
KM	交流接触器 CJX2-0910 线圈电压 380V	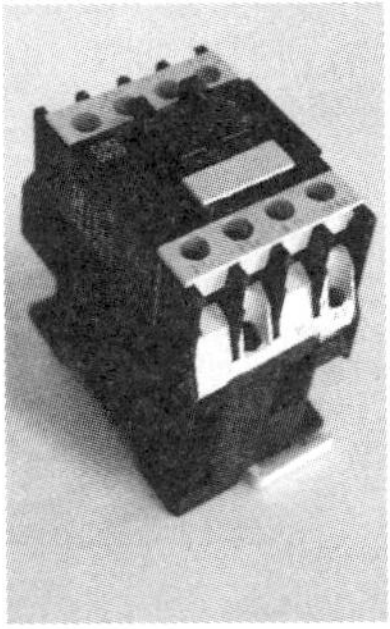	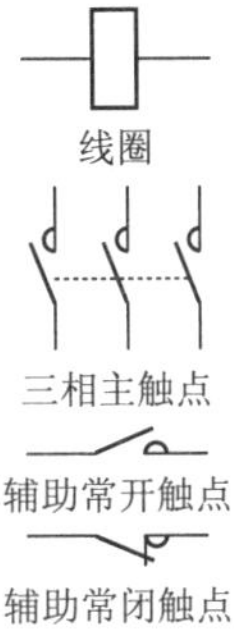 线圈 三相主触点 辅助常开触点 辅助常闭触点	控制电动机电源
FR	热继电器 JRS1D-25 2.5~4A		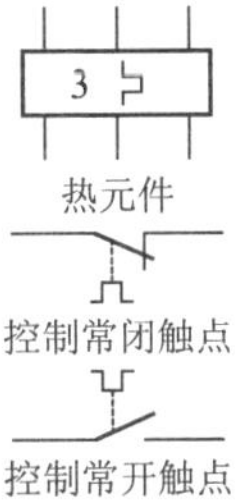 3 热元件 控制常闭触点 控制常开触点	电动机过载保护
SB_1	按钮开关 LAY7		 常闭触点	电动机停止操作用
SB_2			 常开触点	电动机启动操作用
SB_3			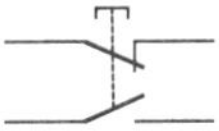 一组常闭触点 一组常开触点	电动机点动操作用
M	三相异步电动机 Y90L-6 1.1kW，3.2A		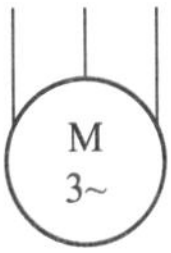 M 3~	拖动

依据电气元件作用表给出的相关技术数据选择导线，本电路所配电动机型号为 Y90L-6、功率为 1.1kW、电流为 3.2A。其电动机线 U_1、V_1、W_1 可选用 BV 2.5mm^2 导线；电源线 L_1、L_2、L_3 可选用 BV 2.5mm^2 导线；控制线 1、3、5、7 可选用 BVR 1.0mm^2 导线。

电路调试

本电路与启动、停止电路的调试方法基本一样。

首先，断开主回路断路器 QF_1，合上控制回路断路器 QF_2，调试控制回路。按下启动按钮 SB_2，交流接触器 KM 线圈应得电吸合动作，松开 SB_2 后，KM 线圈也不释放仍自锁工作，按动停止按钮 SB_1，交流接触器 KM 线圈断电释放，反复试验几次若无不正常情况，说明启动、停止回路工作良好。再调试点动回路，此时按下点动按钮 SB_3，交流接触器 KM 线圈应得电吸合，松开点动按钮 SB_3，KM 线圈应断电立即释放，若能完成上述工作，说明接线正确无误。

倘若在调试过程中出现一合上断路器 QF_2，交流接触器 KM 线圈就得电吸合的现象，那么很有可能是由于此电路加装的点动按钮 SB_3 的一组常闭触点直接并联在启动按钮 SB_2 的两端，而 SB_3 的另外一组常开触点与交流接触器 KM 辅助常开触点串联后并接在启动按钮 SB_2 两端，出现错误连接而致。此时可将控制回路断路器 QF_2 断开，将交流接触器 KM 辅助常开触点与点动按钮 SB_3 的一组常闭触点串联，再与点动按钮 SB_3 的另外一组常开触点并联，最后再并接在启动按钮 SB_2 上。

实际上此电路按钮接线非常容易记忆，首先将交流接触器 KM 辅助常开自锁触点与点动按钮 SB_3 的一组常闭触点串联，再与 SB_3 的另一组常开触点并联，然后与 SB_2 常开触点并联，最后将并联好的任意一端与停止按钮 SB_1 的常闭触点串联，也就是按图 1.10 所示引出 4 根导线接至相应位置即可。

控制回路调试完毕，将主回路断路器 QF_1 合上，按下启动按钮 SB_2，交流接触器 KM 线圈得电吸合且自锁，其三相主触点闭合，电动机得电启动运转（此时观察电动机转向是否符合运转方向的要求）。如需停止，按下停止按钮 SB_1 或点动按钮 SB_3 均可。若在运转中按下点动按钮 SB_3 然后松开，交流接触器 KM 线圈能断电释放，说明点动也符合要求。

为了保证电动机在出现过载时能可靠地得到保护，可将热继电器FR电流调整旋钮旋至与电动机额定电流一致，或再调得小一些，比电动机正常运转电流还小。操作启动按钮 SB_2 让电动机运转，此时，热继电器FR若能动作使交流接触器线圈断电释放，说明热继电器正常，再将电流调整旋钮恢复到与电动机额定电流值一致即可。

常见故障及排除方法

（1）按下启动按钮 SB_2，交流接触器KM线圈不能可靠吸合。可能原因是供电电压低，需要测量并恢复供电电压；交流接触器动、静铁心距离太大（但此故障应有很大的电磁噪声，应加以区分再排除故障），可通过在静铁心下面垫纸片的方法来调整动、静铁心之间的距离，排除相应故障。

（2）一合上控制回路断路器 QF_2，交流接触器KM线圈就吸合。此时可用一只手按住停止按钮 SB_1 不放，再用另一只手轻轻按住点动按钮 SB_3（注意不要用力按到底），再将停止按钮 SB_1 松开。若此时交流接触器KM线圈不吸合，再将点动按钮 SB_3 松开；若交流接触器KM线圈吸合了，此故障为点动按钮 SB_3 接线错误。最常见的是 SB_3 的一组常闭触点本应与KM辅助常开自锁触点串联再并联在按钮开关 SB_2 上，而上述故障出现时，SB_3 的一组常闭触点、KM辅助常开自锁触点及 SB_3 常开触点、SB_2 常开触点全部并联起来了。由于 SB_3 常闭触点的作用，一送电，交流接触器KM线圈回路就得电工作。应断开控制回路断路器 QF_2，对照图纸恢复接线，故障即可排除。

1.3 单向启动、停止电路

工作原理（图 1.11）

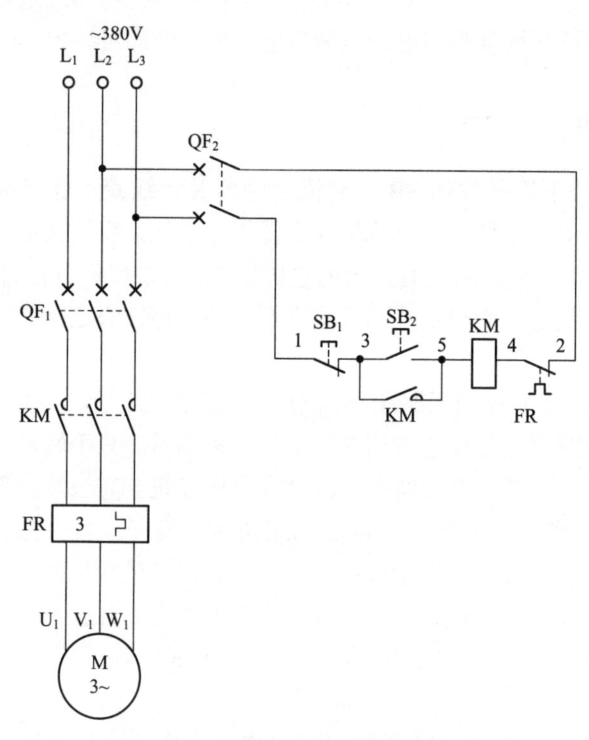

图 1.11　单向启动、停止电路原理图

首先，合上主回路断路器 QF_1、控制回路断路器 QF_2，为电路工作提供准备条件。

启动：按下启动按钮 SB_2（3–5），交流接触器 KM 线圈得电吸合且 KM 辅助常开触点（3–5）闭合自锁，KM 三相主触点闭合，电动机得电启动运转，拖动设备开始工作。

停止：按下停止按钮 SB_1（1–3），交流接触器 KM 线圈断电释放，KM 辅助常开触点（3–5）断开，解除自锁，KM 三相主触点断开，电动机失电停止运转，拖动设备停止工作。

电路布线图（图 1.12）

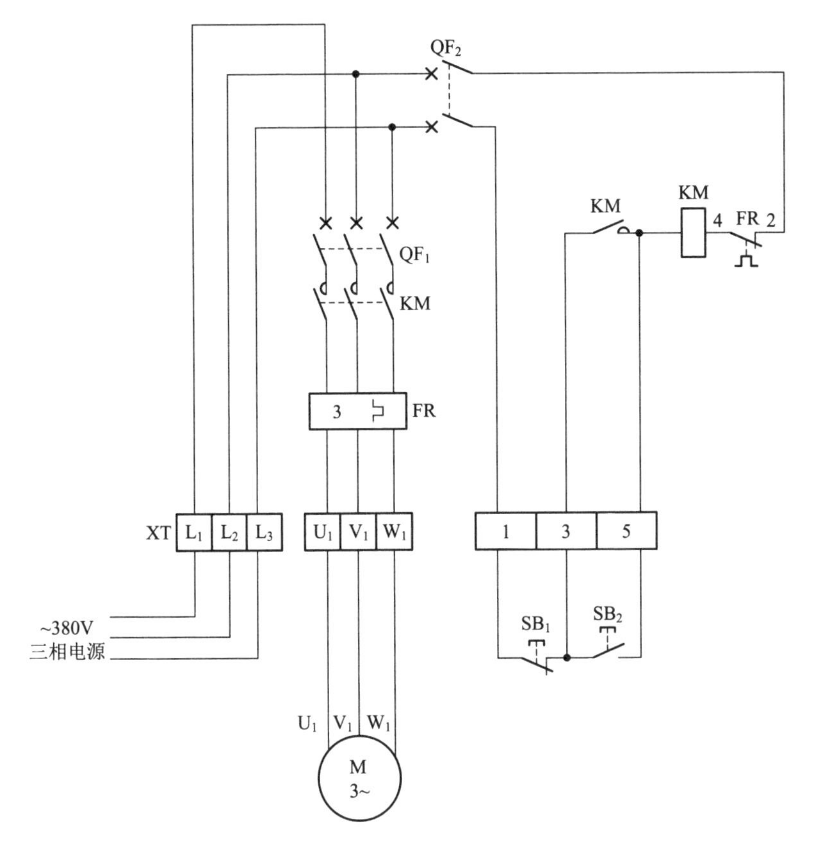

图 1.12　单向启动、停止电路布线图

从图 1.12 中可以看出，XT 为接线端子排，通过端子排 XT 来区分电气元件的安装位置，XT 的上方为放置在配电箱内底板上的电气元件，XT 的下方为外接或引至配电箱门面板上的电气元件。

从端子排 XT 上看，共有 9 个接线端子。其中，L_1、L_2、L_3 这 3 根线由外引入配电箱内的三相交流 380V 电源，并穿管引入；U_1、V_1、W_1 这 3 根线为电动机线，穿管接至电动机接线盒内的 U_1、V_1、W_1 上；1、3、5 这 3 根线为控制线，接至配电箱门面板上的按钮开关 SB_1、SB_2 上。

电路接线图（图 1.13）

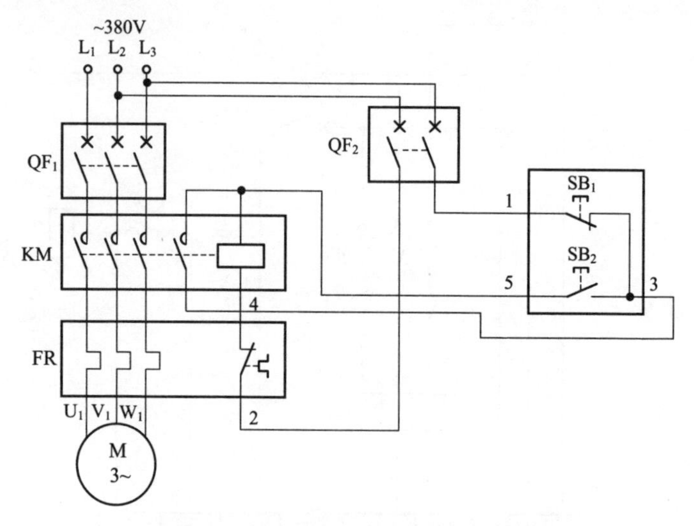

图 1.13　单向启动、停止电路实际接线

元器件安装排列图及端子图（图 1.14）

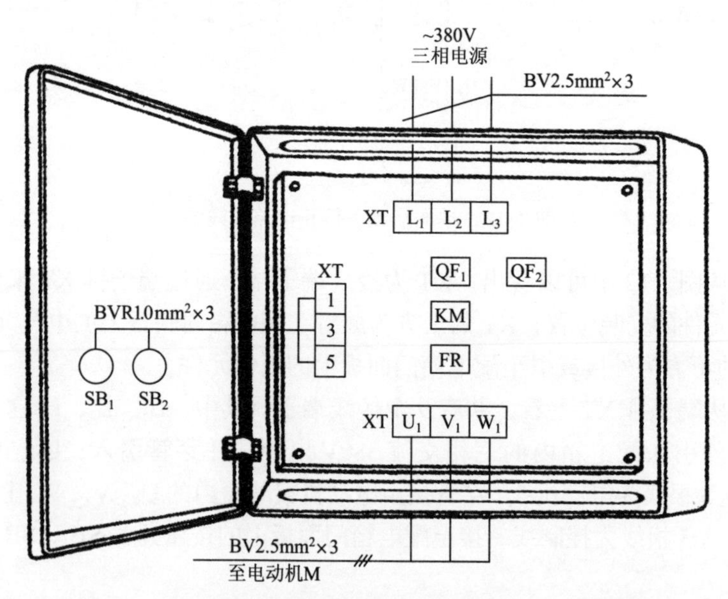

图 1.14　单向启动、停止电路元器件安装排列图及端子图

从图 1.14 中可以看出，断路器 QF_1、QF_2，交流接触器 KM，热继电器 FR 安装在配电箱内底板上；按钮开关 SB_1、SB_2 安装在配电箱门面板上。

通过端子 L_1、L_2、L_3 将三相交流 380V 电源接入配电箱中。

端子 U_1、V_1、W_1 接至电动机接线盒中的 U_1、V_1、W_1 上。

端子 1、3、5 将配电箱内的器件与配电箱门面板上的按钮开关 SB_1、SB_2 连接起来。

按钮接线图（图 1.15）

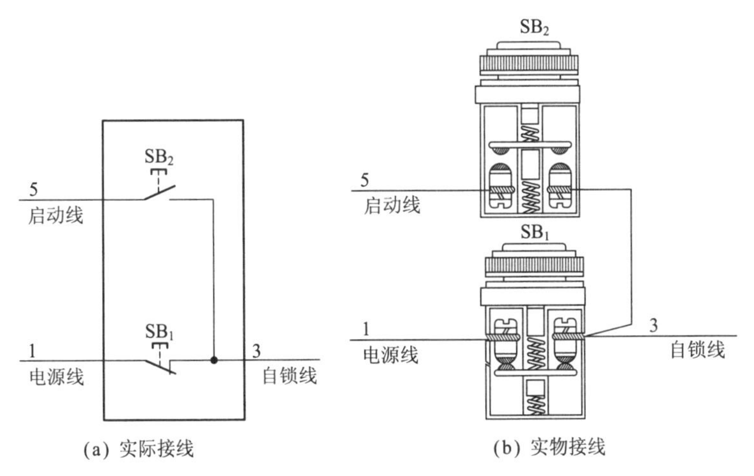

(a) 实际接线　　(b) 实物接线

图 1.15　单向启动、停止电路按钮接线

电气元件作用表（表 1.3）

表 1.3　**电气元件作用表**

符　号	名称、型号及规格	器件外形及相关部件介绍		作　用
QF_1	断路器 CDM1-63 16A，三极		三极断路器	主回路短路保护

续表 1.3

符　号	名称、型号及规格	器件外形及相关部件介绍		作　用
QF_2	断路器 DZ47-63 6A，二极	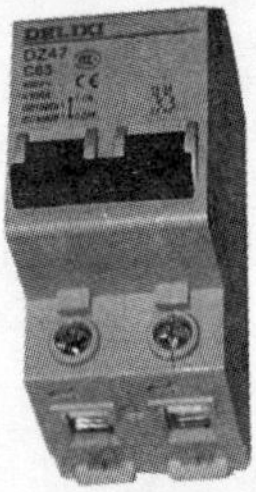	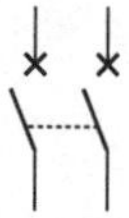 二极断路器	控制回路短路保护
KM	交流接触器 CJX2-1210 线圈电压 380V		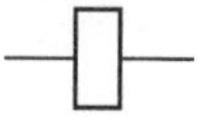 线圈 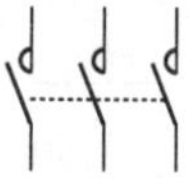 三相主触点  辅助常开触点  辅助常闭触点	控制电动机电源
FR	热继电器 JRS1D-25 7~10A		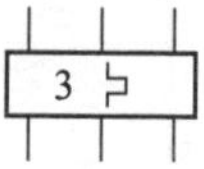 3 热元件 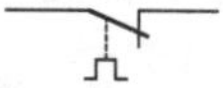 控制常闭触点  控制常开触点	电动机过载保护
SB_1	按钮开关 LAY7	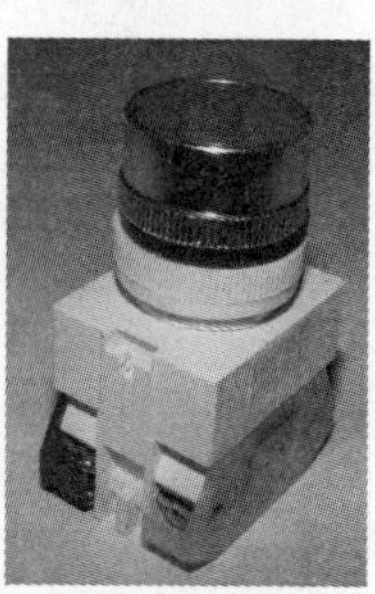	 常闭触点	停止电动机用
SB_2			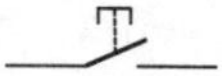 常开触点	启动电动机用

续表 1.3

符 号	名称、型号及规格	器件外形及相关部件介绍		作 用
M	三相异步电动机 Y112M-4 4kW，8.8A		M 3~	拖动

依据电气元件作用表给出的相关技术数据选择导线，本电路所配电动机型号为 Y112M-4、功率为 4kW、电流为 8.8A。其电动机线 U_1、V_1、W_1 可选用 BV 2.5mm^2 导线；电源线 L_1、L_2、L_3 可选用 BV 2.5mm^2 导线；控制线 1、3、5 可选用 BVR 1.0mm^2 导线。

电路调试

首先，断开主回路断路器 QF_1，合上控制回路断路器 QF_2，调试控制回路。按下启动按钮 SB_2，交流接触器 KM 线圈应吸合动作。松开 SB_2，KM 也不释放，按动停止按钮 SB_1，交流接触器 KM 线圈断电释放。反复试验几次，若无不正常情况，说明控制电路正常，可以调试主回路了。合上主回路断路器 QF_1，按动启动按钮 SB_2，交流接触器 KM 线圈得电吸合且自锁，其三相主触点闭合，电动机得电正常运转（此时应观察电动机转向是否符合运转要求，若不符合则需停下电动机，任意调换三相电源中的两相就会改变其运转方向）。按动停止按钮 SB_1，交流接触器 KM 线圈断电释放，KM 三相主触点断开，电动机失电停止运转。

在调试控制回路时，倘若一合断路器 QF_2，交流接触器 KM 线圈就吸合动作，则说明按钮线 1# 或 3# 线错接到 5# 线上了，造成不用按动启动按钮 SB_2 就直接启动了。遇到此问题时，应断开断路器 QF_2，按图纸正确连线。这里告诉读者一个小经验，只要记住按钮的 3 根导线中有一根应接至配电盘端子的 5# 线上，另外两根导线可任意连接。

再调试过载保护电路，首先将热继电器 FR 电流整定旋钮调得低一些，要大大低于电动机额定电流，按动启动按钮 SB_2，此时交流接触器 KM 线圈得电吸合且自锁，电动机得电运转工作，由于热继电器整定的电流远远小于电动机的额定电流，不一会儿，热继电器 FR 就动作，交流接触器 KM 线圈断电释放，起到过载保护作用，说明热继电器 FR 良好，而且控制回路接线正确。此时将热继电器电流整定旋钮调整至所控电动机额定电流 8.8A 左右即可。

常见故障及排除方法

（1）一合上控制回路断路器 QF_2，交流接触器 KM 线圈就立即吸合，电动机运转。此故障可能原因为启动按钮 SB_2 短路，可更换按钮 SB_2；接线错误，电源线 $1^{\#}$ 线或自锁线 $3^{\#}$ 线错接到端子 $5^{\#}$ 线上了，可按电路图正确连接；KM 交流接触器主触点熔焊，需更换交流接触器主触点；交流接触器 KM 铁心极面有油污、铁锈，使交流接触器延时释放（延时时间不一），拆开交流接触器将铁心极面处理干净即可；混线或碰线，将混线处或碰线处找到后并处理好。

（2）按下启动按钮 SB_2，交流接触器 KM 线圈不吸合。此故障可能原因为按钮 SB_2 损坏，更换新品即可解决；控制导线脱落，重新连接；停止按钮损坏或接触不良，应更换损坏按钮 SB_1；热继电器 FR 常闭触点动作后未复位或损坏，可手动复位，若不行则更换新品；交流接触器 KM 线圈断路，需更换新线圈。

（3）按下停止按钮 SB_1，交流接触器 KM 线圈不释放。遇到这种情况，可立即将控制回路断路器 QF_2 断开，再断开主回路断路器 QF_1，检修控制回路，其原因可能是按钮 SB_1 损坏，此时需更换新品。另外交流接触器自身有故障也会出现上述问题，可参照故障（1）加以区分处理。

（4）电动机运转后不久，热继电器 FR 就动作跳闸。可能原因为电动机过载，应检查过载原因，并加以处理；热继电器损坏，应更换新品；热继电器整定电流过小，可重新整定至电动机额定电流。

（5）控制回路断路器 QF_2 合不上。可能原因为控制回路存在短路之处，需加以排除；断路器自身存在故障，更换新断路器即可。

（6）一启动电动机，主回路断路器 QF_1 就跳闸。这可能是主回路交流接触器下端存在短路或接地故障，排除故障点即可。

（7）主回路断路器 QF_1 合不上。可参照故障（5）加以处理。

（8）电动机运转时冒烟且电动机外壳发烫，热继电器 FR 不动作。故障原因是电动机出现严重过载，热继电器损坏，更换新热继电器 FR

即可解决。有人会问，既然热继电器损坏，那么主回路断路器为什么不动作？原因很简单，电动机过载电流并没有超过断路器脱扣电流，所以断路器 QF_1 未动作。

（9）电动机不转或转动很慢，且伴有“嗡嗡”声。故障原因为电源缺相，应立即切断电源，找出缺相故障并加以排除。需提醒的是，遇到此故障时，千万不能在未找到故障原因之前反复试车，否则很容易造成电动机绕组损坏。

（10）按动启动按钮 SB_2，交流接触器 KM 线圈得电吸合，电动机运转；松开启动按钮 SB_2，交流接触器 KM 线圈立即释放。此故障是缺少自锁。可能原因为交流接触器 KM 辅助常开触点损坏或接触不良（$3^\#$ 线与 $5^\#$ 线之间），解决方法是调整或更换 KM 辅助常开触点；SB_1 与 SB_2 接至 KM 辅助常开触点上的 $3^\#$ 线脱落，连接好脱落线即可；SB_2 与 KM 线圈接至 KM 辅助常开触点上的 $5^\#$ 线脱落或断路，恢复脱落处，连接好断路点即可。

（11）按动启动按钮 SB_2，交流接触器 KM 噪声很大。此故障为接触器短路环损坏；铁心极面生锈或有油污；接触器动、静铁心距离变大，请参见交流接触器常见故障排除方法进行排除。

1.4 用一只按钮控制电动机启停电路

工作原理（图 1.16）

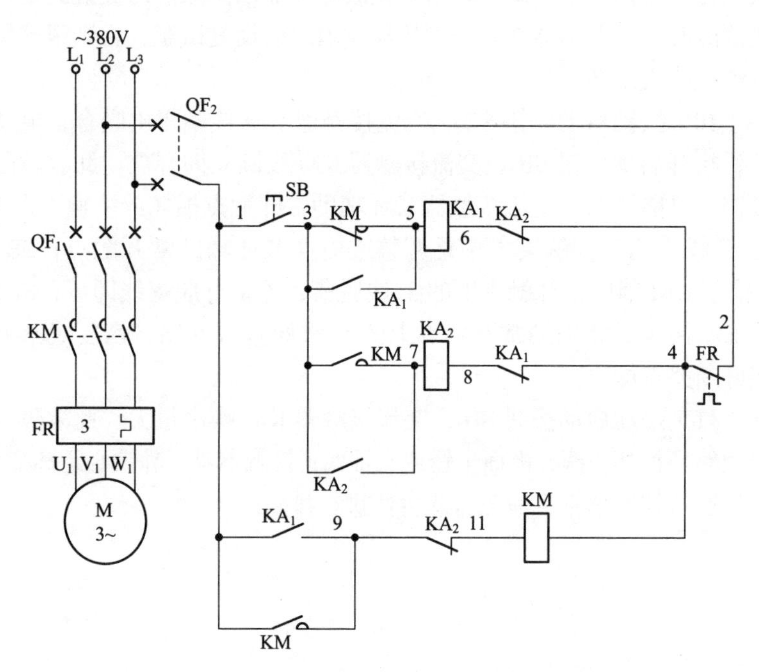

图 1.16　用一只按钮控制电动机启停电路原理图

首先，合上主回路断路器 QF_1、控制回路断路器 QF_2，为电路工作提供准备条件。

启动：奇次按下按钮开关 SB（1–3）不松手，中间继电器 KA_1 线圈在交流接触器 KM 辅助常闭触点（3–5）的作用下得电吸合且 KA_1 常开触点（3–5）闭合自锁，KA_1 并联在交流接触器 KM 线圈启动回路中的常开触点（1–9）闭合，使交流接触器 KM 线圈得电吸合且 KM 辅助常开触点（1–9）闭合自锁，KM 三相主触点闭合，电动机得电启动运转；松开按钮开关 SB（1–3），中间继电器 KA_1 线圈断电释放，KA_1 所有触点恢复原始状态。

停止：偶次按下按钮开关 SB（1–3）不松手，中间继电器 KA_2 线圈在交流接触器 KM 辅助常开触点（3-7）（已处于闭合状态）的作用下得电吸合且 KA_2 常开触点（3-7）闭合自锁，KA_2 串联在交流接触器 KM 线圈回路中的常闭触点（9-11）断开，切断了交流接触器 KM 线圈回路电源，KM 线圈断电释放，KM 辅助常开触点（1-9）断开，解除自锁，KM 三相主触点断开，电动机失电停止运转；松开按钮开关 SB（1-3），中间继电器 KA_2 线圈断电释放，KA_2 所有触点恢复原始状态。

电路布线图（图 1.17）

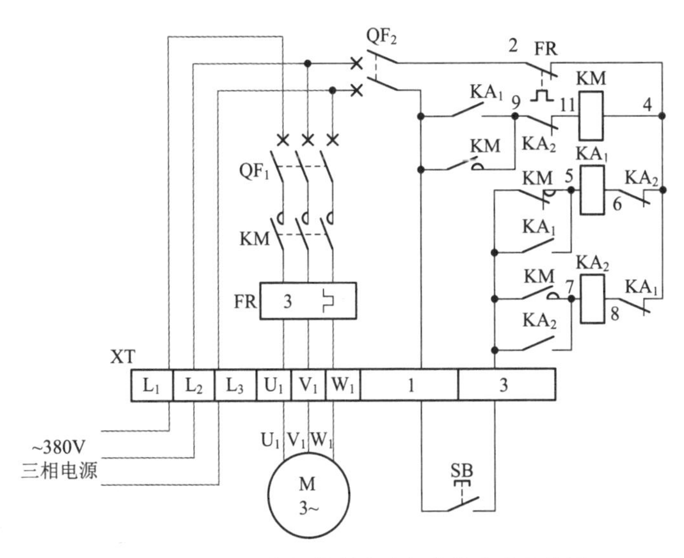

图 1.17 用一只按钮控制电动机启停电路布线图

从图 1.17 中可以看出，XT 为接线端子排，通过端子排 XT 来区分电气元件的安装位置，XT 的上方为放置在配电箱内底板上的电气元件，XT 的下方为外接或引至配电箱门面板上的电气元件。

从端子排 XT 上看，共有 8 个接线端子。其中，L_1、L_2、L_3 这 3 根线为由外引入配电箱的三相交流 380V 电源，并穿管引入；U_1、V_1、W_1 这 3 根线为电动机线，穿管接至电动机接线盒内的 U_1、V_1、W_1 上；1、3 这 2 根线为控制线，接至配电箱门面板上的按钮开关 SB 上。

电路接线图（图 1.18）

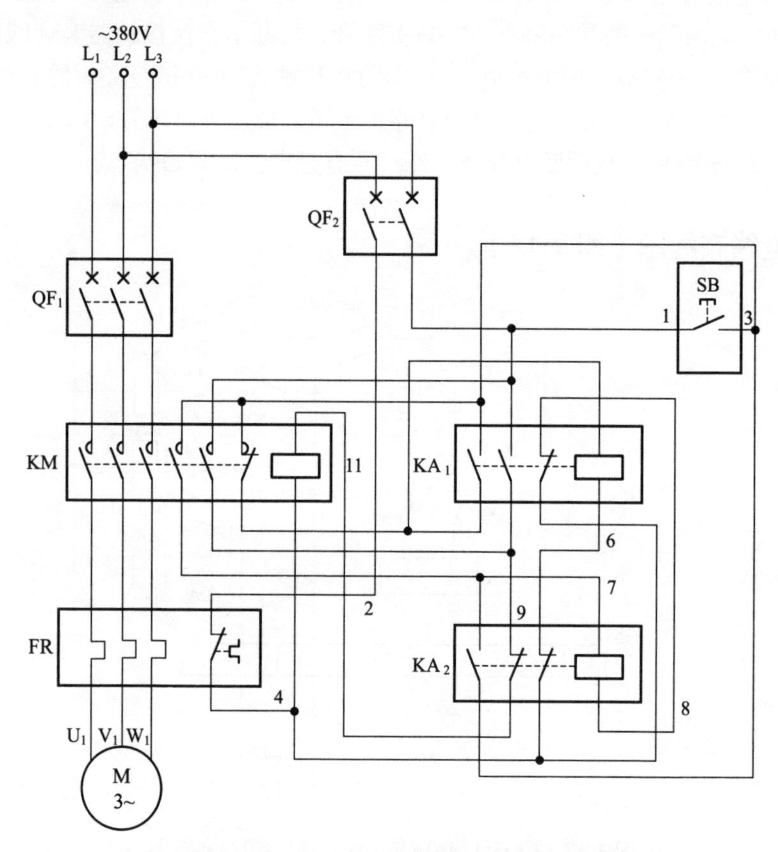

图 1.18　用一只按钮控制电动机启停电路实际接线

元器件安装排列图及端子图（图 1.19）

从图 1.19 中可以看出，断路器 QF_1、QF_2，交流接触器 KM，中间继电器 KA_1、KA_2，热继电器 FR 安装在配电箱内底板上；按钮开关 SB 安装在配电箱门面板上。

通过端子 L_1、L_2、L_3 将三相交流 380V 电源接入配电箱中。

端子 U_1、V_1、W_1 接至电动机接线盒中的 U_1、V_1、W_1 上。

端子 1、3 将配电箱内的器件与配电箱门面板上的按钮开关 SB 连接起来。

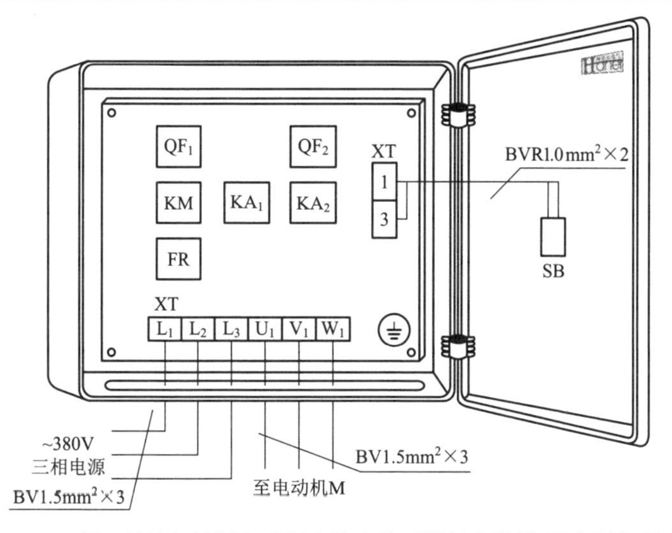

图 1.19　用一只按钮控制电动机启停电路元器件安装排列图及端子图

按钮接线图（图 1.20）

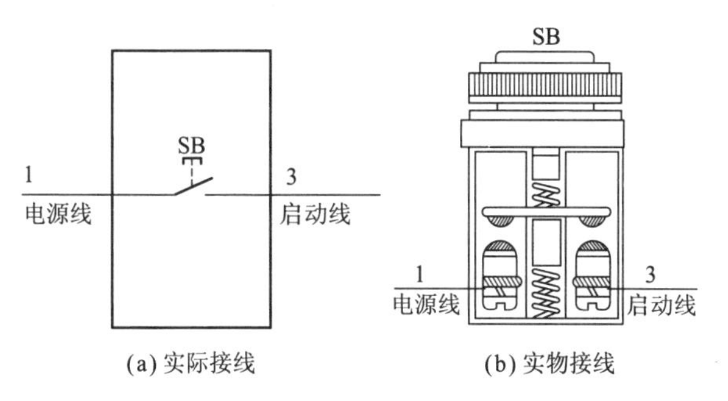

图 1.20　用一只按钮控制电动机启停电路按钮接线

电气元件作用表（表 1.4）

依据电气元件作用表给出的相关技术数据选择导线，本电路所配电动机型号为 Y90S-2、功率为 1.5kW、电流为 3.4A。其电动机线 U_1、V_1、W_1 可选用 BV 1.5mm^2 导线；电源线 L_1、L_2、L_3 可选用 BV 1.5mm^2 导线；控制线 1、3 可选用 BVR 1.0mm^2 导线。

表 1.4　电气元件作用表

符　号	名称、型号及规格	器件外形及相关部件介绍		作　用
QF_1	断路器 DZ47-63 16A，三极	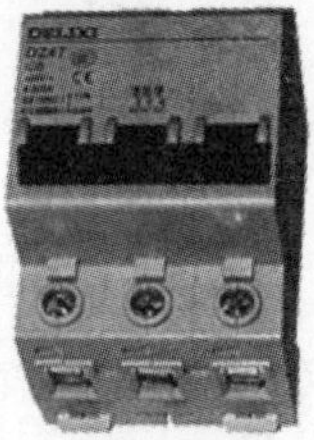	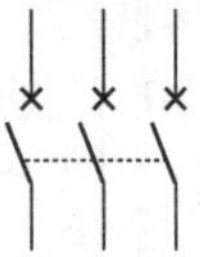 三极断路器	主回路过流保护
QF_2	断路器 DZ47-63 6A，二极	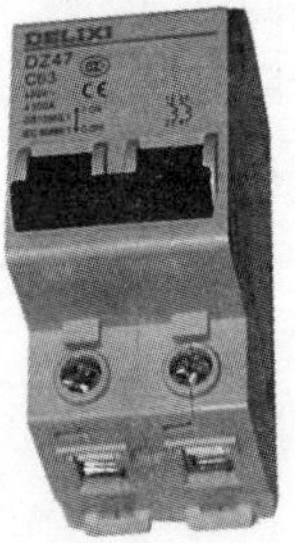	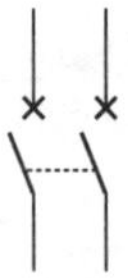 二极断路器	控制回路过流保护
KM	交流接触器 CDC10-10 线圈电压 380V		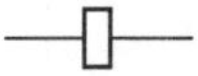 线圈 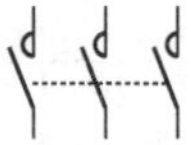 三相主触点  辅助常开触点  辅助常闭触点	控制电动机电源
FR	热继电器 JR36-20 3.2~5A		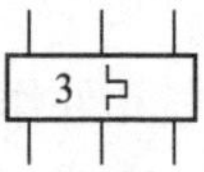 热元件  控制常闭触点  控制常开触点	过载保护

续表 1.4

符号	名称、型号及规格	器件外形及相关部件介绍		作用
KA_1	中间继电器 JZ7-44，5A 线圈电压 380V		常闭触点 常开触点 线圈	启动控制
KA_2				停止控制
SB	按钮开关 LA19-11		常开触点	启动、停止用
M	三相异步电动机 Y90S-2 1.5kW，3.4A 2840r/min		M 3~	拖动

电路调试

断开主回路断路器 QF_1，合上控制回路断路器 QF_2，调试控制回路。

按住按钮开关 SB 不松手，同时观察配电箱内电气元件的动作情况，此时中间继电器 KA_1、交流接触器 KM 线圈应都吸合工作，再将按住按钮开关 SB 的手松开，这时中间继电器 KA_1 线圈也随着断电释放，说明交流接触器 KM 仍然工作，启动工作完成。

再次按住按钮开关 SB 不松手，同时观察配电箱内电气元件的动作情况，此时中间继电器 KA_2 线圈应吸合工作，同时交流接触器 KM 线圈应断电释放，再将按住按钮开关 SB 的手松开，这时中间继电器 KA_2 线圈也随着断电释放，说明交流接触器 KM 线圈也断电释放，停止工作结束。

再次按住按钮开关 SB 不松手，KA_1、KM 线圈又吸合动作。松开按钮 SB 后，KA_1 线圈断电释放，KM 线圈仍然吸合，说明又启动了。

需反复操作多次，准确无误后，再合上主回路断路器 QF_1，进行带负载调试，这里不再介绍。

常见故障及排除方法

（1）按动按钮 SB 无任何反应（控制电源正常）。故障原因可能是按钮 SB 损坏；热继电器 FR 常闭触点接触不良或断路；交流接触器 KM 辅助常闭触点断路；中间继电器 KA_2 串联在 KA_1 线圈回路中的常闭触点断路；中间继电器 KA_1 线圈断路等，如图 1.21 所示。

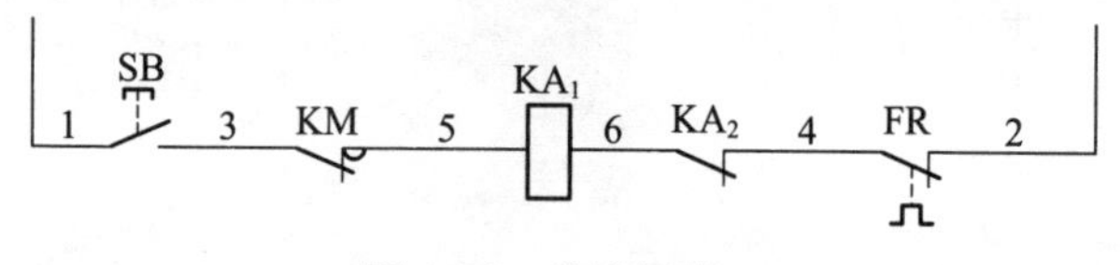

图 1.21　故障回路一

从图 1.21 可以看出故障元器件较多，用测电笔检测后即可找出故障元器件并排除故障。

（2）按动按钮 SB，中间继电器 KA_1 线圈得电吸合但交流接触器 KM 线圈不吸合。从图 1.22 可以看出，故障范围很小，可能造成此故障的只有 3 个元器件，即中间继电器 KA_1 常开触点闭合不了、中间继电器 KA_2 常闭触点断路、交流接触器 KM 线圈断路。

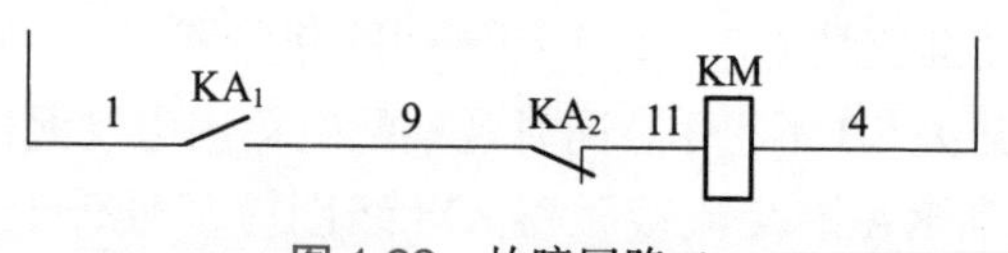

图 1.22　故障回路二

（3）按动按钮 SB，交流接触器 KM 不能自锁为点动。从图 1.16 可以看出，按动 SB 时，中间继电器 KA_1 线圈得电吸合动作了，其串联在交流接触器 KM 线圈回路中的常开触点 KA_1 闭合，从而使交流接触器 KM 线圈得电吸合动作，一旦松开按钮 SB，中间继电器 KA_1 线圈就断电释放，其串联在交流接触器 KM 线圈回路中的常开触点 KA_1 就断开，交流接触器 KM 线圈也随着断电释放。从而进一步证明，故障为并联

在中间继电器 KA_1 常开触点上的交流接触器 KM 辅助常开触点损坏而不能自锁所致，如图 1.23 所示。

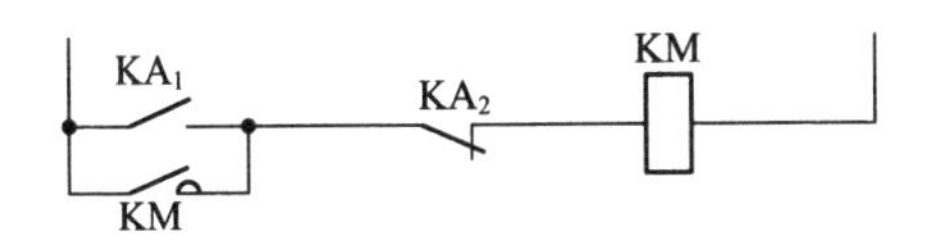

图 1.23　故障回路三

（4）停止时按动按钮 SB，中间继电器 KA_2 线圈不吸合，交流接触器 KM 线圈吸合不释放，不能停机。此故障回路如图 1.24 所示。故障原因可能是交流接触器 KM 辅助常开触点闭合不了；中间继电器 KA_2 线圈断路；中间继电器 KA_1 常闭触点断路。

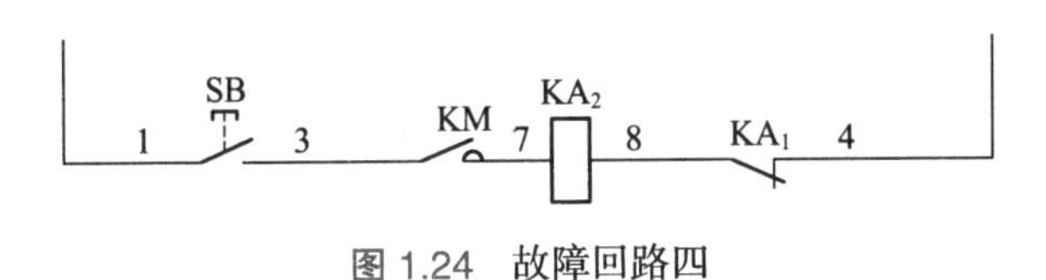

图 1.24　故障回路四

（5）停止时，按动按钮 SB，中间继电器 KA_2 线圈吸合动作，但切不断交流接触器 KM 线圈回路电源，不能停机。此故障原因为串联在交流接触器 KM 线圈回路中的 KA_2 常闭触点损坏断不开；交流接触器自身故障——机械部分卡住或铁心极面有油污造成延时释放或触点部分粘连。

1.5 低速脉动控制电路

◆工作原理（图 1.25）

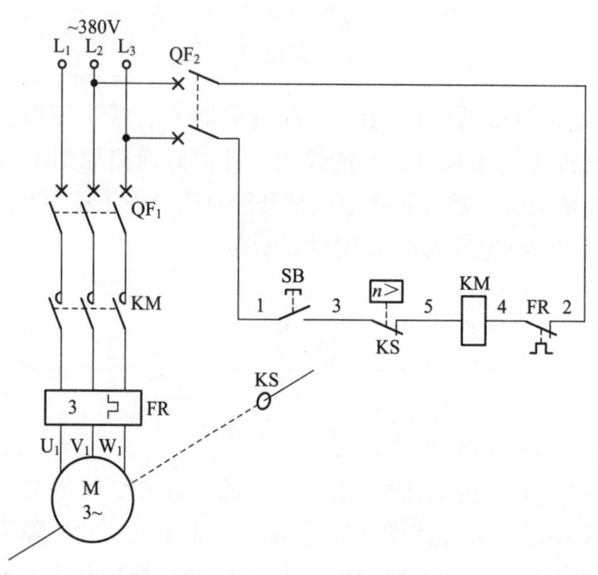

图 1.25　低速脉动控制电路原理图

首先，合上主回路断路器 QF_1、控制回路断路器 QF_2，为电路工作提供准备条件。

需低速脉动控制时，按住脉动控制按钮 SB（1–3），交流接触器 KM 线圈得电吸合，KM 三相主触点闭合，电动机得电启动运转；当电动机的转速超过 120r/min 时，速度继电器 KS 常闭触点（3–5）就会断开，切断 KM 线圈回路电源，KM 线圈断电释放，KM 三相主触点断开，电动机失电停止运转；当电动机的转速低于 100r/min 时，速度继电器 KS 常闭触点（3–5）又恢复常闭状态，又接通了 KM 线圈回路电源，KM 三相主触点又闭合，电动机又得电启动运转了；当电动机的转速超过 120r/min 时，速度继电器 KS 常闭触点（3–5）又断开，切断了 KM 线圈回路电源，KM 线圈断电释放，KM 三相主触点断开，电动机失电停止运转……如此这般循环，低速脉动运转。

电路布线图（图 1.26）

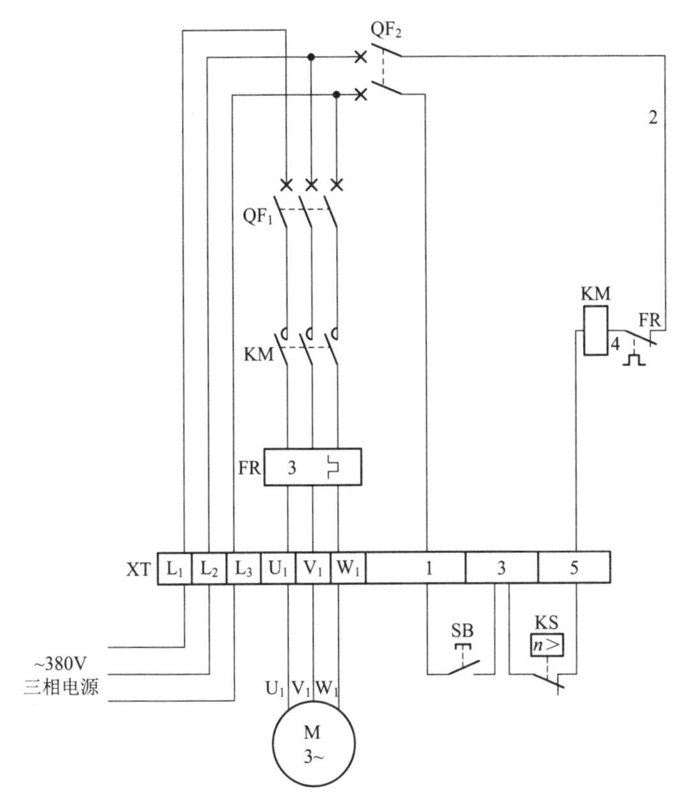

图 1.26 低速脉动控制电路布线图

从图 1.26 中可以看出，XT 为接线端子排，通过端子排 XT 来区分电气元件的安装位置，XT 的上方为放置在配电箱内底板上的电气元件，XT 的下方为外接或引至配电箱门面板上的电气元件。

从端子排 XT 上看，共有 9 个接线端子。其中，L_1、L_2、L_3 这 3 根线为由外引入配电箱的三相交流 380V 电源，并穿管引入；U_1、V_1、W_1 这 3 根线为电动机线，穿管接至电动机接线盒内的 U_1、V_1、W_1 上；1、3 这 2 根线为按钮控制线，接至配电箱门面板上的按钮开关 SB 上；3、5 这 2 根线为速度继电器控制线，穿管接至速度继电器 KS 常闭触点上。

电路接线图（图 1.27）

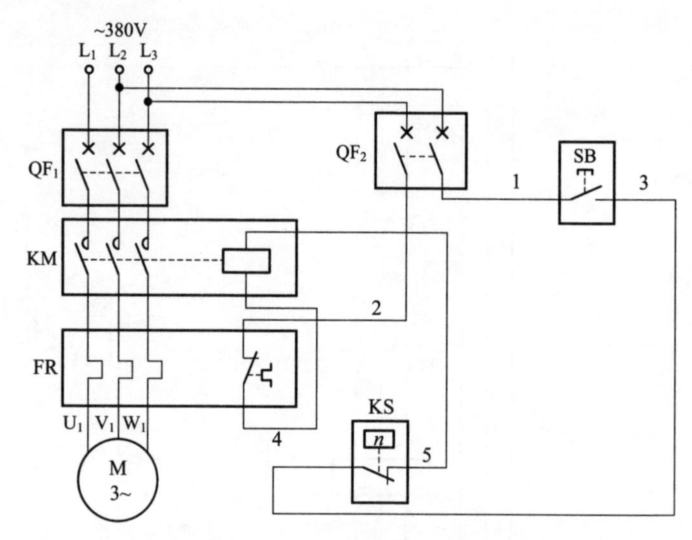

图 1.27　低速脉动控制电路实际接线

元器件安装排列图及端子图（图 1.28）

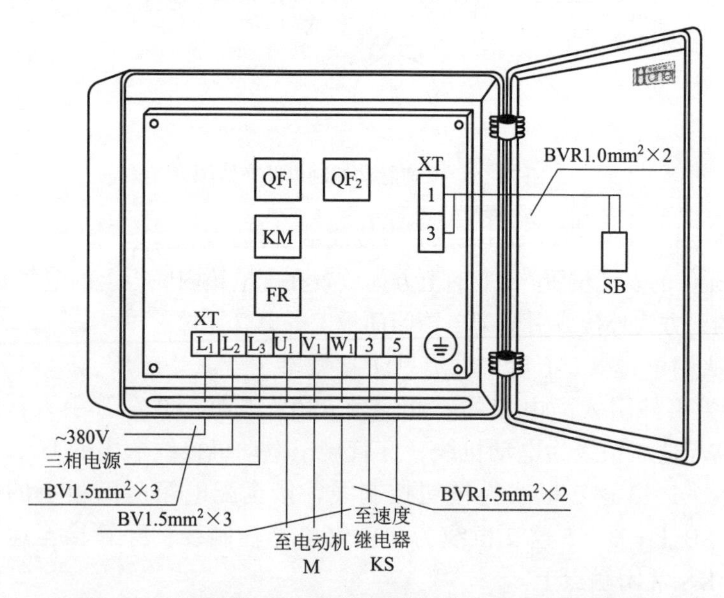

图 1.28　低速脉动控制电路元器件安装排列图及端子图

从图 1.28 中可以看出，断路器 QF_1、QF_2，交流接触器 KM，热继电器 FR 安装在配电箱内底板上；按钮开关 SB 安装在配电箱门面板上。

通过端子 L_1、L_2、L_3 将三相交流 380V 电源接入配电箱中。

端子 U_1、V_1、W_1 接至电动机接线盒中的 U_1、V_1、W_1 上。

端子 1、3 将配电箱内的器件与配电箱门面板上的按钮开关 SB 连接起来。

端子 3、5 接至速度继电器 KS 上。

按钮接线图（图 1.29）

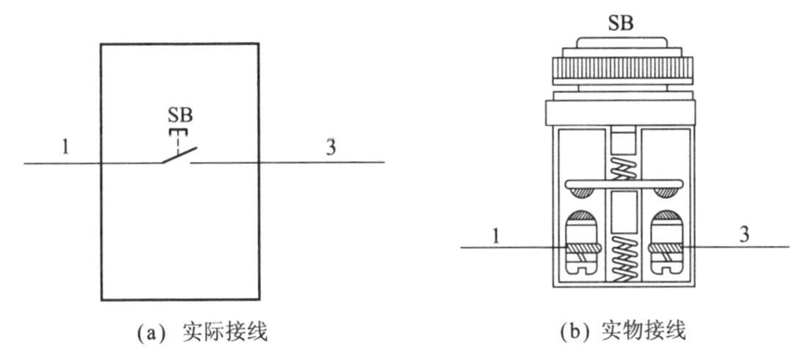

(a) 实际接线　　(b) 实物接线

图 1.29　低速脉动控制电路按钮接线

电气元件作用表（表 1.5）

表 1.5　**电气元件作用表**

符　号	名称、型号及规格	器件外形及相关部件介绍		作　用
QF_1	断路器 DZ47-63 10A，三极		三极断路器	主回路 短路保护
QF_2	断路器 DZ47-63 6A，二极		二极断路器	控制回路 短路保护

续表 1.5

符 号	名称、型号及规格	器件外形及相关部件介绍		作 用
KM	交流接触器 CDC10-10 线圈电压 380V		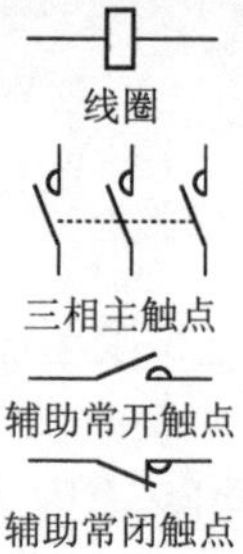 线圈 三相主触点 辅助常开触点 辅助常闭触点	控制电动机电源
FR	热继电器 JR36-20 3.2~5A		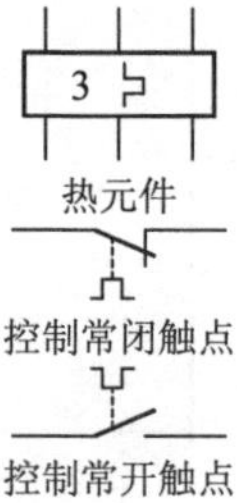 3 热元件 控制常闭触点 控制常开触点	电动机过载保护
SB	按钮开关 LA19-11		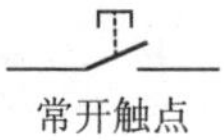 常开触点	启动电动机用
KS	速度继电器 JY1		 n 常闭触点	低速自动控制用
M	三相异步电动机 Y90S-2 1.5kW，3.4A 2970r/min		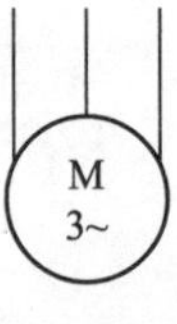 M 3~	拖动

依据电气元件作用表给出的相关技术数据选择导线，本电路所配电动机型号为 Y90S-2、功率为 1.5kW、电流为 3.4A。其电动机线 U_1、V_1、W_1 可选用 BV 1.5mm^2 导线；电源线 L_1、L_2、L_3 可选用 BV 1.5mm^2 导线；按钮控制线 1、3 可选用 BVR 1.0mm^2 导线；速度继电器 KS 控制线 3、5 可选用 BVR 1.5mm^2 导线。

电路调试

断开主回路断路器 QF_1，合上控制回路断路器 QF_2。此时按下点动按钮 SB，交流接触器 KM 线圈应得电吸合，松开按钮 SB，则交流接触器 KM 线圈应断电释放。由于电路中的关键器件速度继电器 KS 与电动机同轴连接，此时主回路未投入工作，无法检验 KS 的动作情况。

合上主回路断路器 QF_1，按住点动按钮 SB 不放，观察电动机运转情况，正常应为刚转一下就停下来，且反复进行。也可观察配电箱内交流接触器 KM 的动作情况，此时应吸合后又立即断开，又吸合，又立即断开……反复动作，这说明控制回路及主回路工作正常，无需调试即可正常工作。

常见故障及排除方法

（1）按动按钮 SB，电动机不工作。检查点动按钮 SB、速度继电器常闭触点 KS、交流接触器 KM 线圈、热继电器常闭触点 FR 是否出现断路现象，并加以排除。

（2）按住按钮 SB 不放，电动机一直运转不停。此故障为速度继电器常闭触点 KS 断不开所致，更换速度继电器即可。

（3）按下按钮 SB 的时间要短要快，即按即松。若按下按钮 SB 时间过长，再松开 SB，电动机不停止，全速工作，此故障通常为交流接触器铁心极面有油污造成交流接触器延时释放所致，遇到此问题，最好更换新品，若无新品，则可将交流接触器拆开，用干布或细砂纸将交流接触器动、静铁心极面处理干净。

1.6 电动机多地控制电路

工作原理（图 1.30）

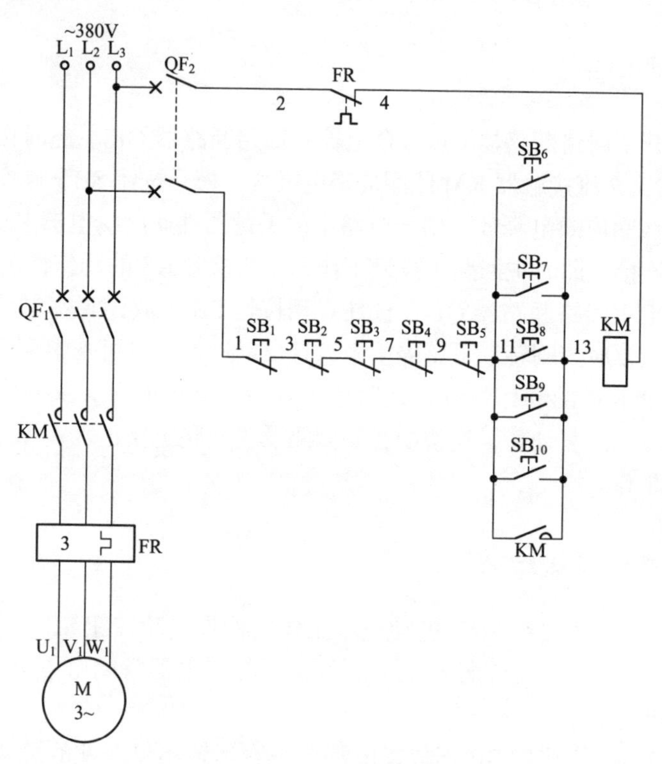

图 1.30　电动机多地控制电路原理图

首先，合上主回路断路器 QF_1、控制回路断路器 QF_2，为电路工作提供准备条件。

启动： 任意按下启动按钮 SB_6~SB_{10}（11-13），交流接触器 KM 线圈得电吸合且 KM 辅助常开触点（11-13）闭合自锁，KM 三相主触点闭合，电动机得电启动运转，拖动设备工作。

停止： 任意按下停止按钮 SB_1~SB_5（1-3，3-5、5-7、7-9、9-11），交流接触器 KM 线圈断电释放，KM 辅助常开触点（11-13）断开，解除自锁，KM 三相主触点断开，电动机失电停止运转，拖动设备停止工作。

电路布线图（图 1.31）

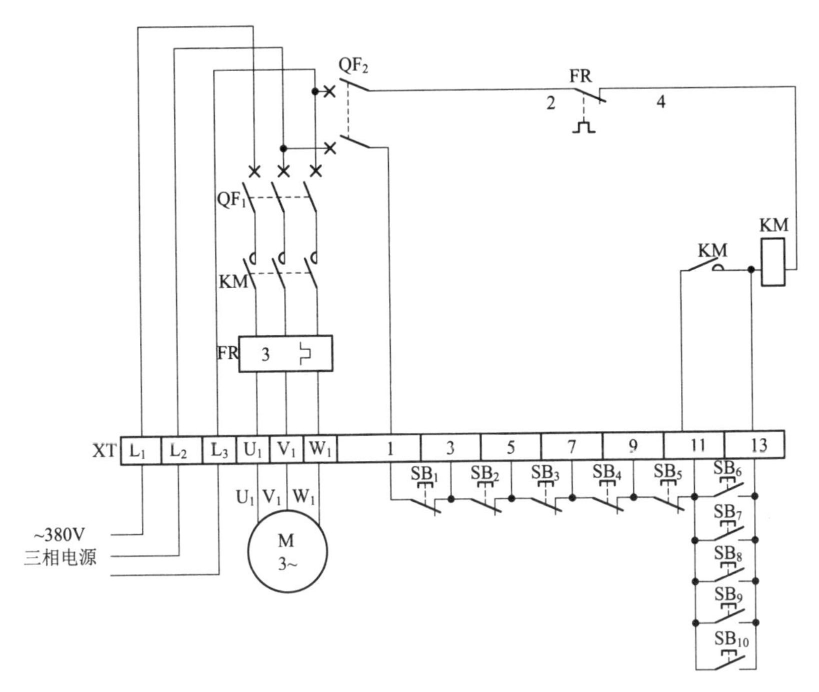

图 1.31 电动机多地控制电路布线图

从图 1.31 中可以看出，XT 为接线端子排，通过端子排 XT 来区分电气元件的安装位置，XT 的上方为放置在配电箱内底板上的电气元件，XT 的下方为外接或引至配电箱门面板上的电气元件。

从端子排 XT 上看，共有 13 个接线端子。其中，L_1、L_2、L_3 这 3 根线为由外引入配电箱的三相交流 380V 电源，并穿管引入；U_1、V_1、W_1 这 3 根线为电动机线，穿管接至电动机接线盒内的 U_1、V_1、W_1 上；1、3、11、13 这 4 根线为一地控制线，接至配电箱门面板上的按钮开关 SB_1、SB_6 上；3、5、11、13 这 4 根线为两地控制线，穿管接至两地按钮开关放置处 SB_2、SB_7 上；5、7、11、13 这 4 根线为三地控制线，穿管接至三地按钮开关放置处 SB_3、SB_8 上；7、9、11、13 这 4 根线为四地控制线，穿管接至四地按钮开关放置处 SB_4、SB_9 上；9、11、13 这 3 根线为五地控制线，穿管接至五地按钮开关放置处 SB_5、SB_{10} 上。

电路接线图（图 1.32）

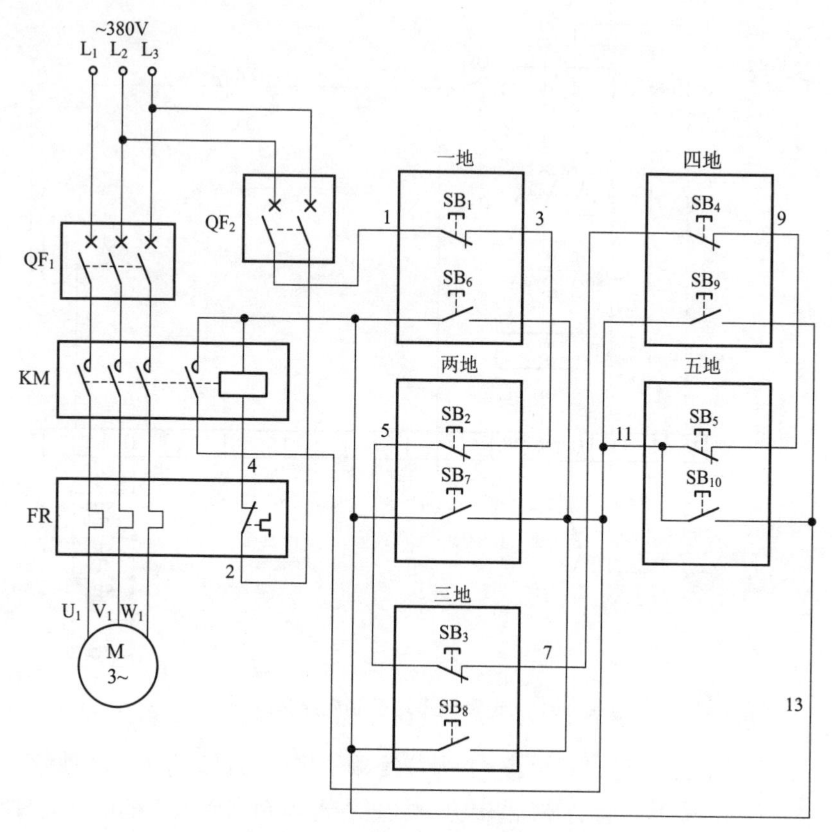

图 1.32　电动机多地控制电路实际接线

元器件安装排列图及端子图（图 1.33）

从图 1.33 中可以看出，断路器 QF_1、QF_2，交流接触器 KM，热继电器 FR 安装在配电箱内底板上；按钮开关 SB_1、SB_6 安装在配电箱门面板上。

通过端子 L_1、L_2、L_3 将三相交流 380V 电源接入配电箱中。

端子 U_1、V_1、W_1 接至电动机接线盒中的 U_1、V_1、W_1 上。

端子 1、3、11、13 将配电箱内的器件与配电箱门面板上的按钮开关 SB_1、SB_6 连接起来。

端子3、5、7、9、11、13分别接至其他四地启停的按钮开关SB_2、SB_7，SB_3、SB_8，SB_4、SB_9，SB_5、SB_{10}上。

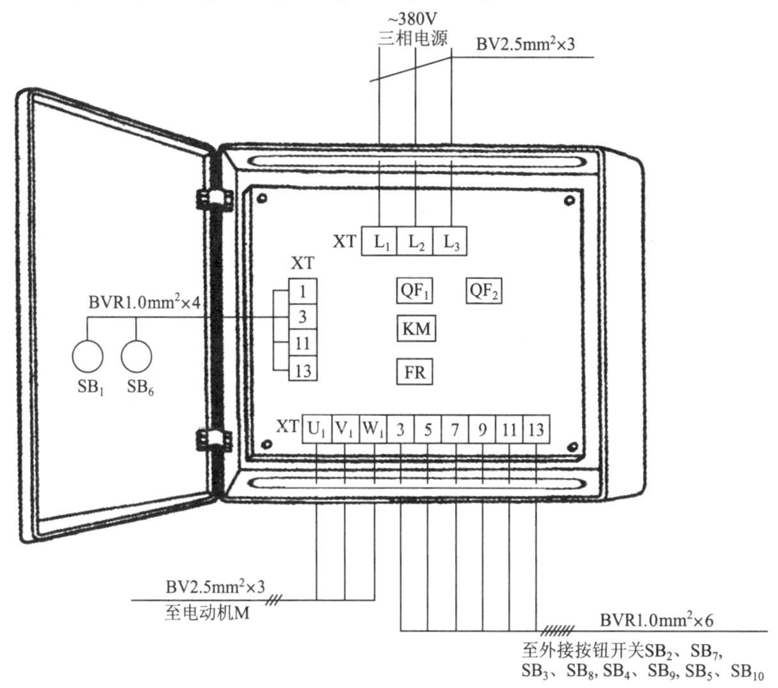

图1.33　电动机多地控制电路元器件安装排列图及端子图

按钮接线图（图1.34）

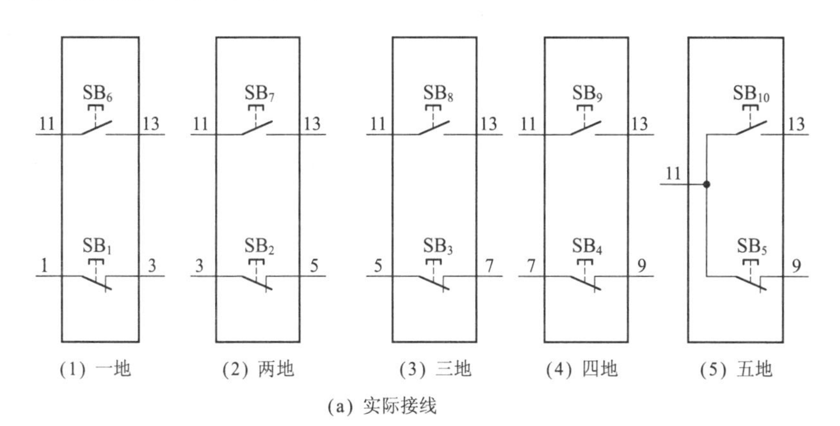

图1.34　电动机多地控制电路按钮接线

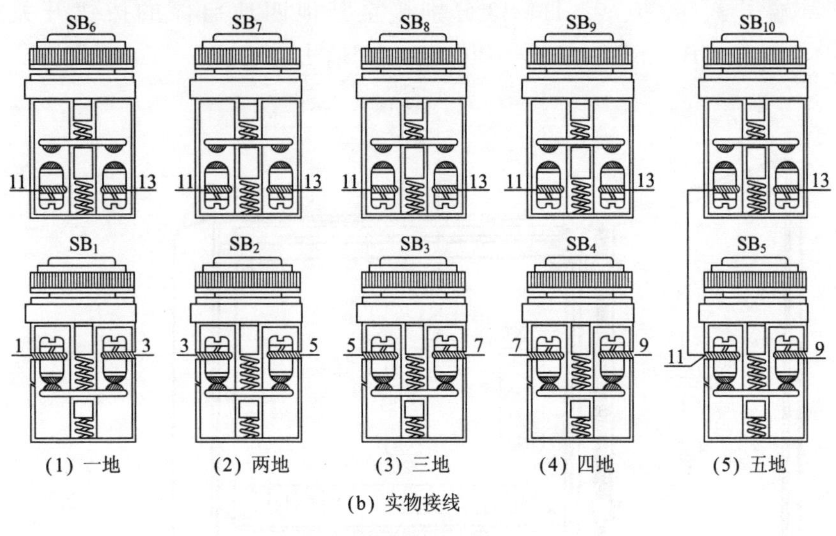

(b) 实物接线

续图 1.34

电气元件作用表（表 1.6）

依据电气元件作用表给出的相关技术数据选择导线，本电路所配电动机型号为 Y112M-4、功率为 4kW、电流为 8.8A。其电动机线 U_1、V_1、W_1 可选用 BV 2.5mm^2 导线；电源线 L_1、L_2、L_3 可选用 BV 2.5mm^2 导线；控制线 1、3、5、7、9、11、13 可选用 BVR 1.0mm^2 导线。

表 1.6　**电气元件作用表**

符　号	名称、型号及规格	器件外形及相关部件介绍		作　用
QF_1	断路器 CDM1-63 20A，三极		三极断路器	主回路短路保护

续表 1.6

符 号	名称、型号及规格	器件外形及相关部件介绍		作 用
QF_2	断路器 DZ47-62 6A，二极	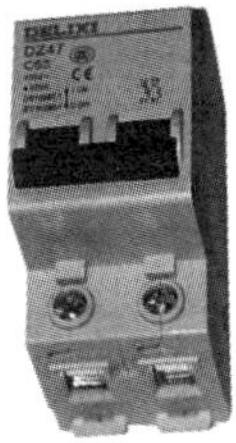	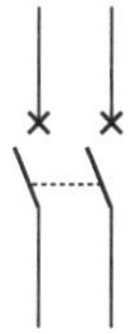 二极断路器	控制回路短路保护
KM	交流接触器 CJX2-0910 线圈电压 380V		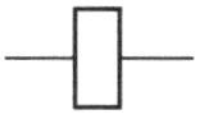 线圈 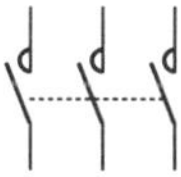 三相主触点  辅助常开触点  辅助常闭触点	控制电动机电源
FR	热继电器 JRS1D-25 7~10A		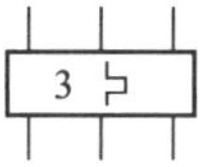 3 热元件  控制常闭触点 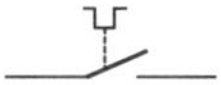 控制常开触点	电动机过载保护
SB_1~SB_5	按钮开关 LAY7		 常闭触点	电动机一地～五地停止操作用
SB_6~SB_{10}			 常开触点	电动机一地～五地启动操作用

续表 1.6

符　号	名称、型号及规格	器件外形及相关部件介绍		作　用
M	三相异步电动机 Y112M-4 4kW，8.8A		M 3~	拖动

电路调试

首先，断开主回路断路器 QF_1，合上控制回路断路器 QF_2，调试控制回路。

在调试之前先检查停止按钮 SB_1~SB_5 是否是串联连接的，再检查启动按钮 SB_6~SB_{10} 是否是并联连接的，若连接正确，就可以调试了。

在任何一地按下启动按钮 SB_6~SB_{10}，观察配电箱内交流接触器 KM 的动作情况，此时交流接触器 KM 线圈应得电吸合且 KM 辅助常开触点闭合自锁，再在任何一地按下停止按钮 SB_1~SB_5，配电箱内的交流接触器 KM 线圈应能断电释放，说明控制回路正常。

再合上主回路断路器 QF_1，调试主回路。按下任何一只启动按钮 SB_6~SB_{10}，交流接触器 KM 线圈得电吸合且 KM 辅助常开触点闭合自锁，KM 三相主触点闭合，电动机得电启动运转，此时观察电动机的运转方向是否符合要求，若不符合，只需停机调换三相电源中的任意两相，即可改变电动机的运转方向。当电动机启动运转后，按下 SB_1~SB_5 中的任意一只停止按钮，交流接触器 KM 线圈应断电释放，KM 三相主触点断开，电动机失电停止运转。经反复多次调试无误后，说明电动机启动、停止控制回路基本正常。

电动机过载保护电路的调试实际上很简单，可先将热继电器 FR 电流调节旋钮旋至最小处，按下启动按钮，让电动机运转起来。若过一段时间热继电器 FR 能动作切断交流接触器 KM 线圈回路电源，使 KM 线圈能断电释放，让电动机停止下来，则说明热继电器 FR 完好，能起到保护作用。然后将热继电器 FR 电流调节旋钮旋至电动机额定电流处即可。

常见故障及排除方法

（1）停止时在任意位置都能完成，但有的位置按动启动按钮却无效。此故障很明显，哪个位置无法进行启动操作，就说明哪个位置的启动按钮损坏了。更换无法操作的按钮开关，电路即可恢复正常。

（2）按任意启动按钮均无效（控制电源正常）。发生此故障应重点检查停止按钮 SB_1~SB_5 是否断路、交流接触器 KM 线圈是否断路、热继电器 FR 常闭触点是否断路，找出故障点并排除故障。

1.7 三地控制的启动、停止、点动电路

工作原理（图 1.35）

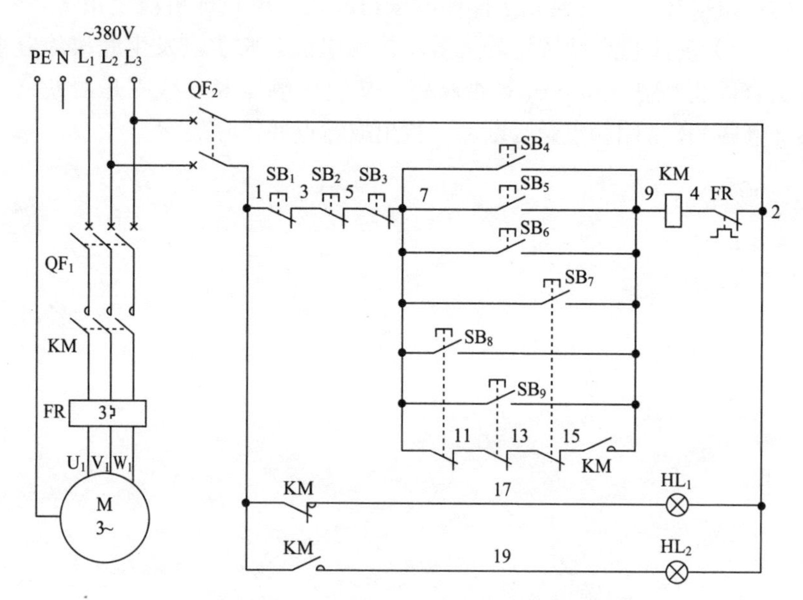

图 1.35　三地控制的启动、停止、点动电路原理图

首先，合上主回路断路器 QF_1、控制回路断路器 QF_2，电动机停止兼电源指示灯 HL_1 亮，说明电动机已停止运转且电路有电。

启动：按下任意一只启动按钮[SB_4(7–9)或 SB_5(7–9)或 SB_6(7–9)]，交流接触器 KM 线圈得电吸合，KM 辅助常开触点（9–15）通过点动按钮 SB_8（7–11）、SB_9（11–13）、SB_7（13–15）的常闭触点串联形成自锁，KM 三相主触点闭合，电动机得电启动运转。同时，KM 辅助常闭触点（1–17）断开，指示灯 HL_1 灭；KM 辅助常开触点（1–19）闭合，指示灯 HL_2 亮，说明电动机已启动运转。

点动：按下任意一只点动按钮[SB_7(7–9)或 SB_8(7–9)或 SB_9(7–9)]。SB_7（7–11）或 SB_8（11–13）或 SB_9（13–15）三只串联的常闭触点断开，切断交流接触器 KM 自锁回路，实现点动控制。按下任意一只按钮开关的时间，即为电动机断续点动运转时间。

停止：电动机得电连续启动运转后，按下停止按钮［SB_1（1-3）或SB_2（3-5）或SB_3（5-7）］，均能切断交流接触器KM线圈回路电源，使得KM线圈断电释放，KM辅助常开触点（9-15）断开，解除自锁，KM三相主触点断开，电动机失电停止运转。同时，KM辅助常开触点（1-19）断开，指示灯HL_2灭；KM辅助常闭触点（1-17）闭合，指示灯HL_1亮，说明电动机已停止运转。

电路布线图（图1.36）

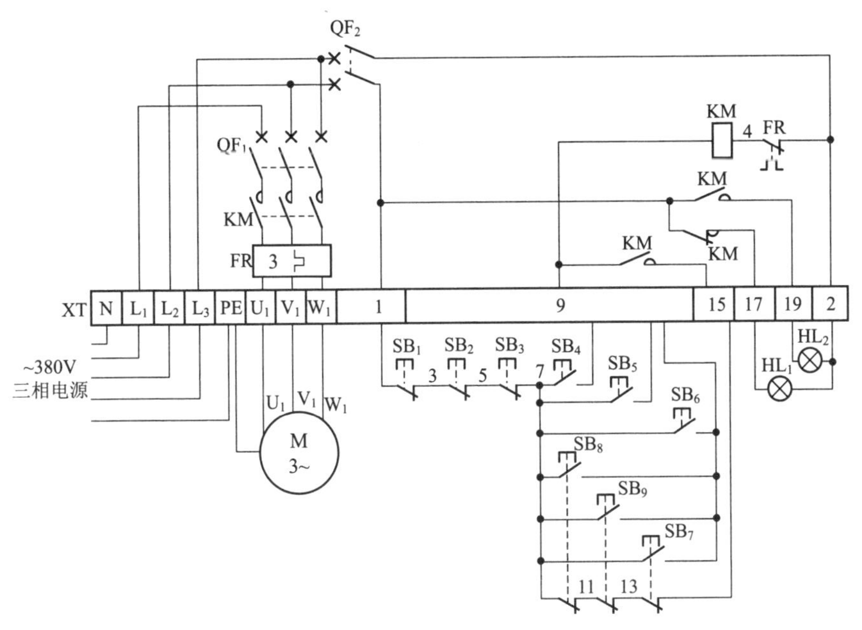

图1.36 三地控制的启动、停止、点动电路布线图

从图1.36中可以看出，XT为接线端子排，通过端子排XT来区分电气元件的安装位置，XT的上方为放置在配电箱内底板上的电气元件，XT的下方为外接或引至配电箱门面板上的电气元件。

从端子排XT上看，共有14个接线端子。其中，L_1、L_2、L_3、N、PE这5根线为由外引入配电箱的三相交流380V电源，并穿管引入；U_1、V_1、W_1这3根线为电动机线，穿管接至电动机接线盒内的U_1、V_1、W_1上；1、9、15、17、19、2这6根线为控制线及指示灯线，接至配电箱门面板上及其他两地控制处的按钮开关 SB_1、SB_2、SB_3、SB_4、SB_5、SB_6、SB_7、SB_8、SB_9，指示灯 HL_1、HL_2 上。

电路接线图（图 1.37）

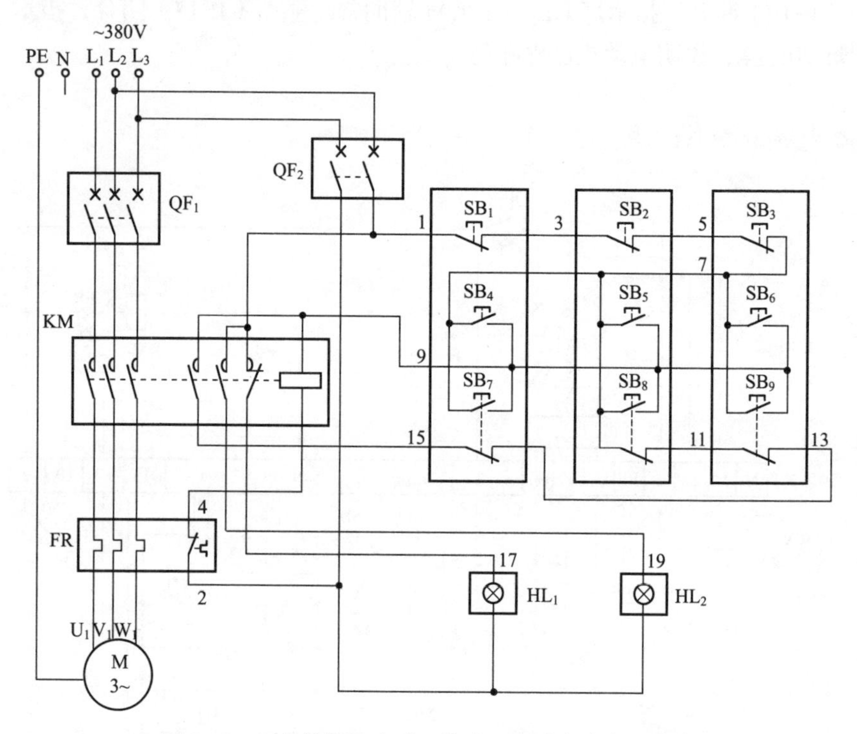

图 1.37　三地控制的启动、停止、点动电路实际接线

元器件安装排列图及端子图（图 1.38）

从图 1.38 中可以看出，断路器 QF_1、QF_2，交流接触器 KM，热继电器 FR 安装在配电箱内底板上；按钮开关 SB_2、SB_5、SB_8 外引至两地操作处；按钮开关 SB_3、SB_6、SB_9 外引至三地操作处；按钮开关 SB_1、SB_4、SB_7，指示灯 HL_1、HL_2 安装在配电箱门面板上。

通过端子 L_1、L_2、L_3、N、PE 将三相交流 380V 电源接入配电箱中。

端子 U_1、V_1、W_1 接至电动机接线盒中的 U_1、V_1、W_1 上。

端子 5、7、9、11、13 接至两地操作按钮开关 SB_2、SB_5、SB_8 处。

端子 3、5、7、9、11 接至三地操作按钮开关 SB_3、SB_6、SB_9 处。

端子 1、3、7、9、13、15、17、19、2 将配电箱内的器件与配电箱门面板上的按钮开关 SB_1、SB_4、SB_7，指示灯 HL_1、HL_2 连接起来。

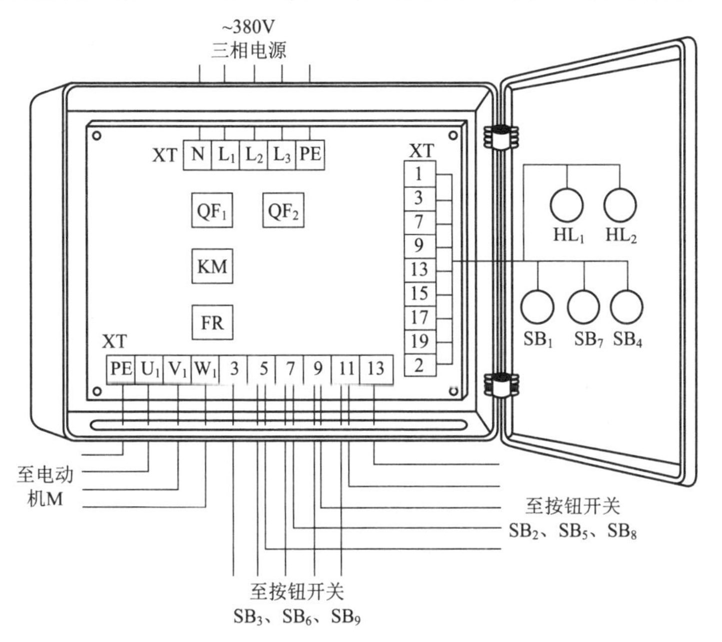

图 1.38　三地控制的启动、停止、点动电路元器件安装排列图及端子图

按钮接线图（图 1.39）

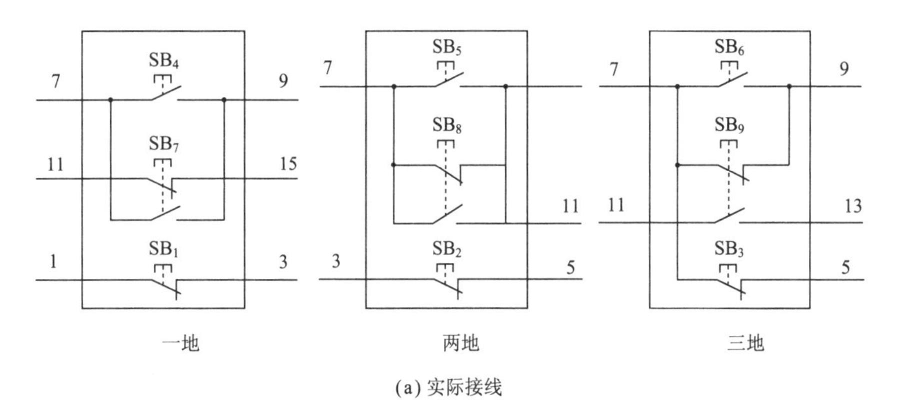

图 1.39　三地控制的启动、停止、点动电路按钮接线

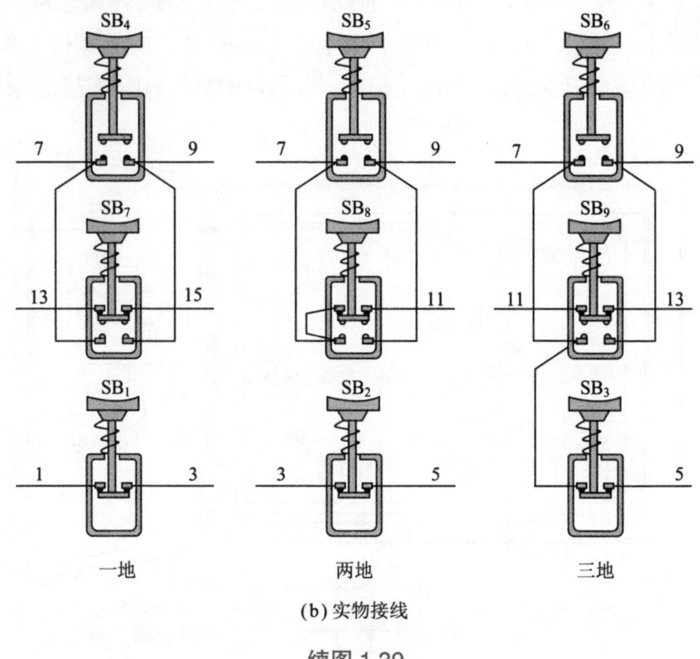

(b) 实物接线

续图 1.39

电气元件作用表（表 1.7）

表 1.7　**电气元件作用表**

符　号	名称、型号及规格	器件外形及相关部件介绍		作　用
QF_1	断路器 DZ47-63 40A		三极断路器	主回路短路保护
QF_2	断路器 DZ47-63 6A		二极断路器	控制回路短路保护

续表 1.7

符 号	名称、型号及规格	器件外形及相关部件介绍		作 用
KM	交流接触器 CDC10-20 线圈电压 380V		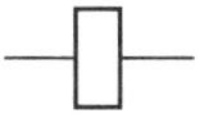 线圈 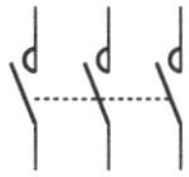 三相主触点  辅助常开触点	控制电动机电源
FR	热继电器 JR36-20 10~16A		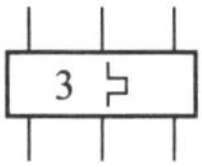 3 热元件  控制常闭触点  控制常开触点	电动机过载保护
HL_1	指示灯 LD11-22 380V			停止及电源指示
HL_2				启动运转指示
SB_1、SB_2、SB_3	按钮开关 LAY8		 常闭触点	停止电动机用
SB_7、SB_8、SB_9			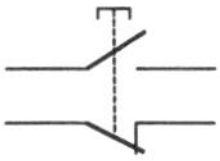 一组常开触点 一组常闭触点	点动电动机用
SB_4、SB_5、SB_6			 常开触点	启动电动机用

续表 1.7

符　号	名称、型号及规格	器件外形及相关部件介绍		作　用
M	三相异步电动机 Y160L-8 7.5kW，17.7A		M 3~	拖动

依据电气元件作用表给出的相关技术数据选择导线，本电路所配电动机型号为 Y160L-8、功率为 7.5kW、电流为 17.7A。其电动机线 U_1、V_1、W_1 可选用 BV4mm^2 导线；电源线 L_1、L_2、L_3 可选用 BV4mm^2 导线；控制线 1、3、7、9、13、15、17、19、2 可选用 BVR 1.0mm^2 导线。

电路调试

首先，断开主回路断路器 QF_1，合上控制回路断路器 QF_2，调试控制回路。

启动回路调试： 任意按下启动按钮 SB_4、SB_5、SB_6，交流接触器 KM 线圈均能吸合工作且能自锁，说明启动回路正常。

停止回路调试： 当交流接触器 KM 线圈吸合自锁后，任意按下停止按钮 SB_1、SB_2、SB_3，均能使交流接触器 KM 线圈断电释放，说明停止回路正常。

点动回路调试： 当交流接触器 KM 线圈吸合自锁后，再任意按下点动按钮 SB_7、SB_8、SB_9，按下时启动，松开后即停止，说明点动回路正常。

指示回路调试： 合上控制回路断路器 QF_2 后，指示灯 HL_1 应亮，说明电路有电且电动机处于停止状态。当交流接触器 KM 线圈吸合后，指示灯 HL_1 应灭，指示灯 HL_2 应亮，说明电动机处于工作状态。以上说明指示回路正常。

主回路调试： 合上主回路断路器 QF_1，电动机与设备最好暂时脱离连接，以防转向不对造成不应有的损失。短时间点动一下电动机，观察其转向是否正常，若正常，可按下启动按钮进行连续运转。最后根据电动机铭牌上的额定电流，设置过载保护热继电器。

常见故障及排除方法

（1）按下启动按钮 SB_4 或 SB_5 时启动正常，按下按钮 SB_6 后也能启动但停不了机。也就是说，在按下按钮 SB_6 后，电动机能启动运转，按下任意一只停止按钮 SB_1 或 SB_2 或 SB_3 后能停止，但手松开后又启动运转。此故障为按钮 SB_6 有机械卡住现象，平时是好的，一按下就坏了，多按几次可能又好了，此按钮应更换新品，故障即可排除。

（2）按下点动按钮 SB_8 后为自锁运转状态。此故障可能是点动按钮 SB_8 的一组常闭触点（7-11）损坏断不开或 $7^{\#}$ 线与 $11^{\#}$ 线相碰所致。经检查为点动按钮 SB_8 的一组常闭触点（7-11）损坏，更换新品，故障排除。

第2章

可逆直接启动控制电路

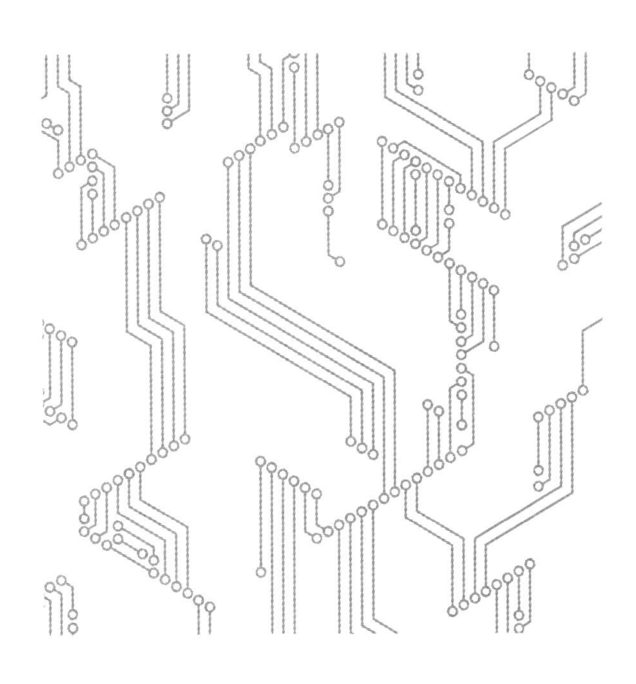

2.1 具有三重互锁保护的正反转控制电路

工作原理（图 2.1）

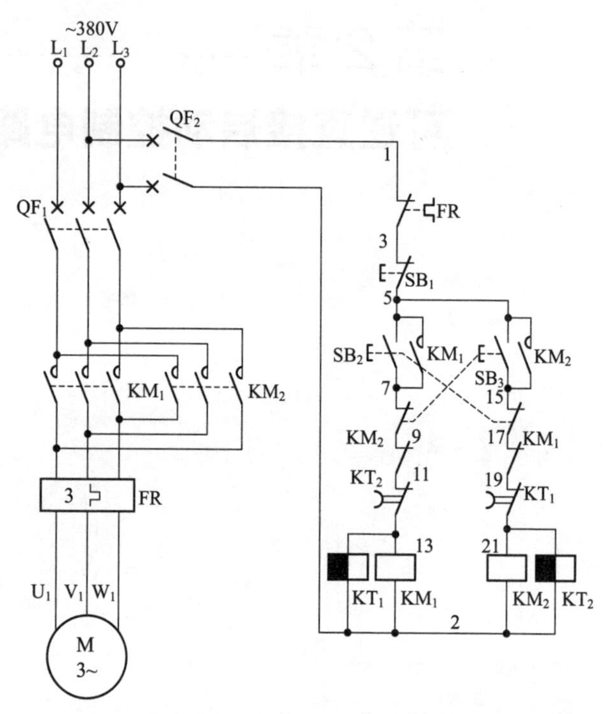

图 2.1　具有三重互锁保护的正反转控制电路原理图

首先，合上主回路断路器 QF_1、控制回路断路器 QF_2，为电路工作提供准备条件。

所谓三重互锁，即按钮常闭触点（7-9、15-17）互锁、交流接触器常闭触点（9-11、17-19）互锁、失电延时时间继电器失电延时闭合的常闭触点（11-13、19-21）互锁，此电路互锁程度极高。

正转启动控制：按下正转启动按钮 SB_2，首先 SB_2 的一组串联在反转交流接触器 KM_2 线圈回路中的常闭触点（15-17）断开，切断反转交流接触器 KM_2 线圈回路电源，起到按钮互锁作用；SB_2 的另外一组常开触点（5-7）闭合，使正转交流接触器 KM_1 和失电延时时间继电器 KT_1 线圈均得电吸合且 KM_1 辅助常开触点（5-7）闭合自锁。同时，KM_1 串联在反转交流接触器 KM_2 线圈回路中的辅助常闭触点（17-19）断开，起到交流接触器常闭触点互锁保护；KT_1 串联在反转交流接触器 KM_2 线圈回路中的失电延时闭合的常闭触点（19-21）立即断开，KT_1 线圈断电释放，KT_1 开始延时。经一段延时后，KT_1 失电延时闭合的常闭触点（19-21）才会闭合，在 KT_1 延时触点未闭合时，反转交流接触器 KM_2 线圈回路处于断开状态，此作用为失电延时闭合的常闭触点（19-21）互锁。由于电路中加入了三重互锁，安全互锁程度极高，这样就保证了在正转工作时，反转控制回路是得不到工作条件的。此时正转交流接触器 KM_1 三相主触点闭合，电动机得电正转运转。

正转停止控制：按下停止按钮 SB_1（1-3），正转交流接触器 KM_1 和失电延时时间继电器 KT_1 线圈均断电释放，KM_1 辅助常开触点（5-7）断开，解除自锁。KM_1 三相主触点断开，电动机失电停止运转；同时，KM_1 串联在反转交流接触器 KM_2 线圈回路中的辅助常闭触点（17-19）恢复常闭状态，为反转控制回路工作提供条件，此时若再按下反转启动按钮 SB_3，反转交流接触器 KM_2 线圈也不会得电吸合。为什么呢？因为还有一个互锁装置未解除，也就是说，在 KT_1 失电延时时间继电器线圈断电的同时，KT_1 开始延时，KT_1 串联在反转交流接触器 KM_2 线圈回路中的失电延时闭合的常闭触点（19-21）开始延时恢复，经 KT_1 延时后（一般为 3s），KT_1 失电延时闭合的常闭触点（19-21）恢复常闭状态，这时才允许进行反转回路启动操作。

反转启动控制：按下反转启动按钮 SB_3，首先 SB_3 的一组串联在正转交流接触器 KM_1 线圈回路中的常闭触点（7-9）断开，切断正转交流接触器 KM_1 线圈回路电源，起到按钮互锁作用；SB_3 的另外一组常开触点（5-15）闭合，使反转交流接触器 KM_2 和失电延时时间继电器 KT_2 线圈均得电吸合且 KM_2 辅助常开触点（5-15）闭合自锁。同时，KM_2 串联在正转交流接触器 KM_1 线圈回路中的辅助常闭触点（9-11）断开，起到交流接触器常闭触点互锁保护作用；KT_2 串联在正转交流接触器 KM_1 线圈回路中的失电延时闭合的常闭触点（11-13）断开，KT_2 线圈断电释放，KT_2 开始延时。经一段延时后，KT_2 失电延时闭合的常闭触点（11–13）才会闭合，在 KT_2 延时触点未闭合时，正转交流接触器 KM_1 线圈回路处于断开状态，其作用为失电延时闭合的常闭触点（11–13）互锁。由于电路中加入了三重互锁，安全互锁程度极高，这样就保证了在反转工作时，正转控制回路是得不到工作条件的。此时反转交流接触器 KM_2 三相主触点闭合，电动机得电反转运转。

反转停止控制：按下停止按钮 SB_1（1–3），反转交流接触器 KM_2 和失电延时时间继电器 KT_2 线圈均断电释放，KM_2 辅助常开触点（5-15）断开，解除自锁，KM_2 三相主触点断开，电动机失电停止运转。同时，KM_2 串联在正转交流接触器 KM_1 线圈回路中的辅助常闭触点（7–9）恢复常闭状态，为正转控制回路工作提供条件。此时若再按下正转启动按钮 SB_2，正转交流接触器 KM_1 线圈也不会得电吸合。为什么呢？因为还有一个互锁装置未解除，也就是说，在 KT_2 失电延时时间继电器线圈断电的同时，KT_2 开始延时，KT_2 串联在正转交流接触器 KM_1 线圈回路中的失电延时闭合的常闭触点（11–13）开始延时恢复，经 KT_2 延时后（一般为 3s），KT_2 失电延时闭合的常闭触点（11–13）恢复常闭状态，这时才允许进行正转回路启动操作。

电路布线图（图 2.2）

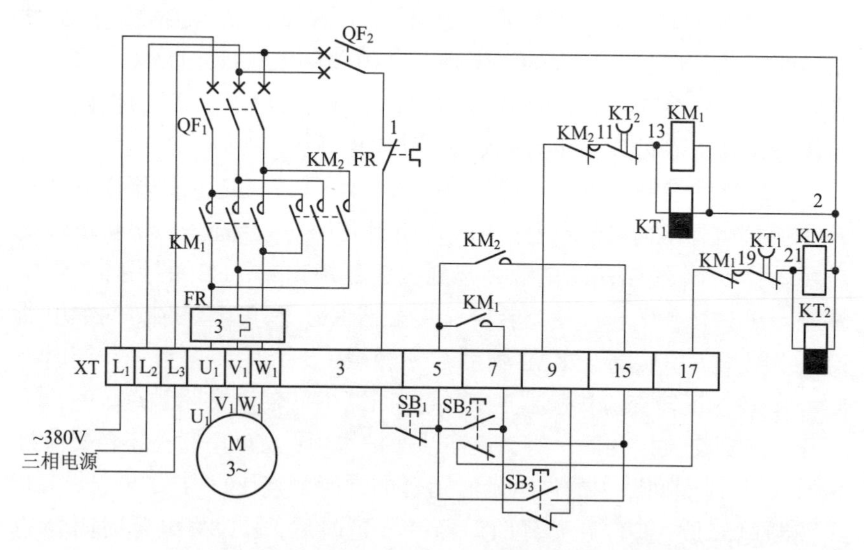

图 2.2　具有三重互锁保护的正反转控制电路布线图

从图 2.2 中可以看出，XT 为接线端子排，通过端子排 XT 来区分电气元件的安装位置，XT 的上方为放置在配电箱内底板上的电气元件，XT 的下方为外接或引至配电箱门面板上的电气元件。

从端子排 XT 上看，共有 12 个接线端子。其中，L_1、L_2、L_3 这 3 根线为由外引入配电箱的三相交流 380V 电源，并穿管引入；U_1、V_1、W_1 这 3 根线为电动机线，穿管接至电动机接线盒内的 U_1、V_1、W_1 上；3、5、7、9、15、17 这 6 根线为控制线，接至配电箱门面板上的按钮开关 SB_1、SB_2、SB_3 上。

电路接线图（图 2.3）

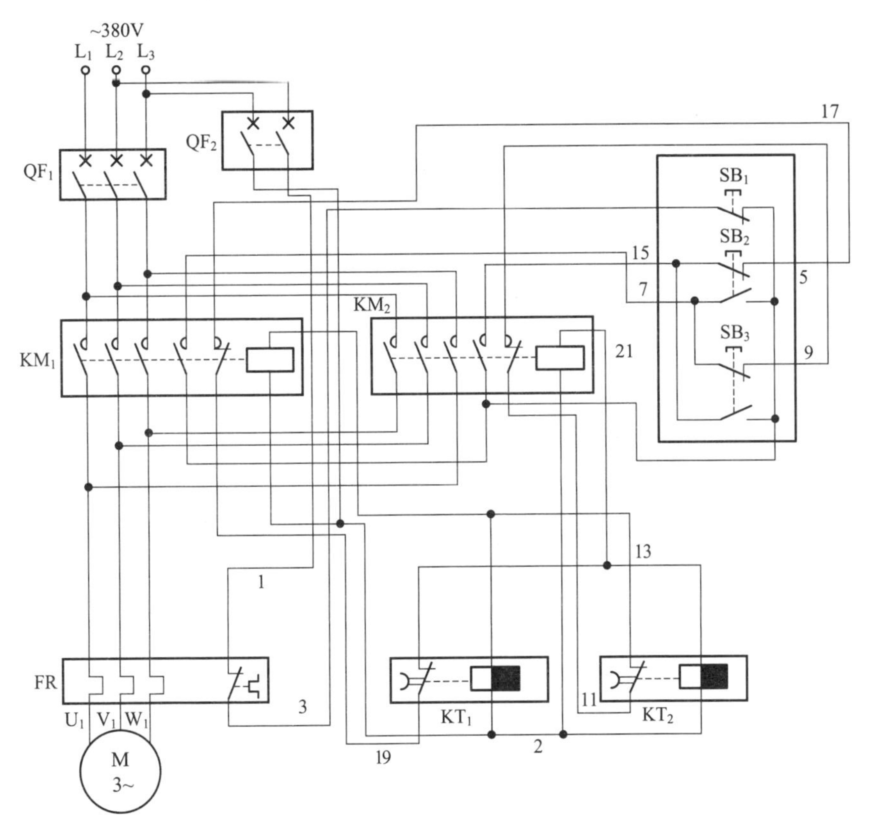

图 2.3 具有三重互锁保护的正反转控制电路实际接线

元器件安装排列图及端子图（图 2.4）

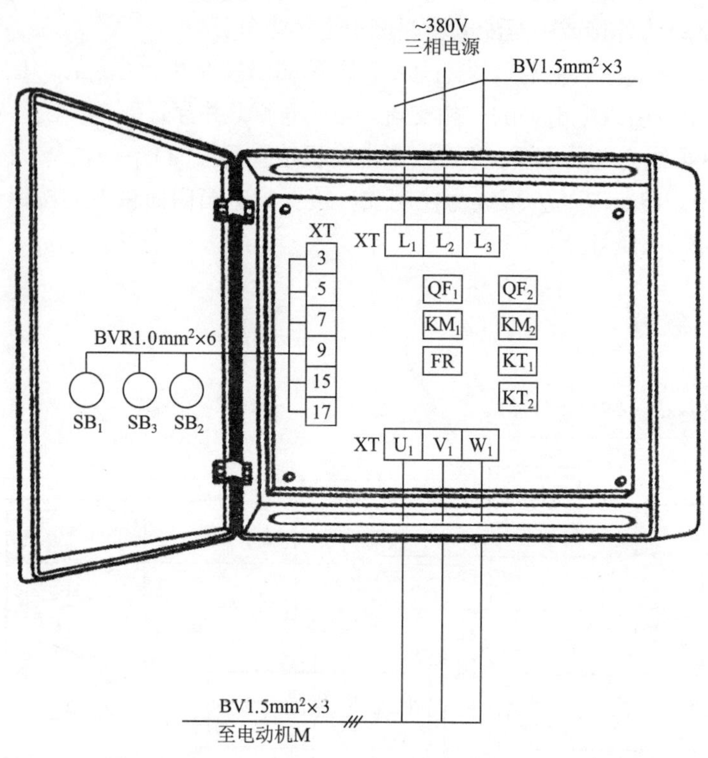

图 2.4　具有三重互锁保护的正反转控制电路元器件安装排列图及端子图

从图 2.4 中可以看出，断路器 QF_1、QF_2，交流接触器 KM_1、KM_2，失电延时时间继电器 KT_1、KT_2，热继电器 FR 安装在配电箱内底板上；按钮开关 SB_1、SB_2、SB_3 安装在配电箱门面板上。

通过端子 L_1、L_2、L_3 将三相交流 380V 电源接入配电箱中。

端子 U_1、V_1、W_1 接至电动机接线盒中的 U_1、V_1、W_1 上。

端子 3、5、7、9、15、17 将配电箱内的器件与配电箱门面板上的按钮开关 SB_1、SB_2、SB_3 连接起来。

按钮接线图（图 2.5）

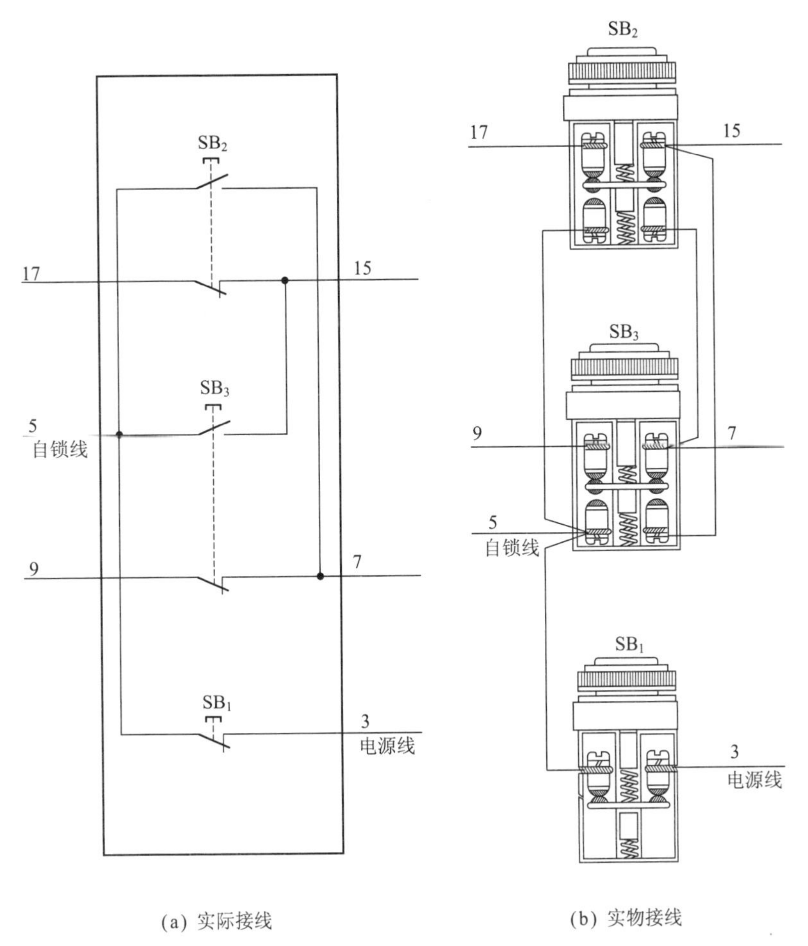

图 2.5 具有三重互锁保护的正反转控制电路按钮接线

电气元件作用表（表 2.1）

表 2.1　**电气元件作用表**

符　号	名称、型号及规格	器件外形及相关部件介绍		作　用
QF_1	断路器 CDM1–63 10A，三极		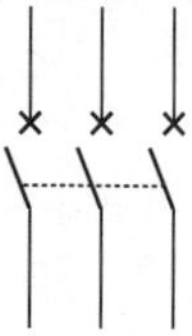 三极断路器	主回路短路保护
QF_2	断路器 DZ47–63 6A，二极	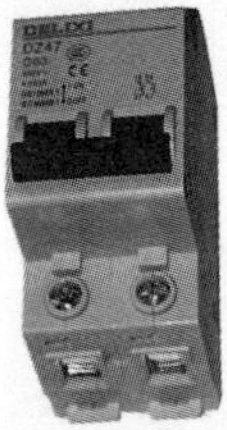	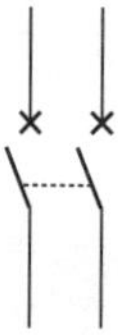 二极断路器	控制回路短路保护
KM_1	交流接触器 CDC10–10 线圈电压 380V		线圈 三相主触点 辅助常开触点 辅助常闭触点	控制电动机正转电源
KM_2				控制电动机反转电源
FR	热继电器 JR36–20 2.2~3.5A		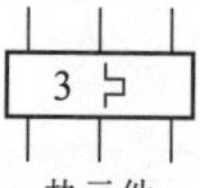 3 热元件 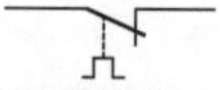 控制常闭触点  控制常开触点	电动机过载保护

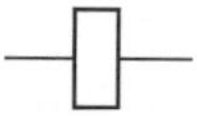

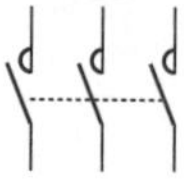

续表 2.1

符 号	名称、型号及规格	器件外形及相关部件介绍		作 用
KT_1	失电延时时间继电器 JS7-3A 0~180s 线圈电压 380V		线圈 失电延时断开的常开触点 失电延时闭合的常闭触点	延长熄弧时间，延时允许反转启动按钮 SB_3 的操作
KT_2				延长熄弧时间，延时允许正转启动按钮 SB_2 的操作
SB_1	按钮开关 LAY7		常闭触点	停止电动机操作用
SB_2			一组常开触点 一组常闭触点	电动机正转启动操作用
SB_3				电动机反转启动操作用
M	三相异步电动机 Y802-2 1.1kW，2.6A		M 3~	拖动

依据电气元件作用表给出的相关技术数据选择导线，本电路所配电动机型号为 Y802-2、功率为 1.1kW、电流为 2.6A。其电动机线 U_1、V_1、W_1 可选用 BV 1.5mm^2 导线；电源线 L_1、L_2、L_3 可选用 BV 1.5mm^2 导线；控制线 3、5、7、9、15、17 可选用 BVR 1.0mm^2 导线。

电路调试

首先拆下端子上的电动机线 U_1、V_1、W_1，不带负载进行调试。在调试前先认真检查下述元器件接线是否正确：

（1）检查正转启动按钮 SB_2 的常闭触点（15-17）是否串联在反转交流接触器 KM_2 线圈回路中，作为按钮常闭触点互锁（正转一重互锁）。

（2）检查正转交流接触器 KM_1 的一组辅助常闭触点（17-19）是否串联在反转交流接触器 KM_2 线圈回路中，作为交流接触器常闭触点互锁（正转二重互锁）。

（3）检查正转互锁反转用失电延时时间继电器 KT_1 失电延时闭合的常闭触点（19-21）是否串联在反转交流接触器 KM_2 线圈回路中，作为失电延时时间继电器 KT_1 失电延时闭合的常闭触点互锁（正转三重互锁）。

（4）检查反转启动按钮 SB_3 的常闭触点（7-9）是否串联在正转交流接触器 KM_1 线圈回路中，作为按钮常闭触点互锁（反转一重互锁）。

（5）检查反转交流接触器 KM_2 的一组辅助常闭触点（9-11）是否串联在正转交流接触器 KM_1 线圈回路中，作为交流接触器常闭触点互锁（反转二重互锁）。

（6）检查反转互锁正转用失电延时时间继电器 KT_2 失电延时闭合的常闭触点（11-13）是否串联在正转交流接触器 KM_1 线圈回路中，作为失电延时时间继电器 KT_2 失电延时闭合的常闭触点互锁（反转三重互锁）。

（7）检查主回路反转交流接触器 KM_2 三相主触点中的 L_1 相与 L_3 相是否倒相。也就是说，正转时电源 L_1、L_2、L_3 通过正转交流接触器 KM_1 三相主触点将三相交流电源分别接至电动机的接线端子 U_1、V_1、W_1 上，电动机正转工作；反转时电源 L_3、L_2、L_1 通过反转交流接触器 KM_2 三相主触点将三相交流电源分别接至电动机的接线端子 U_1、V_1、W_1 上，电动机反转工作。

（8）检查电动机过载保护热继电器 FR 的控制常闭触点（1-3）是否串入控制回路中。

上述问题经检查无误后，合上主回路断路器 QF_1、控制回路断路器 QF_2，对其电路进行调试。

正转启动时，按下正转启动按钮 SB_2，观察配电箱内的正转交流接触器 KM_1 和失电延时时间继电器 KT_1 线圈均得电吸合动作且 KM_1 能自锁。说明正转启动回路工作正常。

正转交流接触器 KM_1 和失电延时时间继电器 KT_1 线圈得电工作后，欲按下反转按钮 SB_3 进行反转操作时，虽然正转交流接触器 KM_1 和失电延时时间继电器 KT_1 线圈断电释放，但 KT_1 串联在反转交流接触器 KM_2 和失电延时时间继电器 KT_2 线圈回路中的失电延时闭合的常闭触点（19-21）还未恢复至原始常闭状态，必须待 KT_1 延时（设定时间为 3s）完毕后，方可按下反转启动按钮 SB_3 对反转回路进行操作，这时，反转交流接触器 KM_2 和失电延时时间继电器 KT_2 线圈均得电吸合动作且 KM_2 能自锁，说明反转启动回路工作正常。

反转交流接触器 KM_2 和失电延时时间继电器 KT_2 线圈得电工作后，欲按下正转按钮 SB_2 进行正转操作时，虽然反转交流接触器 KM_2 和失电延时时间继电器 KT_2 线圈断电释放，但 KT_2 串联在正转交流接触器 KM_1 和失电延时时间继电器 KT_1 线圈回路中的失电延时闭合的常闭触点（11-13）还未恢复至原始常闭状态，必须待 KT_2 延时（设定时间为 3s）完毕后，方可按下正转启动按钮 SB_2 对正转回路进行操作，这时，正转交流接触器 KM_1 和失电延时时间继电器 KT_1 线圈均得电吸合动作且 KM_1 能自锁，说明正转启动回路工作正常。

无论电路处于正转还是反转工作状态，按下停止按钮 SB_1，均能使正转交流接触器 KM_1 或反转交流接触器 KM_2 线圈断电释放，同时 KT_1 或 KT_2 线圈也随之断电释放，并分别完成 3s 延时，触点恢复。

经上述调试后，说明电路一切正常。将电动机线接至端子 U_1、V_1、W_1 处后，只需确定电动机的运转方向与电路一致即可正常运行。

常见故障及排除方法

（1）正转停止后，需要很长时间后方能操作反转回路。此故障为失电延时闭合的常闭触点 KT_1 延时时间调整过长所致。重新调整 KT_1 延时时间即可解决。

（2）正转正常，操作反转回路为点动而不能自锁。此故障为反转交流接触器 KM_2 辅助常开触点闭合不了所致。检查交流接触器 KM_2，确定故障后，更换新品即可解决。

（3）按动正转或反转按钮，均无反应（控制回路电源正常）。此故障为控制回路公共部分断路所致，即停止按钮 SB_1 损坏或热继电器 FR 常闭触点接触不良。检查上述器件并找出故障后，更换新品，即可排除故障。

（4）任意频繁操作正、反转回路，无延时。此故障为 KT_1、KT_2 延时时间调整过短或 KT_1、KT_2 线圈同时断路损坏所致，可根据配电箱内电气元件的动作情况来确定故障。若正转时交流接触器 KM_1 和失电延时时间继电器 KT_1 线圈能同时得电吸合工作，说明 KT_1 线圈正常无故障；若反转时交流接触器 KM_2 和失电延时时间继电器 KT_2 线圈能同时得电吸合工作，说明 KT_2 线圈正常无故障。所以只需重新调整一下 KT_1、KT_2 的延时时间即可。如果是 KT_1、KT_2 线圈断路，则需更换同型号新品。

2.2 用电弧联锁继电器延长转换时间的正反转控制电路

工作原理（图 2.6）

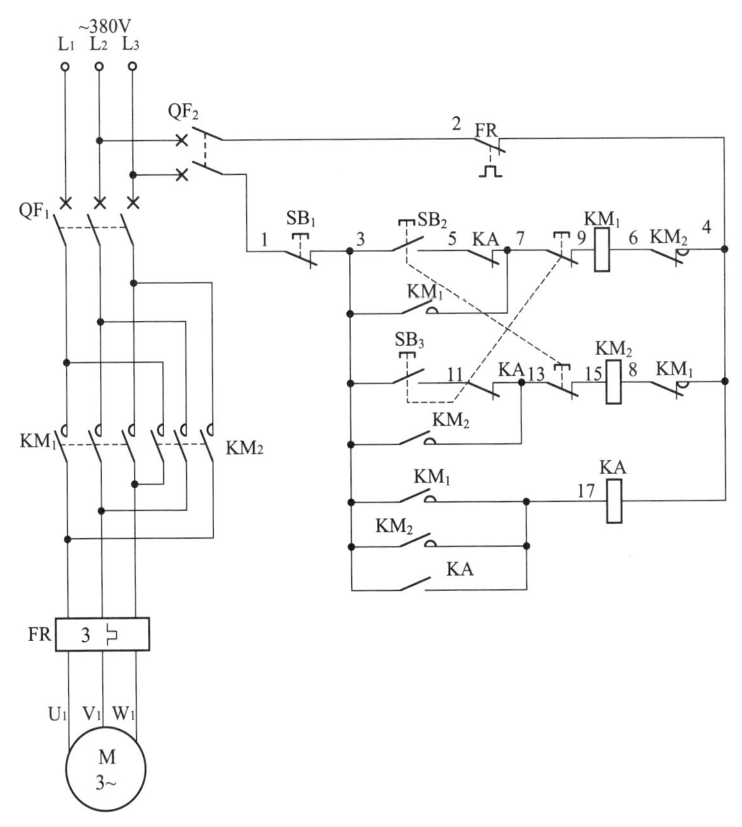

图 2.6 用电弧联锁继电器延长转换时间的正反转控制电路原理图

首先，合上主回路断路器 QF_1、控制回路断路器 QF_2，为电路工作提供准备条件。

正转启动： 按下正转启动按钮 SB_2，正转交流接触器 KM_1 线圈得电吸合且 KM_1 辅助常开触点（3-7）闭合自锁，KM_1 三相主触点闭合，电动机得电正转运转；同时，KM_1 辅助常开触点（3-17）闭合，接通了电弧联锁继电器 KA 线圈回路电源，使其得电吸合且 KA 常开触点

（3-17）闭合自锁，KA 分别串联在正转启动按钮 SB_2 或反转启动按钮 SB_3 操作回路中的常闭触点（5-7、11-13）均断开，使其不能再进行正反转启动操作，起到限制作用。

反转启动：若电动机已正转运转，欲直接操作反转启动按钮 SB_3 时，因电弧联锁继电器 KA 常闭触点（5-7、11-13）的作用而无法进行操作，故必须先按下停止按钮 SB_1（1-3），正转交流接触器 KM_1 线圈断电释放，KM_1 三相主触点断开，电动机失电正转停止运转；同时，电弧联锁继电器 KA 线圈也断电释放，KA 串联在各启动回路中的常闭触点（5-7、11-13）恢复常闭状态，以此延长其转换时间，防止因正反转操作过快而出现电弧短路问题。当 KA 常闭触点恢复后，方可操作反转启动按钮 SB_3，反转交流接触器 KM_2 线圈得电吸合且 KM_2 辅助常开触点（3-13）闭合自锁，KM_2 三相主触点闭合，电动机得电反转运转；同时，KM_2 辅助常开触点（3-17）闭合，接通了电弧联锁继电器 KA 线圈回路电源，使其得电吸合且 KA 常开触点（3-17）闭合自锁，KA 分别串联在正转启动按钮 SB_2 和反转启动按钮 SB_3 操作回路中的常闭触点（5-7、11-13）均断开，使其不能再进行正反转启动操作，起到限制作用。

停止：按下停止按钮 SB_1（1-3），正转交流接触器 KM_1 和电弧联锁继电器 KA 或反转交流接触器 KM_2 和电弧联锁继电器 KA 线圈断电释放，KM_1 辅助常开触点（3-7）或 KM_2 辅助常开触点（3-13）断开，解除自锁，KM_1 或 KM_2 各自的三相主触点断开，电动机失电正转或反转运转停止。

◆电路布线图（图 2.7）

从图 2.7 中可以看出，XT 为接线端子排，通过端子排 XT 来区分电气元件的安装位置，XT 的上方为放置在配电箱内底板上的电气元件，XT 的下方为外接或引至配电箱门面板上的电气元件。

从端子排 XT 上看，共有 14 个接线端子。其中，L_1、L_2、L_3 这 3 根线为由外引入配电箱的三相交流 380V 电源，并穿管引入；U_1、V_1、W_1 这 3 根线为电动机线，穿管接至电动机接线盒内的 U_1、V_1、W_1 上；1、3、5、7、9、11、13、15 这 8 根线为控制线，接至配电箱门面板上的按钮开关 SB_1、SB_2、SB_3 上。

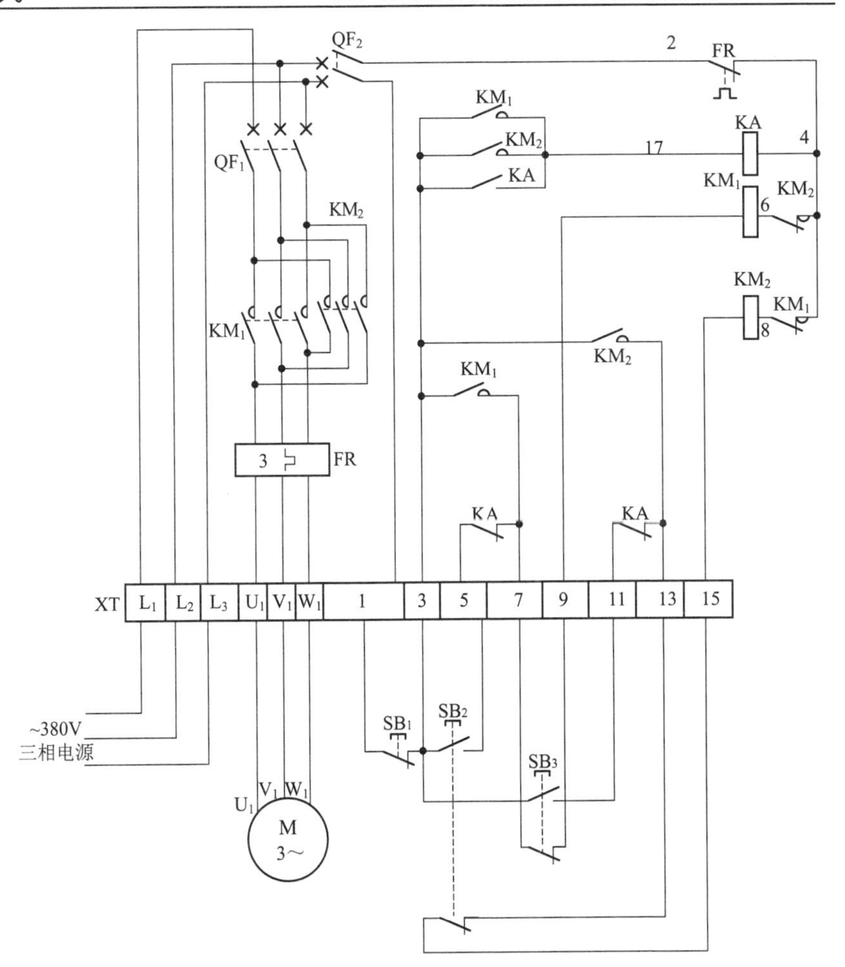

图 2.7 用电弧联锁继电器延长转换时间的正反转控制电路布线图

电路接线图（图 2.8）

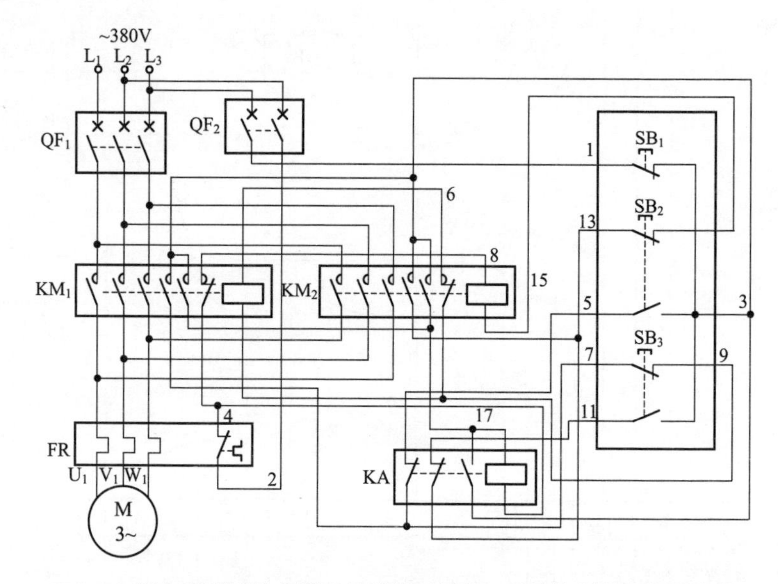

图 2.8　用电弧联锁继电器延长转换时间的正反转控制电路实际接线

元器件安装排列图及端子图（图 2.9）

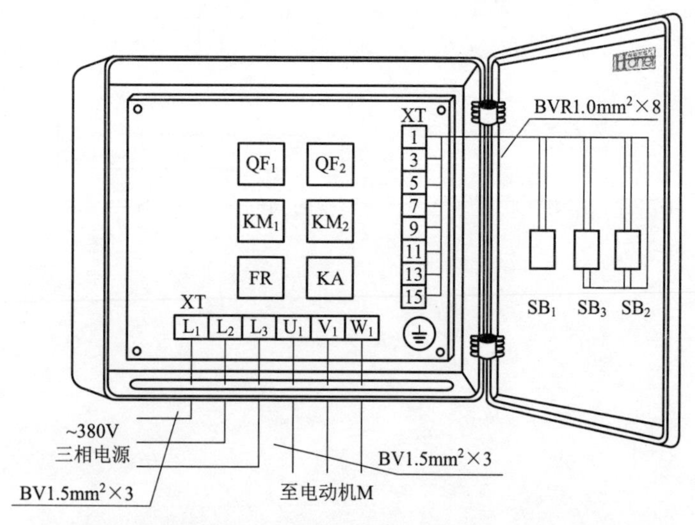

图 2.9　用电弧联锁继电器延长转换时间的正反转控制电路
元器件安装排列图及端子图

从图 2.9 中可以看出，断路器 QF_1、QF_2，交流接触器 KM_1、KM_2，中间继电器 KA，热继电器 FR 安装在配电箱内底板上；按钮开关 SB_1、SB_2、SB_3 安装在配电箱门面板上。

通过端子 L_1、L_2、L_3 将三相交流 380V 电源接入配电箱中。

端子 U_1、V_1、W_1 接至电动机接线盒中的 U_1、V_1、W_1 上。

端子 1、3、5、7、9、11、13、15 将配电箱内的器件与配电箱门面板上的按钮开关 SB_1、SB_2、SB_3 连接起来。

按钮接线图（图 2.10）

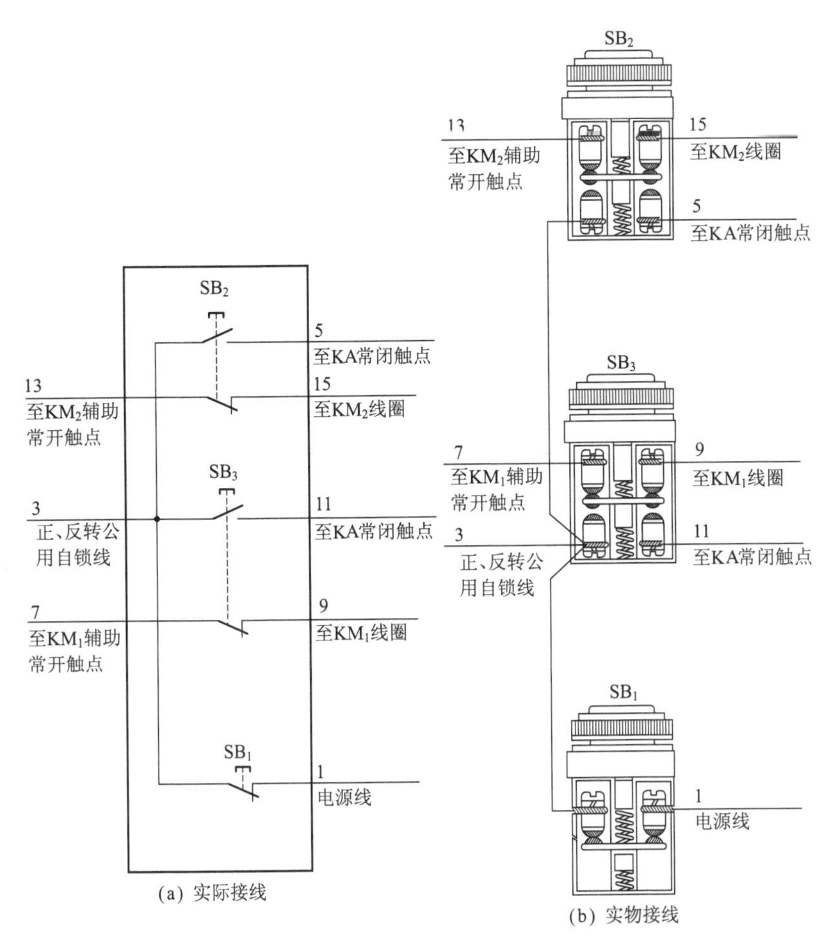

图 2.10　用电弧联锁继电器延长转换时间的正反转控制电路按钮接线

电气元件作用表（表 2.2）

表 2.2　电气元件作用表

符　号	名称、型号及规格	器件外形及相关部件介绍		作　用
QF_1	断路器 DZ47-63 10A，三极		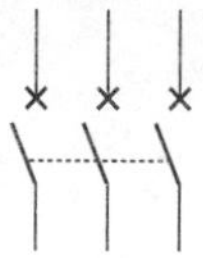 三极断路器	主回路过流保护
QF_2	断路器 DZ47-63 6A，二极		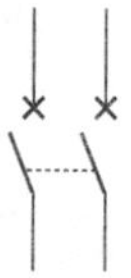 二极断路器	控制回路过流保护
KM_1	交流接触器 CDC10-10 线圈电压 380V		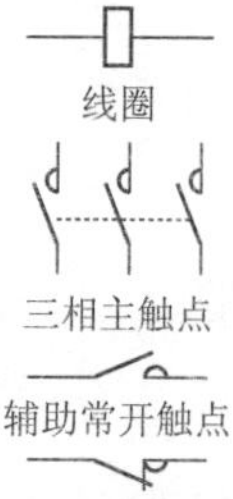 线圈 三相主触点 辅助常开触点 辅助常闭触点	控制电动机正转电源
KM_2				控制电动机反转电源
FR	热继电器 JR36-20 3.2~5A		热元件 控制常闭触点 控制常开触点	过载保护

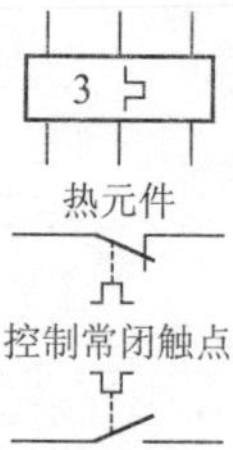

续表 2.2

符 号	名称、型号及规格	器件外形及相关部件介绍		作 用
KA	中间继电器 JZ7-44，5A 线圈电压 380V		常闭触点 常开触点 线圈	熄弧
SB_1	按钮开关 LA19-11		常闭触点	停止电动机用
SB_2			一组常闭触点 一组常开触点	电动机正转启动用
SB_3				电动机反转启动用
M	三相异步电动机 Y100L-6 1.5kW，4A 940r/min		M 3~	拖动

依据电气元件作用表给出的相关技术数据选择导线，本电路所配电动机型号为 Y100L-6、功率为 1.5kW、电流为 4A。其电动机线 U_1、V_1、W_1 可选用 BV 1.5mm^2 导线；电源线 L_1、L_2、L_3 可选用 BV 1.5mm^2 导线；控制线 1、3、5、7、9、11、13、15 可选用 BVR 1.0mm^2 导线。

电路调试

断开主回路断路器 QF_1，合上控制回路断路器 QF_2，调试控制电路。通过观察配电箱内电气元件动作情况进行判断。

正转启动调试：按下正转启动按钮 SB_2，此时配电箱内正转交流接触器 KM_1 和电弧联锁继电器 KA 应同时吸合动作且分别自锁，若正常，再按下反转启动按钮 SB_3，此时虽然正转交流接触器 KM_1 线圈断电释放，

但反转启动按钮 SB_3 启动回路中因串联了一组 KA 的常闭触点（此时处于断开状态）而无法工作，说明正转控制回路正常。注意，此时主要观察电弧联锁继电器 KA 是否仍然吸合工作着，若是则说明符合设计要求。欲停止则按下停止按钮 SB_1，电弧联锁继电器 KA 线圈断电释放，为重新启动正转、反转回路提供条件。

值得注意的是，因电弧联锁继电器 KA 的作用，无论正转还是反转工作后，若想使其反向操作，则必须先按下停止按钮 SB_1，方可进行操作，这就是利用其电弧联锁继电器 KA 的作用来延长转换操作时间的。

反转启动调试： 按下反转启动按钮 SB_3，此时配电箱内反转交流接触器 KM_2 和电弧联锁继电器 KA 应该同时得电动作且分别自锁，若正常，再按下正转启动按钮 SB_2，此时虽然反转交流接触 KM_2 线圈断电释放，但正转启动按钮 SB_2 启动回路中因串联了 KA 的一组常闭触点（此时处于断开状态）而无法工作，说明反转控制回路正常。注意，此时观察配电箱中的电弧联锁继电器 KA 的工作情况，若 KA 仍然吸合着，则说明符合设计要求。可按下停止按钮 SB_1，使 KA 线圈断电释放，恢复启动准备。

通过以上调试，说明控制回路一切正常，再合上主回路断路器 QF_1，试机工作。注意：主回路的重点就是检查确定交流接触器 KM_2（也就是反转用交流接触器）的三相主触点下端是否倒相了，若倒相了，可带上负载无需调试直接投入使用。

常见故障及排除方法

（1）无论操作正转按钮 SB_2 还是反转按钮 SB_3 均无反应。观察配电箱内元器件发现中间继电器 KA 处于吸合状态。经检查发现中间继电器 KA 触点粘连断不开。为什么这样会造成正反转均不能起动呢？从图 2.6 中可以看出，在 SB_2、SB_3 启动按钮回路中各自串联一组中间继电器 KA 的常闭触点，此时常闭触点 KA 已断开，使其不能操作。

（2）无论正转还是反转，中间继电器 KA 线圈均不工作。从图 2.6 中可以看出，正常时无论正转或反转，在工作后欲改变其运转方向必须按下停止按钮 SB_1，使中间继电器 KA 线圈断电释放后，其串联在正转启动或反转启动回路中的常闭触点恢复常闭，才能给各自的启动回路提供准备条件，否则将无法操作。由于中间继电器 KA 不工作，就相当于正转启动或反转启动回路中没有任何限制条件，从而起不到延长转换时间熄灭电弧的作用。解决方法是检查中间继电器 KA 线圈是否断路，并更换新品。

2.3 只有按钮互锁的可逆启停控制电路

工作原理（图 2.11）

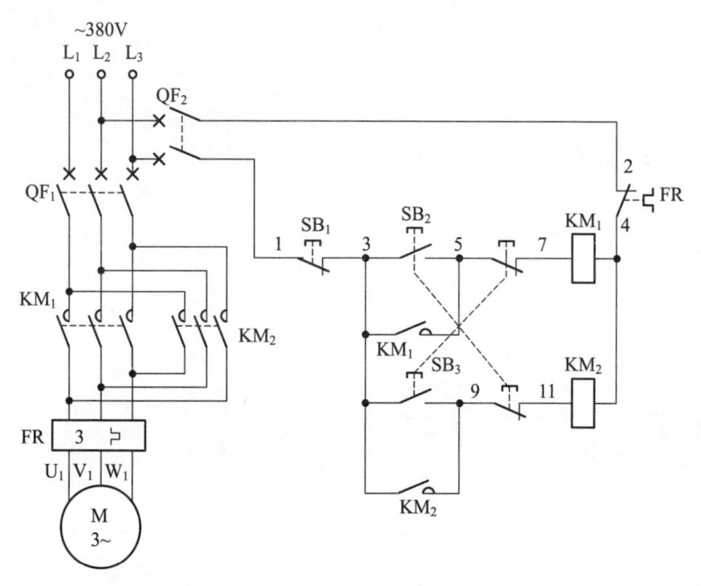

图 2.11　只有按钮互锁的可逆启停控制电路原理图

首先，合上主回路断路器 QF_1、控制回路断路器 QF_2，为电路工作提供准备条件。

正转启动：按下正转启动按钮 SB_2，SB_2 的一组串联在反转交流接触器 KM_2 线圈回路中的常闭触点（9-11）断开，起互锁作用，SB_2 的另外一组常开触点（3-5）闭合，正转交流接触器 KM_1 线圈得电吸合且 KM_1 辅助常开触点（3-5）闭合自锁，KM_1 三相主触点闭合，电动机得电正转运转。

正转停止：按下停止按钮 SB_1（1-3），正转交流接触器 KM_1 线圈断电释放，KM_1 辅助常开触点（3-5）断开，解除自锁，KM_1 三相主触点断开，电动机失电正转停止运转。

反转启动：按下反转启动按钮 SB_3，SB_3 的一组串联在正转交流接触器 KM_1 线圈回路中的常闭触点（5-7）断开，起互锁作用，SB_3 的另外一组常开触点（3-9）闭合，反转交流接触器 KM_2 线圈得电吸合且 KM_2 辅助常开触点（3-9）闭合自锁，KM_2 三相主触点闭合，电动机得电反转运转。

反转停止： 按下停止按钮 SB_1（1-3），反转交流接触器 KM_2 线圈断电释放，KM_2 辅助常开触点（3-9）断开，解除自锁，KM_2 三相主触点断开，电动机失电反转停止运转。

电路布线图（图 2.12）

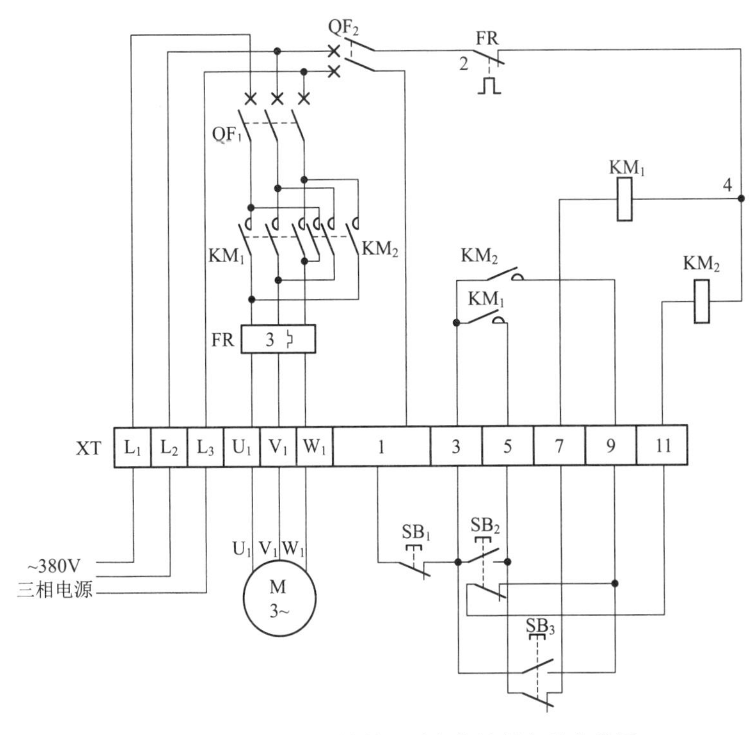

图 2.12　只有按钮互锁的可逆启停控制电路布线图

从图 2.12 中可以看出，XT 为接线端子排，通过端子排 XT 来区分电气元件的安装位置，XT 的上方为放置在配电箱内底板上的电气元件，XT 的下方为外接或引至配电箱门面板上的电气元件。

从端子排 XT 上看，共有 12 个接线端子。其中，L_1、L_2、L_3 这 3 根线为由外引入至配电箱内的三相交流 380V 电源，并穿管引入；U_1、

V_1、W_1 这 3 根线为电动机线，穿管接至电动机接线盒内的 U_1、V_1、W_1 上；1、3、5、7、9、11 这 6 根线为控制线，接至配电箱门面板上的按钮开关 SB_1、SB_2、SB_3 上。

电路接线图（图 2.13）

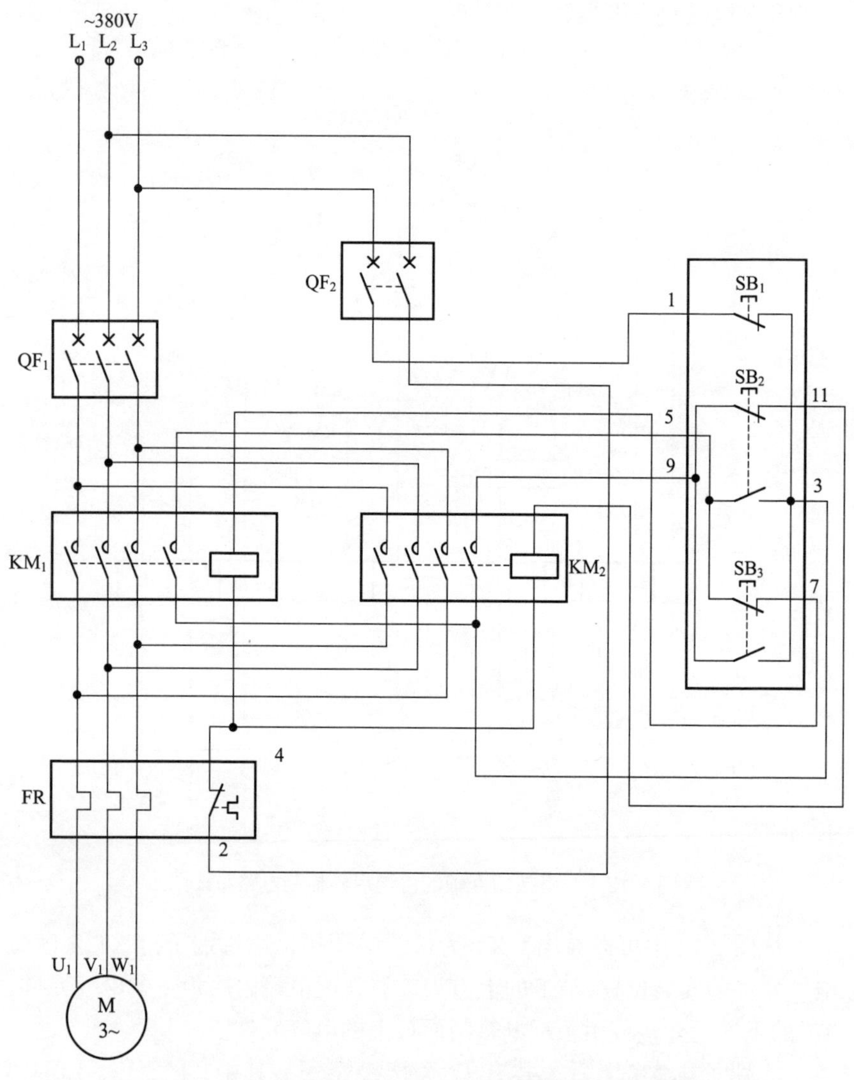

图 2.13　只有按钮互锁的可逆启停控制电路实际接线

元器件安装排列图及端子图（图 2.14）

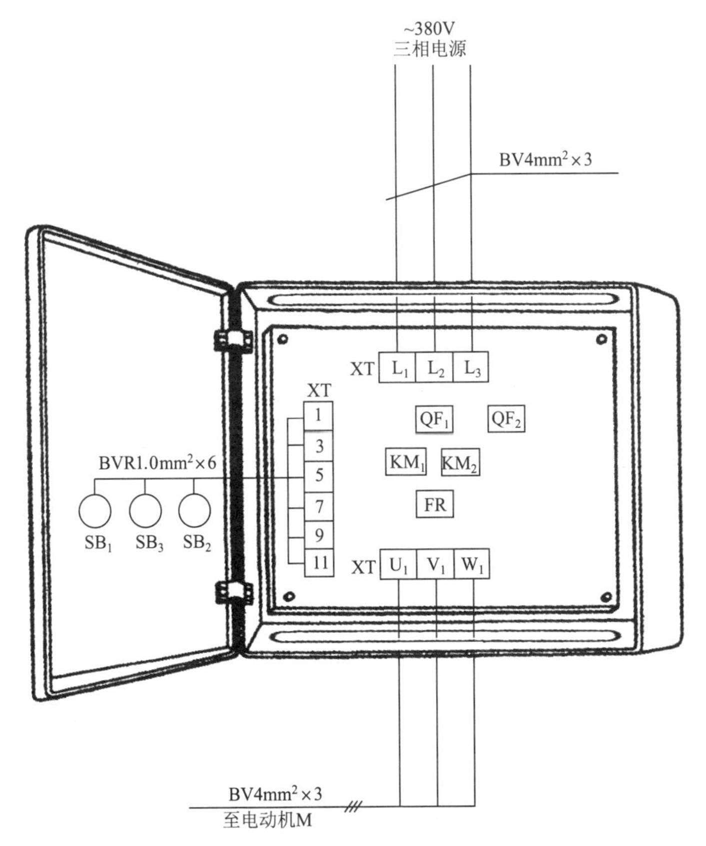

图 2.14 只有按钮互锁的可逆启停控制电路元器件安装排列图及端子图

从图 2.14 中可以看出，断路器 QF_1、QF_2，交流接触器 KM_1、KM_2，热继电器 FR 安装在配电箱内底板上；按钮开关 SB_1、SB_2、SB_3 安装在配电箱门面板上。

通过端子 L_1、L_2、L_3 将三相交流 380V 电源接入配电箱中。

端子 U_1、V_1、W_1 接至电动机接线盒中的 U_1、V_1、W_1 上。

端子 1、3、5、7、9、11 将配电箱内的器件与配电箱门面板上的按钮开关 SB_1、SB_2、SB_3 连接起来。

◆按钮接线图（图 2.15）

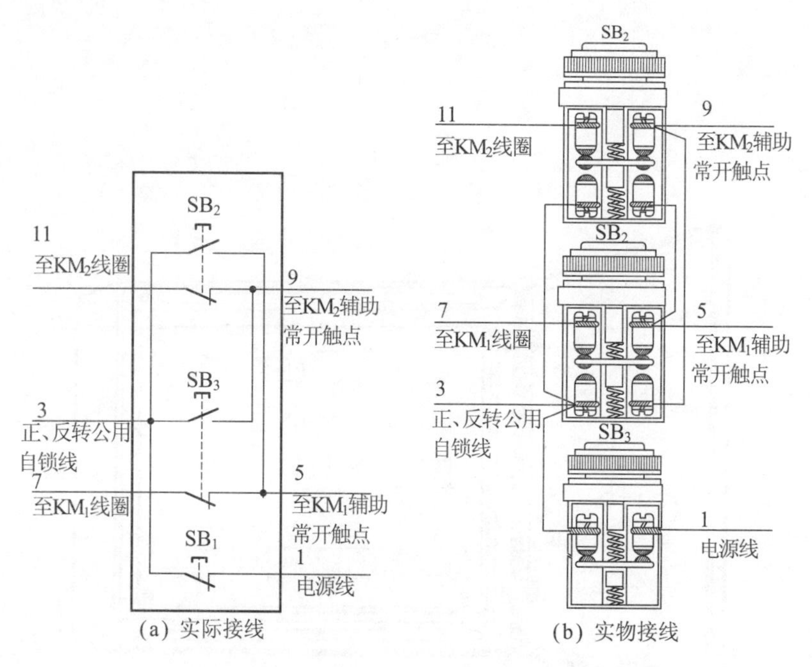

图 2.15　只有按钮互锁的可逆启停控制电路按钮接线

◆电气元件作用表（表 2.3）

表 2.3　电气元件作用表

符　号	名称、型号及规格	器件外形及相关部件介绍		作　用
QF_1	断路器 CDM1-63 32A，三极		三极断路器	主回路短路保护

续表 2.3

符 号	名称、型号及规格	器件外形及相关部件介绍		作 用
QF_2	断路器 DZ47-63 6A，二极	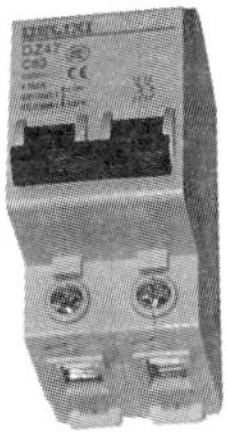	 二极断路器	控制回路短路保护
KM_1	交流接触器 CDC10-20 线圈电压 380V		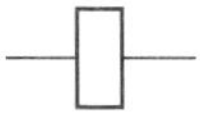 线圈 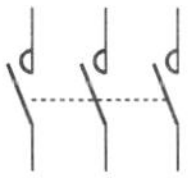 三相主触点  辅助常开触点  辅助常闭触点	控制电动机正转电源用
KM_2				控制电动机反转电源用
FR	热继电器 JR36-32 14~22A		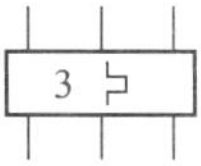 3 热元件 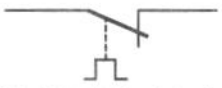 控制常闭触点 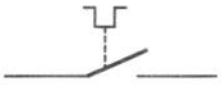 控制常开触点	电动机过载保护
SB_1	按钮开关 LAY7		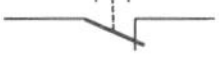 常闭触点	控制电动机停止用
SB_2			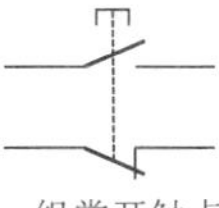 一组常开触点 一组常闭触点	操作启动电动机正转用
SB_3				操作启动电动机反转用

续表 2.3

符　号	名称、型号及规格	器件外形及相关部件介绍		作　用
M	三相异步电动机 Y160L−8 7.5kW，17.7A		M 3~	拖动

依据电气元件作用表给出的相关技术数据选择导线，本电路所配电动机型号为 Y160L−8、功率为 7.5kW、电流为 17.7A。其电动机线 U_1、V_1、W_1 可选用 BV 4mm^2 导线；电源线 L_1、L_2、L_3 可选用 BV 4mm^2 导线；控制线 1、3、5、7、9、11 可选用 BVR 1.0mm^2 导线。

电路调试

电路调试前应做以下检查：

（1）热继电器 FR 控制常闭触点（2−4）是否串联在控制回路电源中。

（2）反转交流接触器 KM_2 三相主触点中的 L_1 相和 L_3 相是否已倒相。

（3）停止按钮 SB_1（1−3）是否串联在控制回路电源中。

（4）正转启动按钮 SB_2 的互锁常闭触点（9−11）是否串接在反转交流接触器 KM_2 线圈回路中。

（5）反转启动按钮 SB_3 的互锁常闭触点（5−7）是否串接在正转交流接触器 KM_1 线圈回路中。

（6）正转交流接触器 KM_1 的辅助常开自锁触点（3−5）是否并接在正转启动按钮 SB_2 的常开触点（3−5）上。

（7）反转交流接触器 KM_2 的辅助常开自锁触点（3−9）是否并接在反转启动按钮 SB_3 的常开触点（3−9）上。

仔细检查上述各项准确无误后，可直接接上负载，合上主回路断路器 QF_1、控制回路断路器 QF_2 进行调试。

按下正转启动按钮 SB_2 时，观察配电箱内的正转交流接触器 KM_1 线圈是否吸合动作且自锁，若能，确定电动机此时旋转的方向是否为正转。当电动机正转启动运转后，可轻轻按下反转启动按钮 SB_3，观察配电箱内的正转交流接触器 KM_1 线圈是否能断电释放，若能，说明反转按钮常闭触点互锁正常，此时电动机正转运转停止。再将反转启动按钮 SB_3 按到底，观察配电箱内的反转交流接触器 KM_2 线圈是否吸合动作且自锁，若能，观察电动机的旋转方向是否已改变，若已改变，说明 KM_2 主回路已倒相了；当电动机反转启动运转后，可轻轻按下正转启动按钮 SB_2，观察配电箱内的反转交流接触器 KM_2 线圈是否能断电释放，若能，说明正转按钮常闭触点互锁正常，此时电动机反转运转停止。

当电动机启动运转后（无论正转还是反转），按下停止按钮 SB_1（1-3）均能使其电动机失电停止运转，说明控制回路正常。

最后将热继电器 FR 电流整定值旋至电动机额定电流的刻度上。

常见故障及排除方法

（1）正转操作正常，反转操作进行不了。此故障通常原因是反转启动按钮 SB_3 常开触点损坏闭合不了；正转启动按钮 SB_2 互锁常闭触点断路；反转交流接触器 KM_2 线圈断路。可根据实际情况逐一检查并修复。

（2）反转操作正常，正转为点动操作。此故障为正转自锁回路断路所致，可检查交流接触器 KM_1 自锁触点及相关连线并排除。

（3）正、反转均不能操作。测量控制电源正常，通常此故障原因为停止按钮 SB_1 断路或热继电器 FR 常闭触点断路。

（4）正转时电动机运转正常，反转时电动机“嗡嗡”响不转。此故障为反转交流接触器 KM_2 三相主触点中有一相断路或反转交流接触器主触点相关连线有一相接触不良或断路造成缺相。

（5）反转正常，按正转启动按钮 SB_2 无反应，短接端子 3#、5#线时，交流接触器 KM_1 能正常吸合工作且自锁。此故障为启动按钮 SB_2 的一组常开触点（3-5）损坏所致。

（6）一合控制回路断路器 QF_2，交流接触器 KM_1 线圈立即闭合（无需按动 SB_2 正转启动按钮）。此故障主要原因为正转启动按钮 SB_2 短路；交流接触器的自锁触点粘连不断开；连线 1#、5#线等处碰线短路。另外可观察交流接触器在不通电时是否已处于工作状态，若是则原因为机械部分卡住；主触点粘连不释放；交流接触器铁心极面有油污造成不释放或释放缓慢。

2.4 只有接触器辅助常闭触点互锁的可逆启停控制电路

工作原理（图 2.16）

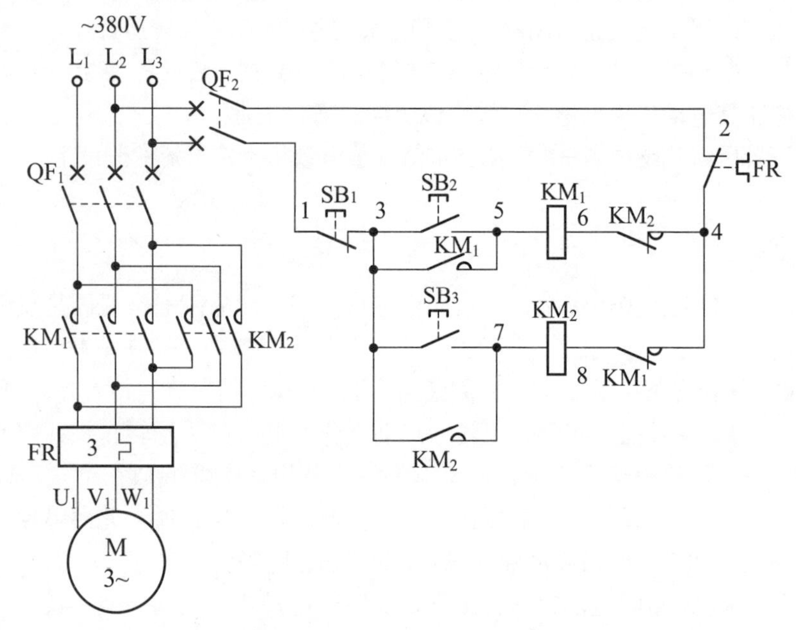

图 2.16　只有接触器辅助常闭触点互锁的可逆启停控制电路原理图

首先，合上主回路断路器 QF_1、控制回路断路器 QF_2，为电路工作提供准备条件。

正转启动：按下正转启动按钮 SB_2（3-5），正转交流接触器 KM_1 线圈得电吸合且 KM_1 辅助常开触点（3-5）闭合自锁，KM_1 三相主触点闭合，电动机得电正转运转；同时 KM_1 串联在 KM_2 线圈回路中的辅助常闭触点（4-8）断开，起互锁作用。

正转停止：按下停止按钮 SB_1（1-3），正转交流接触器 KM_1 线圈断电释放，KM_1 辅助常开触点（3-5）断开，解除自锁，KM_1 三相主触点断开，电动机失电正转停止运转。

反转启动：按下反转启动按钮 SB_3（3-7），反转交流接触器 KM_2

线圈得电吸合且 KM_2 辅助常开触点（3-7）闭合自锁，KM_2 三相主触点闭合，电动机得电反转运转；同时 KM_2 串联在 KM_1 线圈回路中的辅助常闭触点（4-6）断开，起互锁作用。

反转停止：按下停止按钮 SB_1（1-3），反转交流接触器 KM_2 线圈断电释放，KM_2 辅助常开触点（3-7）断开，解除自锁，KM_2 三相主触点断开，电动机失电反转停止运转。

电路布线图（图 2.17）

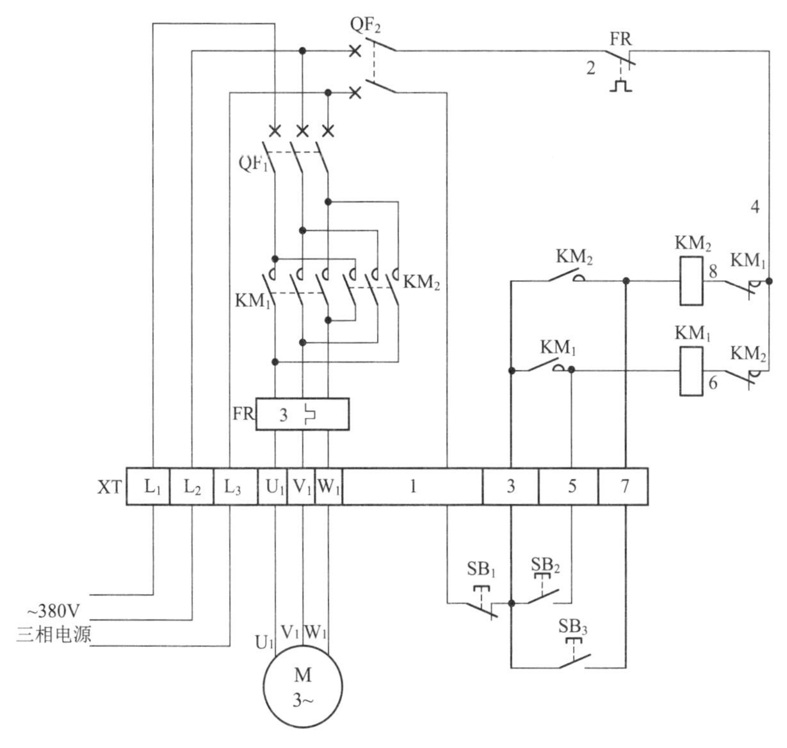

图 2.17 只有接触器辅助常闭触点互锁的可逆启停控制电路布线图

从图 2.17 中可以看出，XT 为接线端子排，通过端子排 XT 来区分电气元件的安装位置，XT 的上方为放置在配电箱内底板上的电气元件，XT 的下方为外接或引至配电箱门面板上的电气元件。

从端子排 XT 上看，共有 10 个接线端子。其中，L_1、L_2、L_3 这 3

根线为由外引入配电箱的三相交流 380V 电源，并穿管引入；U_1、V_1、W_1 这 3 根线为电动机线，穿管接至电动机接线盒内的 U_1、V_1、W_1 上；1、3、5、7 这 4 根线为控制线，接至配电箱门面板上的按钮开关 SB_1、SB_2、SB_3 上。

电路接线图（图 2.18）

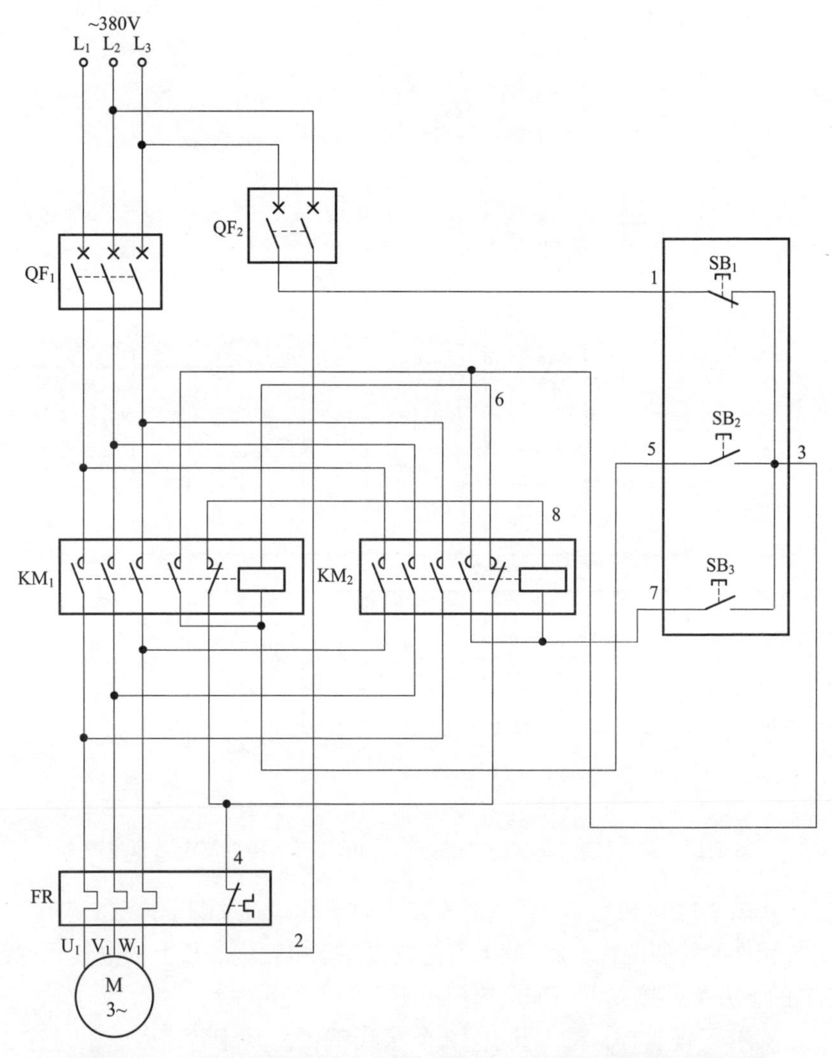

图 2.18　只有接触器辅助常闭触点互锁的可逆启停控制电路实际接线

元器件安装排列图及端子图（图 2.19）

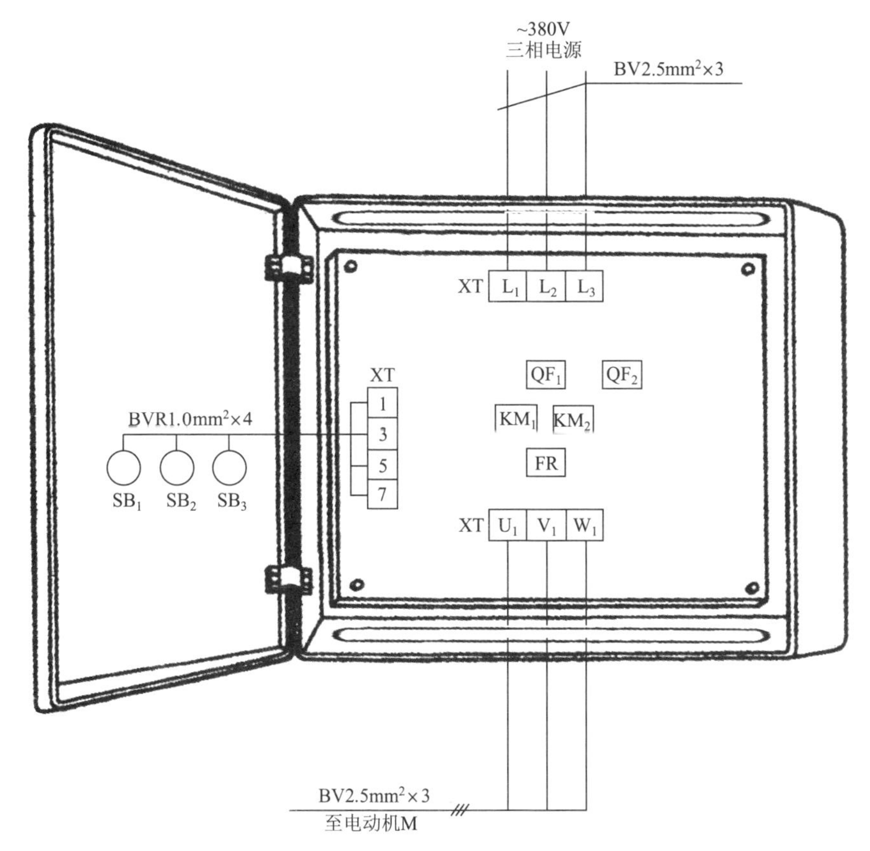

图 2.19 只有接触器辅助常闭触点互锁的可逆启停控制电路元器件安装排列图及端子图

从图 2.19 中可以看出，断路器 QF_1、QF_2，交流接触器 KM_1、KM_2，热继电器 FR 安装在配电箱内底板上；按钮开关 SB_1、SB_2、SB_3 安装在配电箱门面板上。

通过端子 L_1、L_2、L_3 将三相交流 380V 电源接入配电箱中。

端子 U_1、V_1、W_1 接至电动机接线盒中的 U_1、V_1、W_1 上。

端子 1、3、5、7 将配电箱内的器件与配电箱门面板上的按钮开关 SB_1、SB_2、SB_3 连接起来。

按钮接线图（图 2.20）

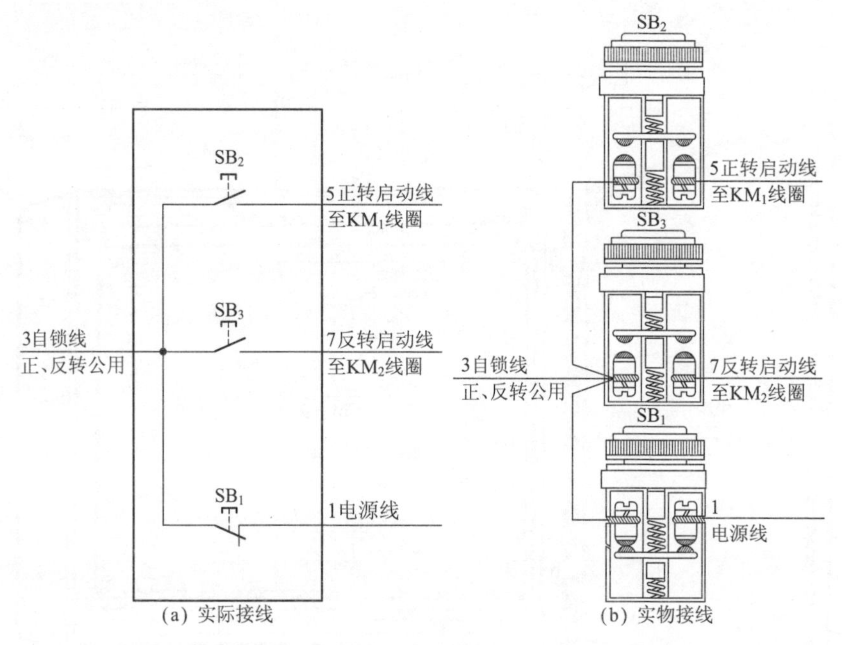

(a) 实际接线　　(b) 实物接线

图 2.20　只有接触器辅助常闭触点互锁的可逆启停控制电路按钮接线

电气元件作用表（表 2.4）

表 2.4　电气元件作用表

符　号	名称、型号及规格	器件外形及相关部件介绍		作　用
QF$_1$	断路器 DZ20G-100 20A，三极		三极断路器	主回路短路保护

续表 2.4

符号	名称、型号及规格	器件外形及相关部件介绍		作用
QF_2	断路器 DZ47-63 6A，二极	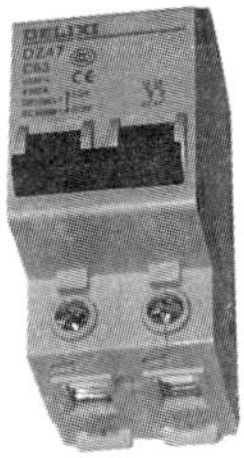DELIXI DZ47	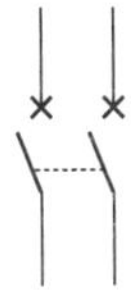二极断路器	控制回路短路保护
KM_1	交流接触器 CDC10-20 线圈电压 380V	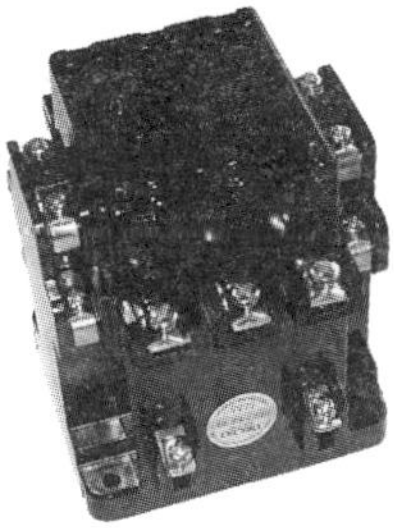	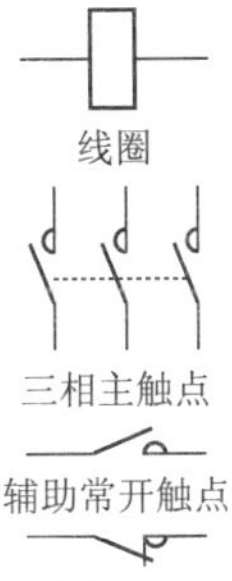线圈 三相主触点 辅助常开触点 辅助常闭触点	控制电动机正转电源用
KM_2				控制电动机反转电源用
FR	热继电器 JR36-20 10~16A	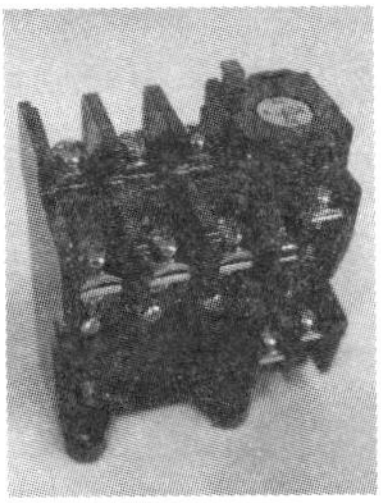	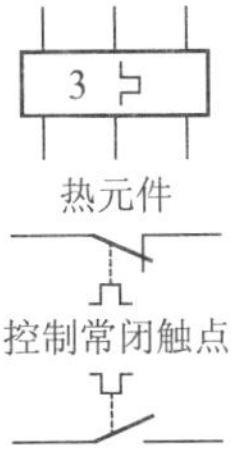3 热元件 控制常闭触点 控制常开触点	电动机过载保护用
SB_1	按钮开关 LAY7	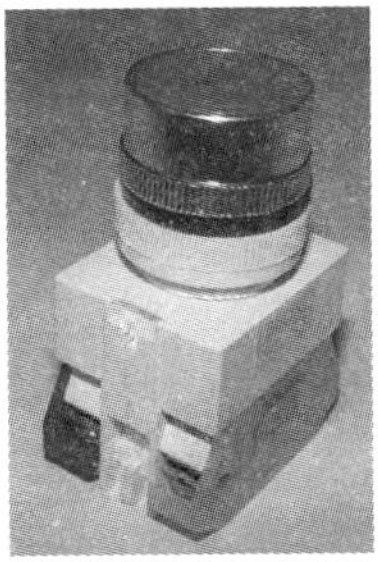	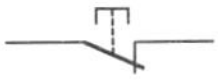常闭触点	电动机停止操作用
SB_2			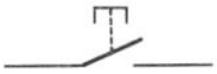常开触点	电动机正转启动操作用
SB_3				电动机反转启动操作用

续表 2.4

符　号	名称、型号及规格	器件外形及相关部件介绍		作　用
M	三相异步电动机 Y132S1-2 5.5kW，11.1A		M 3~	拖动

依据电气元件作用表给出的相关技术数据选择导线，本电路所配电动机型号为 Y132S1-2、功率为 5.5kW、电流为 11.1A。其电动机线 U_1、V_1、W_1 可选用 BV 2.5mm^2 导线；电源线 L_1、L_2、L_3 可选用 BV 2.5mm^2 导线；控制线 1、3、5、7 可选用 BVR 1.0mm^2 导线。

电路调试

断开主回路断路器 QF_1，合上控制回路断路器 QF_2，调试控制回路。

先按下正转启动按钮 SB_2，看交流接触器 KM_1 线圈是否能吸合且自锁，若能，再按下反转启动按钮 SB_3，看交流接触器 KM_1 线圈是否仍然吸合着，若能，说明正转交流接触器 KM_1 常闭触点串联在反转交流接触器 KM_2 线圈回路中，并已起互锁作用，这时可按下停止按钮 SB_1，让交流接触器 KM_1 线圈断电释放。

再按下反转启动按钮 SB_3，看交流接触器 KM_2 线圈是否能吸合且自锁，若能，再按下正转启动按钮 SB_2，看交流接触器 KM_2 线圈是否仍然吸合着，若能，说明反转交流接触器 KM_2 常闭触点串联在正转交流接触器 KM_1 线圈回路中，并已起互锁作用了。

通过以上调试说明控制回路一切正常，交流接触器辅助常闭触点也能起到互锁作用。

控制回路调试完毕后，再检查主回路连线是否正确，以及连线是否良好。若无问题，可合上主回路断路器 QF_1，送电直接试车即可。需注意的是，电动机的旋转方向必须与设备所需的正向或反向要求一致。

常见故障及排除方法

（1）主回路断路器 QF_1 送不上（在控制回路断路器 QF_2 处于断开状态时），其主要原因是断路器自身脱扣器损坏；交流接触器 KM_1、KM_2 主触点连接处短路。对于断路器 QF_1 脱扣器故障，需更换一只新脱扣器。对于交流接触器 KM_1、KM_2 主触点连接处短路故障，则根据现场情况酌情解决。若此部分导线短路则需更换短路导线；若是连接点处短路，可查明原因更换静触点或设法使已碳化的壳体部分绝缘电阻大于 1MΩ。

（2）无论是正转还是反转，电动机都是“嗡嗡”响不转且电动机壳体温度很高。此故障是三相电源缺相所致，根据上述现象可检查三相电源公共部分，也就是供电电源是否正常、断路器 QF_1 是否缺相、热继电器 FR 是否损坏、主回路相关连线是否有松动现象、电动机绕组是否缺相。通过上述检查后，查出故障点并加以排除。

（3）正转时按下按钮 SB_2，交流接触器 KM_1 线圈得电吸合但不能自锁为点动状态。此故障是 KM_1 自锁触点闭合不了或 KM_1 自锁回路连线脱落所致。若 KM_1 自锁触点损坏，则根据交流接触器型号更换触点；有的交流接触器触点不能更换时，则需要更换整个交流接触器。若自锁回路连线脱落故障，重新将脱落导线恢复即可。

（4）热继电器冒烟，可看到火光，但不跳闸。此故障原因是电动机处于过载状态，同时热继电器自身损坏而不能跳闸，最常见的原因是热继电器 FR 常闭触点断不开。检查并排除过载问题后，更换一只同型号的热继电器即可。

2.5 接触器、按钮双互锁的可逆启停控制电路

工作原理（图 2.21）

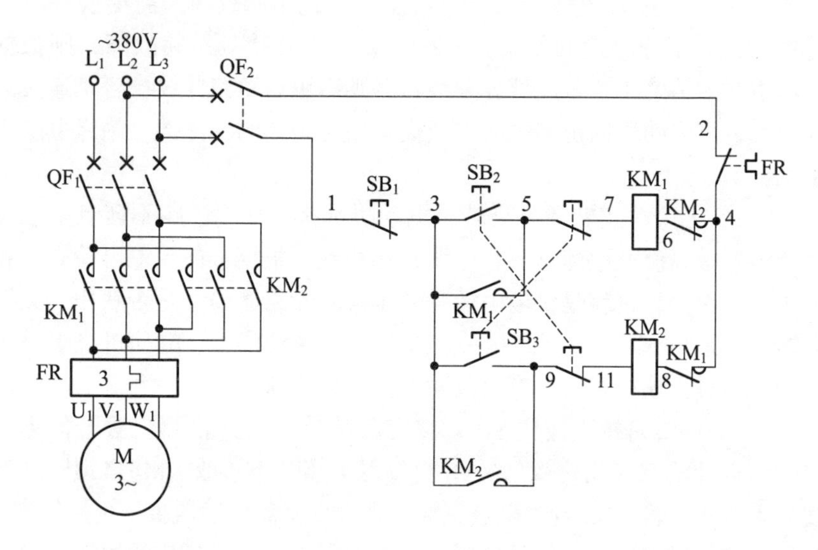

图 2.21　接触器、按钮双互锁的可逆启停控制电路原理图

首先，合上主回路断路器 QF_1、控制回路断路器 QF_2，为电路工作提供准备条件。

正转启动：按下正转启动按钮 SB_2，SB_2 的一组串联在反转交流接触器 KM_2 线圈回路中的常闭触点（9-11）断开，为按钮常闭触点互锁保护；SB_2 的另一组常开触点（3-5）闭合，正转交流接触器 KM_1 线圈得电吸合且 KM_1 辅助常开触点（3-5）闭合自锁，KM_1 三相主触点闭合，电动机得电正转运转；KM_1 串联在反转交流接触器 KM_2 线圈回路中的辅助常闭触点（4-8）断开，为接触器常闭触点互锁保护。

反转启动：按下反转启动按钮 SB_3，SB_3 的一组串联在正转交流接触器 KM_1 线圈回路中起到按钮互锁保护作用的常闭触点（5-7）断开，切断正转交流接触器 KM_1 线圈回路电源，KM_1 三相主触点断开，电动机失电正转停止运转；起到接触器互锁保护作用的 KM_1 辅助常闭触点（4-8）恢复常闭状态，为反转启动做准备。由于 SB_3 的另一组常开触

点（3-9）已按下，此时反转交流接触器 KM_2 线圈得电吸合且 KM_2 辅助常开触点（3-9）闭合自锁，KM_2 三相主触点闭合，电动机得电反转运转；KM_2 串联在正转交流接触器 KM_1 线圈回路中起到接触器互锁保护作用的辅助常闭触点（4-6）断开，为双互锁保护。

停止： 无论正转还是反转运转，欲停止时，按下停止按钮 SB_1（1-3），正转交流接触器 KM_1 或反转交流接触器 KM_2 线圈断电释放，KM_1 辅助常开触点（3-5）或 KM_2 辅助常开触点（3-9）断开，解除自锁，KM_1 或 KM_2 三相主触点断开，电动机失电停止运转。

电路布线图（图 2.22）

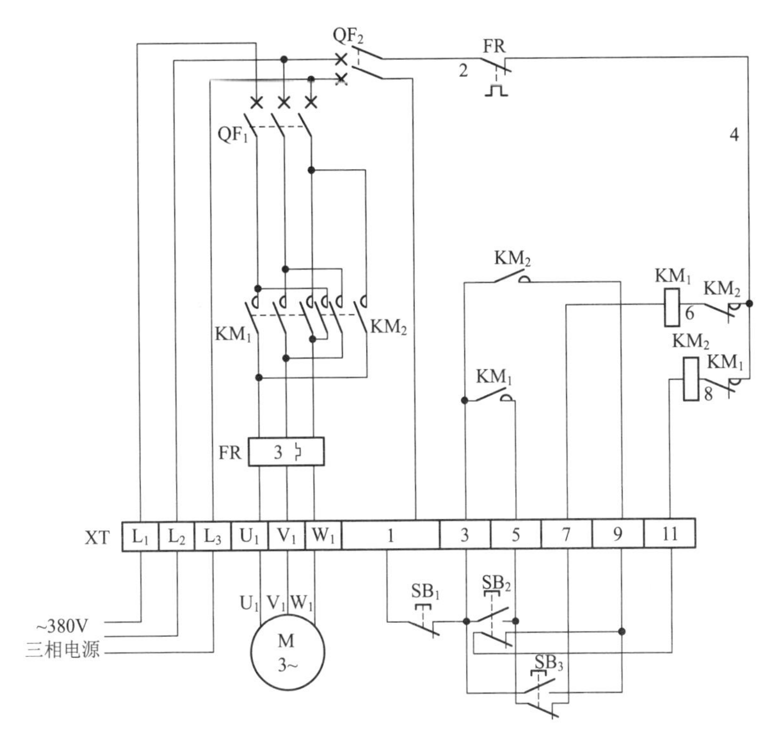

图 2.22　接触器、按钮双互锁的可逆启停控制电路布线图

从图 2.22 中可以看出，XT 为接线端子排，通过端子排 XT 来区分电气元件的安装位置，XT 的上方为放置在配电箱内底板上的电气元件，XT 的下方为外接或引至配电箱门面板上的电气元件。

从端子排 XT 上看，共有 12 个接线端子。其中，L_1、L_2、L_3 这 3 根线为由外引入配电箱的三相交流 380V 电源，并穿管引入；U_1、V_1、W_1 这 3 根线为电动机线，穿管接至电动机接线盒内的 U_1、V_1、W_1 上；1、3、5、7、9、11 这 6 根线为控制线，接至配电箱门面板上的按钮开关 SB_1、SB_2、SB_3 上。

电路接线图（图 2.23）

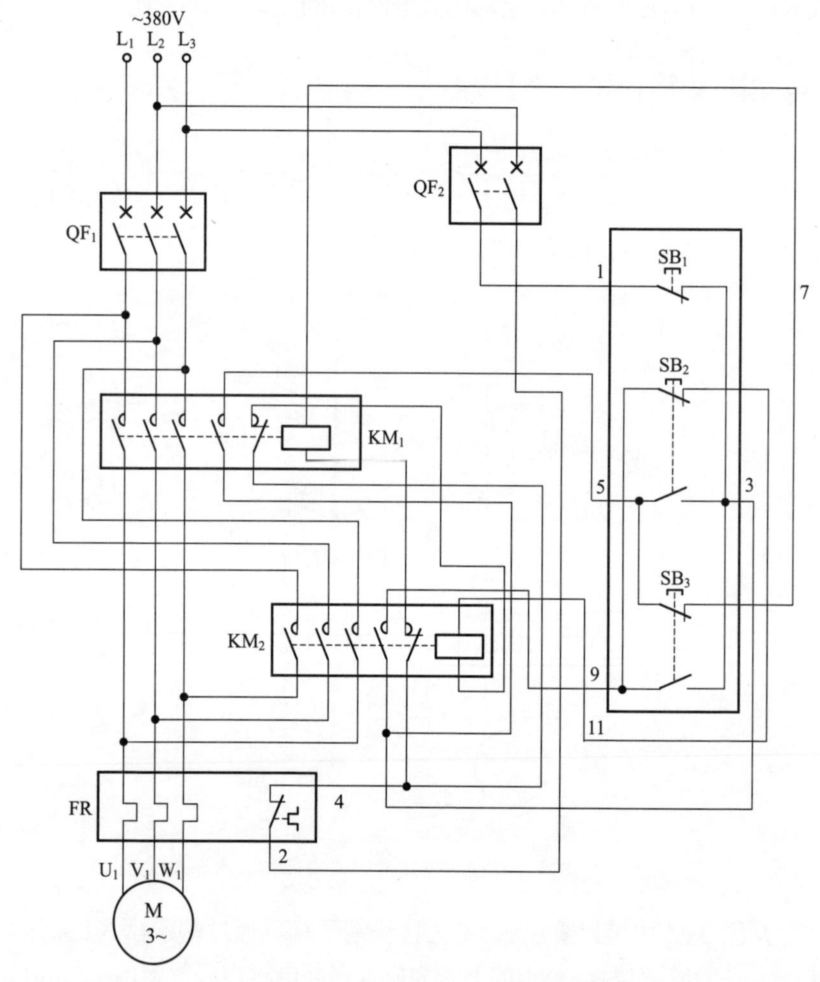

图 2.23　接触器、按钮双互锁的可逆启停控制电路实际接线

元器件安装排列图及端子图（图 2.24）

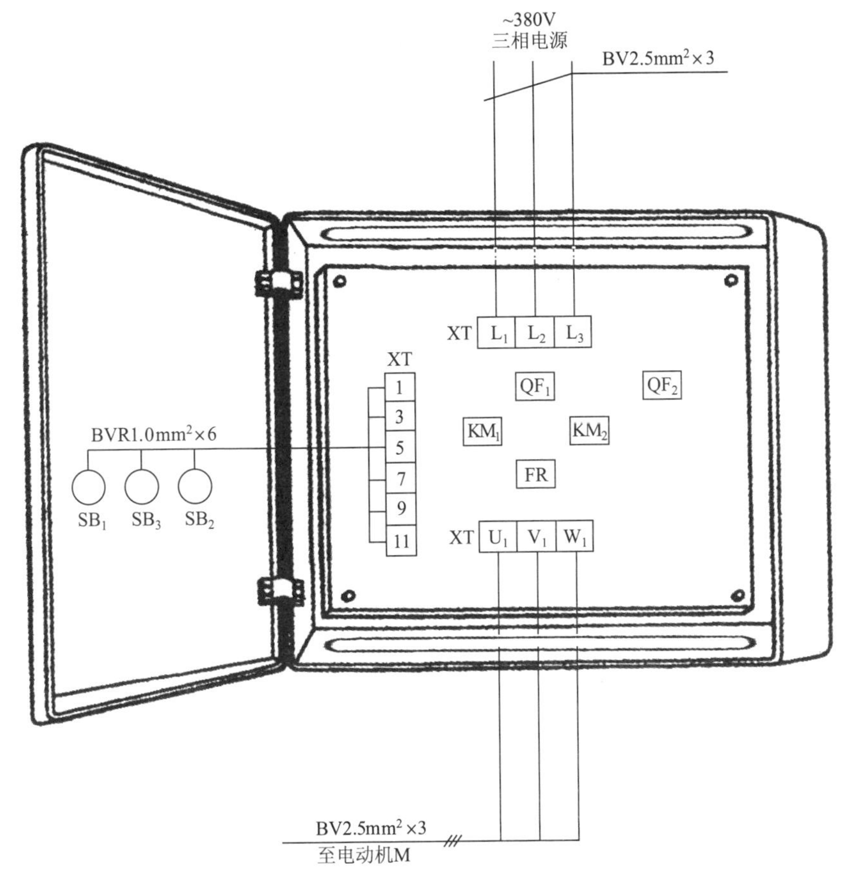

图 2.24 接触器、按钮双互锁的可逆启停控制电路元器件安装排列图及端子图

从图 2.24 中可以看出，断路器 QF_1、QF_2，交流接触器 KM_1、KM_2，热继电器 FR 安装在配电箱内底板上；按钮开关 SB_1、SB_2、SB_3 安装在配电箱门面板上。

通过端子 L_1、L_2、L_3 将三相交流 380V 电源接入配电箱中。

端子 U_1、V_1、W_1 接至电动机接线盒中的 U_1、V_1、W_1 上。

端子 1、3、5、7、9、11 将配电箱内的器件与配电箱门面板上的按钮开关 SB_1、SB_2、SB_3 连接起来。

◆按钮接线图（图 2.25）

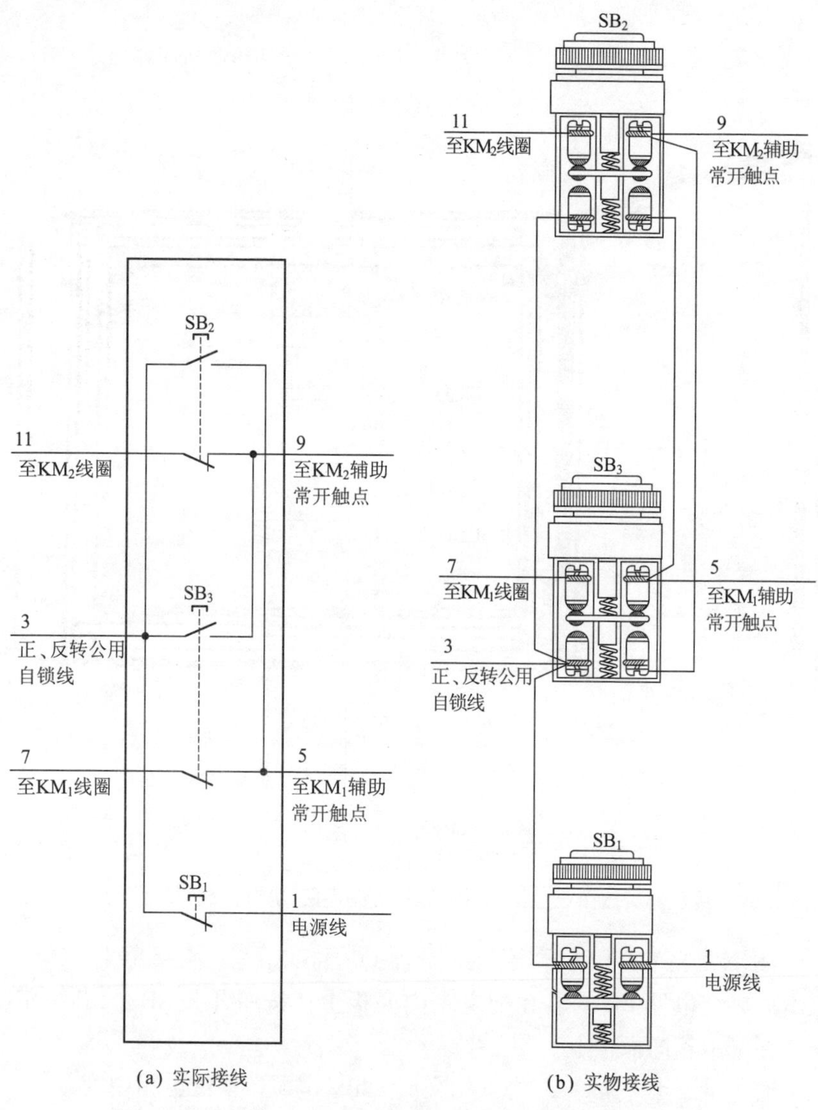

图 2.25　接触器、按钮双互锁的可逆启停控制电路按钮接线

电气元件作用表（表 2.5）

表 2.5 电气元件作用表

符 号	名称、型号及规格	器件外形及相关部件介绍		作 用
QF_1	断路器 CDM1-63 20A，三极	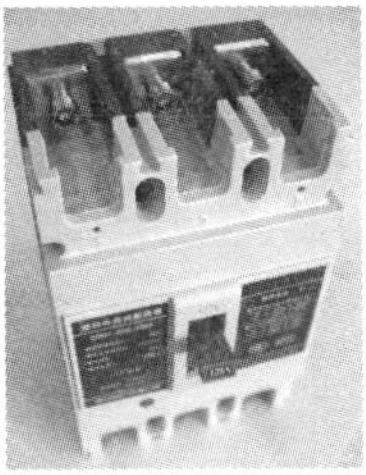	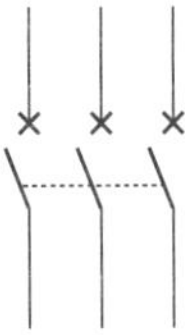三极断路器	主回路 短路保护
QF_2	断路器 DZ47-63 6A，二极	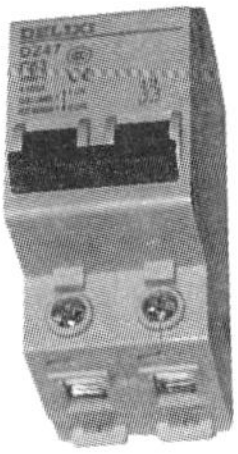DELIXI DZ47	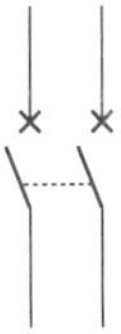二极断路器	控制回路 短路保护
KM_1	交流接触器 CJX2-1810 带 F4-22 辅助触点， 线圈电压 380V	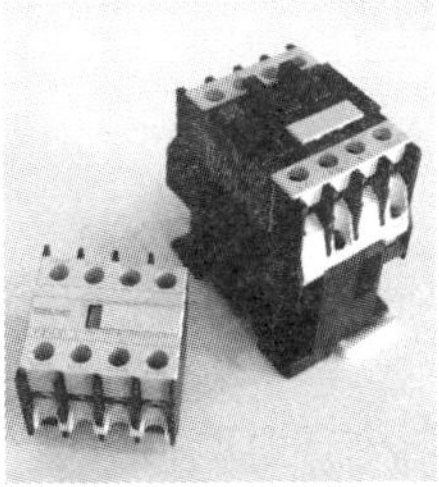	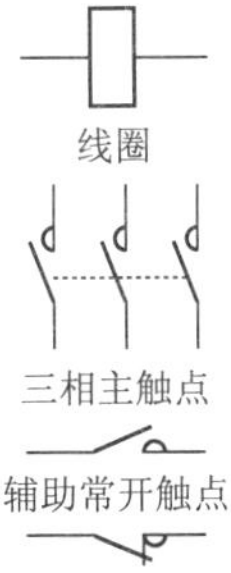线圈 三相主触点 辅助常开触点 辅助常闭触点	控制电动机 正转电源
KM_2				控制电动机 反转电源
FR	热继电器 JRS1D-25 12~18A	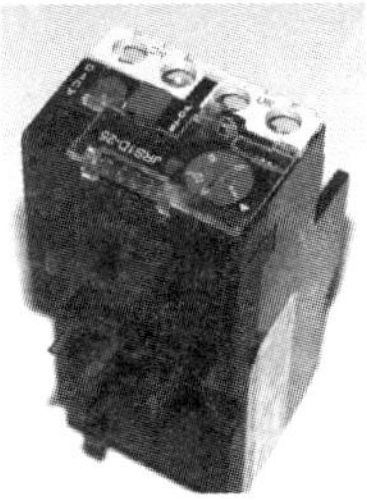	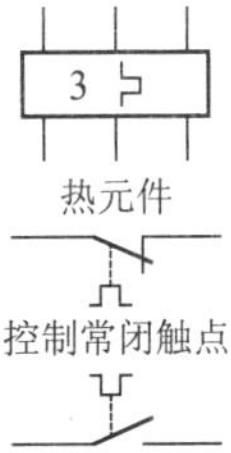3 热元件 控制常闭触点 控制常开触点	电动机 过载保护

续表 2.5

符　号	名称、型号及规格	器件外形及相关部件介绍		作　用
SB_1	按钮开关 LAY7		常闭触点	停止电动机操作用
SB_2			一组常开触点 一组常闭触点	操作启动电动机正转控制用
SB_3				操作启动电动机反转控制用
M	三相异步电动机 Y132M2-6 5.5kW，12.6A		M 3~	拖动

依据电气元件作用表给出的相关技术数据选择导线，本电路所配电动机型号为 Y132M2-6、功率为 5.5kW、电流为 12.6A。其电动机线 U_1、V_1、W_1 可选用 BV 2.5mm^2 导线；电源线 L_1、L_2、L_3 可选用 BV 2.5mm^2 导线；控制线 1、3、5、7、9、11 可选用 BVR 1.0mm^2 导线。

电路调试

在调试之前，必须先检查电路接线是否正确，重点检查如下：

（1）检查正转交流接触器 KM_1 串联在反转交流接触器 KM_2 线圈回路中的互锁辅助常闭触点（4-8）是否正确。

（2）检查正转启动按钮 SB_2 串联在反转交流接触器 KM_2 线圈回路中的互锁常闭触点（9-11）是否正确。

（3）检查反转交流接触器 KM_2 串联在正转交流接触器 KM_1 线圈回路中的互锁辅助常闭触点（4-6）是否正确。

（4）检查反转启动按钮 SB_3 串联在正转交流接触器 KM_1 线圈回路中的互锁常闭触点（5-7）是否正确。

（5）检查正转交流接触器 KM_1 辅助常开自锁触点（3-5）是否并联在正转启动按钮 SB_2 的常开触点（3-5）上。

（6）检查反转交流接触器 KM_2 辅助常开自锁触点（3-9）是否并联在反转启动按钮 SB_3 的常开触点（3-9）上。

（7）检查电动机过载热继电器 FR 的控制常闭触点（2-4）是否串联在控制回路中。

（8）检查停止按钮 SB_1（1-3），是否串联在控制回路中。

（9）检查反转交流接触器 KM_2 主触点是否倒相了。

若上述检查无误后，可合上主回路断路器 QF_1、控制回路断路器 QF_2，对电路进行调试。通电后需注意电动机的转向必须与配电设备上的标注相同。

正转启动时，按下正转启动按钮 SB_2，观察配电箱内的正转交流接触器 KM_1 线圈能否得电动作且自锁，观察电动机的转向是否符合要求，如不符，并加以调整。符合以上情况说明正转启动回路工作正常。

反转启动时，无需按停止按钮 SB_1，直接按反转启动按钮 SB_3，观察配电箱内的正转交流接触器 KM_1 线圈应断电释放，电动机应正转停止运转；同时观察配电箱内的反转交流接触器 KM_2 线圈能否得电动作且自锁，若能，再观察电动机的转向是否已改为相反转向（反转），若是，说明反转启动回路工作也正常。

在反转启动运转后，无需按停止按钮 SB_1，直接按正转启动按钮 SB_2，配电箱内的反转交流接触器 KM_2 线圈应断电释放，电动机应反转停止运转；同时观察配电箱内的正转交流接触器 KM_1 线圈能否得电动作且自锁，若能，再观察电动机的转向是否又改为相反转向（正转），若是，说明正转启动回路工作正常。

无论操作正转或反转启动按钮 SB_2 或 SB_3 后，正转交流接触器 KM_1 或反转交流接触器 KM_2 线圈吸合动作，电动机得电正转或反转工作后，欲停止时，按下停止按钮 SB_1，观察配电箱内的交流接触器 KM_1 或 KM_2 线圈能否断电释放，使电动机停止运转。若能，说明停止回路工作正常。

通过以上调试后，可交付投入运行。最后将热继电器电流旋钮旋至 13A 刻度处即可。

常见故障及排除方法

（1）正反转操作均无反应（控制回路电压正常）。此故障原因最大可能在于公共电路，即停止按钮 SB_1 断路或热继电器 FR 常闭触点断路。用万用表检查上述两只电气元件是否正常，找出故障点并加以排除。

（2）反转启动变为点动。此故障为反转交流接触器 KM_2 自锁触点损坏所致。检查 KM_2 自锁回路即可排除故障。

（3）正转启动正常，但按停止按钮 SB_1 时，交流接触器 KM_1 线圈不释放，按住 SB_1 很长时间 KM_1 才能释放恢复原始状态。此故障为 KM_1 铁心极面脏所致。用细砂纸或干布擦净 KM_1 动、静铁心极面即可。

2.6 只有按钮互锁的可逆点动控制电路

工作原理（图 2.26）

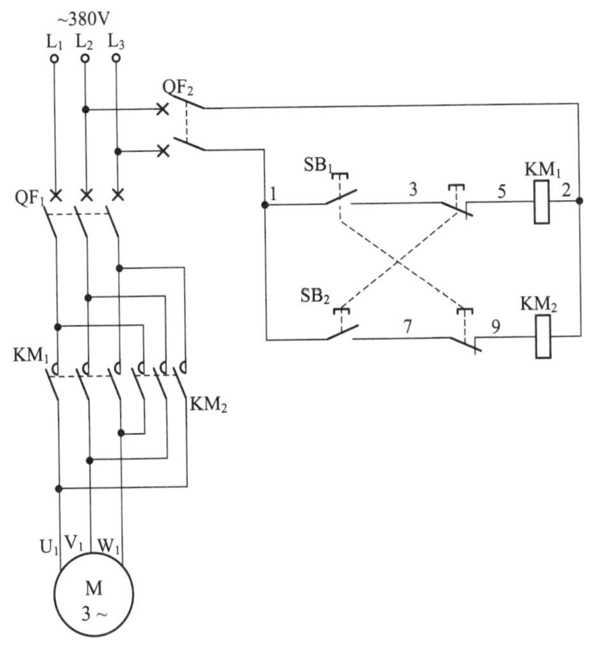

图 2.26 只有按钮互锁的可逆点动控制电路原理图

合上主回路断路器 QF_1、控制回路断路器 QF_2，为电路工作做准备。

正转点动：按下正转点动按钮 SB_1 不松手，SB_1 的一组串联在反转交流接触器 KM_2 线圈回路中的常闭触点（7-9）断开，起到互锁作用；SB_1 的另一组常开触点（1-3）闭合，正转交流接触器 KM_1 线圈得电吸合，KM_1 三相主触点闭合，电动机得电正转运转。松开正转点动按钮 SB_1，正转交流接触器 KM_1 线圈断电释放，KM_1 三相主触点断开，电动机失电正转停止运转。

反转点动：按下反转点动按钮 SB_2 不松手，SB_2 的一组串联在正转交流接触器 KM_1 线圈回路中的常闭触点（3-5）断开，起到互锁作用；SB_2 的另一组常开触点（1-7）闭合，反转交流接触器 KM_2 线圈得电吸合，

KM_2 三相主触点闭合，电动机得电反转运转；松开反转点动按钮 SB_2，反转交流接触器 KM_2 线圈断电释放，KM_2 三相主触点断开，电动机失电反转停止运转。

电路布线图（图 2.27）

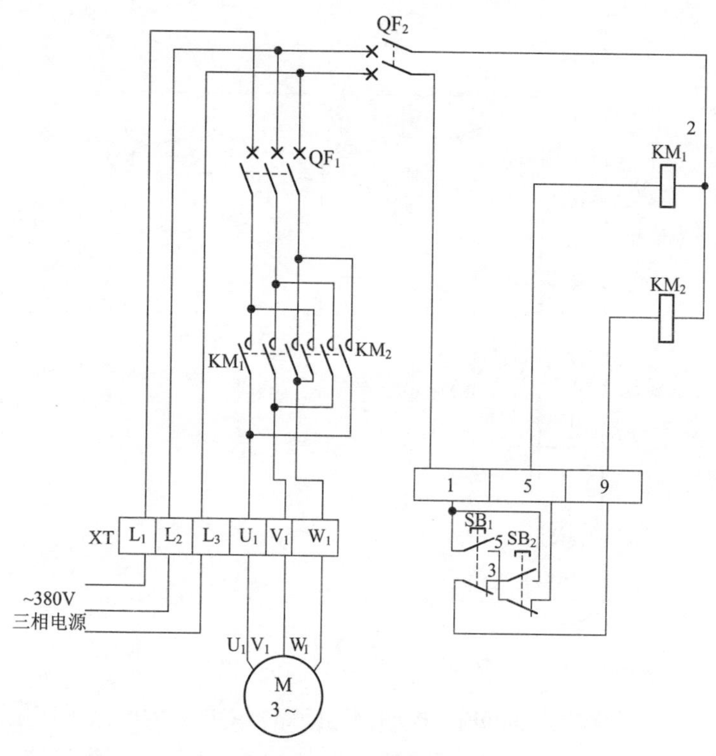

图 2.27　只有按钮互锁的可逆点动控制电路布线图

从图 2.27 中可以看出，XT 为接线端子排，通过端子排 XT 来区分电气元件的安装位置，XT 的上方为放置在配电箱内底板上的电气元件，XT 的下方为外接或引至配电箱门面板上的电气元件。

从端子排 XT 上看，共有 9 个接线端子。其中，L_1、L_2、L_3 这 3 根线为由外引入配电箱的三相交流 380V 电源，并穿管引入；U_1、V_1、W_1 这 3 根线为电动机线，穿管接至电动机接线盒内的 U_1、V_1、W_1 上；1、5、9 这 3 根线为控制线，接至配电箱门面板上的按钮开关 SB_1、SB_2 上。

电路接线图（图 2.28）

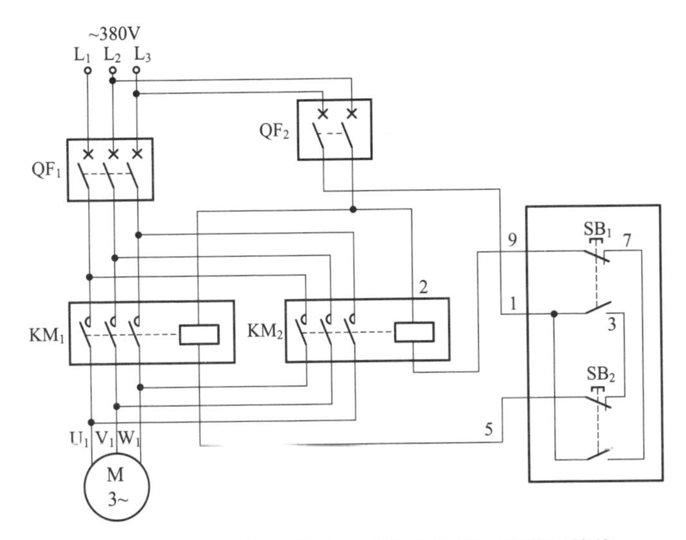

图 2.28　只有按钮互锁的可逆点动控制电路实际接线

元器件安装排列图及端子图（图 2.29）

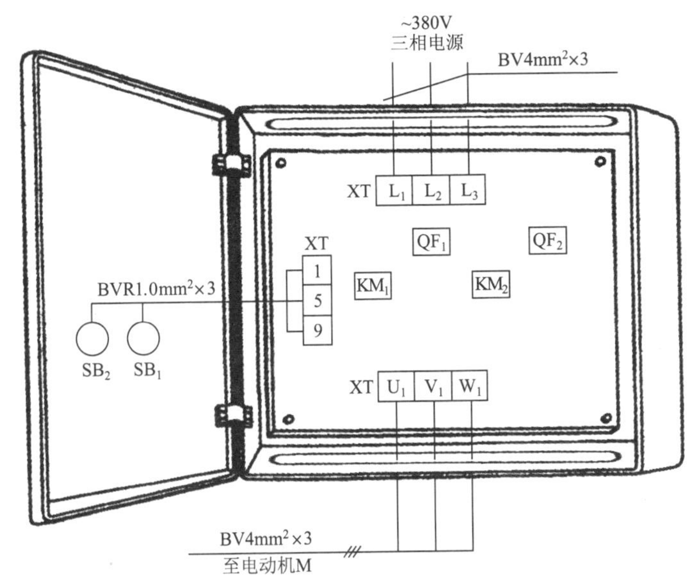

图 2.29　只有按钮互锁的可逆点动控制电路元器件安装排列图及端子图

从图 2.29 中可以看出，断路器 QF_1、QF_2，交流接触器 KM_1、KM_2 安装在配电箱内底板上；按钮开关 SB_1、SB_2 安装在配电箱门面板上。

通过端子 L_1、L_2、L_3 将三相交流 380V 电源接入配电箱中。

端子 U_1、V_1、W_1 接至电动机接线盒中的 U_1、V_1、W_1 上。

端子 1、5、9 将配电箱内的器件与配电箱门面板上的按钮开关 SB_1、SB_2 连接起来。

按钮接线图（图 2.30）

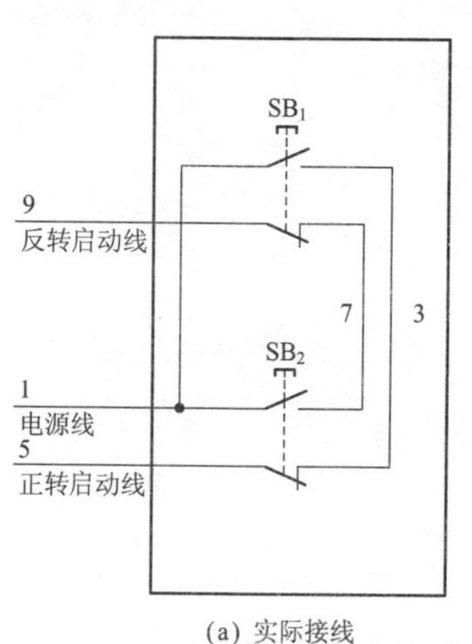

(a) 实际接线

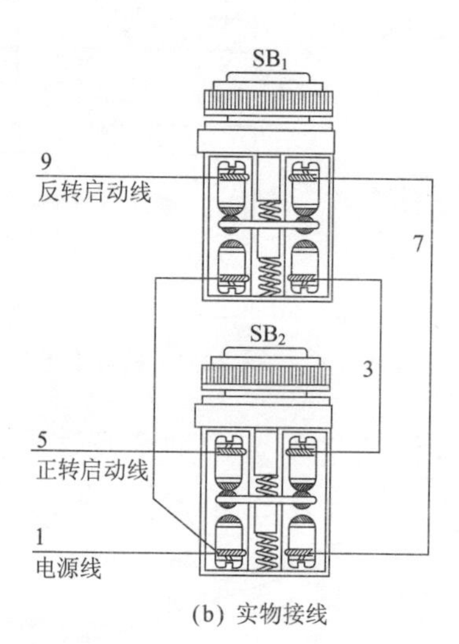

(b) 实物接线

图 2.30　只有按钮互锁的可逆点动控制电路按钮接线

电气元件作用表（表 2.6）

表 2.6　**电气元件作用表**

符　号	名称、型号及规格	器件外形及相关部件介绍		作　用
QF_1	断路器 CDM1-63 32A，三极		三极断路器	主回路短路保护

续表 2.6

符 号	名称、型号及规格	器件外形及相关部件介绍		作 用
QF_2	断路器 DZ47-63 6A，二极	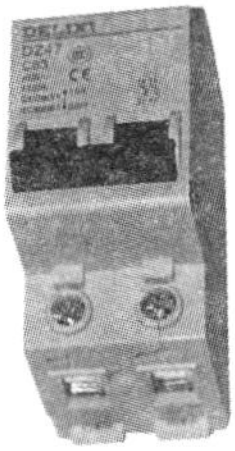	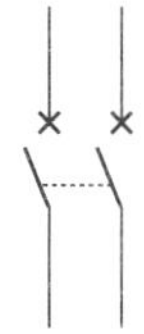 二极断路器	控制回路短路保护
KM_1	交流接触器 CDC10-20 线圈电压 380V		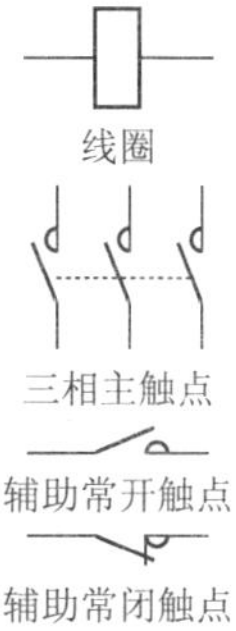 线圈 三相主触点 辅助常开触点 辅助常闭触点	控制电动机正转电源用
KM_2				控制电动机反转电源用
SB_1	按钮开关 LAY8		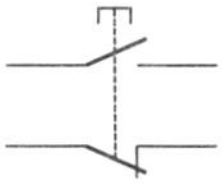 一组常开触点 一组常闭触点	电动机正转点动操作用
SB_2				电动机反转点动操作用
M	三相异步电动机 Y160L-8 7.5kW，17.7A		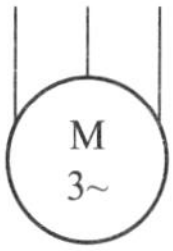 M 3~	拖动

依据电气元件作用表给出的相关技术数据选择导线，本电路所配电动机型号为 Y160L-8、功率为 7.5kW、电流为 17.7A。其电动机线 U_1、V_1、W_1 可选用 BV $4mm^2$ 导线；电源线 L_1、L_2、L_3 可选用 BV $4mm^2$ 导线；控制线 1、5、9 可选用 BVR $1.0mm^2$ 导线。

电路调试

在未调试之前首先检查主回路反转交流接触器 KM_2 主触点是否已倒相（相序是否改变了），再检查控制回路点动按钮开关 SB_1（正转点动）或 SB_2（反转点动）的另一组常闭触点是否已串联在对方线圈回路中，若正确无误，便可调试控制回路。

控制回路调试：合上控制回路断路器 QF_2（主回路断路器 QF_1 处于断开状态），按动正转点动按钮 SB_1，交流接触器 KM_1 线圈应得电吸合。此时按下正转点动按钮 SB_1 的手不要松开继续按着，再用另一手按动反转点动按钮 SB_2，观察交流接触器 KM_2 的动作情况。若 KM_2 无反应，KM_1 线圈仍然吸合，则说明正转点动按钮串联在反转交流接触器 KM_2 线圈回路中的一组常闭触点已起互锁作用。此时，再松开正转点动按钮 SB_1（SB_2 仍按着不放），观察配电箱内交流接触器工作情况。此时正转交流接触器 KM_1 线圈断电释放，而反转交流接触器 KM_2 线圈得电吸合，再用手按动正转点动按钮 SB_1，正转交流接触器 KM_1 线圈应无反应不动作。通过上述方式检验，说明电路互锁正常。同时能完成正转或反转点动控制，即按下 SB_1 或 SB_2，KM_1 或 KM_2 吸合，松开 SB_1 或 SB_2，KM_1 或 KM_2 线圈断电释放。按住 SB_1 或 SB_2 的时间，就是电动机的运转时间（因主回路断路器 QF_1 未闭合，只有观察配电箱中的交流接触器 KM_1 或 KM_2 来完成调试），控制回路调试完成。

主回路调试：合上主回路断路器 QF_1，按动 SB_1 或 SB_2 观察电动机转向情况，同时观察机械传动系统是否有问题。只要按下 SB_1（正转），KM_1 线圈就吸合，其三相主触点闭合，电动机正转运转；松开 SB_1，KM_1 线圈断电释放，其三相主触点断开，电动机正转停止。按下 SB_2（反转），KM_2 线圈吸合，其三相主触点闭合，电动机反转运转；松开 SB_2，KM_2 线圈断电释放，其三相主触点断开，电动机反转停止。若能按上述要求完成控制，调试工作结束。

常见故障及排除方法

（1）出现相间短路问题。该电路存在的最大安全隐患是，若任何一只交流接触器［无论是正转（KM_1）还是反转（KM_2）］出现主触点熔焊或延时释放问题，这时操作相反转向按钮，会出现两只交流接触器同时吸合现象，从而造成短路事故发生。解决方法是尽量减少点动操作频率，防止主触点熔焊。另外对于交流接触器延时释放问题，可经常对交流接触器的动、静铁心极面进行检查，以防有油污而造成上述问题。

注意：交流接触器出现自身机械卡住故障时，也会出现上述问题。

（2）按动正转点动按钮 SB_1 或反转点动按钮 SB_2，电动机均发出“嗡嗡”声而不运转。此故障为电源缺相所致，从电路中分析，正转交流接触器 KM_1、反转交流接触器 KM_2 同时出现缺相的可能性不大，应重点检查电源进线 L_1、L_2、L_3 和主回路断路器 QF_1，以及两只交流接触器下端至电动机公共部分是否有缺相现象，并加以排除。

（3）按动正转点动按钮 SB_1，正常；按动反转点动按钮 SB_2，无反应。可能原因有 4 个：一是 SB_2 反转点动按钮损坏或接触不良；二是 SB_1 互锁常闭触点开路或接触不良；三是交流接触器 KM_2 线圈断路；四是与上述操作相关的器件连线有脱落现象。

（4）新安装的电路，试车过程中长时间按动正转点动按钮 SB_1，交流接触器线圈冒烟烧毁。其故障很可能是新安装的交流接触器 KM_1 线圈电压与电源电压不符，例如将一只线圈电压为 220V 的交流接触器用于 380V 电源上了。换一只线圈电压为 380V 的同型号接触器即可。

（5）按动正转点动按钮 SB_1 或反转点动按钮 SB_2，两只交流接触器 KM_1、KM_2 线圈同时吸合，造成主回路相间短路，使断路器 QF_1 动作跳闸。此故障一般为按钮线 5#、9#两根导线短路或连线搭接所致，如图 2.31 中虚线所示。

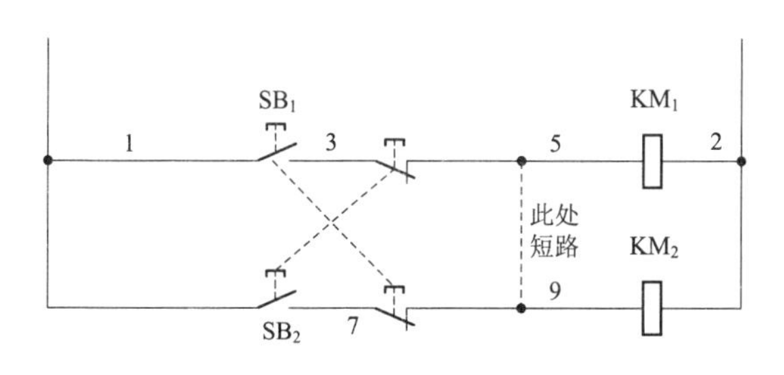

图 2.31 故障回路

2.7 只有接触器辅助常闭触点互锁的可逆点动控制电路

工作原理（图 2.32）

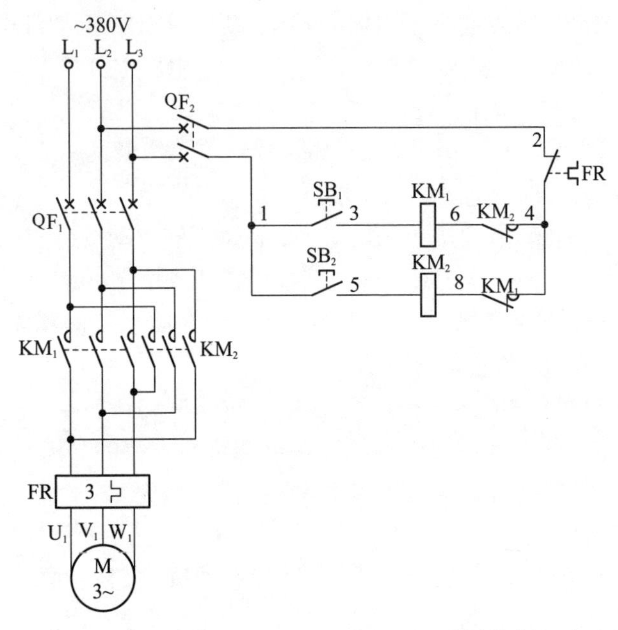

图 2.32　只有接触器辅助常闭触点互锁的可逆点动控制电路原理图

合上主回路断路器 QF_1、控制回路断路器 QF_2，为电路工作做准备。

正转点动： 按下正转点动按钮 SB_1（1–3）不松手，正转交流接触器 KM_1 线圈得电吸合，KM_1 三相主触点闭合，电动机得电正转运转；同时，KM_1 串联在 KM_2 线圈回路中的辅助常闭触点（4–8）断开，起互锁作用；松开正转点动按钮 SB_1（1–3），正转交流接触器 KM_1 线圈断电释放，KM_1 三相主触点断开，电动机失电停止运转。

反转点动： 按下反转点动按钮 SB_2（1–5）不松手，反转交流接触器 KM_2 线圈得电吸合，KM_2 三相主触点闭合，电动机得电反转运转；同时，KM_2 串联在 KM_1 线圈回路中的辅助常闭触点（4–6）断开，起互锁作用；松开反转点动按钮 SB_2（1–5），反转交流接触器 KM_2 线圈断电释放，KM_2 三相主触点断开，电动机失电停止运转。

电路布线图（图 2.33）

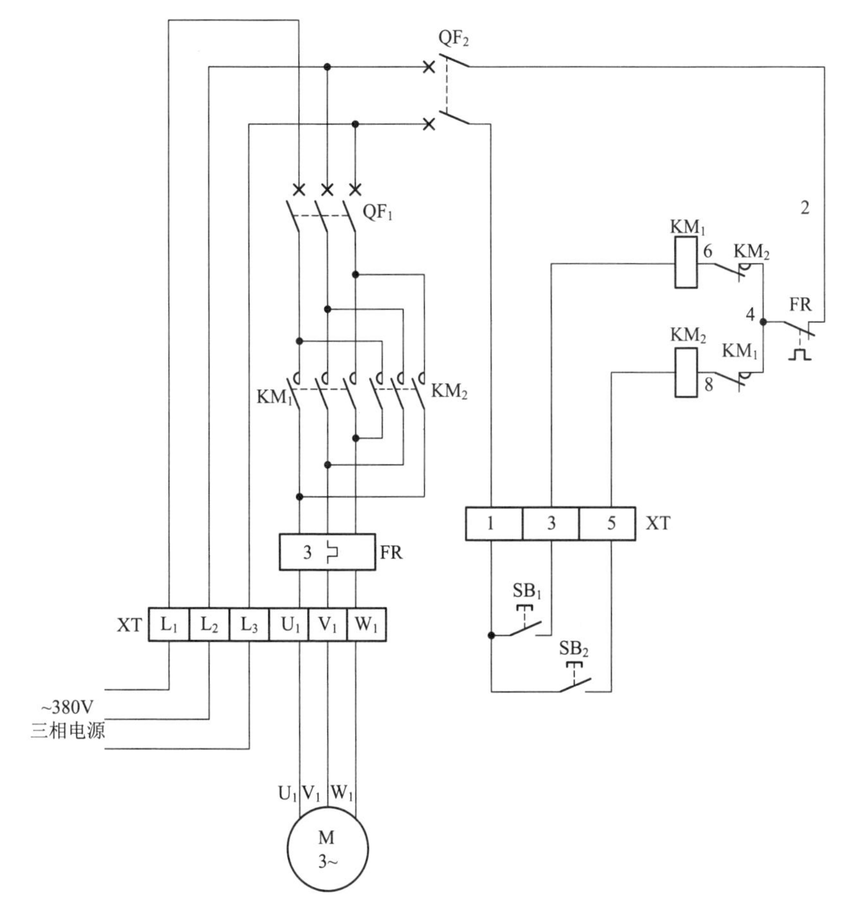

图 2.33　只有接触器辅助常闭触点互锁的可逆点动控制电路布线图

从图 2.33 中可以看出，XT 为接线端子排，通过端子排 XT 来区分电气元件的安装位置，XT 的上方为放置在配电箱内底板上的电气元件，XT 的下方为外接或引至配电箱门面板上的电气元件。

从端子排 XT 上看，共有 9 个接线端子。其中，L_1、L_2、L_3 这 3 根线为由外引入配电箱的三相交流 380V 电源，并穿管引入；U_1、V_1、W_1 这 3 根线为电动机线，穿管接至电动机接线盒内的 U_1、V_1、W_1 上；1、3、5 这 3 根线为控制线，接至配电箱门面板上的按钮开关 SB_1、SB_2 上。

电路接线图（图 2.34）

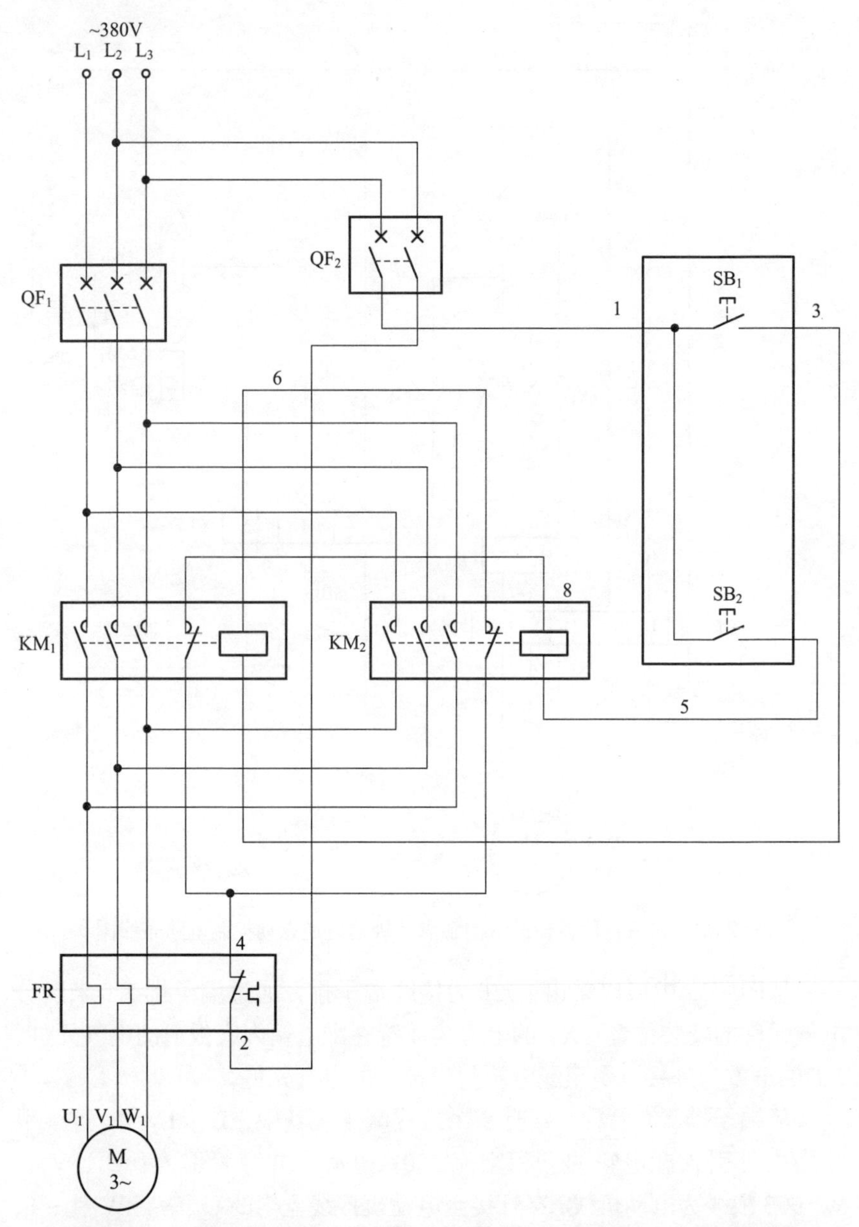

图 2.34　只有接触器辅助常闭触点互锁的可逆点动控制电路实际接线

元器件安装排列图及端子图（图 2.35）

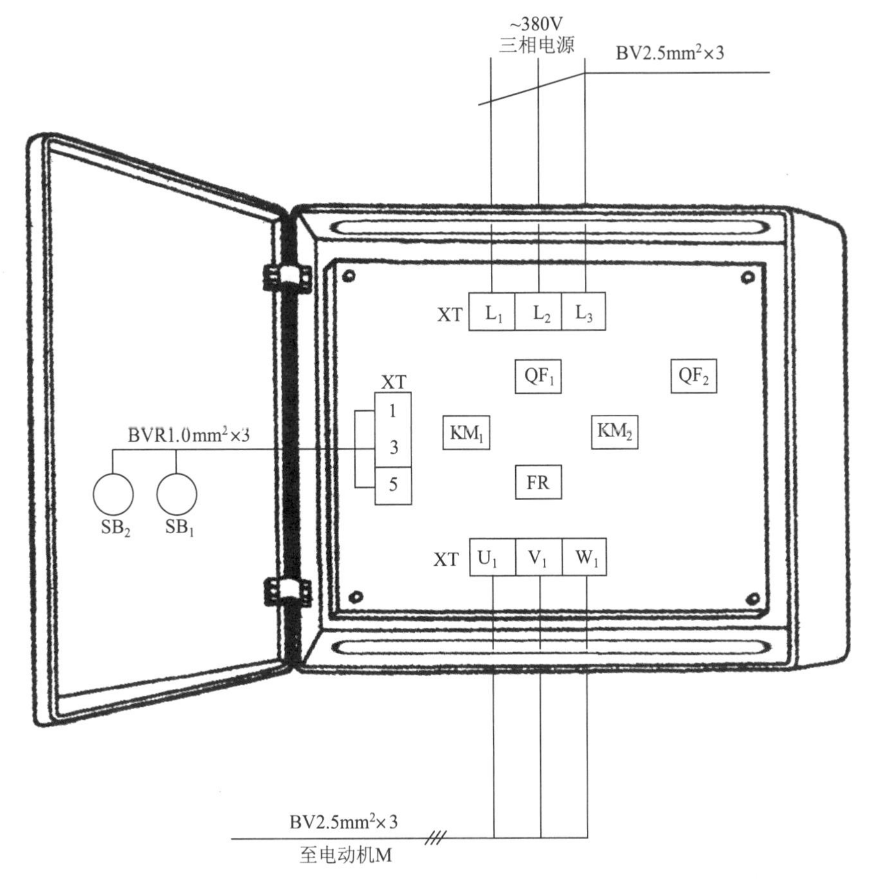

图 2.35 只有接触器辅助常闭触点互锁的可逆点动控制电路元器件安装排列图及端子图

从图 2.35 中可以看出，断路器 QF_1、QF_2，交流接触器 KM_1、KM_2，热继电器 FR 安装在配电箱内底板上；按钮开关 SB_1、SB_2 安装在配电箱门面板上。

通过端子 L_1、L_2、L_3 将三相交流 380V 电源接入配电箱中。

端子 U_1、V_1、W_1 接至电动机接线盒中的 U_1、V_1、W_1 上。

端子 1、3、5 将配电箱内的器件与配电箱门面板上的按钮开关 SB_1、SB_2 连接起来。

按钮接线图（图 2.36）

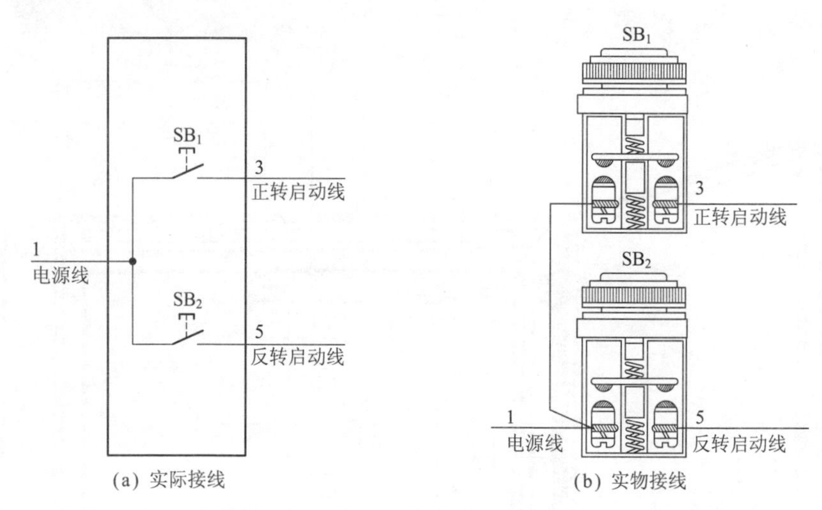

(a) 实际接线　　(b) 实物接线

图 2.36　只有接触器辅助常闭触点互锁的可逆点动控制电路按钮接线

电气元件作用表（表 2.7）

表 2.7　电气元件作用表

符　号	名称、型号及规格	器件外形及相关部件介绍		作　用
QF_1	断路器 CDM1-63 16A，三极		三极断路器	主回路短路保护
QF_2	断路器 DZ47-63 6A，二极		二极断路器	控制回路短路保护

续表 2.7

符　号	名称、型号及规格	器件外形及相关部件介绍		作　用
KM_1	交流接触器 CJX2-0901 线圈电压 380V		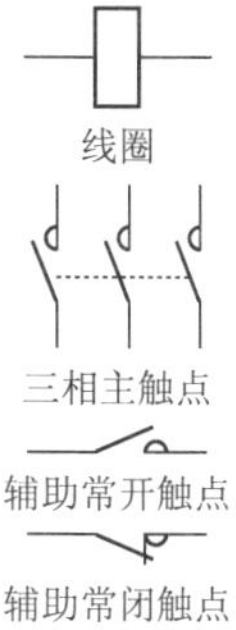 线圈 三相主触点 辅助常开触点 辅助常闭触点	控制电动机正转电源用
KM_2				控制电动机反转电源用
FR	热继电器 JRS1D-25 7~10A		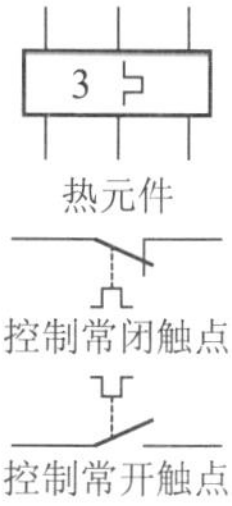 3 热元件 控制常闭触点 控制常开触点	电动机过载保护用
SB_1	按钮开关 LAY7		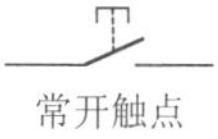 常开触点	电动机正转点动操作用
SB_2				电动机反转点动操作用
M	三相异步电动机 Y132M-8 3kW，7.7A		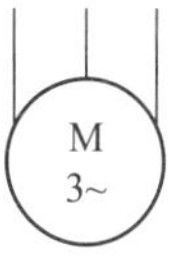 M 3~	拖动

依据电气元件作用表给出的相关技术数据选择导线，本电路所配电动机型号为 Y132M-8、功率为 3kW、电流为 7.7A。其电动机线 U_1、V_1、W_1 可选用 BV 2.5mm^2 导线；电源线 L_1、L_2、L_3 可选用 BV 2.5mm^2 导线；控制线 1、3、5 可选用 BVR 1.0mm^2 导线。

电路调试

在未送电之前，认真检查主回路是否倒相（指 KM_2），检查控制回路正转交流接触器 KM_1 的辅助常闭触点是否串联在反转交流接触器 KM_2 的线圈回路中，检查反转交流接触器 KM_2 的辅助常闭触点是否串联在正转交流接触器 KM_1 的线圈回路中，若一切正常可先调试控制回路。具体调试方法如下：合上控制回路断路器 QF_2（主回路断路器 QF_1 断开），一手按动正转点动按钮 SB_1 不放，交流接触器 KM_1 线圈得电吸合，用另一只手按动反转点动按钮 SB_2，若反转交流接触器 KM_2 线圈无反应，不吸合动作，则说明正转交流接触器 KM_1 辅助常闭触点已起到互锁作用。再用同样的方法调试反转情况，此时，一手按动反转点动按钮 SB_2 不放，交流接触器 KM_2 线圈得电吸合，而另一只手按动正转点动按钮 SB_1，若正转交流接触器 KM_1 线圈无反应，不吸合动作，则说明反转交流接触器 KM_2 辅助常闭触点已起到互锁作用，说明互锁电路工作正常。

然后调试主回路，合上主回路断路器 QF_1，任意按动正转点动按钮 SB_1 或反转点动按钮 SB_2，交流接触器 KM_1 或 KM_2 线圈应吸合正常，电动机能按操作方式正转或反转工作。

过载保护电路调试同其他电路，不再赘述。

常见故障与排除方法

（1）按动正转点动按钮 SB_1，交流接触器 KM_1 线圈不吸合，无反应。此故障原因可能为交流接触器 KM_1 线圈断路或连线脱落；互锁触点 KM_2 损坏开路或接触不良；正转点动按钮 SB_1 接触不良或损坏；热继电器常闭触点 FR 损坏（可通过按动反转点动按钮 SB_2 来试之，若按动 SB_2 时，交流接触器 KM_2 线圈吸合动作，则说明 FR 无问题。若按

动 SB_2 时 KM_2 线圈也无反应，FR 损坏的可能性最大，可采用短接法将 FR 常闭触点短接后试之）。

假如按动反转点动按钮 SB_2 无反应，可参照上述情况进行检查维修。

（2）按动正转点动按钮 SB_1 或反转点动按钮 SB_2 时，各自的交流接触器不能可靠吸合，跳动不止。此故障原因是互锁触点接错了，正确接法是将各自的辅助常闭触点串联在对方线圈回路中，如图 2.37 所示，遇到此故障时，可根据电路图恢复正确接线。

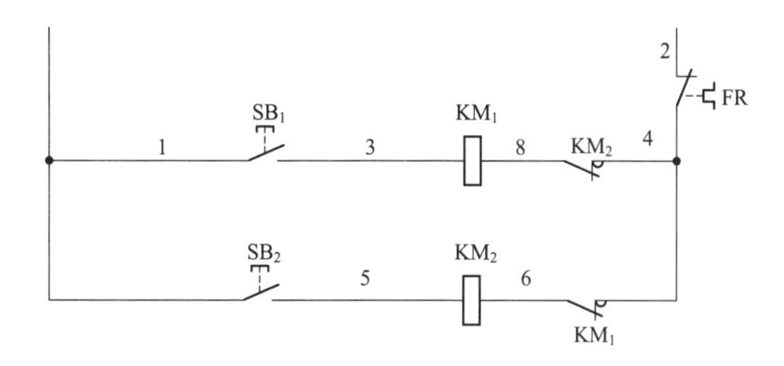

图 2.37 互锁正确接线

（3）无论按动正转点动按钮 SB_1 还是反转点动按钮 SB_2，电动机运转方向均为正转。此故障是反转交流接触器 KM_2 未倒相所致，将 KM_2 三相电源任意两相调换，即可实现反转。

2.8 接触器、按钮双互锁的可逆点动控制电路

工作原理（图 2.38）

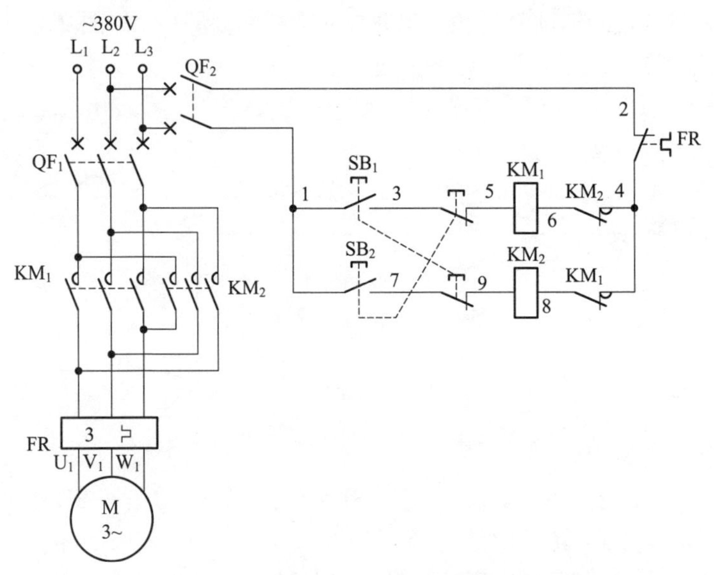

图 2.38　接触器、按钮双互锁的可逆点动控制电路原理图

合上主回路断路器 QF_1、控制回路断路器 QF_2，为电路工作做准备。

正转点动：按下正转点动按钮 SB_1 不松手，SB_1 的一组串联在反转交流接触器 KM_2 线圈回路中的常闭触点（7–9）断开，起到按钮常闭触点互锁保护作用，SB_1 的另一组常开触点（1–3）闭合，正转交流接触器 KM_1 线圈得电吸合，KM_1 三相主触点闭合，电动机得电正转运转；KM_1 串联在反转交流接触器 KM_2 线圈回路中的辅助常闭触点（4–8）断开，起到接触器常闭触点互锁保护作用。松开正转点动按钮 SB_1，正转交流接触器 KM_1 线圈断电释放，KM_1 三相主触点断开，电动机失电正转停止运转，从而完成正转点动操作。

反转点动：按下反转点动按钮 SB_2 不松手，SB_2 的一组串联在正转交流接触器 KM_1 线圈回路中的常闭触点（3–5）断开，起到按钮常闭触点互锁保护作用，SB_2 的另外一组常开触点（1–7）闭合，反转交流接

触器 KM_2 线圈得电吸合，KM_2 三相主触点闭合，电动机得电反转运转；KM_2 串联在正转交流接触器 KM_1 线圈回路中的辅助常闭触点（4-6）断开，起到接触器常闭触点互锁保护作用。松开反转点动按钮 SB_2，反转交流接触器 KM_2 线圈断电释放，KM_2 三相主触点断开，电动机失电反转停止运转，从而完成反转点动操作。

电路布线图（图 2.39）

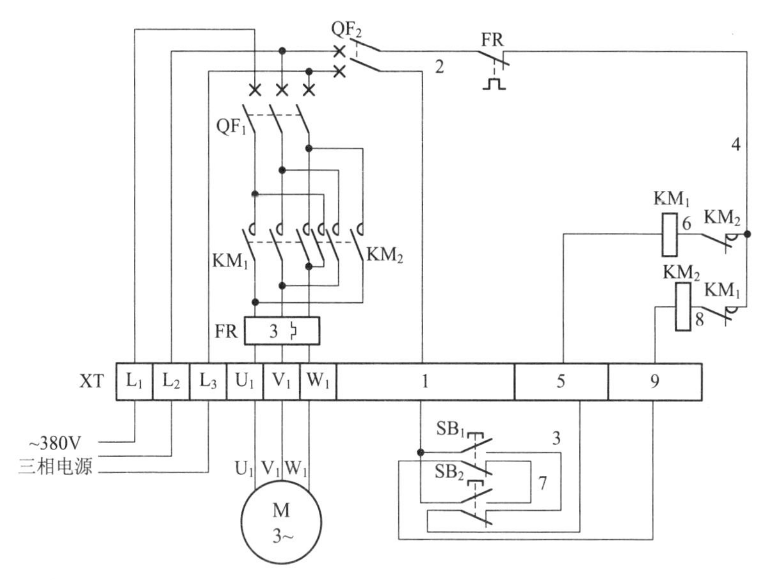

图 2.39 接触器、按钮双互锁的可逆点动控制电路布线图

从图 2.39 中可以看出，XT 为接线端子排，通过端子排 XT 来区分电气元件的安装位置，XT 的上方为放置在配电箱内底板上的电气元件，XT 的下方为外接或引至配电箱门面板上的电气元件。

从端子排 XT 上看，共有 9 个接线端子。其中，L_1、L_2、L_3 这 3 根线为由外引入配电箱的三相交流 380V 电源，并穿管引入；U_1、V_1、W_1 这 3 根线为电动机线，穿管接至电动机接线盒内的 U_1、V_1、W_1 上；1、5、9 这 3 根线为控制线，接至配电箱门面板上的按钮开关 SB_1、SB_2 上。

电路接线图（图 2.40）

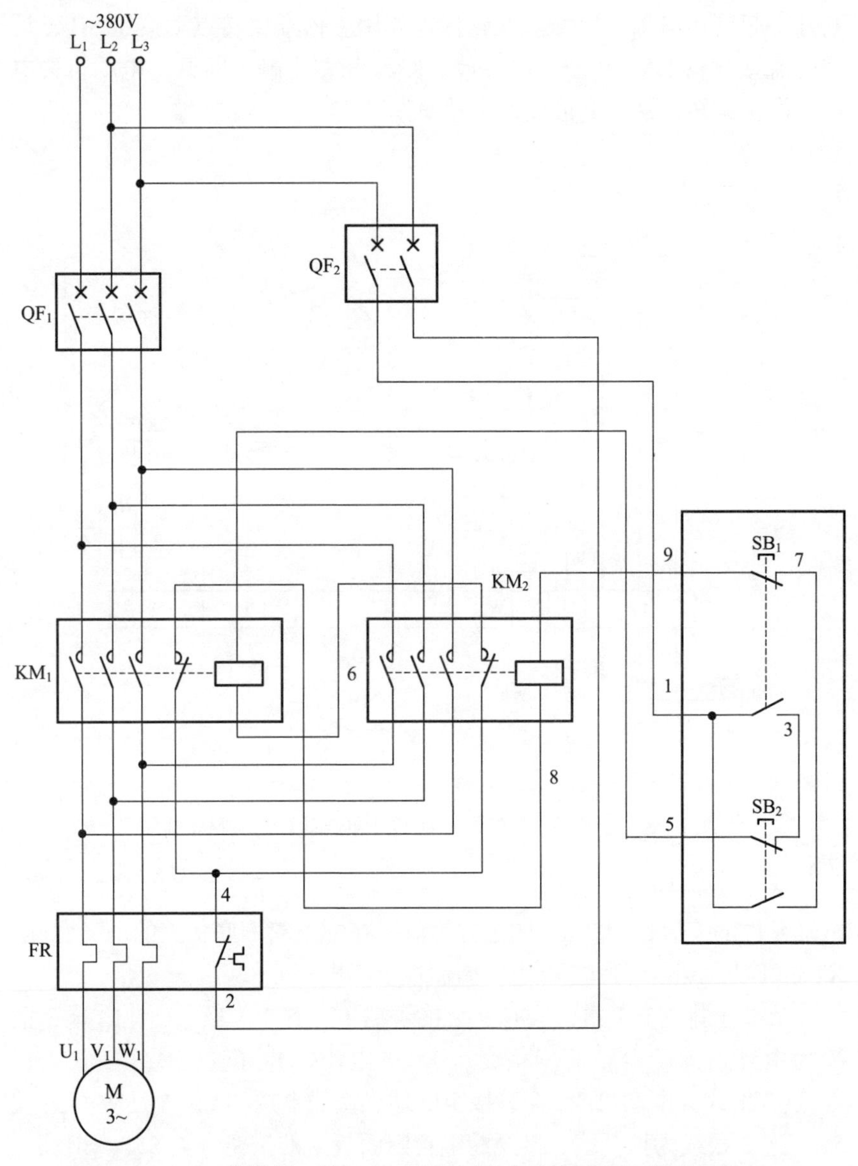

图 2.40　接触器、按钮双互锁的可逆点动控制电路实际接线

元器件安装排列图及端子图（图 2.41）

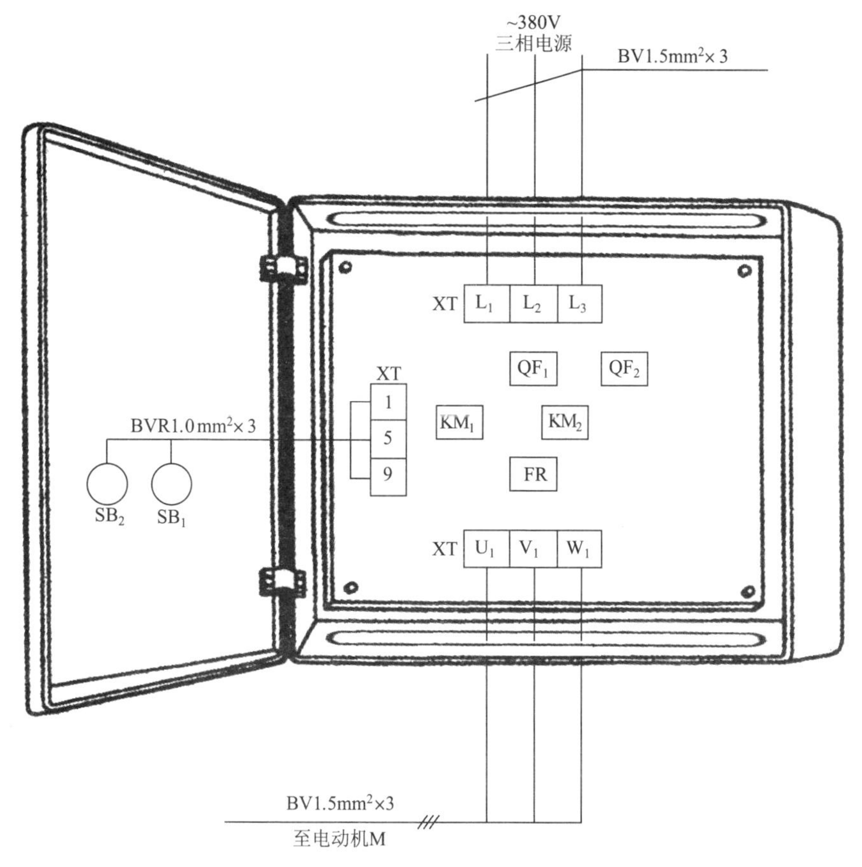

图 2.41　接触器、按钮双互锁的可逆点动控制电路元器件安装排列图及端子图

从图 2.41 中可以看出，断路器 QF_1、QF_2，交流接触器 KM_1、KM_2，热继电器 FR 安装在配电箱内底板上；按钮开关 SB_1、SB_2 安装在配电箱门面板上。

通过端子 L_1、L_2、L_3 将三相交流 380V 电源接入配电箱中。

端子 U_1、V_1、W_1 接至电动机接线盒中的 U_1、V_1、W_1 上。

端子 1、5、9 将配电箱内的器件与配电箱门面板上的按钮开关 SB_1、SB_2 连接起来。

按钮接线图（图 2.42）

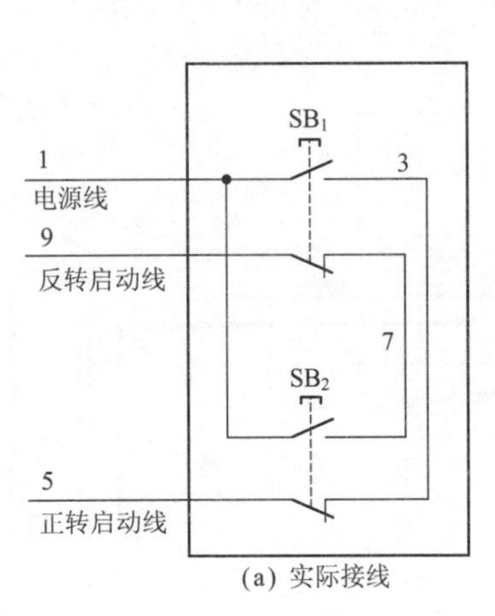

(a) 实际接线

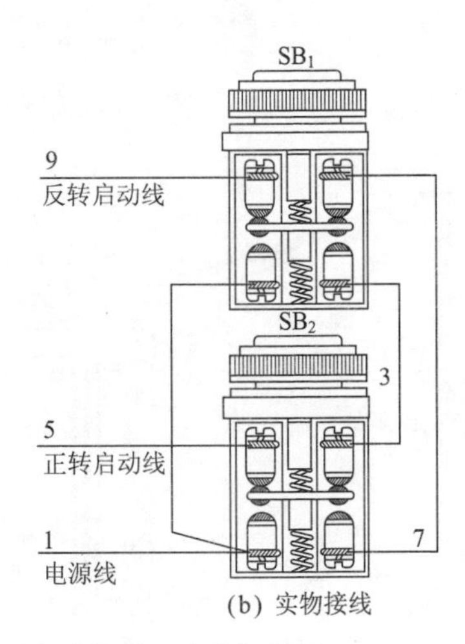

(b) 实物接线

图 2.42　接触器、按钮双互锁的可逆点动控制电路按钮接线

电气元件作用表（表 2.8）

表 2.8　电气元件作用表

符　号	名称、型号及规格	器件外形及相关部件介绍		作　用
QF_1	断路器 CDM1-63 10A，三极		三极断路器	主回路短路保护
QF_2	断路器 DZ47-63 6A，二极		二极断路器	控制回路短路保护

续表 2.8

符号	名称、型号及规格	器件外形及相关部件介绍		作用
KM_1	交流接触器 CDC10-10 线圈电压 380V		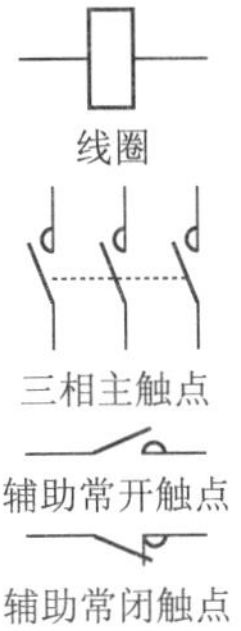 线圈 三相主触点 辅助常开触点 辅助常闭触点	控制电动机正转电源用
KM_2				控制电动机反转电源用
FR	热继电器 JR36-20 3.2~5A		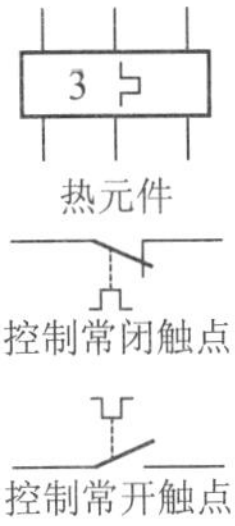 3 热元件 控制常闭触点 控制常开触点	电动机过载保护
SB_1	按钮开关 LAY7		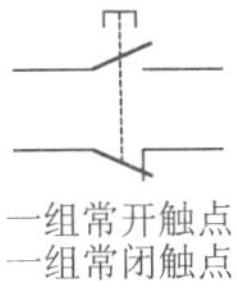 一组常开触点 一组常闭触点	电动机正转点动操作用
SB_2				电动机反转点动操作用
M	三相异步电动机 Y100L-6 1.5kW，4.0A		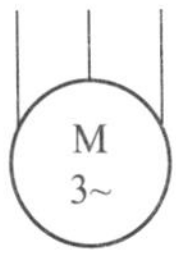 M 3~	拖动

依据电气元件作用表给出的相关技术数据选择导线，本电路所配电动机型号为 Y100L-6、功率为 1.5kW、电流为 4.0A。其电动机线 U_1、V_1、W_1 可选用 BV 1.5mm^2 导线；电源线 L_1、L_2、L_3 可选用 BV 1.5mm^2 导线；控制线 1、5、9 可选用 BVR 0.75mm^2 导线。

电路调试

在送电调试前检查下述部分是否连接正确：

（1）检查正转点动按钮 SB_1 的一组常闭触点（7–9）是否串联在反转交流接触器 KM_2 线圈回路中，作为按钮常闭触点互锁。

（2）检查正转交流接触器 KM_1 的辅助常闭触点（4–8）是否串联在反转交流接触器 KM_2 线圈回路中，作为交流接触器常闭触点互锁。

（3）检查反转点动按钮 SB_2 的一组常闭触点（3–5）是否串联在正转交流接触器 KM_1 线圈回路中，作为按钮常闭触点互锁。

（4）检查反转交流接触器 KM_2 的辅助常闭触点（4–6）是否串联在正转交流接触器 KM_1 线圈回路中，作为交流接触器常闭触点互锁。

（5）检查热继电器常闭触点（2–4）是否串接在控制电源回路中。

（6）检查主回路中的反转交流接触器 KM_2 主触点是否已倒相了。

上述连接准确无误后，可断开主回路断路器 QF_1、合上控制回路断路器 QF_2 进行调试。

正转点动调试： 按住正转点动按钮 SB_1 不松手，配电箱中的正转交流接触器 KM_1 线圈得电吸合动作；松开被按住的正转点动按钮 SB_1，配电箱中的正转交流接触器 KM_1 线圈断电释放，说明正转点动控制正常。

反转点动调试： 按住反转点动按钮 SB_2 不松手，配电箱中的反转交流接触器 KM_2 线圈得电吸合动作；松开被按住的反转点动按钮 SB_2，配电箱中的反转交流接触器 KM_2 线圈断电释放，说明反转点动控制正常。

按钮常闭触点互锁的检查调试： 同时按住 SB_1 和 SB_2 不松手，两组常闭触点均断开，交流接触器 KM_1、KM_2 线圈均不能得电动作，则说明按钮互锁正常。

交流接触器常闭触点互锁的检查调试： 按住 SB_1 不放松手，正转交流接触器 KM_1 吸合动作；此时，用螺丝刀顶住反转交流接触器 KM_2 线圈的可动部分，正转交流接触器 KM_1 线圈能断电释放，松开顶住的反转交流接触器 KM_2 线圈的可动部分，正转交流接触器 KM_1 线圈又得电吸合动作了，说明反转交流接触器 KM_2 常闭触点互锁正转交流接触器 KM_1 线圈回路正常。反过来再按住 SB_2 不松手，反转交流接触器 KM_2 线圈吸合动作；此时再用螺丝刀顶住正转交流接触器 KM_1 线圈的可动部分，反转交流接触器 KM_2 线圈能断电释放，松开顶住的正转交流接触器 KM_1 的可动部分，反转交流接触器 KM_2 线圈又得电吸合动作了，则说明正转交流接触器 KM_1 线圈常闭触点互锁反转交流接触器 KM_2 线圈回路正常。

经上述检查调试后，可合上主回路断路器 QF_1，带负载试机，通常只需确认电动机的转向与配电箱上的操作标示相同即可。

常见故障及排除方法

（1）反转点动正常，正转无反应。其故障原因为正转点动按钮 SB_1 常开触点损坏；正转交流接触器 KM_1 线圈断路；反转交流接触器 KM_2 辅助常闭触点损坏。检查上述器件，将故障器件换掉即可。

（2）按下正转点动按钮 SB_1，KM_1 线圈得电吸合后变为自锁，松开 SB_1，KM_1 线圈仍吸合不释放，很长一段时间后，KM_1 线圈才自行释放停止工作。此故障为交流接触器 KM_1 铁心极面有油污造成动、静铁心延时释放所致。用细砂纸或干布将动、静铁心极面油污擦干净即可。

2.9 利用转换开关预选的正反转启停控制电路

工作原理（图 2.43）

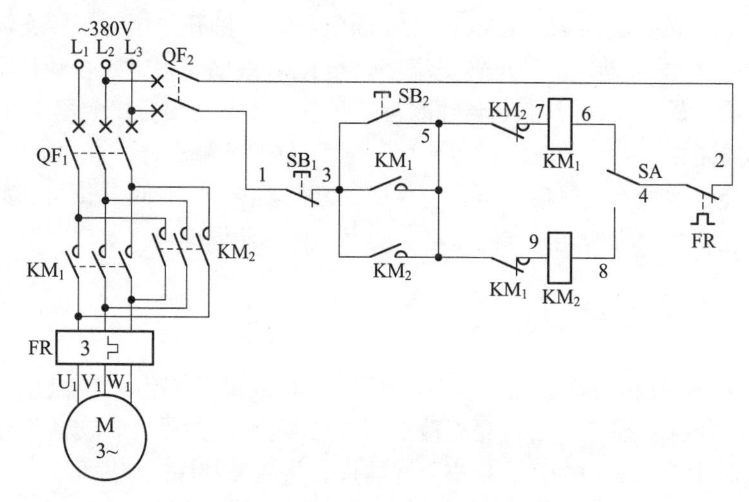

图 2.43　利用转换开关预选的正反转启停控制电路原理图

合上主回路断路器 QF_1、控制回路断路器 QF_2，为电路工作做准备。

正转启动：首先将预选正反转转换开关 SA（4-6）置于上端闭合，为正转启动运转做准备。按下启动按钮 SB_2（3-5），正转交流接触器 KM_1 线圈得电吸合且 KM_1 辅助常开触点（3-5）闭合自锁，KM_1 三相主触点闭合，电动机得电正转运转。

正转停止：按下停止按钮 SB_1（1-3）或将预选正反转转换开关 SA 置于下端（4-6 断开后又闭合）后再返回到上端时，正转交流接触器 KM_1 线圈断电释放，KM_1 辅助常开触点（3-5）断开，解除自锁，KM_1 三相主触点断开，电动机失电正转运转停止。

反转启动：首先将预选正反转转换开关 SA 置于下端（4-8 闭合），为反转启动运转做准备。按下启动按钮 SB_2（3-5），反转交流接触器 KM_2 线圈得电吸合且 KM_2 辅助常开触点（3-5）闭合自锁，KM_2 三相主触点闭合，电动机得电反转运转。

反转停止：按下停止按钮 SB_1（1-3）或将预选正反转转换开关 SA

置于上端（4-8 断开后又闭合）后再返回到下端时，反转交流接触器 KM_2 线圈断电释放，KM_2 辅助常开触点（3-5）断开，解除自锁，KM_2 三相主触点断开，电动机失电反转运转停止。

电路布线图（图 2.44）

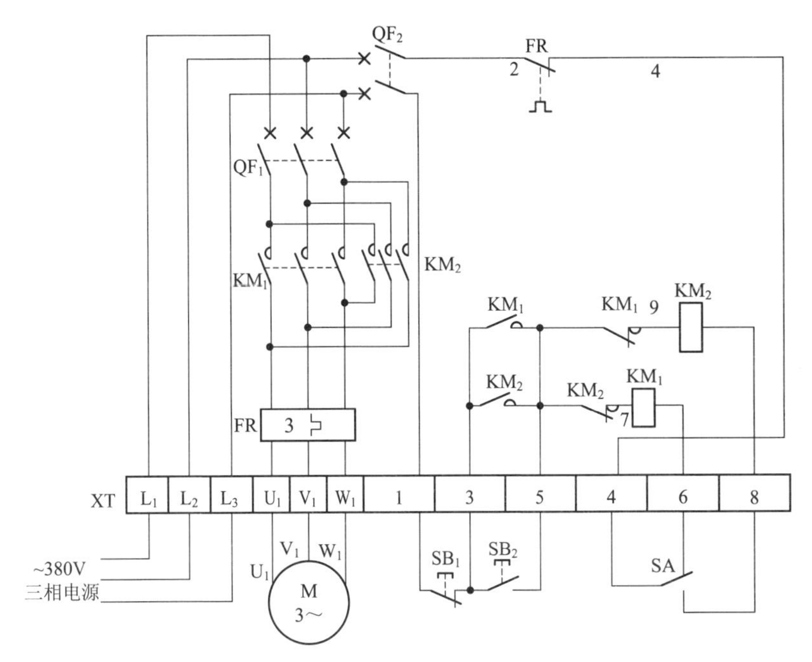

图 2.44 利用转换开关预选的正反转启停控制电路布线图

从图 2.44 中可以看出，XT 为接线端子排，通过端子排 XT 来区分电气元件的安装位置，XT 的上方为放置在配电箱内底板上的电气元件，XT 的下方为外接或引至配电箱门面板上的电气元件。

从端子排 XT 上看，共有 12 个接线端子。其中，L_1、L_2、L_3 这 3 根线为由外引入配电箱的三相交流 380V 电源，并穿管引入；U_1、V_1、W_1 这 3 根线为电动机线，穿管接至电动机接线盒内的 U_1、V_1、W_1 上；1、3、4、5、6、8 这 6 根线为控制线，分别接至配电箱门面板上的按钮开关 SB_1、SB_2 和转换开关 SA 上。

电路接线图（图 2.45）

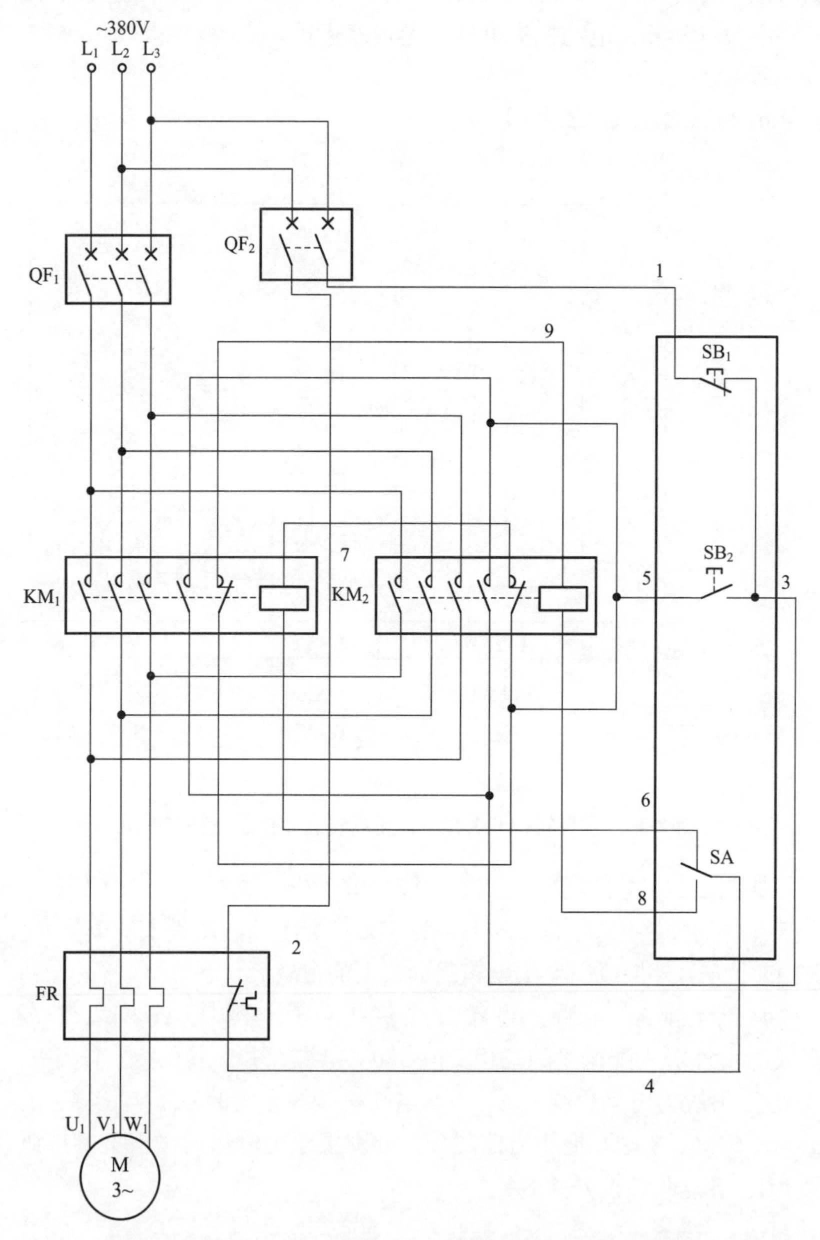

图 2.45　利用转换开关预选的正反转启停控制电路实际接线

元器件安装排列图及端子图（图 2.46）

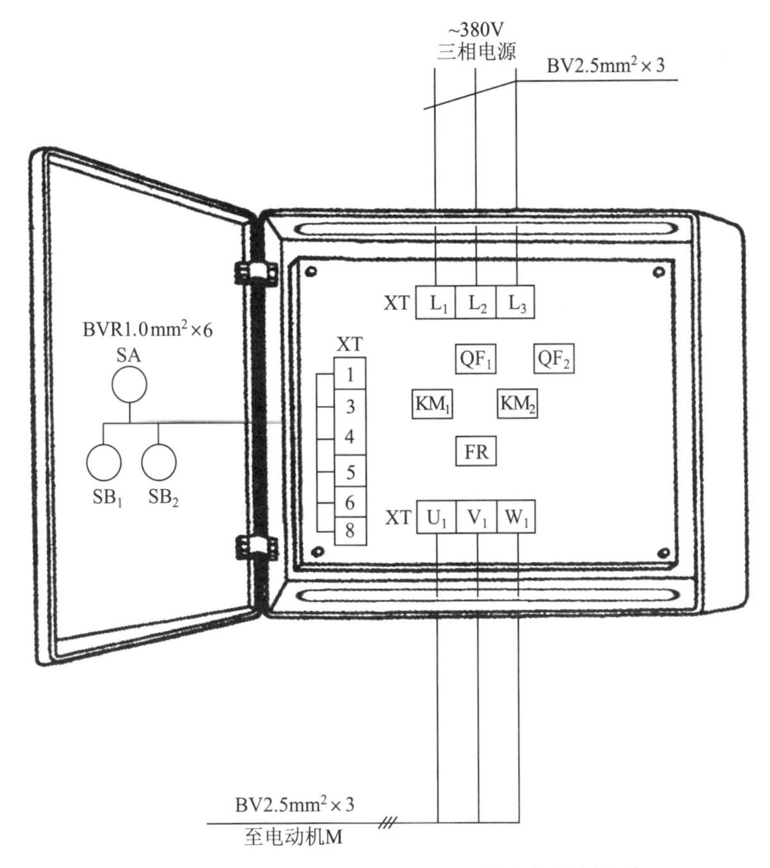

图 2.46　利用转换开关预选的正反转启停控制电路元器件安装排列图及端子图

从图 2.46 中可以看出，断路器 QF_1、QF_2，交流接触器 KM_1、KM_2，热继电器 FR 安装在配电箱内底板上；按钮开关 SB_1、SB_2 和转换开关 SA 安装在配电箱门面板上。

通过端子 L_1、L_2、L_3 将三相交流 380V 电源接入配电箱中。

端子 U_1、V_1、W_1 接至电动机接线盒中的 U_1、V_1、W_1 上。

端子 1、3、4、5、6、8 将配电箱内的器件与配电箱门面板上的按钮开关 SB_1、SB_2 及转换开关 SA 连接起来。

按钮及转换开关接线图（图 2.47）

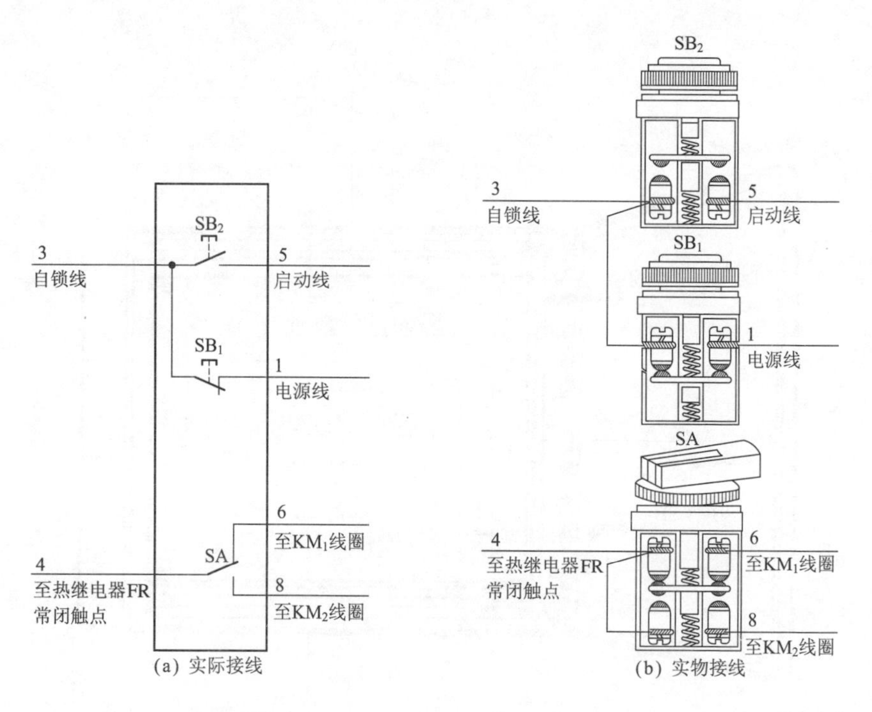

图 2.47　利用转换开关预选的正反转启停控制电路按钮及转换开关接线

电气元件作用表（表 2.9）

表 2.9　电气元件作用表

符　号	名称、型号及规格	器件外形及相关部件介绍		作　用
QF_1	断路器 DZ20G-100 20A，三极		三极断路器	主回路 短路保护

续表 2.9

符号	名称、型号及规格	器件外形及相关部件介绍		作用
QF_2	断路器 DZ47-63 6A，二极	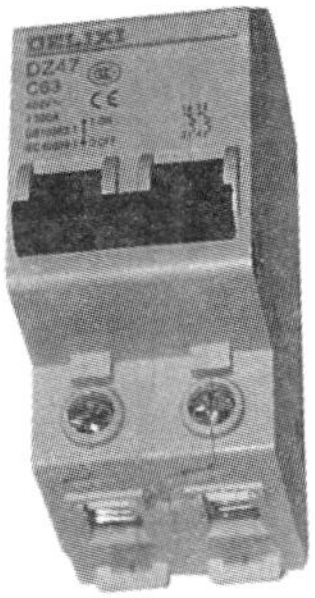	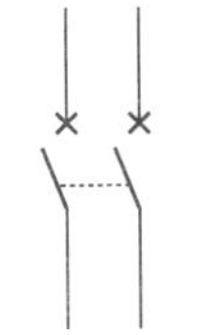 二极断路器	控制回路短路保护
KM_1	交流接触器 CJX2-1210 带 F4-22 辅助触点 线圈电压 380V		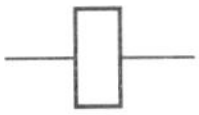 线圈 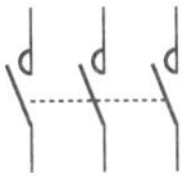 三相主触点  辅助常开触点  辅助常闭触点	控制电动机正转电源用
KM_2				控制电动机反转电源用
FR	热继电器 JRS1D-25 9~13A		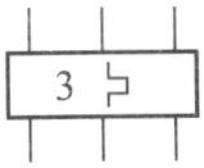 热元件  控制常闭触点 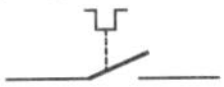 控制常开触点	电动机过载保护
SA	转换开关 LW5-16		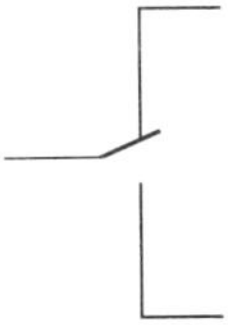 转换触点	正反转控制选择

续表 2.9

符　号	名称、型号及规格	器件外形及相关部件介绍		作　用
SB_1	按钮开关 LAY8		常闭触点	电动机停止操作用
SB_2			常开触点	电动机启动操作用
M	三相异步电动机 Y132M1-6 4kW，9.4A		M 3~	拖动

依据电气元件作用表给出的相关技术数据选择导线，本电路所配电动机型号为Y132M1-6、功率为4kW、电流为9.4A。其电动机线U_1、V_1、W_1可选用BV 2.5mm^{2}导线；电源线L_1、L_2、L_3可选用BV 2.5mm^{2}导线；控制线1、3、4、5、6、8可选用BVR 1.0mm^{2}导线。

电路调试

断开主回路断路器QF_1，合上控制回路断路器QF_2，调试控制回路。通过观察配电箱内电气元件的动作情况来确定电路是否正常。

将选择开关SA扳至正转位置，按下启动按钮SB_2，观察配电箱内交流接触器KM_1线圈的吸合情况。若KM_1线圈能吸合且自锁，再按下停止按钮SB_1，若KM_1线圈能断电释放，说明正转控制回路工作正常。

再将选择开关SA扳至反转位置，按下启动按钮SB_2，观察配电箱内交流接触器KM_2线圈的吸合情况。若KM_2线圈能吸合且自锁，再按下停止按钮SB_1，若KM_2线圈能断电释放，说明反转控制回路也工作正常。

经过以上调试后，说明正反转控制回路一切正常，可将主回路断路器 QF_1 合上，只要主回路接线无误，无需再调试，可以直接投入使用。

常见故障及排除方法

（1）正反转无法选择（只能正转工作）。此故障原因可能是预选转换开关 SA 损坏；反转交流接触器 KM_2 线圈断路；正转交流接触器 KM_1 串联在反转交流接触器 KM_2 线圈回路中的互锁触点 KM_1 接触不良或断路。对于预选转换开关 SA 损坏，可用短接法试之，若不能修复则更换新品；对于反转交流接触器 KM_2 线圈断路，则需查明烧毁原因后更换；对于互锁触点 KM_1 接触不良或断路，通常需更换一只同型号交流接触器。

（2）正转正常，反转为点动状态。此故障通常为 KM_2 自锁触点断路所致。检查 KM_2 自锁回路相关连线是否脱落，若无脱落，则需更换 KM_2 辅助常开触点或更换同型号交流接触器。

（3）按启动按钮 SB_2 无效（即正反转均不工作，控制电源正常）。此故障原因为停止按钮 SB_1 断路；启动按钮 SB_2 损坏而闭合不了；预选转换开关 SA 损坏；热继电器 FR 控制常闭触点接触不良。首先用短接法检修，用导线短接启动按钮 SB_2，若电路能工作则说明启动按钮 SB_2 损坏，更换一只同型号按钮开关即可；若短接 SB_2 无反应，则逐一短接停止按钮 SB_1、预选转换开关 SA、热继电器 FR 控制常闭触点，并按动启动按钮 SB_2 试验一下，直至找到故障并排除。

（4）正反转均为点动状态。正反转自锁回路同时出现故障的概率很小，通常是停止按钮 SB_1 与启动按钮 SB_2、正转交流接触器 KM_1、反转交流接触器 KM_2 自锁常开触点之间的公共连线处接触不良或脱落所致。重点检查 $3^{\#}$ 线处是否有连线脱落并重新接好。

2.10 防止相间短路的正反转控制电路

工作原理（图 2.48）

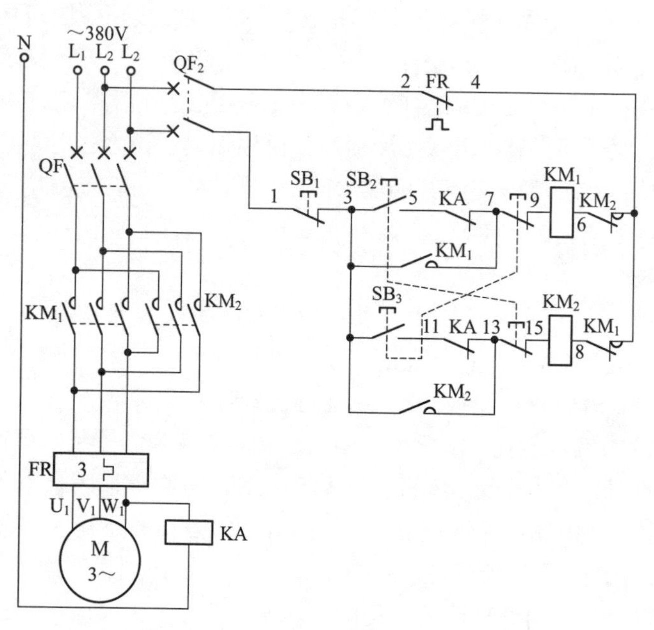

图 2.48　防止相间短路的正反转控制电路原理图

首先合上主回路断路器 QF_1、控制回路断路器 QF_2，为电路工作提供准备条件。

正转启动：按下正转启动按钮 SB_2，SB_2 的一组常闭触点（13-15）断开，切断反转交流接触器 KM_2 线圈回路电路，起到互锁作用；SB_2 的另一组常开触点（3-5）闭合，正转交流接触器 KM_1 线圈得电吸合且 KM_1 辅助常开触点（3-7）闭合自锁，KM_1 三相主触点闭合，电动机得电正转启动运转。

反转启动：当电动机正转运转后，欲反转操作，则按下反转启动按钮 SB_3，SB_3 的一组常闭触点（7-9）断开，切断正转交流接触器 KM_1 线圈回路电源，正转交流接触器 KM_1 线圈断电释放，KM_1 辅助常开触点（3-7）断开，解除自锁，KM_1 三相主触点断开，电动机失电停止运转，同时，中间继电器KA线圈断电释放，KA的两组常闭触点（5–7、11–13）恢复原始常闭状态，为反转提供通路，这样，经过中间继电器KA的转换，避免了交流接触器在正反转转换时很可能因电动机启动电流过大引起弧光短路。当KA常闭触点（5–7、11–13）恢复常闭状态后，SB_3的另一组常开触点（3–11）（早已闭合）接通反转交流接触器KM_2线圈回路电源，KM_2线圈得电吸合且KM_2辅助常开触点（3–13）闭合自锁，KM_2三相主触点闭合，电动机得电反转启动运转。

停止操作：无论电动机正转运转还是反转运转，欲停止时，可按下停止按钮SB_1（1–3），正转交流接触器KM_1或反转交流接触器KM_2线圈断电释放，KM_1辅助常开触点（3–7）或KM_2辅助常开触点（3–13）断开，解除自锁，KM_1或KM_2三相主触点断开，电动机失电停止运转。

电路布线图（图2.49）

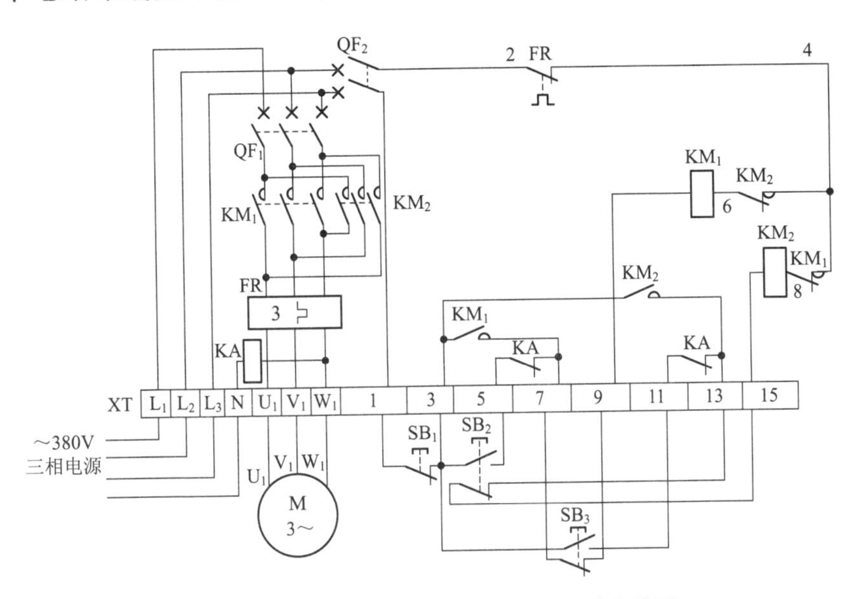

图2.49 防止相间短路的正反转控制电路布线图

从图2.49中可以看出，XT为接线端子排，通过端子排XT来区分电气元件的安装位置，XT的上方为放置在配电箱内底板上的电气元件，XT的下方为外接或引至配电箱门面板上的电气元件。

从端子排 XT 上看，共有 15 个接线端子。其中，L_1、L_2、L_3、N 这 4 根线为由外引入配电箱的三相交流 380V 电源，并穿管引入；U_1、V_1、W_1 这 3 根线为电动机线，穿管接至电动机接线盒内的 U_1、V_1、W_1 上；1、3、5、7、9、11、13、15 这 8 根线为控制线，接至配电箱门面板上的按钮开关 SB_1、SB_2、SB_3 上。

电路接线图（图 2.50）

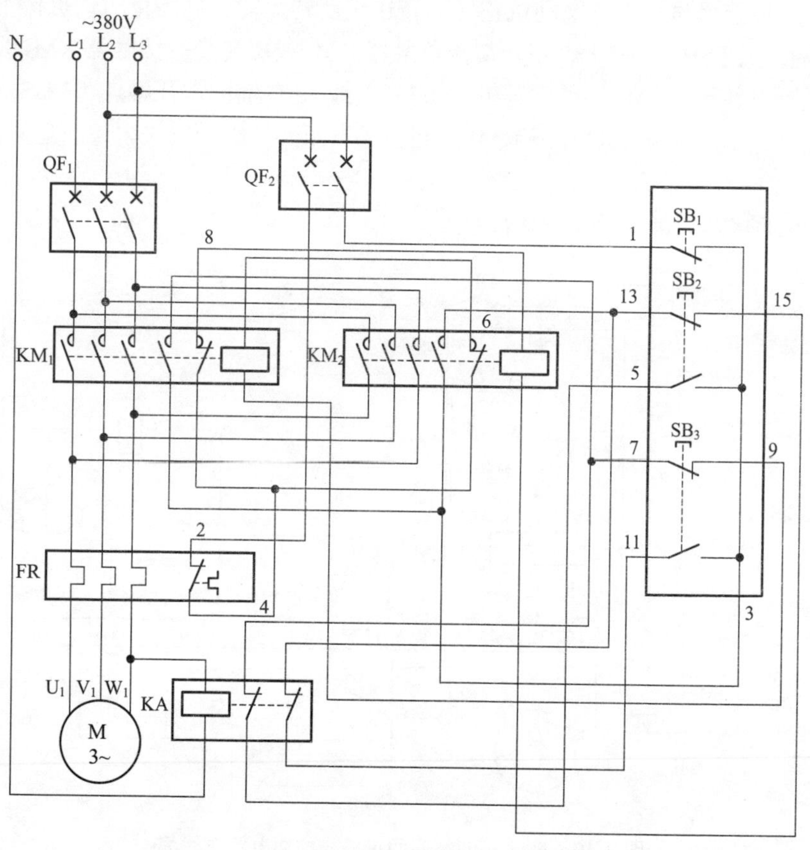

图 2.50 防止相间短路的正反转控制电路实际接线

元器件安装排列图及端子图（图 2.51）

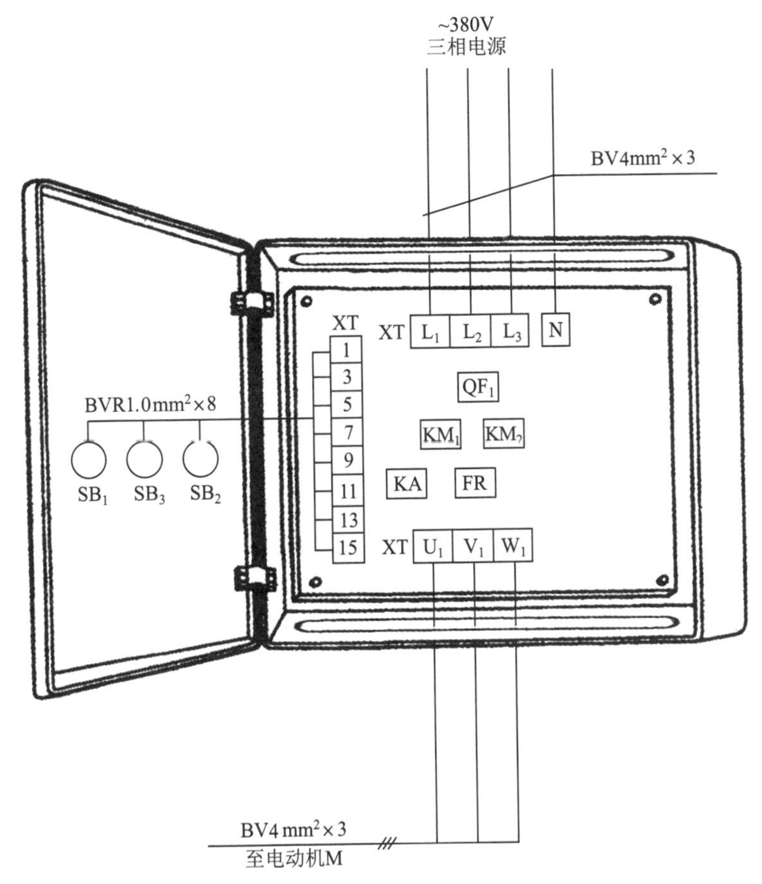

图 2.51 防止相间短路的正反转控制电路元器件安装排列图及端子图

从图 2.51 中可以看出，断路器 QF_1、QF_2，交流接触器 KM_1、KM_2，中间继电器 KA，热继电器 FR 安装在配电箱内底板上；按钮开关 SB_1、SB_2、SB_3 安装在配电箱门面板上。

通过端子 L_1、L_2、L_3、N 将三相交流 380V 电源接入配电箱中。

端子 U_1、V_1、W_1 接至电动机接线盒中的 U_1、V_1、W_1 上。

端子 1、3、5、7、9、11、13、15 将配电箱内的器件与配电箱门面板上的按钮开关 SB_1、SB_2、SB_3 连接起来。

按钮接线图（图 2.52）

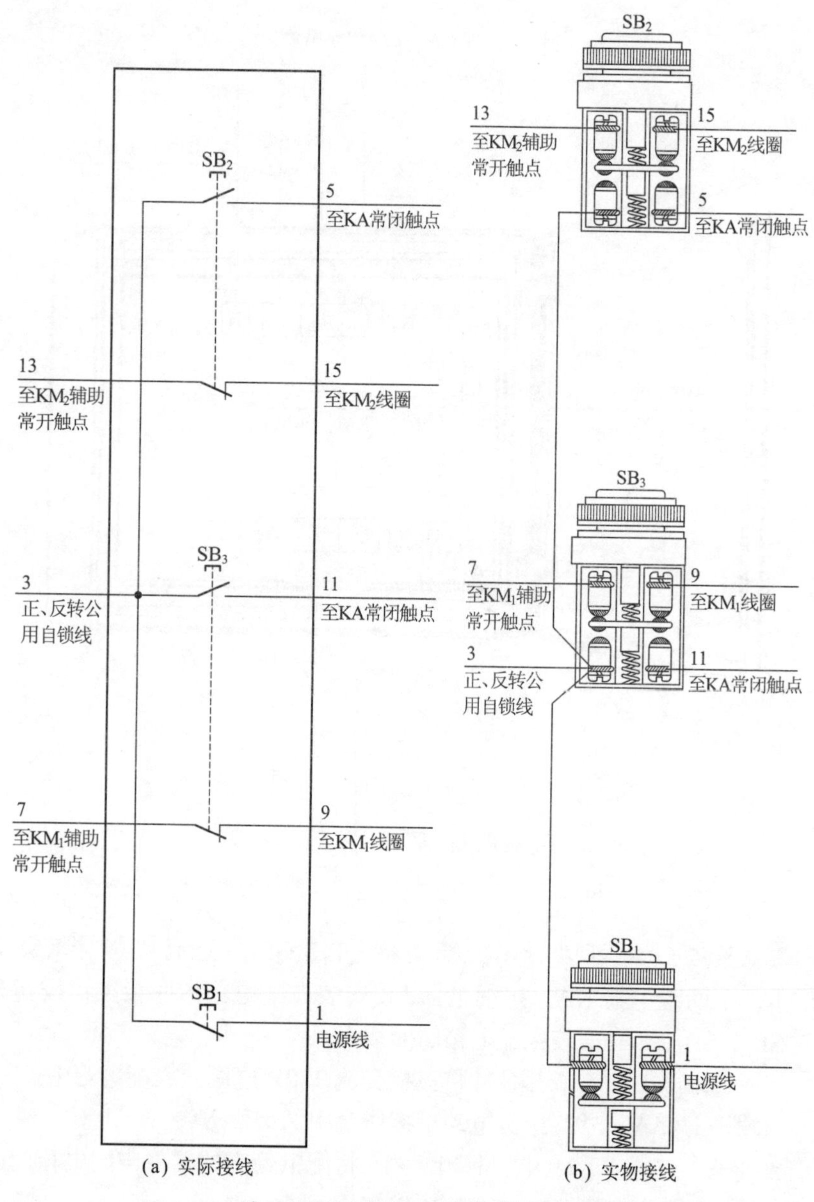

图 2.52 防止相间短路的正反转控制电路按钮接线

电气元件作用表（表 2.10）

表 2.10 电气元件作用表

符号	名称、型号及规格	器件外形及相关部件介绍		作用
QF_1	断路器 DZ20G-100 25A，三极		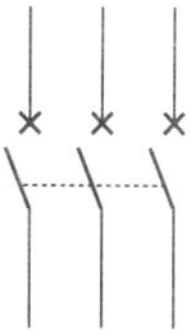 三极断路器	主回路短路保护
QF_2	断路器 DZ47-63 6A，二极		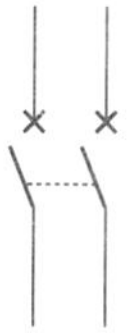 二极断路器	控制回路短路保护
KM_1	交流接触器 CDC10-20 线圈电压 380V		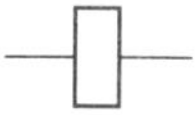 线圈 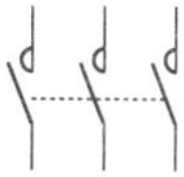 三相主触点  辅助常开触点  辅助常闭触点	控制电动机正转电源用
KM_2				控制电动机反转电源用
FR	热继电器 JR36-32 14~22A		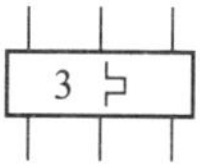 3 热元件  控制常闭触点 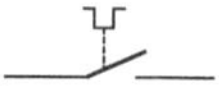 控制常开触点	电动机过载保护用

续表 2.10

符　号	名称、型号及规格	器件外形及相关部件介绍		作　用
KA	中间继电器 JZ7-44 线圈电压 380V		线圈 常开触点 常闭触点	用来熄弧
SB_1	按钮开关 LAY8		常闭触点	停止电动机操作用
SB_2			一组常开触点 一组常闭触点	反转互锁，电动机正转启动操作用
SB_3				正转互锁，电动机反转启动操作用
M	三相异步电动机 Y132M-4 7.5kW，15.4A		M 3~	拖动

依据电气元件作用表给出的相关技术数据选择导线，本电路所配电动机型号为Y132M-4、功率为7.5kW、电流为15.4A。其电动机线U_1、V_1、W_1可选用BV $4mm^2$导线；电源线L_1、L_2、L_3、N可选用BV $4mm^2$导线；控制线1、3、5、7、9、11、13、15可选用BVR $1.0mm^2$导线。

电路调试

电路接线安装完毕后，断开主回路断路器QF_1，合上控制回路断路器QF_2，调试控制回路。

正转启动调试：按下正转启动按钮SB_2，观察交流接触器KM_1线圈是否吸合且自锁，若正常，说明正转控制回路完好。

反转启动调试：无论电动机处于何种状态，如正转运转或停止时，按下反转启动按钮 SB_3，若正转交流接触器 KM_1 线圈原来是吸合的，能立即断电释放，说明互锁保护完好，紧接着反转交流接触器 KM_2 线圈得电吸合且自锁，说明反转控制回路完好。

停止操作：按下停止按钮 SB_1 不放手，再按动任何一只启动按钮 SB_2、SB_3 均无效，说明停止正常。

此时可调试最关键的一步，也就是中间继电器 KA 常闭触点互锁情况，用螺丝刀顶住中间继电器 KA 可动机械部分，KA 常闭触点断开；再按下正转启动按钮 SB_2 或反转启动按钮 SB_3，操作无效，说明 KA 常闭触点能进行互锁。

通过上述调试后，可进行主回路调试。合上主回路断路器 QF_1，启动电动机（无论正转或反转），观察在电动机得电运转后，中间继电器 KA 线圈动作情况，若 KA 线圈吸合，说明中间继电器 KA 已投入正常工作，调试结束（主回路与其他电路相似，不再赘述）。

常见故障及排除方法

（1）电动机运转后，中间继电器 KA 线圈不吸合。造成中间继电器 KA 线圈不吸合的原因是 KA 线圈断路、连线脱落或接触不良。用万用表检查 KA 线圈是否断路，若断路则更换新品；检查 KA 线圈连线是否脱落并重新连接好。另外，若中间继电器发出电磁声但并未吸合，则可能是电源电压过低或中间继电器 KA 机械部分卡住所致。

（2）正转正常，按动反转启动按钮 SB_3 无反应，用导线短接 SB_3 常开触点，反转电路工作正常。此故障为反转启动按钮 SB_3 常开触点接触不良或断路所致，更换一只同型号按钮即可排除故障。

（3）正转启动变为点动。此故障为正转自锁连线脱落或自锁常开触点 KM_1 损坏闭合不了所致。检查自锁回路连线是否脱落并接好。若是 KM_1 自锁常开触点损坏，则更换。

2.11 可逆点动与启动混合控制电路

工作原理（图 2.53）

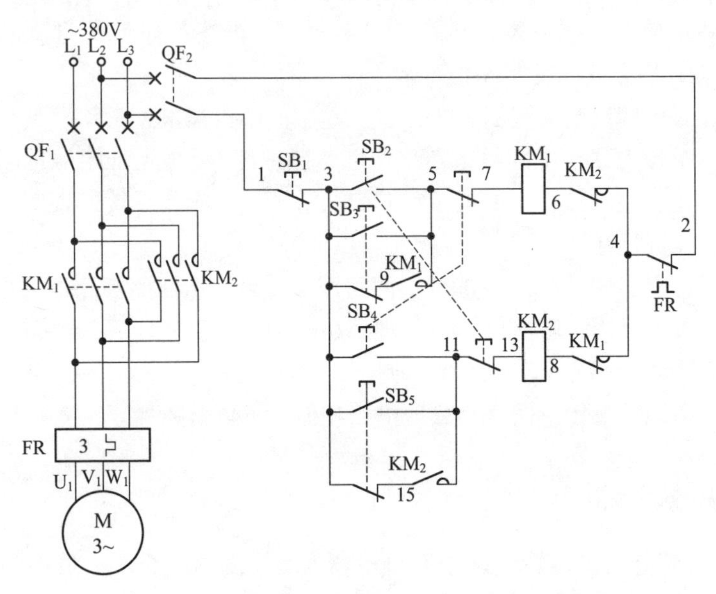

图 2.53 可逆点动与启动混合控制电路原理图

正转启动：按下正转启动按钮 SB_2，SB_2 的一组常闭触点（11-13）断开，起互锁作用；SB_2 的另一组常开触点（3-5）闭合，使交流接触器 KM_1 线圈得电吸合且 KM_1 辅助常开触点（5-9）闭合自锁，KM_1 三相主触点闭合，电动机得电正转连续运转。

正转停止：按下停止按钮 SB_1（1-3），交流接触器 KM_1 线圈断电释放，KM_1 辅助常开触点（5-9）断开，解除自锁，KM_1 三相主触点断开，电动机失电正转停止运转。

正转点动：按下正转点动按钮 SB_3，SB_3 的一组常闭触点（3-9）断开，切断交流接触器 KM_1 的自锁回路，使其不能自锁；同时 SB_3 的另一组常开触点（3-5）闭合，接通正转交流接触器 KM_1 线圈回路电源，KM_1 三相主触点闭合，电动机得电正转起动运转；松开正转点动按钮 SB_3，正转交流接触器 KM_1 线圈断电释放，KM_1 三相主触点断开，电动机失电正转停止运转，从而完成正转点动工作。

反转启动：按下反转启动按钮 SB_4，SB_4 的一组常闭触点（5-7）断开，起互锁作用；SB_4 的另一组常开触点（3-11）闭合，使交流接触器 KM_2 线圈得电吸合且 KM_2 辅助常开触点（11-15）闭合自锁，KM_2 三相主触点闭合，电动机得电反转连续运转。

反转停止：按下停止按钮 SB_1（1-3），交流接触器 KM_2 线圈断电释放，KM_2 辅助常开触点（11-15）断开，解除自锁，KM_2 三相主触点断开，电动机失电反转停止运转。

反转点动：按下反转点动按钮 SB_5，SB_5 的一组常闭触点（3-15）断开，切断交流接触器 KM_2 自锁回路，使其不能自锁；同时 SB_5 的另一组常开触点（3-11）闭合，接通反转交流接触器 KM_2 线圈回路电源，KM_2 三相主触点闭合，电动机得电反转启动运转；松开反转点动按钮 SB_5，反转交流接触器 KM_2 线圈断电释放，KM_2 三相主触点断开，电动机失电反转停止运转，从而完成反转点动工作。

电路布线图（图 2.54）

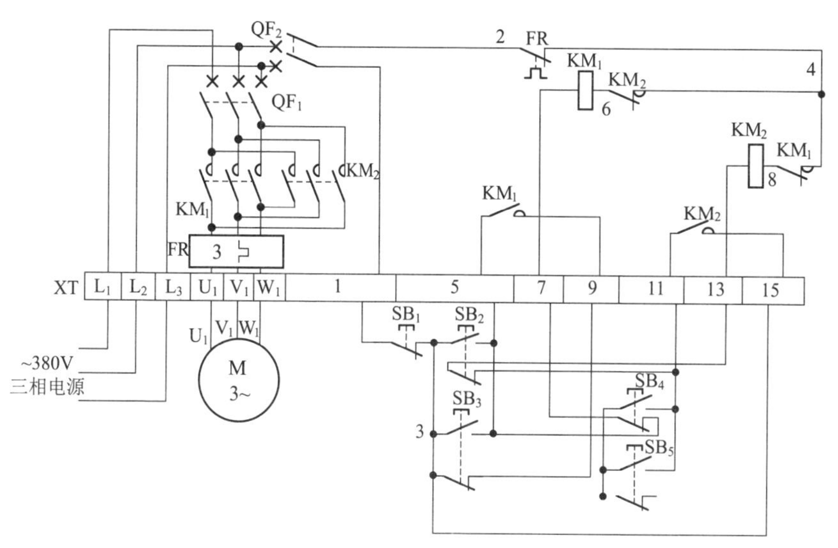

图 2.54 可逆点动与启动混合控制电路布线图

从图 2.54 中可以看出，XT 为接线端子排，通过端子排 XT 来区分电气元件的安装位置，XT 的上方为放置在配电箱内底板上的电气元件，XT 的下方为外接或引至配电箱门面板上的电气元件。

从端子排 XT 上看，共有 13 个接线端子。其中，L_1、L_2、L_3 这 3 根线为由外引入配电箱的三相交流 380V 电源，并穿管引入；U_1、V_1、W_1 这 3 根线为电动机线，穿管接至电动机接线盒内的 U_1、V_1、W_1 上；1、5、7、9、11、13、15 这 7 根线为控制线，接至配电箱门面板上的按钮开关 SB_1、SB_2、SB_3、SB_4、SB_5 上。

电路接线图（图 2.55）

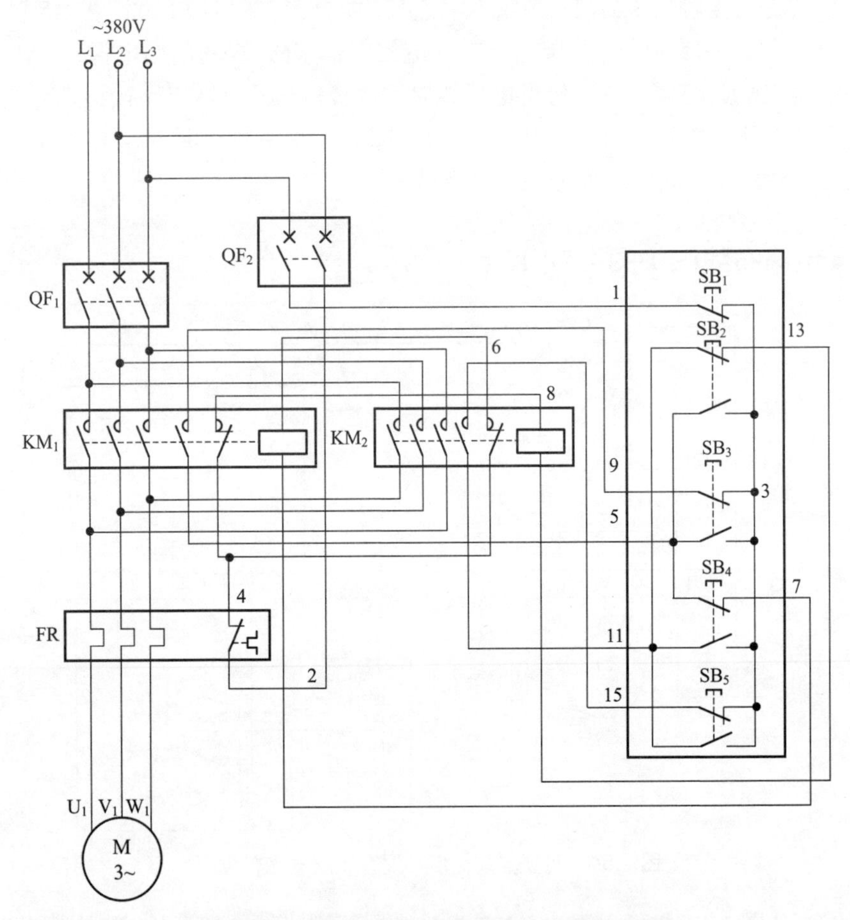

图 2.55　可逆点动与启动混合控制电路实际接线

元器件安装排列图及端子图（图 2.56）

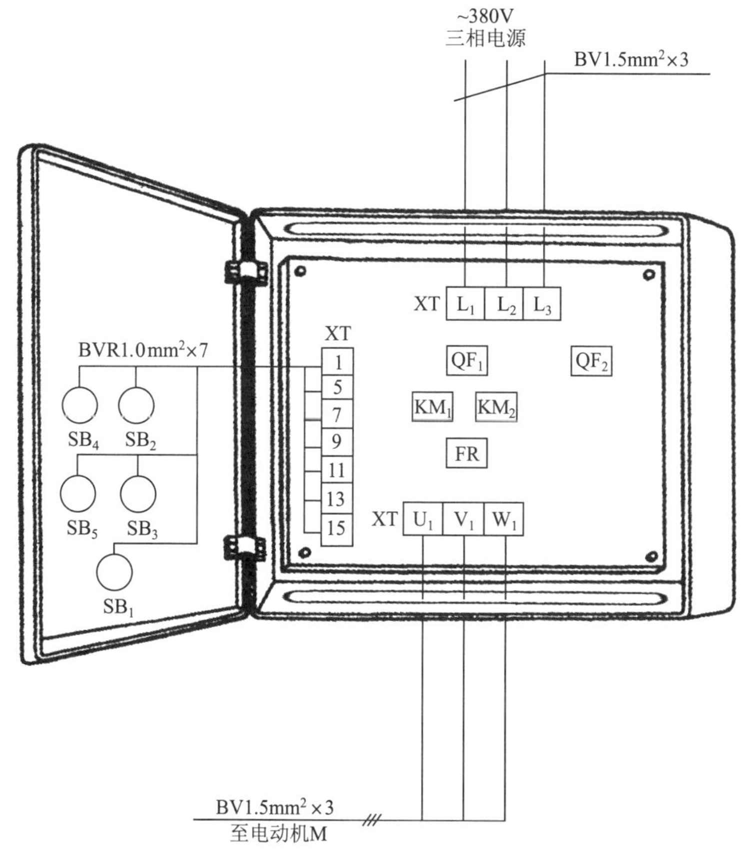

图 2.56　可逆点动与启动混合控制电路元器件安装排列图及端子图

从图 2.56 中可以看出，断路器 QF_1、QF_2，交流接触器 KM_1、KM_2，热继电器 FR 安装在配电箱内底板上；按钮开关 SB_1、SB_2、SB_3、SB_4、SB_5 安装在配电箱门面板上。

通过端子 L_1、L_2、L_3 将三相交流 380V 电源接入配电箱中。

端子 U_1、V_1、W_1 接至电动机接线盒中的 U_1、V_1、W_1 上。

端子 1、5、7、9、11、13、15 将配电箱内的器件与配电箱门面板上的按钮开关 SB_1、SB_2、SB_3、SB_4、SB_5 连接起来。

按钮接线图（图 2.57）

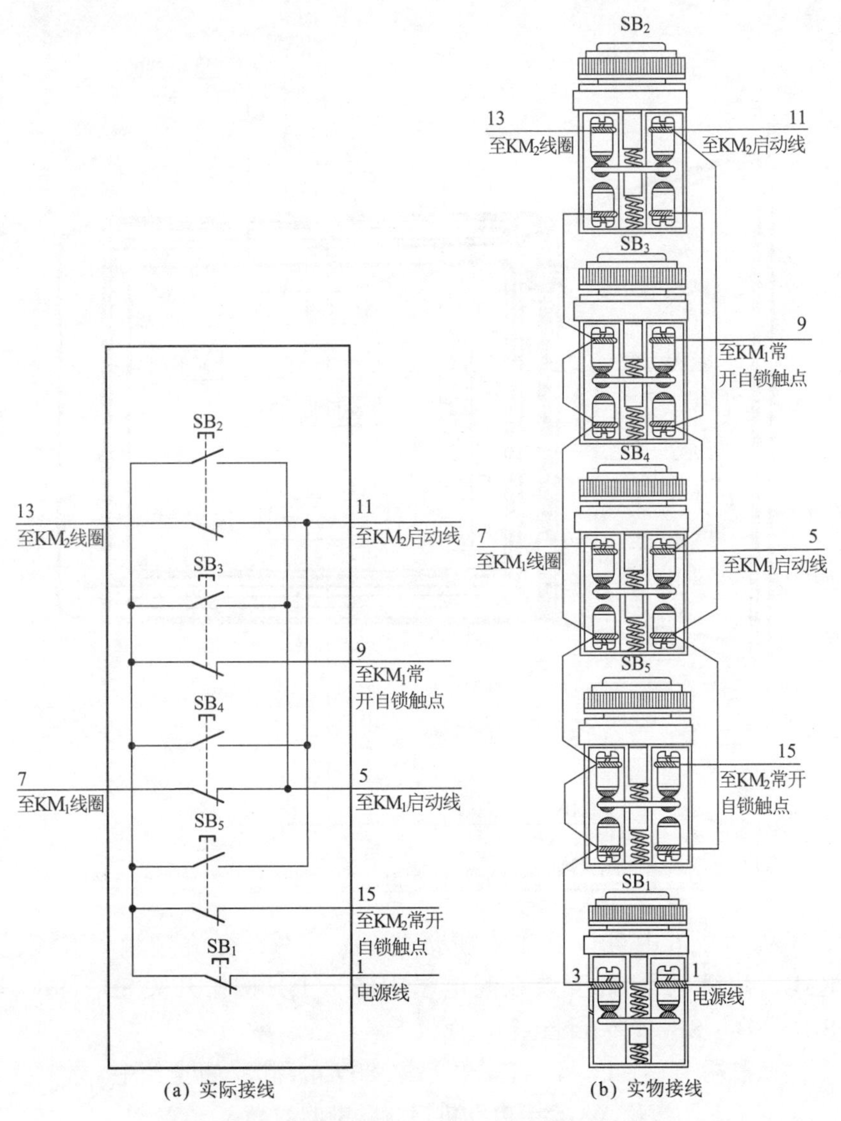

图 2.57　可逆点动与启动混合控制电路按钮接线

电气元件作用表（表 2.11）

表 2.11 电气元件作用表

符号	名称、型号及规格	器件外形及相关部件介绍	作用
QF_1	断路器 CDM1–63 10A，三极	 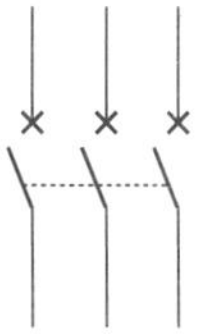 三极断路器	主回路 短路保护
QF_2	断路器 QZ47–63 6A，二极	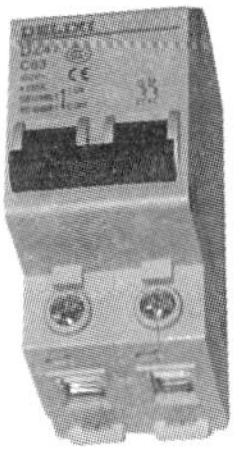 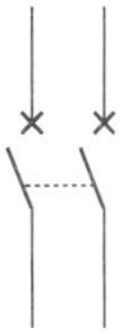 二极断路器	控制回路 短路保护
KM_1	交流接触器 CDC10–10 线圈电压 380V	 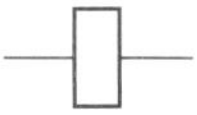 线圈 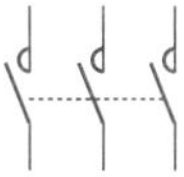 三相主触点  辅助常开触点  辅助常闭触点	控制电动机正转电源用
KM_2			控制电动机反转电源用
FR	热继电器 JR36–20 4.5~7.2A	 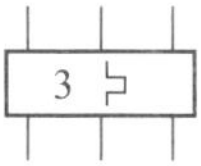 热元件 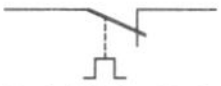 控制常闭触点 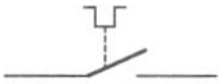 控制常开触点	电动机 过载保护

续表 2.11

符　号	名称、型号及规格	器件外形及相关部件介绍		作　用
SB_1	按钮开关 LAY8		常闭触点	停止电动机操作用
SB_2			一组常开触点 一组常闭触点	电动机正转启动操作用
SB_3				电动机正转点动操作用
SB_4				电动机反转启动操作用
SB_5				电动机反转点动操作用
M	三相异步电动机 Y112M-6 2.2kW，5.6A		M 3~	拖动

依据电气元件作用表给出的相关技术数据选择导线，本电路所配电动机型号为 Y112M-6、功率为 2.2kW、电流为 5.6A。其电动机线 U_1、V_1、W_1 可选用 BV 1.5mm^2 导线；电源线 L_1、L_2、L_3 可选用 BV 1.5mm^2 导线；控制线 1、5、7、9、11、13、15 可选用 BVR 1.0mm^2 导线。

◆电路调试

调试前仔细检查如下部分是否正确：

（1）反转交流接触器 KM_2 三相主触点中的 L_1 相、L_3 相是否已倒相了。

（2）热继电器 FR 控制常闭触点（2-4）是否串联在控制回路电源中。

（3）停止按钮 SB_1（1-3）是否串联在控制回路电源中。

（4）正转启动按钮 SB_2 的互锁常闭触点（11-13）是否已串联在反转交流接触器 KM_2 线圈回路中。

（5）正转交流接触器 KM_1 的互锁辅助常闭触点（4-8）是否已串联在反转交流接触器 KM_2 线圈回路中。

（6）反转启动按钮 SB_4 的互锁常闭触点（5-7）是否已串联在正转交流接触器 KM_1 线圈回路中。

（7）反转交流接触器 KM_2 的互锁辅助常闭触点（4-6）是否已串联在正转交流接触器 KM_1 线圈回路中。

（8）正转点动按钮 SB_3 的一组常开触点（3-5）是否与正转启动按钮 SB_2 常开触点（3-5）并联在一起。

（9）正转点动按钮 SB_3 的一组常闭触点（3-9）是否与正转交流接触器 KM_1 自锁辅助常开触点（5-9）串联起来后再并接在正转启动按钮 SB_2（3-5）两端。

（10）反转点动按钮 SB_5 的一组常开触点（3-11）是否与反转启动按钮 SB_4 常开触点（3-11）并联在一起。

（11）反转点动按钮 SB_5 的一组常闭触点（3-15）是否与反转交流接触器 KM_2 自锁辅助常开触点（11-15）串联起来后再并接在反转启动按钮 SB_4（3-11）两端。

上述检查无误后，合上主回路断路器 QF_1、控制回路断路器 QF_2，对电路进行带负载直接调试。

正转点动调试：按住正转点动按钮 SB_3 不放手，观察配电箱内的正转交流接触器 KM_1 线圈是否吸合动作，若吸合动作，电动机就会得电正转启动运转，观察确定电动机的转向是否符合要求。松开正转点动按钮 SB_3，观察配电箱内的正转交流接触器 KM_1 线圈应断电释放，电动机应失电停止运转。以上调试说明，正转点动工作正常。

正转启动调试：按一下正转启动按钮 SB_2，观察配电箱内的正转交流接触器 KM_1 线圈是否能吸合动作且自锁，若吸合动作自锁，电动机就会启动连续正转运转；欲停止，则按下停止按钮 SB_1（1-3），观察配电箱内的正转交流接触器 KM_1 线圈是否能断电释放，若能，电动机将会失电停止正转运转。以上调试说明，正转启动、停止工作正常。

反转点动调试：按住反转点动按钮 SB_5 不放手，观察配电箱内的反

转交流接触器 KM_2 线圈是否吸合动作，若吸合动作，电动机就会得电反转启动运转，此时注意观察电动机的转向是否已改变。松开反转点动按钮 SB_5，配电箱内的反转交流接触器 KM_2 线圈应断电释放，电动机应失电停止运转。以上调试说明，反转点动工作正常。

反转启动调试：按一下反转启动按钮 SB_4，观察配电箱内的反转交流接触器 KM_2 线圈是否能吸合动作且自锁，若吸合动作自锁，电动机就会启动连锁反转运转；欲停止，则按下停止按钮 SB_1（1-3），观察配电箱内的反转交流接触器 KM_2 线圈是否能断电释放，若能，电动机将会失电停止反转运转。以上调试说明，反转启动、停止工作正常。

电动机在正转运转过程中，可轻轻按下反转启动按钮 SB_4，观察能否使电动机停止下来，若能，说明反转串联在正转交流接触器 KM_1 线圈回路中的按钮常闭触点互锁正常。用同样的方法检查正转串联在反转交流接触器 KM_2 线圈回路中的按钮常闭触点互锁情况，这里不再介绍。

常见故障及排除方法

（1）正转启动运转正常，但正转无点动。从原理图分析，故障为正转点动按钮 SB_3 常开触点损坏所致。因正转点动按钮 SB_3 不起作用，使交流接触器 KM_1 线圈不动作，从而出现无点动状态。检查正转点动按钮 SB_3 常开触点是否正常，若不正常，更换同型号按钮即可。

（2）正转启动操作时为点动状态。从电路分析，此故障为正转点动按钮 SB_3 常闭触点损坏、正转交流接触器 KM_1 辅助常开自锁触点损坏闭合不了所致。因点动按钮 SB_3 常闭触点与交流接触器 KM_1 辅助常开自锁触点串联，所以上述两电气元件任意一处出现断路均会造成无法自锁，使电路为点动状态。检修此故障非常简单，若怀疑 SB_3 有故障，可用短接法。短接 SB_3 常闭触点后，按按钮 SB_2，电路即能正常工作，从而证明按钮 SB_3 有故障，此时更换按钮 SB_3 即可。至于自锁触点 KM_1 损坏，也可以用短接法试之（但要注意安全，最好断开主回路断路器 QF_1，以保证电动机不能运转）。若短接 KM_1 自锁常开触点，交流接触器 KM_1 线圈能得电吸合动作，则故障为 KM_1 自锁常开触点损坏，更换新品即可。

第 3 章

顺序控制电路

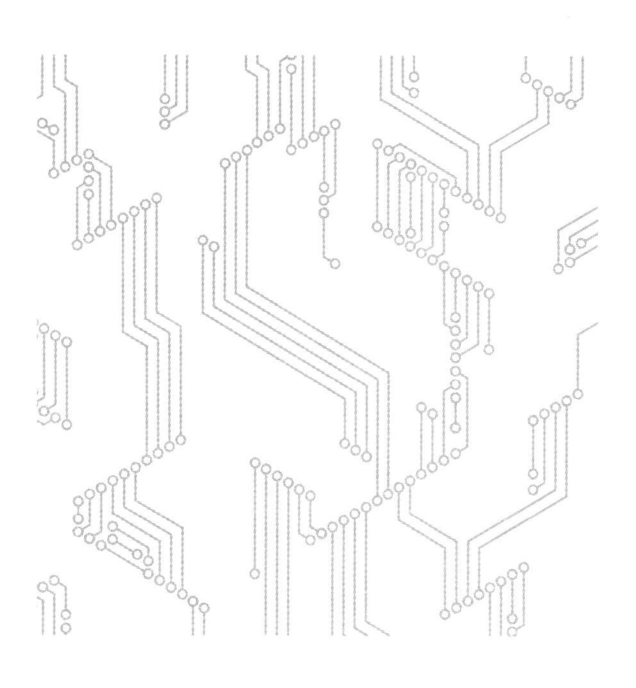

3.1 两台电动机联锁控制电路

工作原理（图 3.1）

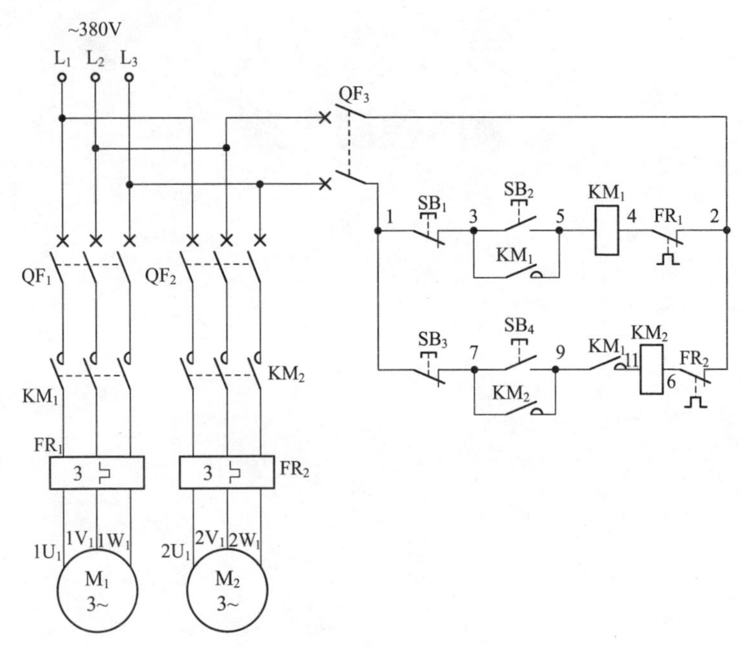

图 3.1　两台电动机联锁控制电路原理图

首先，合上主回路断路器 QF_1、QF_2 和控制回路断路器 QF_3，为电路工作提供准备条件。

启动：因 KM_2 线圈回路中串入了 KM_1 辅助常开触点（9–11），所以启动时必须先启动 KM_1 再启动 KM_2。先按下启动按钮 SB_2（3–5），交流接触器 KM_1 线圈得电吸合且 KM_1 辅助常开触点（3–5）闭合自锁，KM_1 三相主触点闭合，电动机 M_1 先得电启动运转，拖动 1# 设备工作；在 KM_1 线圈得电工作后，KM_1 串联在 KM_2 线圈回路中的辅助常开触点（9–11）闭合，为启动 KM_2 做准备，再按下启动按钮 SB_4（7–9），交流接触器 KM_2 线圈得电吸合且 KM_2 辅助常开触点（7–9）闭合自锁，KM_2 三相主触点闭合，电动机 M_2 后得电启动运转，拖动 2# 设备工作，从而实现两台电动机联锁控制。

停止：若停止时先按下 SB_3（1-7），再按下 SB_1（1-3），将实现两台电动机分别停止控制；若停止时按下 SB_1（1-3），将会使两台电动机同时完成停止控制。

电路布线图（图 3.2）

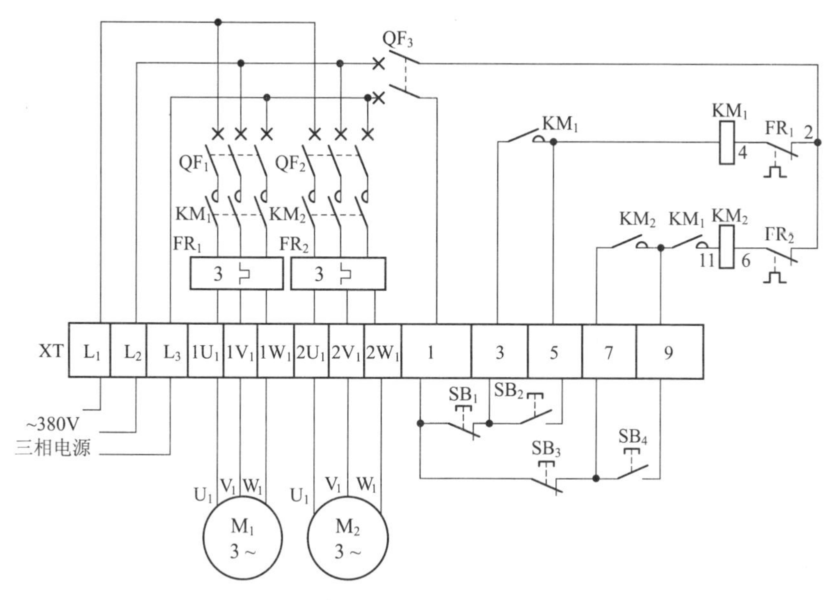

图 3.2 两台电动机联锁控制电路布线图

从图 3.2 中可以看出，XT 为接线端子排，通过端子排 XT 来区分电气元件的安装位置，XT 的上方为放置在配电箱内底板上的电气元件，XT 的下方为外接或引至配电箱门面板上的电气元件。

从端子排 XT 上看，共有 14 个接线端子。其中，L_1、L_2、L_3 这 3 根线为由外引入配电箱内的三相交流 380V 电源，并穿管引入；$1U_1$、$1V_1$、$1W_1$ 这 3 根线为电动机 M_1 的电动机线，穿管接至电动机 M_1 接线盒内的 U_1、V_1、W_1 上；$2U_1$、$2V_1$、$2W_1$ 这 3 根线为电动机 M_2 的电动机线，穿管接至电动机 M_2 接线盒内的 U_1、V_1、W_1 上；1、3、5、7、9 这 5 根线为控制线，接至配电箱门面板上的按钮开关 SB_1、SB_2、SB_3、SB_4 上。

电路接线图（图 3.3）

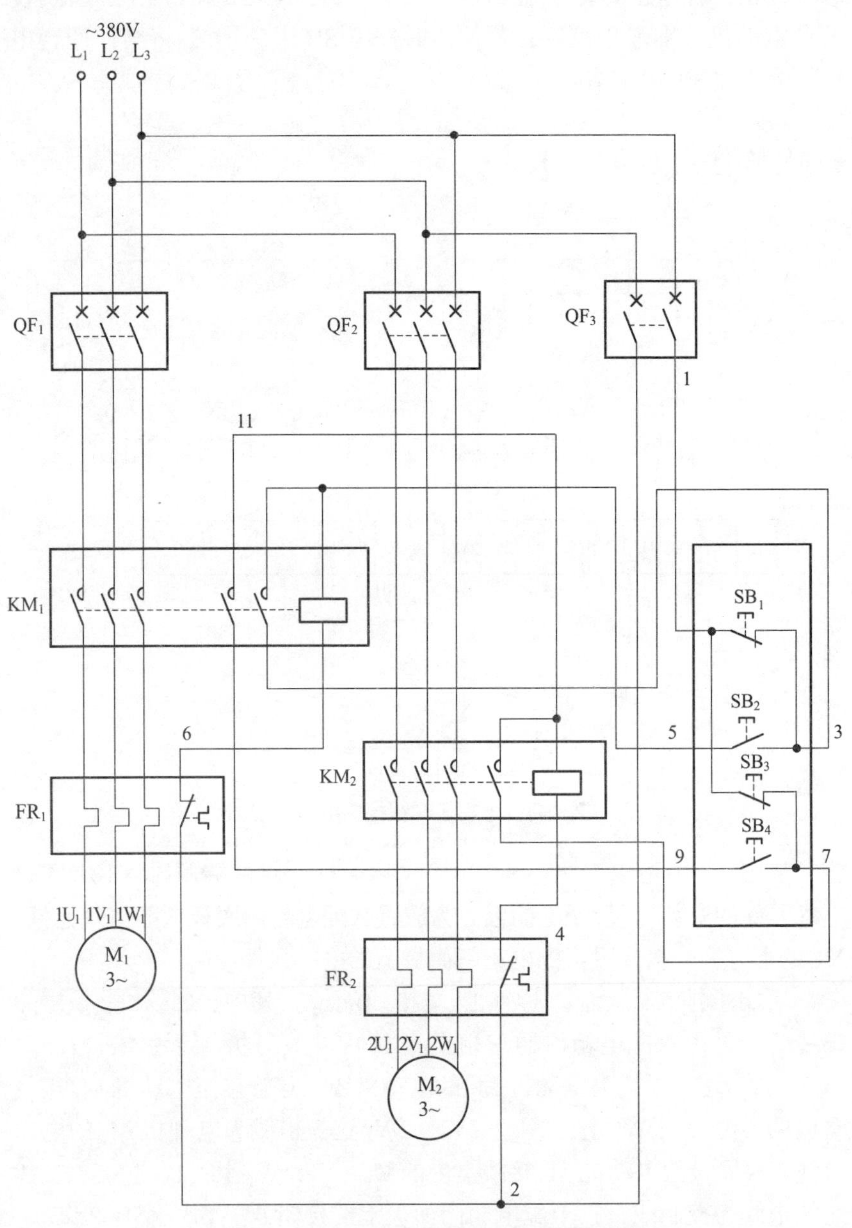

图 3.3 两台电动机联锁控制电路实际接线

元器件安装排列图及端子图（图3.4）

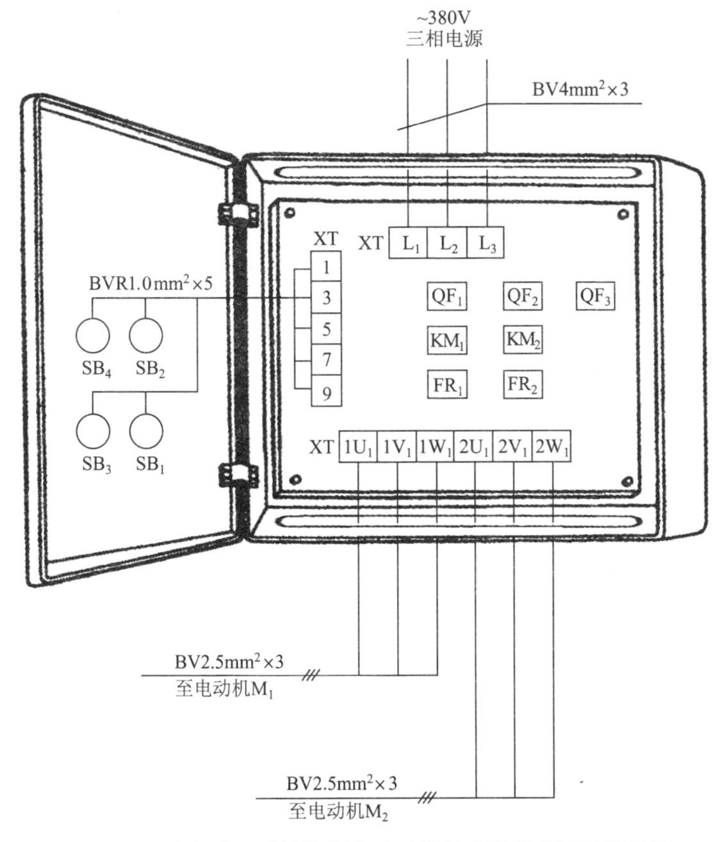

图3.4 两台电动机联锁控制电路元器件安装排列图及端子图

从图3.4中可以看出，断路器QF_1、QF_2、QF_3，交流接触器KM_1、KM_2及热继电器FR_1、FR_2安装在配电箱内底板上；按钮开关SB_1、SB_2、SB_3、SB_4安装在配电箱门面板上。

通过端子L_1、L_2、L_3将三相交流380V电源接入配电箱中。

端子$1U_1$、$1V_1$、$1W_1$接至电动机M_1接线盒中的U_1、V_1、W_1上。

端子$2U_1$、$2V_1$、$2W_1$接至电动机M_2接线盒中的U_1、V_1、W_1上。

端子1、3、5、7、9将配电箱内的器件与配电箱门面板上的按钮开关SB_1、SB_2、SB_3、SB_4连接起来。

按钮接线图（图 3.5）

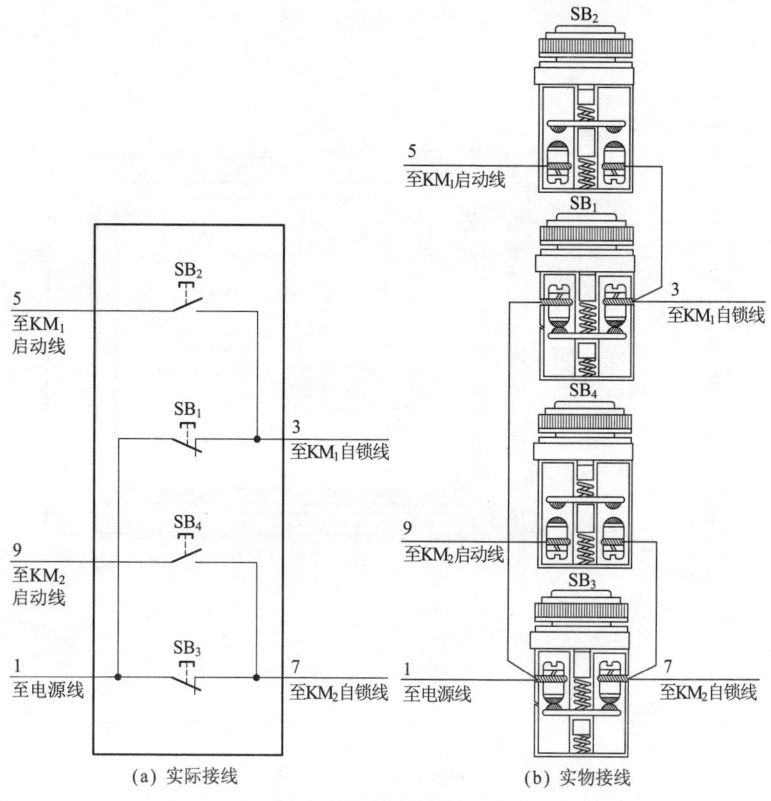

图 3.5　两台电动机联锁控制电路按钮接线

电气元件作用表（表 3.1）

表 3.1　**电气元件作用表**

符　号	名称、型号及规格	器件外形及相关部件介绍		作　用
QF_1	断路器 DZ20G-100 20A，三极		三极断路器	电动机 M_1 短路保护
QF_2				电动机 M_2 短路保护

续表 3.1

符 号	名称、型号及规格	器件外形及相关部件介绍		作 用
QF_3	断路器 DZ47-63 6A，二极	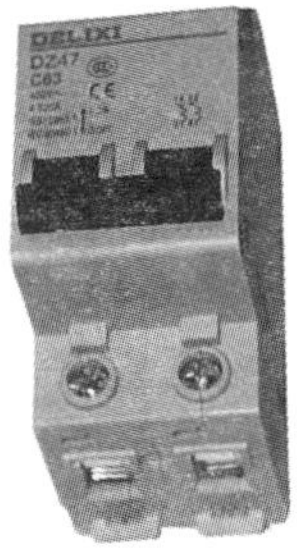	 二极断路器	控制回路短路保护
KM_1	交流接触器 CJX2-0910 带 F4-22 辅助触点 线圈电压 380V	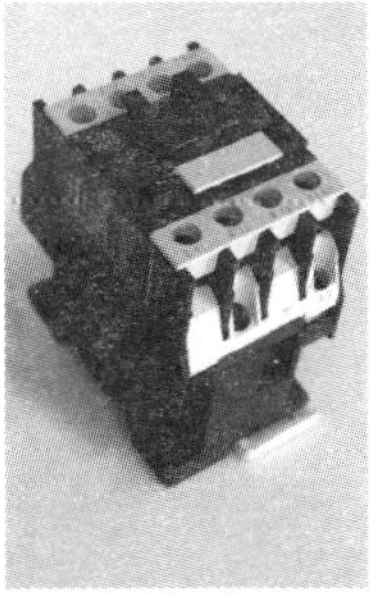	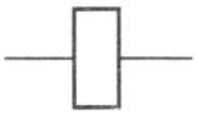 线圈 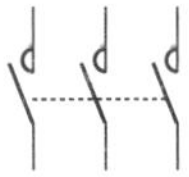 三相主触点  辅助常开触点  辅助常闭触点	控制电动机 M_1 电源
KM_2	交流接触器 CJX2-0910 线圈电压 380V			控制电动机 M_2 电源
FR_1	热继电器 JRS1D-25 7~10A		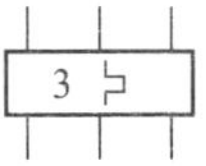 3 热元件  控制常闭触点 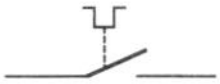 控制常开触点	电动机 M_1 过载保护
FR_2				电动机 M_2 过载保护
SB_1、SB_3	按钮开关 LAY8		 常闭触点	电动机 M_1、M_2 停止操作用
SB_2、SB_4			 常开触点	电动机 M_1、M_2 启动操作用

续表 3.1

符　号	名称、型号及规格	器件外形及相关部件介绍		作　用
M_1	三相异步电动机 Y112M-4 4kW，8.8A		M 3~	拖动
M_2	三相异步电动机 Y112M-2 4kW，8.2A			

依据电气元件作用表给出的相关技术数据选择导线，本电路所配电动机 M_1 型号为 Y112M-4、功率为 4kW、电流为 8.8A，电动机 M_2 型号为 Y112M-2、功率为 4kW、电流为 8.2A，总电流为 17A。其电动机 M_1 电动机线 $1U_1$、$1V_1$、$1W_1$ 可选用 BV 2.5mm^2 导线；电动机 M_2 电动机线 $2U_1$、$2V_1$、$2W_1$ 可选用 BV 2.5mm^2 导线；电源线 L_1、L_2、L_3 可选用 BV 4mm^2 导线；控制线 1、3、5、7、9 可选用 BVR 1.0mm^2 导线。

电路调试

为确保安全，先断开主回路断路器 QF_1、QF_2，合上控制回路断路器 QF_3，调试控制回路。

先调试第二台电动机 M_2 控制回路，按下第二台电动机 M_2 启动按钮 SB_4，观察 KM_2 是否吸合，若吸合则电路存在不互锁问题，检查相关电路并排除。若不吸合，则基本上为正确，此时断开 QF_3，用一根导线将 KM_1 串联在 KM_2 线圈回路中的辅助常开触点短接起来后，再按下 SB_4，此时交流接触器 KM_2 线圈应得电吸合且 KM_2 辅助常开触点闭合自锁。若停止则按下 SB_3，交流接触器 KM_2 线圈断电释放，KM_2 回路调试完毕，同时断开 QF_2，将 KM_1 辅助常开触点上并联的短接线去掉。然后再调试第一台电动机 M_1 控制回路，按下启动按钮 SB_2，交流接触器 KM_1 线圈得电吸合且 KM_1 辅助常开触点闭合自锁，按下停止按钮 SB_1，交流接触器 KM_1 线圈应断电释放。

若在 KM_1 线圈得电吸合且 KM_1 辅助常开触点闭合自锁后再按下第二台电动机启动按钮 SB_4，交流接触器 KM_2 线圈能得电吸合且 KM_2 辅助常开触点闭合自锁并能完成启停控制，则整个控制回路调试完毕，可进行主回路调试。

切记：本电路应先使 KM_1 工作后再操作 KM_2。

合上主回路断路器 QF_1、QF_2，启动 M_1 时按动启动按钮开关 SB_2，KM_1 线圈得电吸合且 KM_1 辅助常开触点闭合自锁，其三相主触点闭合，电动机 M_1 运转（此时观察其转向是否符合要求）；这时再按下启动电动机 M_2 的按钮开关 SB_4，KM_2 线圈得电吸合且 KM_2 辅助常开触点闭合自锁，其三相主触点闭合，电动机 M_2 运转工作。两台电动机在运转时，若先按下停止按钮 SB_3，则 M_2 电动机先停止；再按下停止按钮 SB_1，M_1 电动机后停止（从后向前顺序停止）；若不按此顺序操作而直接按下 SB_1，则 M_1、M_2 两台电动机全部停止运转。

常见故障及排除方法

（1）电动机 M_1 未转，按下启动按钮 SB_4，电动机 M_2 能启动运转。此故障原因可能是交流接触器 KM_1 串联在 KM_2 线圈回路中的辅助常开触点损坏断不开或根本没接。此时观察配电箱内的交流接触器，若 KM_1、KM_2 线圈均吸合，则说明 KM_1 主回路有故障或电动机 M_1 主回路断路器 QF_1 动作跳闸了。若 KM_1 线圈未吸合、KM_2 线圈吸合了，则说明 KM_1 辅助常开触点有故障或根本未接上。

（2）按下启动按钮 SB_2，交流接触器 KM_1 能吸合，不能自锁，即按下 SB_2 成点动了。此故障原因主要是交流接触器 KM_1 自锁回路有故障，如自锁触点损坏或自锁线脱落。

（3）按下第一台电动机启动按钮 SB_2，KM_1、KM_2 同时吸合，两台电动机 M_1、M_2 同时得电运转；按下停止按钮 SB_1，M_1、M_2 同时停止运转。此故障主要原因是 5# 线与 9# 线碰线短路所致，如图 3.6 所示。

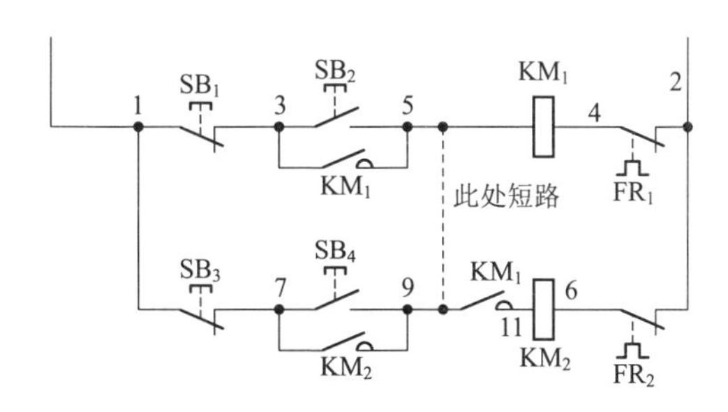

图 3.6　故障回路

（4）按下第二台电动机停止按钮 SB_3，电动机 M_2 不能停止，按下 SB_1，则电动机 M_1、M_2 能同时停止。此故障可能原因是电动机 M_2 停止按钮 SB_1 损坏短路，不能断开 KM_2 线圈回路电源，电动机 M_2 不能停止工作。另外，若 $5^\#$ 线与 $9^\#$ 线短路碰线也会出现上述现象。

（5）按任何按钮开关均无反应。此故障与 KM_1 线圈回路有关，如 SB_1、KM_1 线圈、FR 热继电器常闭触点、SB_2 损坏等，若上述器件有问题，则 KM_1 线圈不能得电吸合，同样 KM_2 因 KM_1 联锁触点的作用而失效。检查上述器件，并排除故障。

（6）按住 SB_3 很长时间 KM_2 才能断电释放，电动机 M_2 才能停止运转。此故障原因可能是交流接触器 KM_2 铁心极面有油污造成交流接触器延时释放，解决此故障的方法很简单，只要将交流接触器拆开，用细砂纸或干布将其动、静铁心极面处理干净即可。

3.2 效果理想的顺序自动控制电路

工作原理（图 3.7）

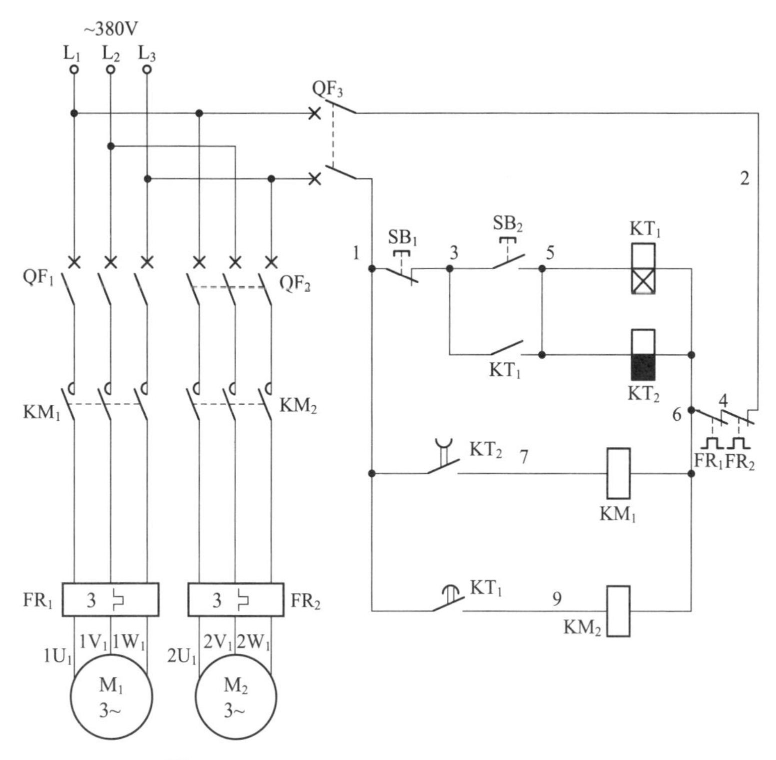

图 3.7　效果理想的顺序自动控制电路原理图

首先，合上主回路断路器 QF_1、QF_2 和控制回路断路器 QF_3，为电路工作提供准备条件。

顺序启动：按下启动按钮 SB_2（3-5），得电延时时间继电器 KT_1、失电延时时间继电器 KT_2 线圈得电吸合且 KT_1 不延时瞬动常开触点（3-5）闭合自锁，KT_1 开始延时。在 KT_2 线圈得电吸合后，KT_2 失电延时断开的常开触点（1-7）立即闭合，接通交流接触器 KM_1 线圈回路电源，KM_1 线圈得电吸合，KM_1 三相主触点闭合，辅机拖动电动机 M_1 得电先启动运转；经 KT_1 一段时间延时后，KT_1 得电延时闭合的常开触点（1-9）闭合，接通交流接触器KM_2线圈回路电源，KM_2线圈得电吸合，KM_2三相主触点闭合，主机拖动电动机M_2得电后启动运转。从而完成启动时先启动辅机M_1再自动延时启动主机M_2。

逆序停止：按下停止按钮SB_1（1-3），得电延时时间继电器KT_1、失电延时时间继电器KT_2线圈均断电释放，KT_1不延时瞬动常开触点（3-5）断开，解除自锁，KT_2开始延时。同时，KT_1得电延时闭合的常开触点（1-9）立即断开，先切断交流接触器KM_2线圈回路电源，KM_2线圈断电释放，KM_2三相主触点断开，主机拖动电动机M_2先失电停止运转；经KT_2一段时间延时后，KT_2失电延时断开的常开触点（1-7）断开，后切断交流接触器KM_1线圈回路电源，KM_1线圈断电释放，KM_1三相主触点断开，辅机拖动电动机M_1后失电自动停止运转。从而完成停止时先停止主机M_2再自动延时停止辅机M_1。

电路布线图（图3.8）

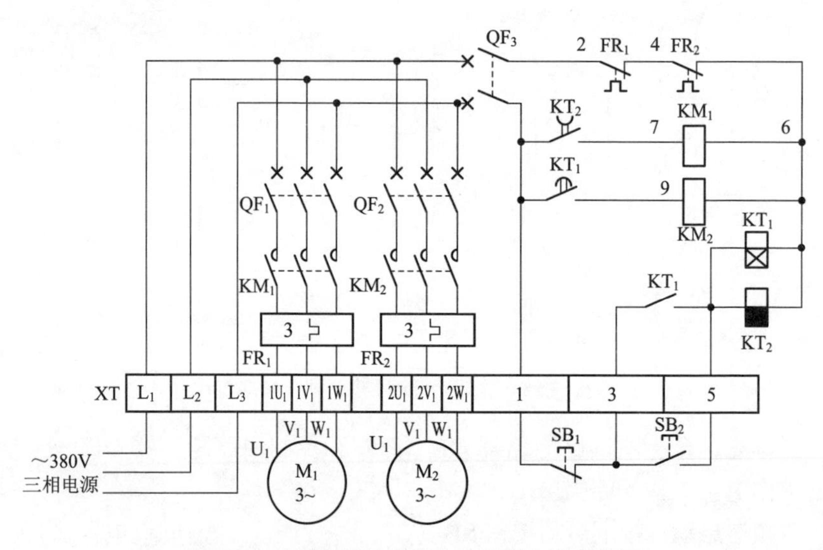

图3.8 效果理想的顺序自动控制电路布线图

从图3.8中可以看出，XT为接线端子排，通过端子排XT来区分电气元件的安装位置，XT的上方为放置在配电箱内底板上的电气元件，XT的下方为外接或引至配电箱门面板上的电气元件。

从端子排 XT 上看，共有 12 个接线端子。其中，L_1、L_2、L_3 这 3 根线为由外引入配电箱的三相交流 380V 电源，并穿管引入；$1U_1$、$1V_1$、$1W_1$ 这 3 根线为电动机 M_1 的电动机线，穿管接至电动机 M_1 接线盒内的 U_1、V_1、W_1 上；$2U_1$、$2V_1$、$2W_1$ 这 3 根线为电动机 M_2 的电动机线，穿管接至电动机 M_2 接线盒内的 U_1、V_1、W_1 上；1、3、5 这 3 根线为控制线，接至配电箱门面板上的按钮开关 SB_1、SB_2 上。

电路接线图（图 3.9）

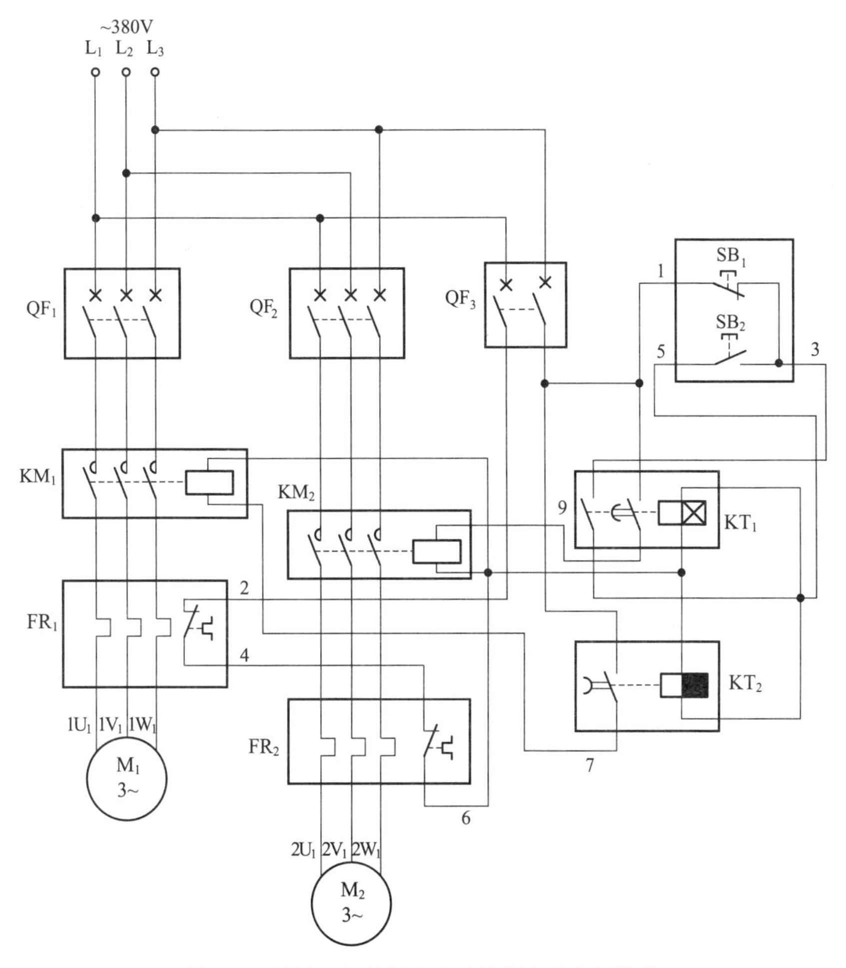

图 3.9　效果理想的顺序自动控制电路实际接线

◆元器件安装排列图及端子图（图 3.10）

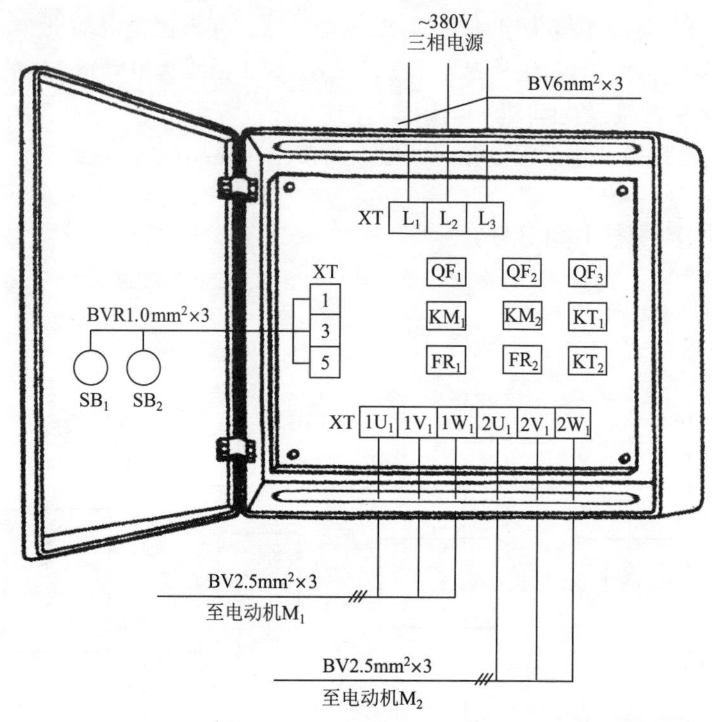

图 3.10　效果理想的顺序自动控制电路元器件安装排列图及端子图

从图 3.10 中可以看出，断路器 QF_1、QF_2、QF_3，交流接触器 KM_1、KM_2，得电延时时间继电器 KT_1，失电延时时间继电器 KT_2，热继电器 FR_1、FR_2 安装在配电箱内底板上；按钮开关 SB_1、SB_2 安装在配电箱门面板上。

通过端子 L_1、L_2、L_3 将三相交流 380V 电源接入配电箱中。

端子 $1U_1$、$1V_1$、$1W_1$ 接至电动机 M_1 接线盒中的 U_1、V_1、W_1 上。

端子 $2U_1$、$2V_1$、$2W_1$ 接至电动机 M_2 接线盒中的 U_1、V_1、W_1 上。

端子 1、3、5 将配电箱内的器件与配电箱门面板上的按钮开关 SB_1、SB_2 连接起来。

按钮接线图（图 3.11）

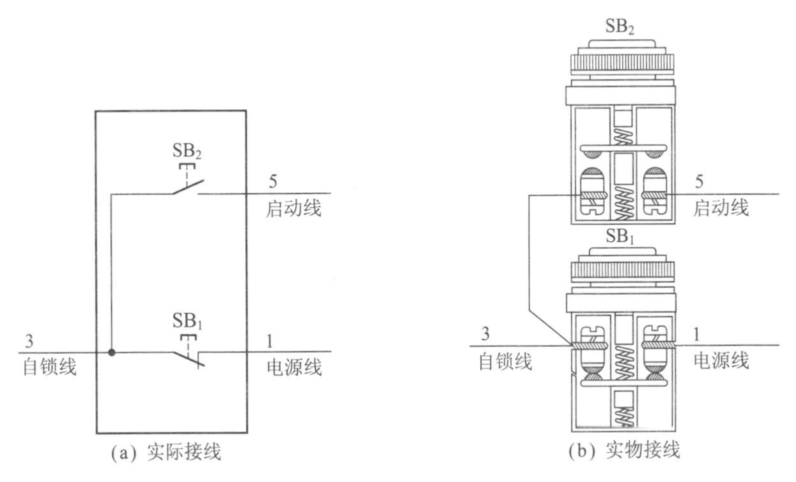

图 3.11 效果理想的顺序自动控制电路按钮接线

电气元件作用表（表 3.2）

表 3.2 **电气元件作用表**

符 号	名称、型号及规格	器件外形及相关部件介绍		作 用
QF_1	断路器 CDM1-63 20A，三极		三极断路器	电动机 M_1 短路保护
QF_2				电动机 M_2 短路保护
QF_3	断路器 DZ47-63 6A，二极		二极断路器	控制回路短路保护

续表 3.2

符　号	名称、型号及规格	器件外形及相关部件介绍		作　用
KM_1	交流接触器 CJX2-1210 线圈电压 380V	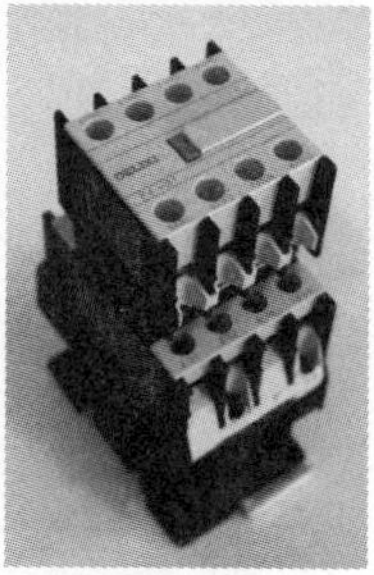	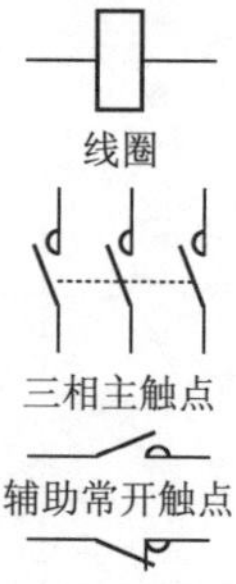线圈 三相主触点 辅助常开触点 辅助常闭触点	控制电动机 M_1 电源
KM_2				控制电动机 M_2 电源
FR_1	热继电器 JRS1D-25 9~13A	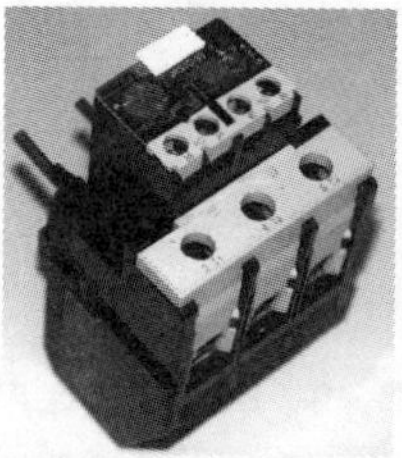	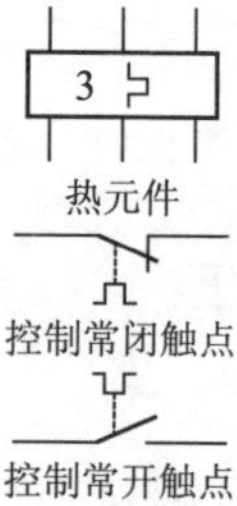3 热元件 控制常闭触点 控制常开触点	电动机 M_1 过载保护
FR_2				电动机 M_2 过载保护
KT_1	得电延时 时间继电器 JS14P 工作电压 380V	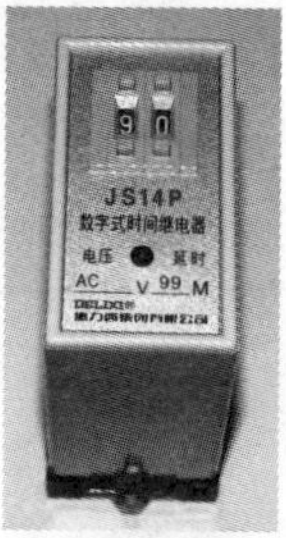JS14P 数字式时间继电器 电压 延时 AC V 99 M DELIXI	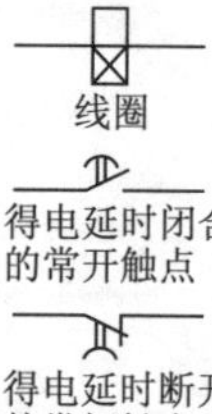线圈 得电延时闭合的常开触点 得电延时断开的常闭触点	启动时，后延时启动电动机 M_2；停止时，先停止电动机 M_2
KT_2	失电延时 时间继电器 JS14P-D 工作电压 380V		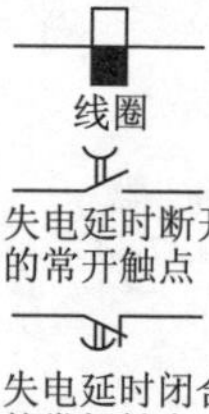线圈 失电延时断开的常开触点 失电延时闭合的常闭触点	启动时，先启动电动机 M_1；停止时，后延时停止电动机 M_1

续表 3.2

符 号	名称、型号及规格	器件外形及相关部件介绍		作 用
SB_1	按钮开关 LAY8		常闭触点	电动机停止操作用
SB_2			常开触点	电动机启动操作用
M_1	三相异步电动机 Y132S1-2 5.5kW，11.1A		M 3~	辅机拖动
M_2	三相异步电动机 Y132M1-6 4kW，9.4A			主机拖动

依据电气元件作用表给出的相关技术数据选择导线，本电路所配电动机 M_1 型号为 Y132S1-2、功率为 5.5kW、电流为 11.1A，电动机 M_2 型号为 Y132M1-6、功率为 4kW、电流为 9.4A，总电流为 20.5A。电动机 M_1 电动机线 $1U_1$、$1V_1$、$1W_1$ 可选用 BV 2.5mm^2 导线；电动机 M_2 电动机线 $2U_1$、$2V_1$、$2W_1$ 可选用 BV 2.5mm^2；电源线 L_1、L_2、L_3 可选用 BV 6mm^2 导线；控制线 1、3、5 可选用 BVR 1.0mm^2 导线。

◆电路调试

断开主回路断路器 QF_1、QF_2，合上控制回路断路器 QF_3，先调试控制回路。

首先将得电延时时间继电器 KT_1、失电延时时间继电器 KT_2 的延时时间调整设定好（可根据生产需求而定）。

按下启动按钮 SB_2，观察配电箱内各电气元件的动作情况，此时得电延时时间继电器 KT_1、失电延时时间继电器 KT_2、交流接触器 KM_1 这三只器件应同时得电动作，再过一会儿（也就是 KT_1 的延时时间），

交流接触器 KM_2 也得电动作。从以上情况看，启动过程符合要求，也就是启动时按顺序 KM_1 先工作，经 KT_1 延时后，KM_2 再自动启动工作。然后按下停止按钮 SB_1，观察配电箱内各电气元件的动作情况，此时，得电延时时间继电器 KT_1、失电延时时间继电器 KT_2、交流接触器 KM_2 应同时断电释放，再过一会儿（也就是 KT_2 的延时时间），交流接触器 KM_1 也断电释放，从以上情况看，停止过程符合要求，也就是停止时按顺序 KM_2 先停止，经 KT_2 延时后，KM_1 再自动停止工作。这样，说明控制回路一切正常，控制回路调试结束。

通过以上调试后，再将主回路断路器 QF_1、QF_2 合上，带负荷进行调试，因主回路很简单，这里不一一讲述。注意：在调试过程中要事先确定电动机的运转方向，并正确连接，以免造成机械事故，也就是说，在调试电动机转向时，最好将电动机与所带负载脱离开来，待电动机转向正确后再连接，这样可保证万无一失。

常见故障及排除方法

（1）只有辅机工作，主机不工作。首先观察配电箱内电气元件动作情况，若得电延时时间继电器 KT_1 线圈不吸合，则是因为 KT_1 损坏而使得电延时闭合的常开触点不闭合，造成交流接触器 KM_2 线圈不能得电吸合工作，从而导致主机 M_2 不工作。若得电延时时间继电器 KT_1 线圈得电吸合，则故障为 KT_1 得电延时闭合的常开触点损坏或交流接触器 KM_2 线圈断路。用万用表测出故障器件并修复即可。

（2）一合上控制断路器 QF_3，辅机 M_1 不需启动操作就运转，按停止按钮无反应。若从控制回路分析，则此故障为失电延时时间继电器 KT_2 的失电延时断开的常开触点粘连断不开所致，只要更换 KT_2 延时触点即可排除故障；若从主回路分析，则此故障的原因为交流接触器 KM_2 主触点粘连；若从器件自身故障分析，则此故障为交流接触器机械部分卡住或铁心极面有油污所致。

（3）启动时辅机、主机同时启动，而停止时则先停止主机再自动停止辅机。此故障很明显为得电延时时间继电器 KT_1 的延时时间调整得过短所致，实际上 KT_1 是有延时的，但看不出来，否则不会出现上述故障。重新调整 KT_1 延时时间即可排除故障。

（4）启动时，辅机立即运转，过一会儿又自动停机，而主机无反应。此故障为得电延时时间继电器 KT_1 线圈断路或 KT_1 自锁触点不闭合所致，因 KT_1 线圈不工作或 KT_1 无自锁时，失电延时时间继电器 KT_2 线圈得电吸合后又立即释放，KT_2 失电延时断开的常开触点立即闭合，交流接触器 KM_1 线圈得电吸合，KM_1 三相主触点闭合，辅机电动机 M_1 得电运转，经 KT_2 延时后，KT_2 失电延时断开的常开触点断开，交流接触器 KM_1 线圈断电释放，KM_1 三相主触点断开，辅机电动机 M_1 又失电停止运转。更换同型号 KT_1 后即可排除故障。

（5）按下启动按钮 SB_2 后，辅机不工作，经过一段时间后，主机自动工作；停止时按下 SB_1，主机停止工作。此故障为失电延时时间继电器 KT_2 线圈损坏或 KT_2 失电延时断开的常开触点损坏所致。因 KT_2 线圈断路或 KT_2 失电延时断开的常开触点损坏都会造成交流接触器 KM_1 线圈不吸合，所以辅机电动机不工作。更换同型号失电延时时间继电器 KT_1 即可排除故障。

3.3 多条皮带运输原料控制电路

工作原理（图3.12）

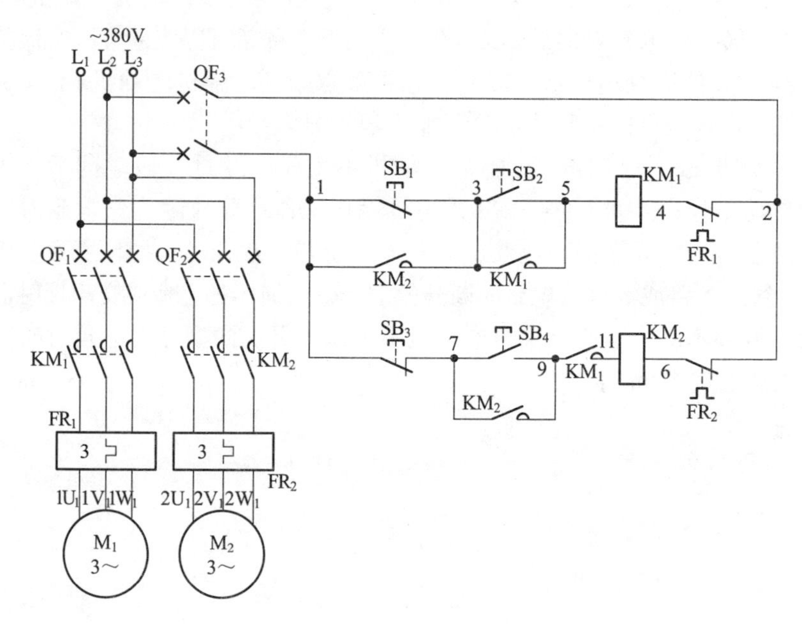

图3.12　多条皮带运输原料控制电路原理图

首先，合上主回路断路器QF_1、控制回路断路器QF_2，为电路工作提供准备条件。

启动：因KM_2线圈回路中串入了一组交流接触器KM_1辅助常开触点（9-11），所以在KM_1未闭合之前操作第二条皮带启动按钮SB_4（7-9）无效。启动时先按下第一条皮带电动机启动按钮SB_2（3-5），交流接触器KM_1线圈得电吸合且KM_1辅助常开触点（3-5）闭合自锁，KM_1三相主触点闭合，第一条皮带电动机得电先启动运转起来；在交流接触器KM_1线圈得电吸合后，KM_1串联在KM_2线圈回路中的辅助常开触点（9-11）闭合，为KM_2线圈得电工作做准备。再按下第二条皮带电动机启动按钮SB_4（7-9），交流接触器KM_2线圈得电吸合且KM_2辅助常开触点（7-9）闭合自锁，KM_2三相主触点闭合，第二条皮带电动机得电后启动运转起来。从而完成启动时从前向后逐台手动启动控制。

停止： 先按下第二条皮带电动机停止按钮 SB_3（1-7），交流接触器 KM_2 线圈断电释放，KM_2 辅助常开触点（7-9）断开，解除自锁，KM_2 三相主触点断开，第二条皮带电动机先失电停止运转；当 KM_2 线圈断电释放后，KM_2 并联在 SB_1（1-3）上的辅助常开触点（1-3）断开，解除对 SB_1（1-3）的短接，可对 SB_1（1-3）进行停止操作。再按下第一条皮带电动机停止按钮 SB_1（1-3），交流接触器 KM_1 线圈断电释放，KM_1 辅助常开触点（3-5）断开，解除自锁，KM_1 三相主触点断开，第一条皮带电动机后失电停止运转。从而完成停止时从后向前逐台手动停止控制，即停止时先停止第二条皮带电动机 M_2，再停止第一条皮带电动机 M_1。

电路布线图（图 3.13）

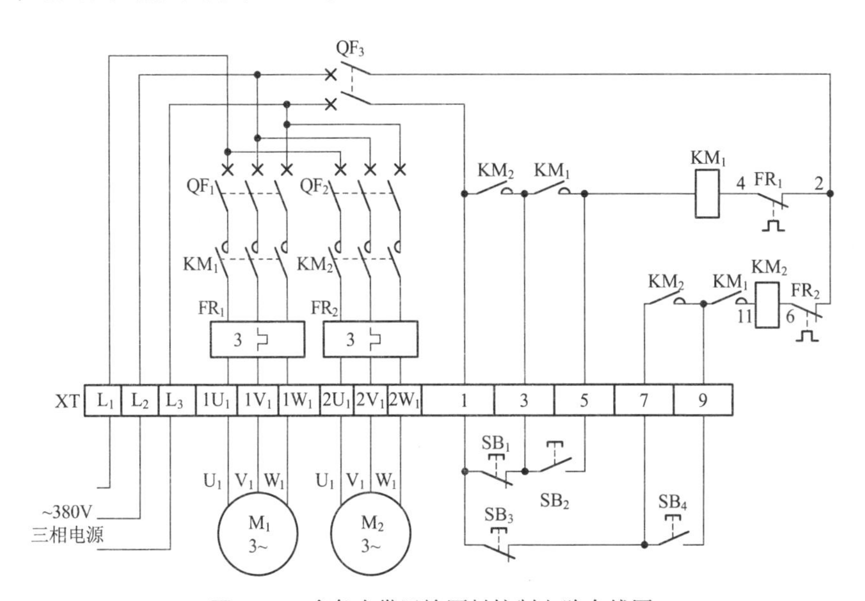

图 3.13 多条皮带运输原料控制电路布线图

从图 3.13 中可以看出，XT 为接线端子排，通过端子排 XT 来区分电气元件的安装位置，XT 的上方为放置在配电箱内底板上的电气元件，XT 的下方为外接或引至配电箱门面板上的电气元件。

从端子排XT上看，共有14个接线端子。其中，L_1、L_2、L_3这3根线为由外引入配电箱的三相交流380V电源，并穿管引入；$1U_1$、$1V_1$、$1W_1$这3根线为电动机M_1的电动机线，穿管接至电动机M_1接线盒内的U_1、V_1、W_1上；$2U_1$、$2V_1$、$2W_1$这3根线为电动机M_2的电动机线，穿管接至电动机M_2接线盒内的U_1、V_1、W_1上；1、3、5、7、9这5根线为控制线，接至配电箱门面板上的按钮开关SB_1、SB_2、SB_3、SB_4上。

◆电路接线图（图3.14）

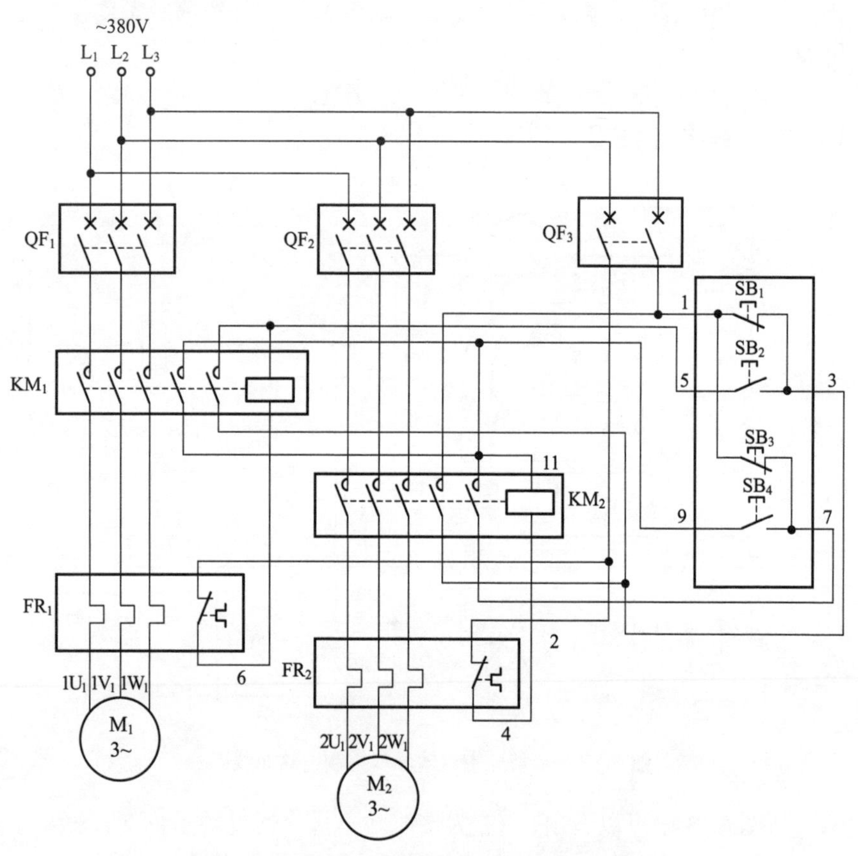

图3.14 多条皮带运输原料控制电路实际接线

元器件安装排列图及端子图（图 3.15）

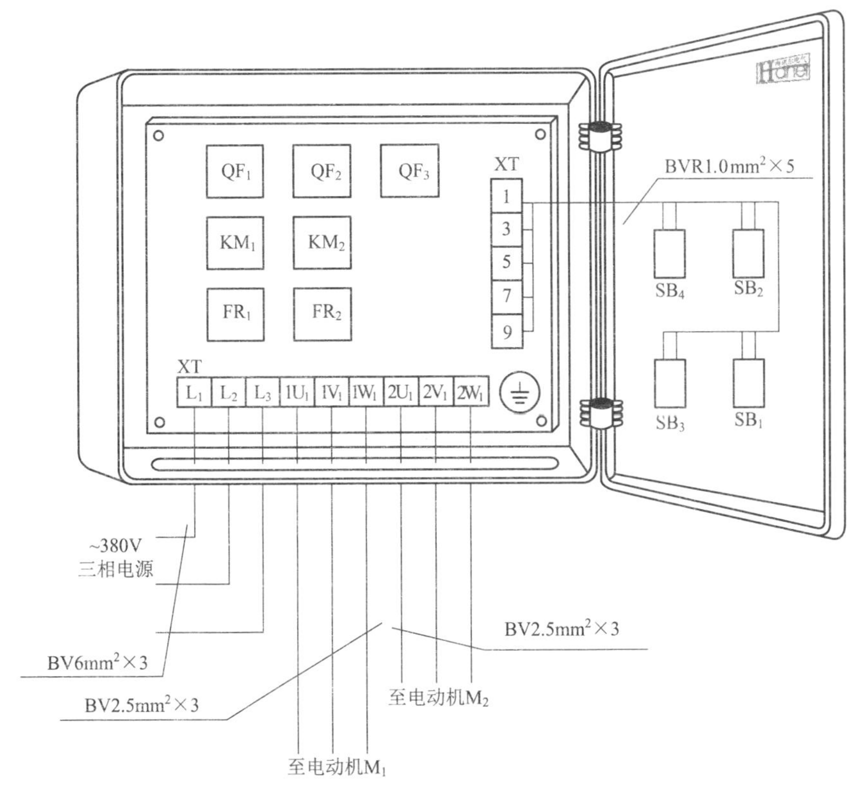

图 3.15　多条皮带运输原料控制电路元器件安装排列图及端子图

从图 3.15 中可以看出，断路器 QF_1、QF_2，交流接触器 KM_1、KM_2，热继电器 FR_1、FR_2 安装在配电箱内底板上；按钮开关 SB_1、SB_2、SB_3、SB_4 安装在配电箱门面板上。

通过端子 L_1、L_2、L_3 将三相交流 380V 电源接入配电箱中。

端子 $1U_1$、$1V_1$、$1W_1$ 接至电动机 M_1 接线盒中的 U_1、V_1、W_1 上。

端子 $2U_1$、$2V_1$、$2W_1$ 接至电动机 M_2 接线盒中的 U_1、V_1、W_1 上。

端子 1、3、5、7、9 将配电箱内的器件与配电箱门面板上的按钮开关 SB_1、SB_2、SB_3、SB_4 连接起来。

按钮接线图（图3.16）

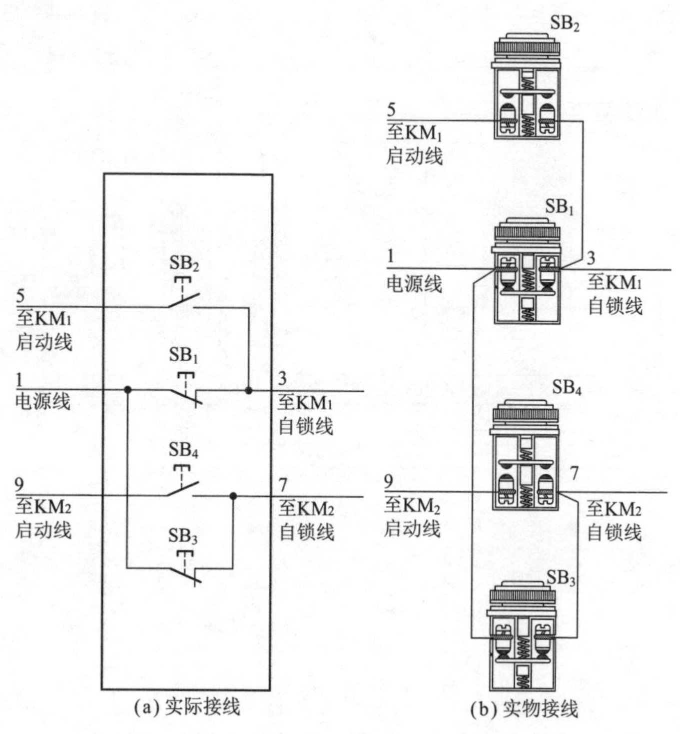

(a) 实际接线　　(b) 实物接线

图3.16　多条皮带运输原料控制电路按钮接线

电气元件作用表（表3.3）

表3.3　**电气元件作用表**

符　号	名称、型号及规格	器件外形及相关部件介绍		作　用
QF$_1$	断路器 DZ47-63 32A，三极		三极断路器	电动机 M$_1$ 主回路过流保护
QF$_2$				电动机 M$_2$ 主回路过流保护

续表 3.3

符　号	名称、型号及规格	器件外形及相关部件介绍	作　用
QF_3	断路器 DZ47-63 6A，二极	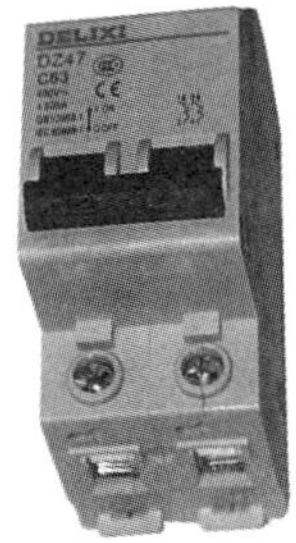 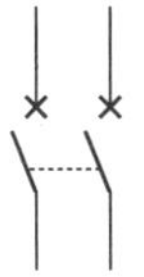 二极断路器	控制回路过流保护
KM_1	交流接触器 CDC10-20 线圈电压 380V	线圈 三相主触点 辅助常开触点 辅助常闭触点	 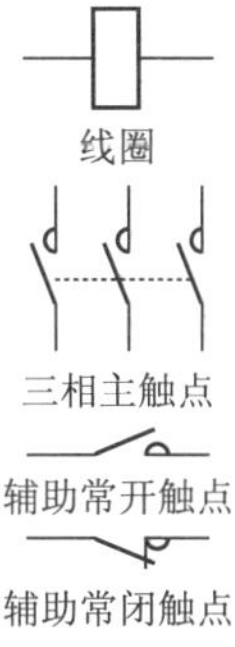 控制电动机 M_1 电源
KM_2			控制电动机 M_2 电源
FR_1	热继电器 JR36-20 14~22A	热元件 控制常闭触点 控制常开触点	 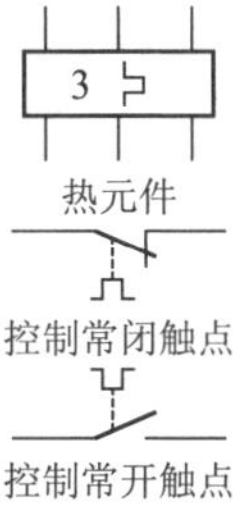 电动机 M_1 过载保护
FR_2			电动机 M_2 过载保护
SB_1、SB_3	按钮开关 LA19-11	  常闭触点	电动机 M_1、M_2 停止用
SB_2、SB_4		 常开触点	电动机 M_1、M_2 启动用

续表 3.3

符 号	名称、型号及规格	器件外形及相关部件介绍		作 用
M_1	三相异步电动机 Y160M-6 7.5kW，17A 970r/min		M 3~	第一条皮带拖动
M_2				第二条皮带拖动

依据电气元件作用表给出的相关技术数据选择导线，本电路所配电动机 M_1、M_2 型号为 Y160M-6、功率为 7.5kW、电流为 17A，总电流为 34A。其电动机线 $1U_1$、$1V_1$、$1W_1$ 和 $2U_1$、$2V_1$、$2W_1$ 均选用 BV 2.5mm^2 导线；电源线 L_1、L_2、L_3 可选用 BV 6mm^2 导线；控制线 1、3、5、7、9 可选用 BVR 1.0mm^2 导线。

电路调试

断开主回路断路器 QF_1，合上控制回路断路器 QF_2，调试控制回路。

由于该电路存在互锁，在调试时应根据配电箱内电气元件的动作情况加以判定。可先按下启动按钮 SB_4，配电箱内电气元件应无反应。为什么呢？从电气原理图中可以看出，在交流接触器 KM_2 的线圈回路中串联了 KM_1 的一组辅助常开触点，此常开触点未闭合，所以 KM_2 线圈不能工作。再按下启动按钮 SB_2，交流接触器 KM_1 线圈得电吸合动作且自锁，紧接着按下启动按钮 SB_4，交流接触器 KM_2 线圈得电吸合动作且自锁，说明启动操作控制正常；而停止时，先按下停止按钮 SB_1，此停止按钮 SB_1 操作无效（也就是说，此停止按钮开关 SB_1 两端因并联的 KM_2 的常开触点闭合被短接起来而无法操作），此时，按下停止按钮 SB_3，交流接触器 KM_2 线圈断电释放，然后再按下停止按钮 SB_1，交流接触器 KM_1 线圈也能断电释放，说明控制回路符合设计要求。通过以上调试后，再合上主回路断路器 QF_1、QF_2，可以带负荷调试主回路，因主回路调试比较简单，这里不再加以介绍。

第 4 章

降压启动控制电路

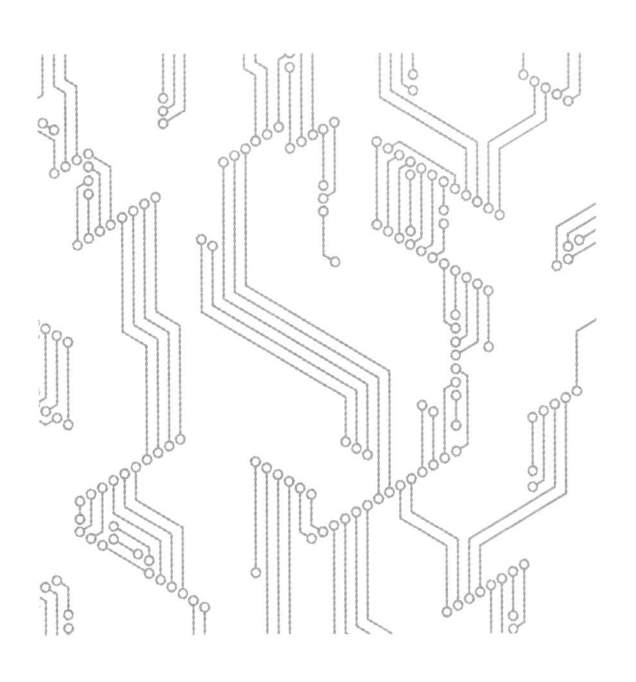

4.1 手动串联电阻器启动控制电路

工作原理（图 4.1）

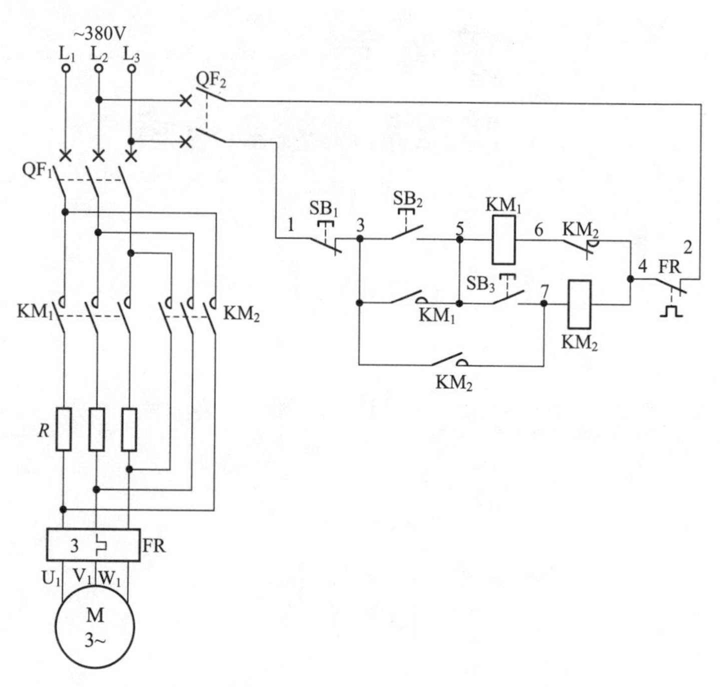

图 4.1　手动串联电阻器启动控制电路原理图

串联电阻器降压启动时，按下启动按钮 SB_2（3-5），交流接触器 KM_1 线圈得电吸合且 KM_1 辅助常开触点（3-5）闭合自锁，KM_1 三相主触点闭合，电动机串电阻器 R 降压启动；随着电动机转速的逐渐提高，可按下全压运转按钮 SB_3（5-7），交流接触器 KM_2 线圈得电吸合且 KM_2 辅助常开触点（3-7）闭合自锁，KM_2 三相主触点闭合，电动机通入三相交流 380V 电源而全压运转；同时，KM_2 串联在交流接触器 KM_1 线圈回路中的辅助常闭触点（4-6）断开，使 KM_1 线圈断电释放，KM_1 三相主触点断开，KM_1 退出运行，从而使电动机在完成降压启动后仅靠交流接触器 KM_2 来实现全压运转。

停止时，按下停止按钮 SB_1（1−3），交流接触器 KM_2 线圈断电释放，KM_2 辅助常开触点（3−7）断开，解除自锁，KM_2 三相主触点断开，电动机失电停止运转。

电路布线图（图 4.2）

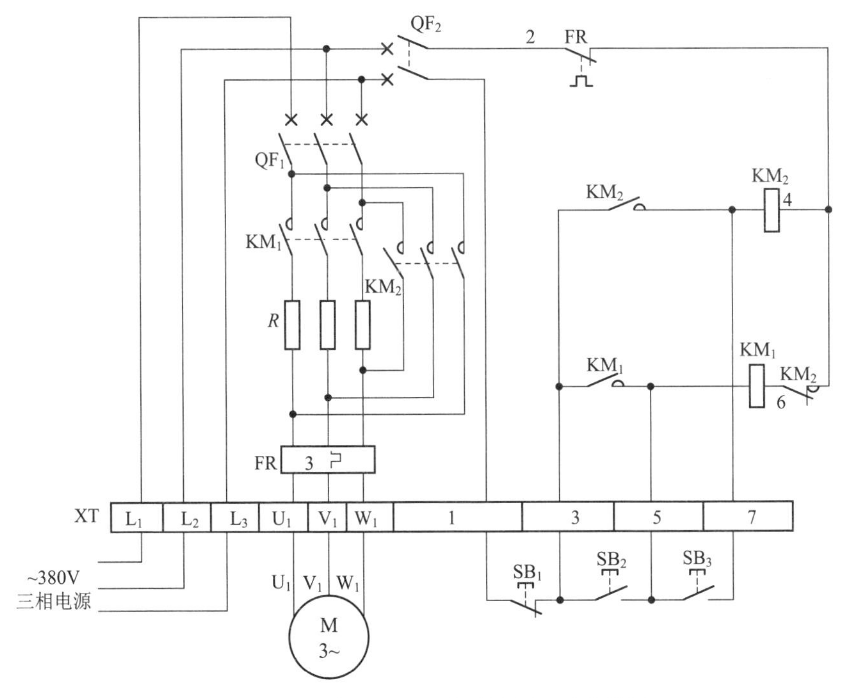

图 4.2 手动串联电阻器启动控制电路布线图

从图 4.2 中可以看出，XT 为接线端子排，通过端子排 XT 来区分电气元件的安装位置，XT 的上方为放置在配电箱内底板上或底部位置的电气元件，XT 的下方为外接或引至配电箱门面板上的电气元件。

从端子排 XT 上看，共有 10 个接线端子。其中，L_1、L_2、L_3 这 3 根线为由外引入配电箱的三相交流 380V 电源，并穿管引入；U_1、V_1、W_1 这 3 根线为电动机线，穿管接至电动机接线盒内的 U_1、V_1、W_1 上；1、3、5、7 这 4 根线为控制线，接至配电箱门面板上的按钮开关 SB_1、SB_2、SB_3 上。

电路接线图（图 4.3）

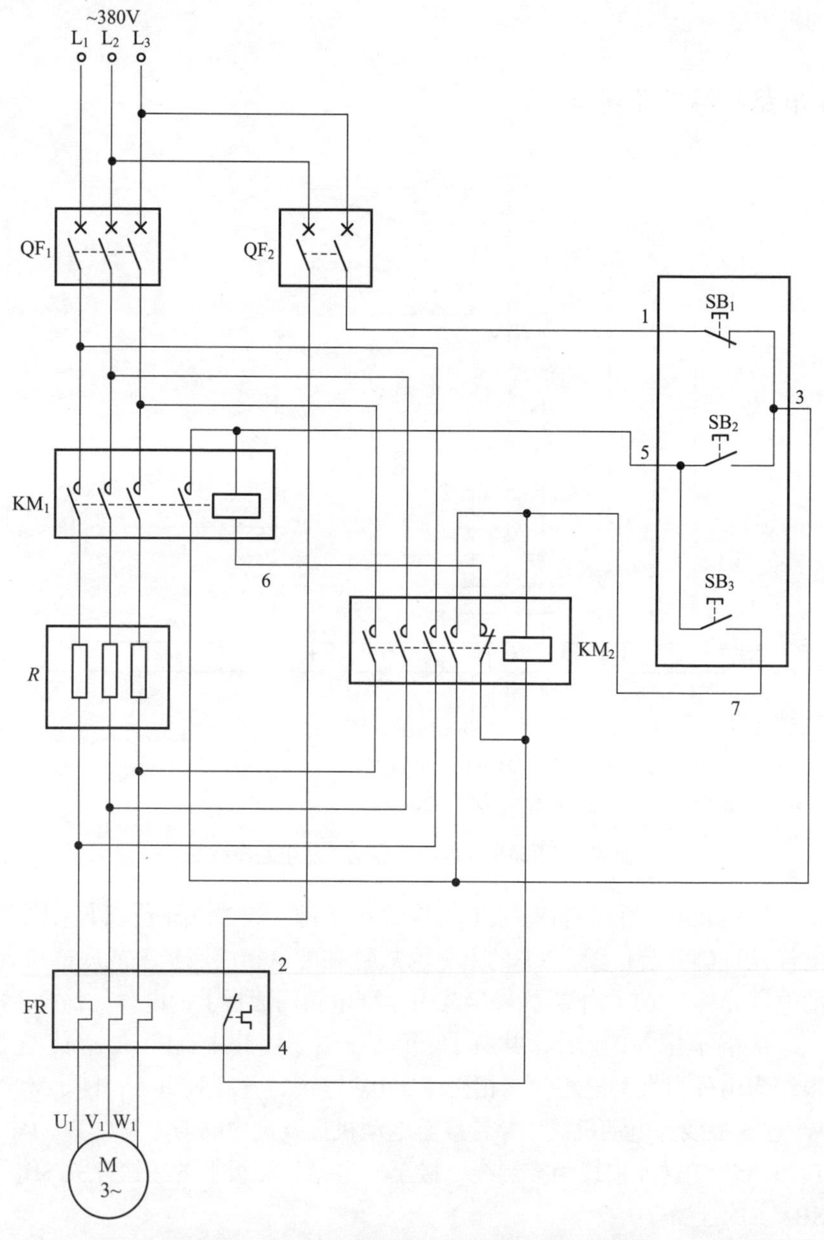

图 4.3　手动串联电阻器启动控制电路实际接线

元器件安装排列图及端子图（图 4.4）

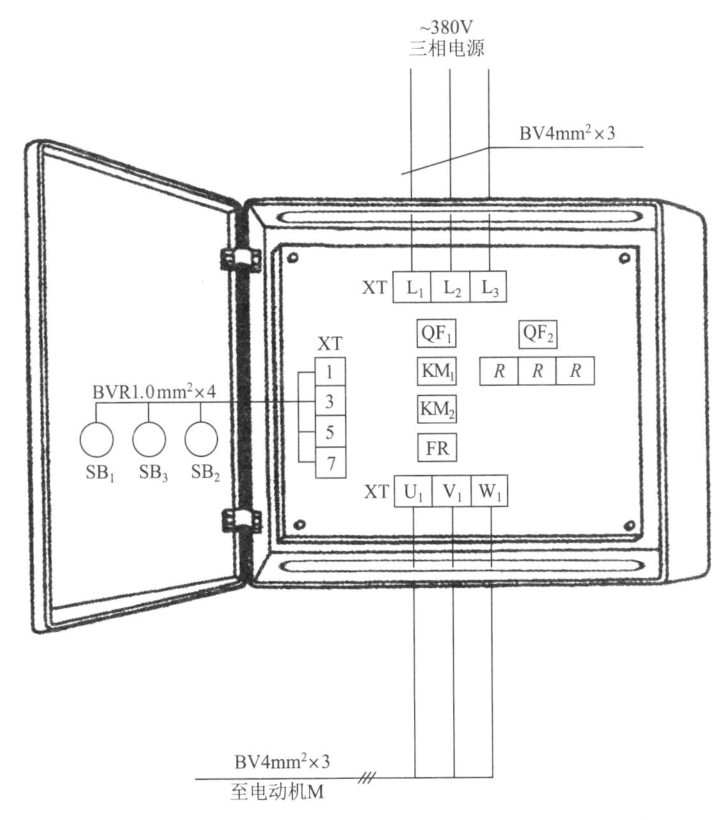

图 4.4 手动串联电阻器启动控制电路元器件安装排列图及端子图

从图 4.4 中可以看出，断路器 QF_1、QF_2，交流接触器 KM_1、KM_2，热继电器 FR 安装在配电箱内底板上；启动电阻器 R 可安装在配电箱内底部位置；按钮开关 SB_1、SB_2、SB_3 安装在配电箱门面板上。

通过端子 L_1、L_2、L_3 将三相交流 380V 电源接入配电箱中。

端子 U_1、V_1、W_1 接至电动机接线盒中的 U_1、V_1、W_1 上。

端子 1、3、5、7 将配电箱内的器件与配电箱门面板上的按钮开关 SB_1、SB_2、SB_3 连接起来。

按钮接线图（图 4.5）

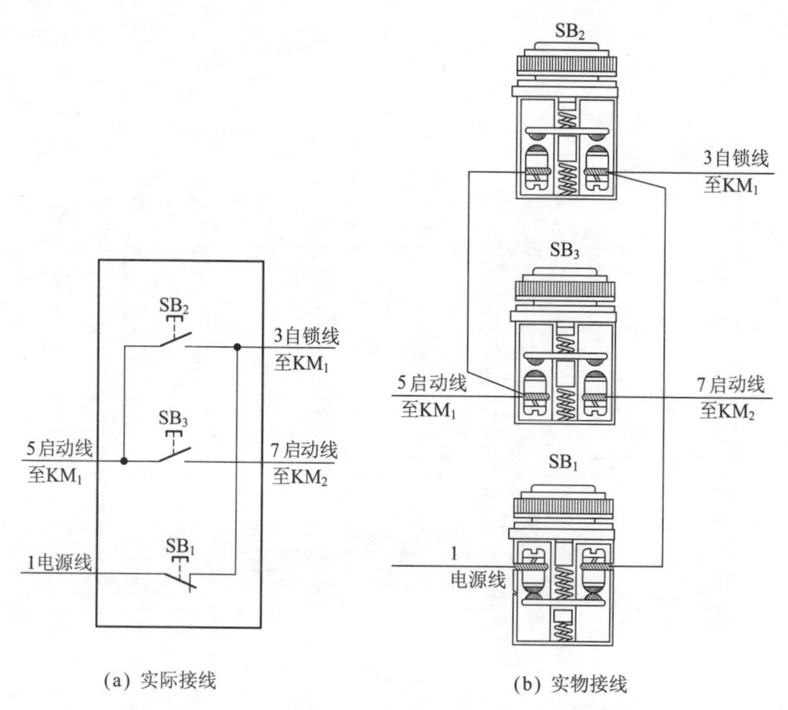

图 4.5　手动串联电阻器启动控制电路按钮接线

电气元件作用表（表 4.1）

表 4.1　**电气元件作用表**

符　号	名称、型号及规格	器件外形及相关部件介绍		作　用
QF_1	断路器 CDM1-63 32A，三极		三极断路器	主回路短路保护

续表 4.1

符 号	名称、型号及规格	器件外形及相关部件介绍		作 用
QF_2	断路器 DZ47-63 6A，二极		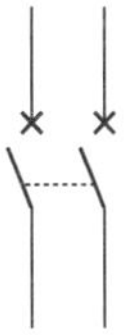 二极断路器	控制回路短路保护
KM_1	交流接触器 CDC10-20 线圈电压 380V		线圈 三相主触点 辅助常开触点 辅助常闭触点	控制电动机电源用
KM_2				短接启动电阻器 R 全压运转用
FR	热继电器 JR36-20 14~22A		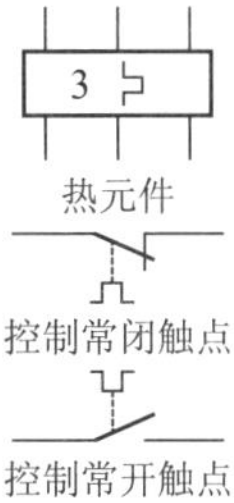 3 热元件 控制常闭触点 控制常开触点	电动机过载保护
R	启动电阻器 ZX2		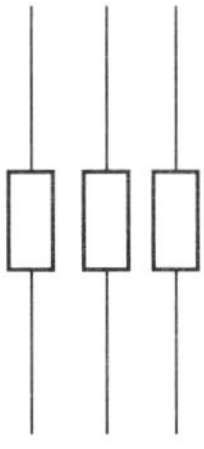 电阻器	降压启动用

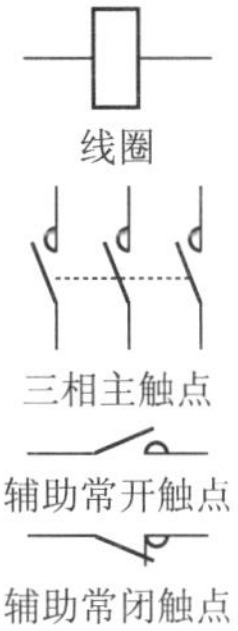

续表 4.1

符　号	名称、型号及规格	器件外形及相关部件介绍		作　用
SB_1	按钮开关 LAY8		常闭触点	电动机停止操作用
SB_2			常开触点	电动机降压启动操作用
SB_3				电动机运转操作用
M	三相异步电动机 Y160L-8 7.5kW，17.7A		M 3~	拖动

依据电气元件作用表给出的相关技术数据选择导线，本电路所配电动机型号为 Y160L-8、功率为 7.5kW、电流为 17.7A。其电动机线 U_1、V_1、W_1 可选用 BV $4mm^2$ 导线；电源线 L_1、L_2、L_3 可选用 BV $4mm^2$ 导线；控制线 1、3、5、7 可选用 BVR $1.0mm^2$ 导线。

电路调试

先检查主回路及控制回路接线，确定其准确无误后，再合上控制回路断路器 QF_2，调试控制回路。

启动调试：按下启动按钮 SB_2，观察配电箱内的电气元件动作情况，此时交流接触器 KM_1 线圈得电吸合并自锁；再按下全压运转按钮 SB_3，交流接触器 KM_2 线圈得电吸合并自锁，同时交流接触器 KM_1 线圈断电释放。

停止调试：按停止按钮 SB_1，交流接触器 KM_2 线圈能断电释放，以上电气元件动作情况说明控制回路工作正常。

再合上主回路断路器 QF_1，带负载调试主回路。调试前应先确定电动机的转向要求，并对设备安全方面的要求加以注意。

主回路调试：启动时，按下启动按钮 SB_2，交流接触器 KM_1 线圈得电吸合且自锁，电动机在电阻器 R 的作用下进行启动，此时，观察电动机的启动情况，若此时电动机处于串电阻器启动状态，说明电动机启动过程正常。再按下全压运转按钮 SB_3，交流接触器 KM_2 线圈得电吸合且自锁，同时，交流接触器 KM_1 线圈断电释放，此时，观察电动机是否全压运转。若此时电动机已全压运转，说明电动机全压运转正常。停止时，按下停止按钮 SB_1，交流接触器 KM_2 线圈断电释放，电动机失电停止运转。

经上述调试后说明控制回路和主回路均正常，可以投入运行；此时，将电动机过载保护热继电器 FR 上的电流调节旋钮旋至电动机额定电流处即可。

常见故障及排除方法

（1）按下降压启动按钮 SB_2 无法操作，无反应。检修此故障时，最好先将主回路断路器 QF_1 断开，只试验控制回路。检修时可按住 SB_2 不放，观察交流接触器 KM_1 是否动作，若不动作，再同时按下运转按钮 SB_3，观察交流接触器 KM_2 是否动作，若 KM_2 线圈能吸合且自锁，则说明控制回路公共部分是正常的（如停止按钮 SB_1、热继电器 FR 常闭触点），故障原因可能为交流接触器 KM_1 线圈断路；交流接触器 KM_2 辅助常闭触点断路。排除方法是重点检查 KM_1 线圈及 KM_2 辅助常闭触点是否正常，若器件损坏，更换后即可排除故障。

（2）按下降压启动按钮 SB_2 时启动正常，但操作 SB_3 时能转换一下，随后 KM_1、KM_2 线圈即断电释放。从故障现象上分析，KM_1 动作正常，否则 SB_3 根本无法转换；在按动 SB_3 时 KM_2 工作了一下便停止了，说明 KM_2 线圈部分、KM_2 辅助常闭触点部分均正常，则故障为 KM_2 自锁辅助常开触点损坏闭合不了所致。故障排除方法是重点检查 KM_2 自锁触点，若损坏，更换即可。

（3）按下降压启动按钮 SB_2 正常，但按动运转按钮 SB_3 无任何反应，KM_1 仍然吸合不释放。根据电路分析，此故障原因为运转按钮 SB_3 损坏；交流接触器 KM_2 线圈断路。用短接法检查运转按钮 SB_3 是否正常，用测电笔或万用表电阻挡检查 KM_2 线圈是否断路，确定故障部位后，更换故障器件即可。

（4）按下 SB_2 时，KM_1 线圈吸合且自锁，再按动 SB_3 时，KM_2 线圈吸合工作，但 KM_1 线圈不能断电释放仍吸合。此故障可能是交流接触器 KM_2 辅助常闭触点损坏断不了所致，还有一些故障也会引起此现象，如交流接触器 KM_1 铁心极面有油污造成 KM_1 释放缓慢。在检查电路时，观察配电箱内电气元件 KM_1 的动作情况就能分析清楚。KM_1、KM_2 线圈都吸合后，断开控制回路断路器 QF_2，若 KM_1、KM_2 线圈均断电释放，KM_1 无释放缓慢现象（可反复试验多次确定），则故障为 KM_2 辅助常闭触点粘连；若 KM_1 释放缓慢或不释放，则为 KM_1 自身故障，需更换交流接触器 KM_1。

4.2 定子绕组串联电阻器启动自动控制电路

工作原理（图 4.6）

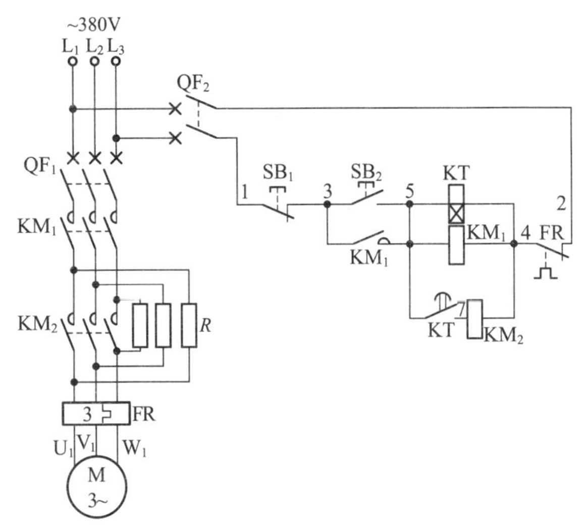

图 4.6 定子绕组串联电阻器启动自动控制电路原理图

首先，合上主回路断路器 QF_1、控制回路断路器 QF_2，为电路工作提供准备条件。

启动： 按下启动按钮 SB_2（3–5），得电延时时间继电器 KT、交流接触器 KM_1 线圈得电吸合且 KM_1 辅助常开触点（3–5）闭合自锁，KT 开始延时。此时 KM_1 三相主触点闭合，电动机串联降压启动电阻器 R 进行降压启动；经 KT 延时后，KT 得电延时闭合的常开触点（5–7）闭合，接通交流接触器 KM_2 线圈回路电源，KM_2 三相主触点闭合，将降压启动电阻器 R 短接起来，从而使电动机得以全压正常运转，拖动设备正常工作。

停止： 按下停止按钮 SB_1（1–3），得电延时时间继电器 KT，交流接触器 KM_1、KM_2 线圈均断电释放，KM_1 辅助常开触点（3–5）断开，解除自锁，KM_1、KM_2 各自的三相主触点断开，电动机失电停止运转，拖动设备停止工作。

电路布线图（图 4.7）

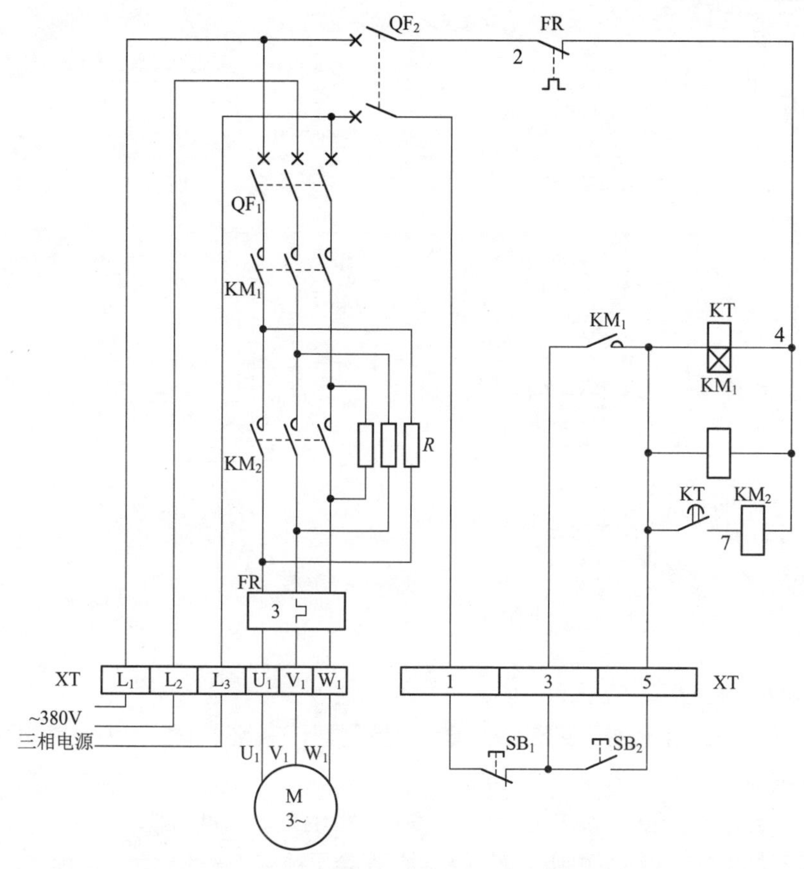

图 4.7 定子绕组串联电阻器启动自动控制电路布线图

从图 4.7 中可以看出，XT 为接线端子排，通过端子排 XT 来区分电气元件的安装位置，XT 的上方为放置在配电箱内底板上或底部位置的电气元件，XT 的下方为外接或引至配电箱门面板上的电气元件。

从端子排 XT 上看，共有 9 个接线端子。其中，L_1、L_2、L_3 这 3 根线为由外引入配电箱的三相交流 380V 电源，并穿管引入；U_1、V_1、W_1 这 3 根线为电动机线，穿管接至电动机接线盒内的 U_1、V_1、W_1 上；1、3、5 这 3 根线为控制线，接至配电箱门面板上的按钮开关 SB_1、SB_2 上。

电路接线图（图 4.8）

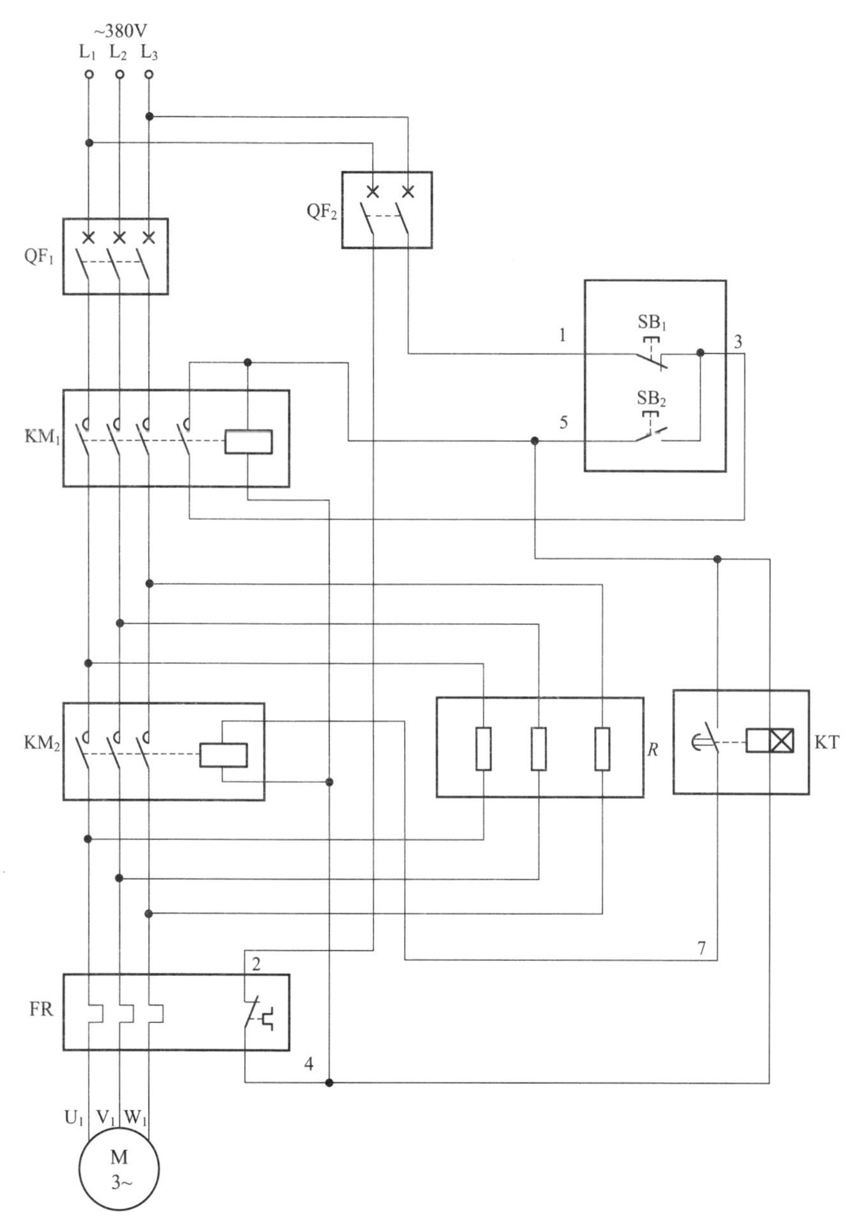

图 4.8 定子绕组串联电阻器启动自动控制电路实际接线

元器件安装排列图及端子图（图 4.9）

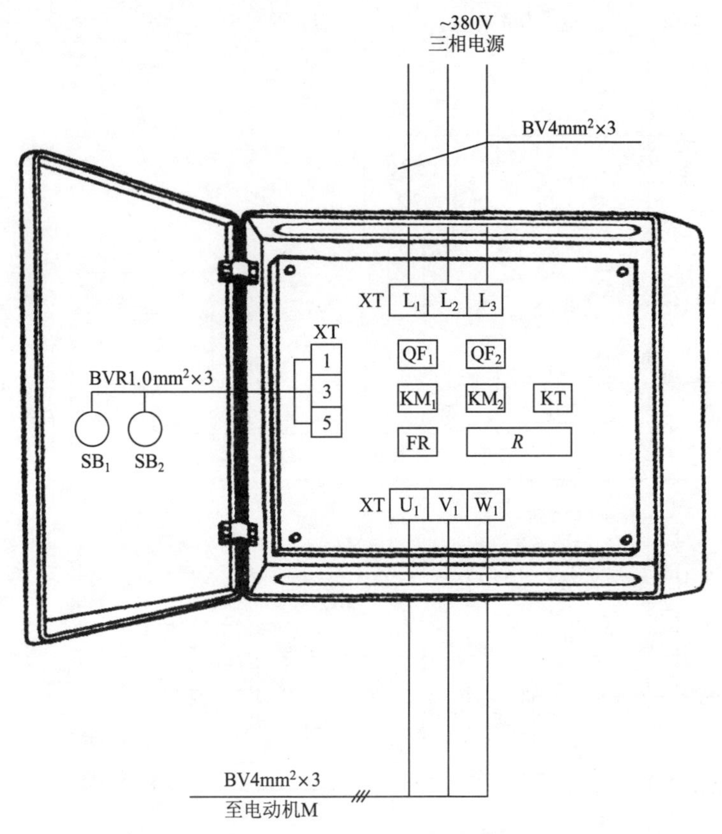

图 4.9　定子绕组串联电阻器启动自动控制电路元器件安装排列图及端子图

从图 4.9 中可以看出，断路器 QF_1、QF_2，交流接触器 KM_1、KM_2，得电延时时间继电器 KT，热继电器 FR 安装在配电箱内底板上；启动电阻器 R 可安装在配电箱内底部位置；按钮开关 SB_1、SB_2 安装在配电箱门面板上。

通过端子 L_1、L_2、L_3 将三相交流 380V 电源接入配电箱中。

端子 U_1、V_1、W_1 接至电动机接线盒中的 U_1、V_1、W_1 上。

端子 1、3、5 将配电箱内的器件与配电箱门面板上的按钮开关 SB_1、SB_2 连接起来。

按钮接线图（图 4.10）

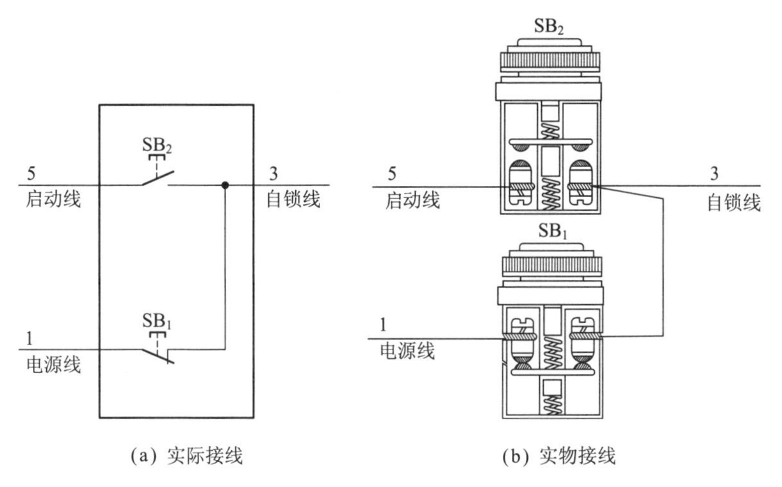

(a) 实际接线　　(b) 实物接线

图 4.10　定子绕组串联电阻器启动自动控制电路按钮接线

电气元件作用表（表 4.2）

表 4.2　**电气元件作用表**

符　号	名称、型号及规格	器件外形及相关部件介绍		作　用
QF_1	断路器 CDM1-63 32A，三极		三极断路器	主回路短路保护
QF_2	断路器 DZ47-63 6A，二极		二极断路器	控制回路短路保护

续表 4.2

符　号	名称、型号及规格	器件外形及相关部件介绍		作　用
KM_1	交流接触器 CDC10-20 线圈电压 380V		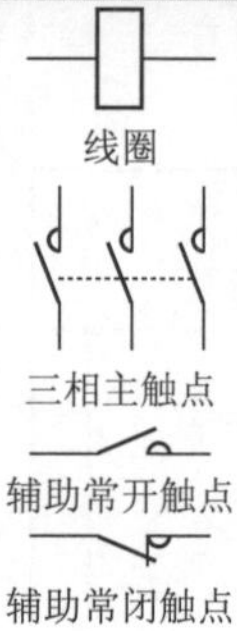 线圈	电动机接入电阻器降压启动用
KM_2			三相主触点 辅助常开触点 辅助常闭触点	电动机全压运转电源
R	电阻器 ZX2		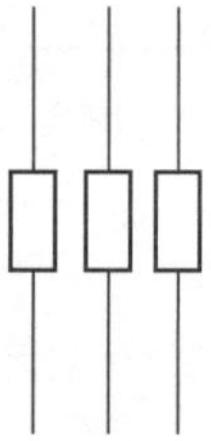	电动机降压启动用
FR	热继电器 JR36-20 14~22A		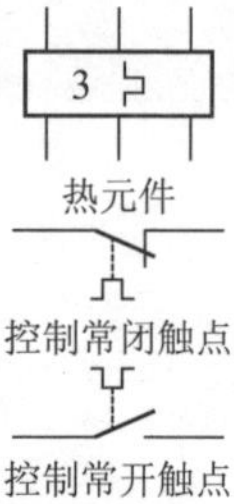 3 热元件 控制常闭触点 控制常开触点	电动机过载保护用
KT	得电延时 时间继电器 JS14P 工作电压 380V	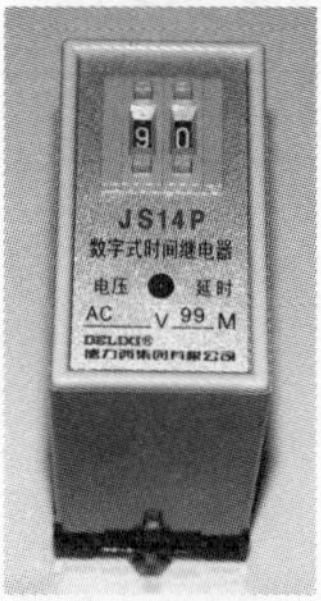 JS14P 数字式时间继电器 电压 延时 AC V 99 M DELIXI	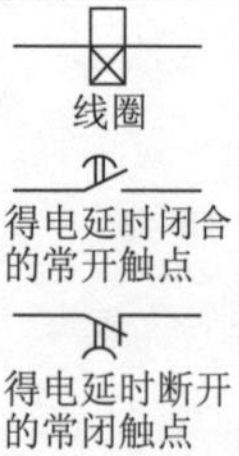 线圈 得电延时闭合的常开触点 得电延时断开的常闭触点	延时转换用

续表 4.2

符 号	名称、型号及规格	器件外形及相关部件介绍		作 用
SB_1	按钮开关 LAY7		常闭触点	电动机停止操作用
SB_2			常开触点	电动机启动操作用
M	二相异步电动机 Y160M-6 7.5kW，17A		M 3~	拖动

依据电气元件作用表给出的相关技术数据选择导线，本电路所配电动机型号为 Y160M-6、功率为 7.5kW、电流为 17A。其电动机线 U_1、V_1、W_1 可选用 BV 4mm^2 导线；电源线 L_1、L_2、L_3 可选用 BV 4mm^2 导线；控制线 1、3、5 可选用 BVR 1.0mm^2 导线。

电路调试

合上控制回路断路器 QF_2，断开主回路断路器 QF_1，以保证电动机先不工作。

首先设定好得电延时时间继电器 KT 的延时时间。启动时，按下 SB_2，交流接触器 KM_1 和得电延时时间继电器 KT 线圈应得电吸合且 KM_1 能自锁。此时，观察得电延时时间继电器 KT 的延时情况，经设定延时后，交流接触器 KM_2 线圈也应得电吸合。停止时，按下 SB_1，交流接触器 KM_1、KM_2 和得电延时时间继电器 KT 线圈均断电释放，说明控制回路工作正常。

再合上主回路断路器 QF_1，带负载调试主回路。启动时按下 SB_2，KM_1、KT 线圈得电吸合且 KM_1 自锁，此时电动机串联电阻器 R 进行启动，说明串电阻器 R 启动正常。待 KT 一段延时后，KM_2 线圈也得电吸合，电动机全压运转，说明电动机运转正常。停止时，按下 SB_1，KM_1、KM_2、KT 线圈均断电释放，电动机停止运转，说明电动机停止正常。

常见故障及排除方法

（1）按下启动按钮 SB_2 后，交流接触器 KM_1 线圈得电吸合且自锁，但得电延时时间继电器 KT 不动作，一直处于降压启动状态，不能转为全压运转。此故障主要是得电延时时间继电器 KT 线圈断路所致。因得电延时时间继电器 KT 线圈断路，KT 得电延时闭合的常开触点就不能闭合，全压运转交流接触器 KM_2 就无法得电工作，所以该电路就一直处于降压启动状态，而不能转为全压运转。故障排除方法是更换一只相同型号的得电延时时间继电器。

（2）按下启动按钮 SB_2 后，交流接触器 KM_1、得电延时时间继电器 KT 线圈均得电吸合且自锁，但全压运转交流接触器 KM_2 线圈不工作，一直处于降压启动状态，而无法转换为全压运转。此故障原因为得电延时时间继电器 KT 延时闭合的常开触点损坏闭合不了；全压运转交流接触器 KM_2 线圈断路。故障排除方法是检查故障所在，更换得电延时时间继电器 KT 或交流接触器 KM_2。

（3）按动启动按钮 SB_2，直接变成全压运转。断开主回路断路器 QF_1，检修控制回路，当按动启动按钮 SB_2 时，交流接触器 KM_1、得电延时时间继电器 KT、交流接触器 KM_2 线圈均得电吸合工作。从动作情况看，全压运转交流接触器 KM_2 在未启动操作前为释放状态，说明 KM_2 没有出现触点粘连、机械部分卡住、铁心极面脏而延时释放等问题，所以故障基本确定为得电延时时间继电器 KT 延时闭合的常开触点断不开所致。故障排除方法是更换一只新的同型号得电延时时间继电器。

（4）按动 SB_2 时为点动，一直按着 SB_2 能转换为全压运转，但手一松开 SB_2，KM_1、KT、KM_2 同时释放。此故障为 KM_1 自锁回路断路所致。解决方法是更换交流接触器 KM_1 自锁常开触点。

（5）按下启动按钮 SB_2 不放手，只有得电延时时间继电器 KT 线圈吸合，经 KT 延时后，直接全压运转。此故障为降压启动交流接触器 KM_1 线圈断路所致。因降压启动交流接触器 KM_1 线圈断路，会出现没有降压启动环节，同时控制回路自锁不了，因按下启动按钮 SB_2 一直没放手，按下时间大于得电延时时间继电器 KT 的延时时间，当 KT 延时动作后，全压运转交流接触器 KM_2 线圈吸合动作，电动机直接全压运转。排除方法是更换交流接触器 KM_1 线圈。

（6）按下启动按钮 SB_2 无任何反应（控制回路电源正常）。此故障原因为停止按钮 SB_1 断路；启动按钮 SB_2 损坏；热继电器 FR 常闭触点损坏。排除方法是检查上述三处是否正常，查出故障后，更换故障器件。

4.3 延边三角形降压启动自动控制电路

工作原理（图 4.11）

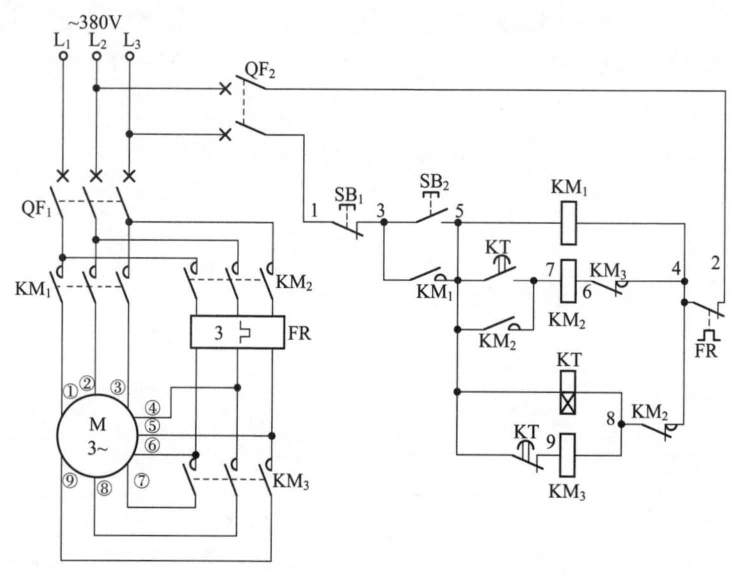

图 4.11　延边三角形降压启动自动控制电路原理图

在启动前让我们先了解一下延边三角形是如何工作的。启动时先将定子绕组中的一部分连接成△形，另一部分连接成 Y 形，这样就组成了延边三角形来完成启动，而电动机启动完毕后，再将定子绕组连接成△形正常运转。

按下启动按钮 SB_2（3–5），交流接触器 KM_1、KM_3 和得电延时时间继电器 KT 线圈同时得电吸合且 KM_1 辅助常开触点（3–5）闭合自锁，此时 KT 开始延时，电动机接成延边三角形降压启动，经得电延时时间继电器 KT 一段延时后，得电延时时间继电器 KT 得电延时断开的常闭触点（5–9）断开，切断交流接触器 KM_3 线圈回路电源［KM_3 辅助互锁常闭触点（4–6）恢复常闭，为电动机正常全压运转、交流接触器 KM_2 线圈工作做准备］，KM_3 三相主触点断开，电动机绕组延边三角形解除。同时，得电延时时间继电器 KT 得电延时闭合的常开触点（5–7）闭合，

接通交流接触器 KM_2 线圈回路电源，KM_2 线圈得电吸合且 KM_2 辅助常开触点（5-7）闭合自锁，KM_2 三相主触点闭合，电动机绕组接成三角形正常运转。

停止时，按下停止按钮 SB_1（1-3），交流接触器 KM_1、KM_2 线圈同时断电释放，KM_1 辅助常开触点（3-5）断开，解除自锁，KM_1、KM_2 各自的主触点断开，电动机失电停止运转。

电路布线图（图 4.12）

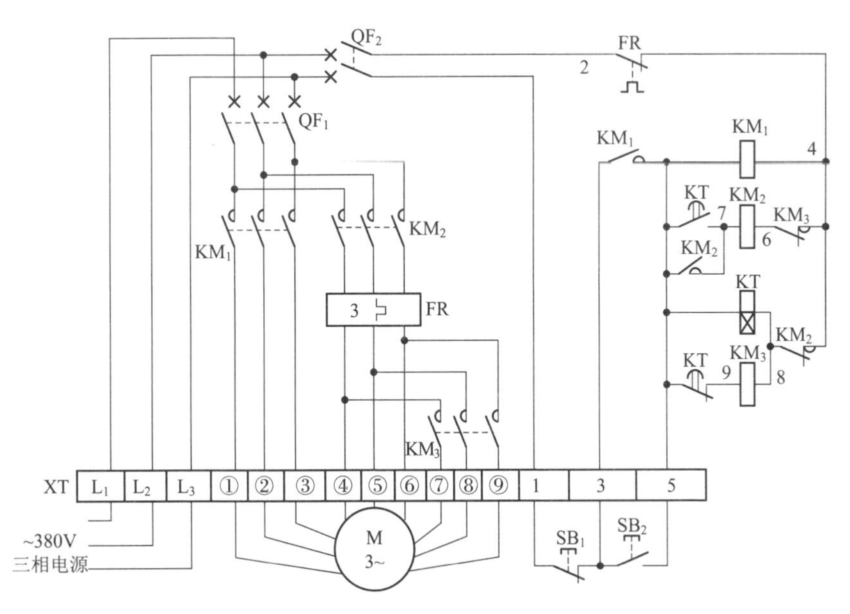

图 4.12 延边三角形降压启动自动控制电路布线图

从图 4.12 中可以看出，XT 为接线端子排，通过端子排 XT 来区分电气元件的安装位置，XT 的上方为放置在配电箱内底板上的电气元件，XT 的下方为外接或引至配电箱门面板上的电气元件。

从端子排 XT 上看，共有 15 个接线端子。其中，L_1、L_2、L_3 这 3 根线为由外引入配电箱的三相交流 380V 电源，并穿管引入；主回路端子①～⑨这 9 根线为电动机线，穿管接至电动机接线盒内的相应接线柱上；1、3、5 这 3 根线为控制线，接至配电箱门面板上的按钮开关 SB_1、SB_2 上。

电路接线图（图 4.13）

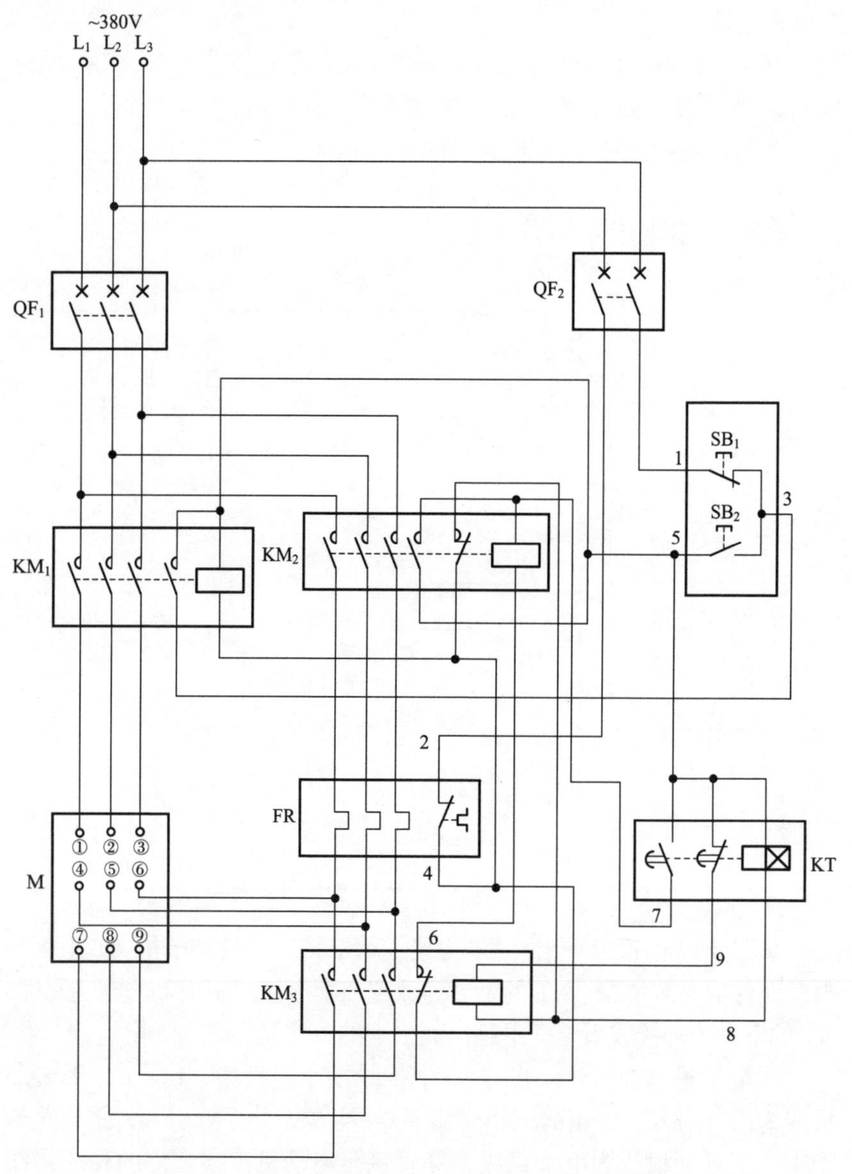

图 4.13　延边三角形降压启动自动控制电路实际接线

元器件安装排列图及端子图（图 4.14）

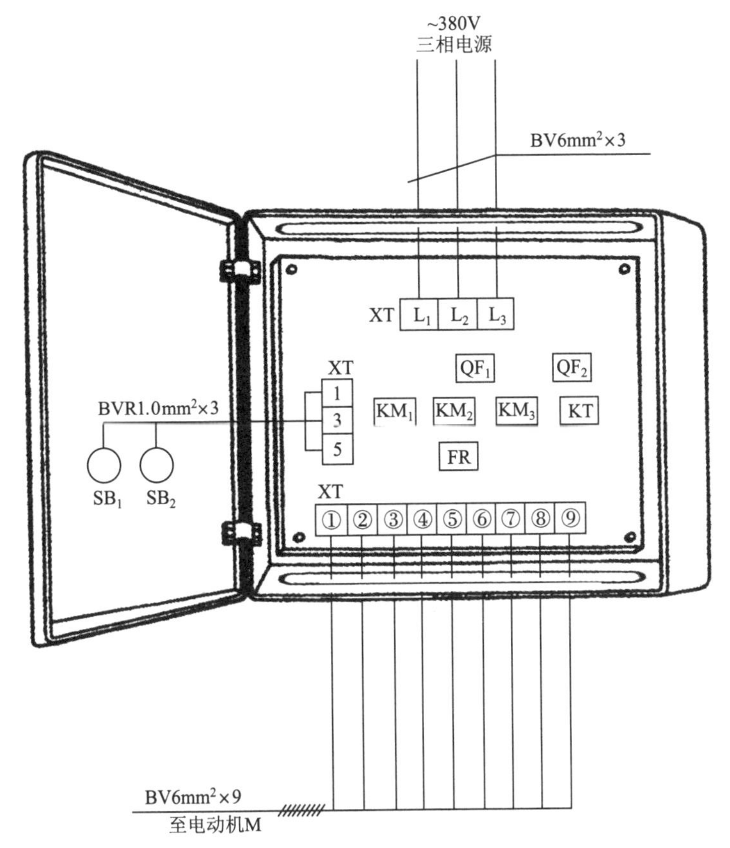

图 4.14 延边三角形降压启动自动控制电路元器件安装排列图及端子图

从图 4.14 中可以看出，断路器 QF_1、QF_2，交流接触器 KM_1、KM_2、KM_3，得电延时时间继电器 KT，热继电器 FR 安装在配电箱内底板上；按钮开关 SB_1、SB_2 安装在配电箱门面板上。

通过端子 L_1、L_2、L_3 将三相交流 380V 电源接入配电箱中。

端子①～⑨接至电动机接线盒中相应接线柱上。

端子 1、3、5 将配电箱内的器件与配电箱门面板上的按钮开关 SB_1、SB_2 连接起来。

按钮接线图（图 4.15）

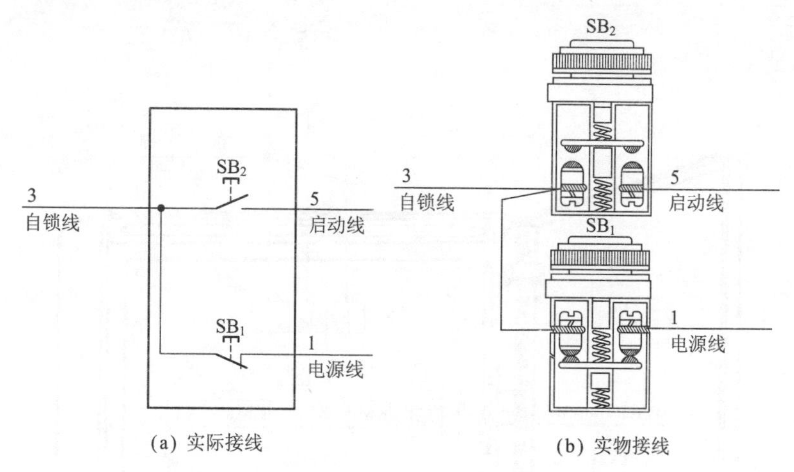

(a) 实际接线　　(b) 实物接线

图 4.15　延边三角形降压启动自动控制电路按钮接线

电气元件作用表（表 4.3）

表 4.3　**电气元件作用表**

符　号	名称、型号及规格	器件外形及相关部件介绍		作　用
QF_1	断路器 DZ20G-100 63A，三极		三极断路器	主回路短路保护
QF_2	断路器 DZ47-63 10A，二极		二极断路器	控制回路短路保护

续表 4.3

符 号	名称、型号及规格	器件外形及相关部件介绍		作 用
KM_1	交流接触器 CJ20-40 线圈电压 380V		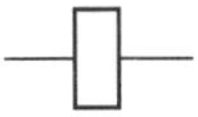 线圈 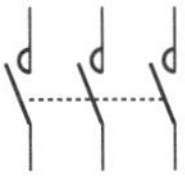 三相主触点  辅助常开触点  辅助常闭触点	控制电动机电源用
KM_2				三角形运转切换用
KM_3				延边三角形降压启动用
FR	热继电器 JR20-63 32~47A		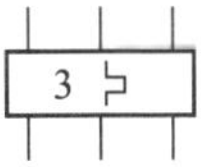 3 热元件  控制常闭触点 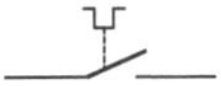 控制常开触点	电动机过载保护用
KT	得电延时 时间继电器 JS7-2A 0~180s 线圈电压 380V		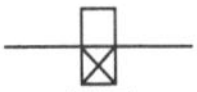 线圈  得电延时闭合的常开触点  得电延时断开的常闭触点	延时自动切换
SB_1	按钮开关 LAY7		 常闭触点	电动机停止操作用
SB_2			 常开触点	电动机启动操作用

续表 4.3

符　号	名称、型号及规格	器件外形及相关部件介绍		作　用
M	三相异步电动机 Y200L1-6 18.5kW，37.7A		M 3~	拖动

依据电气元件作用表给出的相关技术数据选择导线，本电路所配电动机型号为 Y200L1-6、功率为 18.5 kW、电流为 37.7A。其电动机线 1~9 可选用 BV 6mm^2 导线；电源线 L_1、L_2、L_3 可选用 BV 6mm^2 导线；控制线 1、3、5 可选用 BVR 1.0mm^2 导线。

电路调试

断开主回路断路器 QF_1，合上控制回路断路器 QF_2，调试控制回路，并事先设定好 KT 的延时时间。

启动调试： 按下启动按钮 SB_2，观察配电箱内的电气元件动作情况，若交流接触器 KM_1、KM_3 和得电延时时间继电器 KT 线圈能吸合动作，且 KM_1 能自锁，KM_1、KM_3、KT 工作，则说明启动正常。再接着往下一步观察，若经 KT 一段延时后，交流接触器 KM_3 线圈能断电释放，交流接触器 KM_2 线圈能得电吸合且自锁，同时，得电延时时间继电器 KT 线圈也随之断电释放，最后，只有交流接触器 KM_1 和 KM_2 工作，则说明控制回路由启动自动转换到全压运转过程正常。

停止调试： 按下停止按钮 SB_1，交流接触器 KM_1 和 KM_2 线圈能断电释放，说明停止控制回路正常。

按上述方法对控制回路进行调试正常后，可合上主回路断路器 QF_1，带负载调试主回路。在调试过程中，需要注意：启动时的电动机转向必须与全压运转后的转向相同，否则会造成启动过程失败。

按下启动按钮 SB_2，交流接触器 KM_1、KM_3 和得电延时时间继电器 KT 线圈均得电吸合且 KM_1 自锁，此时，观察电动机的启动情况，若电动机处于延边三角形启动状态，说明启动正常。经 KT 延时后，观察配电箱内的交流接触器 KM_3 线圈能否断电释放，交流接触器 KM_2 线圈能否得电吸合，若能，再观察电动机能否由延边三角形启动状态自动转换为全压正常运转状态，若能转换，说明启动到全压运转过程正常。

按下停止按钮 SB_1 时，交流接触器 KM_1 和 KM_2 线圈能断电释放，电动机也随着失电停止运转，说明停止过程正常。

通过以上调试并运转 1 小时左右，若无异常现象，可投入使用。

常见故障及排除方法

（1）按下启动按钮 SB_2 无任何反应（配电箱内各交流接触器、得电延时时间继电器线圈都不工作）。可能原因是启动按钮 SB_2 损坏；停止按钮 SB_1 损坏；过载热继电器 FR 控制常闭触点断路闭合不了或过载动作了；控制回路断路器 QF_2 动作跳闸了或内部损坏接触不良。从上述情况结合电气原理图分析，除启动按钮 SB_2 出现故障外，其他故障只会出现在公共部分，不会出现在局部分支回路。这是因为，从电路图上可以看出，交流接触器 KM_1、KM_2 和得电延时时间继电器 KT 这三只线圈是并联在一起的，同时出现问题的概率是很低的，所以，故障点很有可能在 FR 常闭触点、SB_2 启动按钮、SB_1 停止按钮、控制回路断路器 QF_2 上。排除故障时（为确保安全，必须将主回路断路器 QF_1 断开），首先检查确定控制回路断路器 QF_2 是否存在故障并排除。之后，可用短接法分别检查 SB_1、SB_2、FR，短接哪个器件，电路能工作，说明故障就在哪里，用新品更换即可排除故障。

（2）启动时，按下 SB_2，只有交流接触器 KM_1 线圈吸合工作，电动机无反应。从电气原理图上可以看出，在按下启动按钮 SB_2 时，只有 KM_1、KM_3、KT 三个线圈同时工作才能进行延边三角形降压启动，而现在只有 KM_1 工作，说明故障原因极可能是 KM_2 串联在 KM_3、KT 线圈回路中的互锁常闭触点断路。另外，KM_3、KT 线圈同时出现故障断路也会造成 KM_3、KT 不工作，如图 4.16 所示。用万用表检查 KM_2 连锁常闭触点是否断路，若断路，则更换 KM_2 常闭触点即可排除故障。

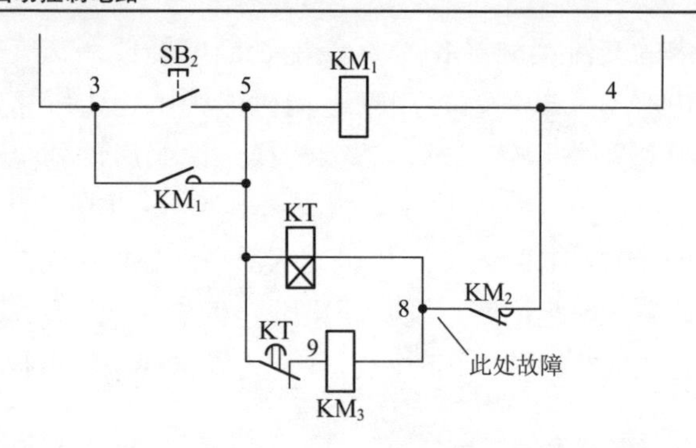

图 4.16　故障回路

（3）电动机一直处于降压启动状态，不能自动转换为全压运转。从原理图上可以看出，故障原因为得电延时时间继电器 KT 线圈不吸合造成延时触点不能转换；得电延时时间继电器 KT 延时断开的常闭触点损坏断不开；交流接触器 KM_3 自身故障，如主触点熔焊、铁心极面有油垢、接触器机械部分卡住也会导致上述故障。排除此故障又快又好的方法是替换法。

4.4 自耦变压器手动控制降压启动电路

工作原理（图 4.17）

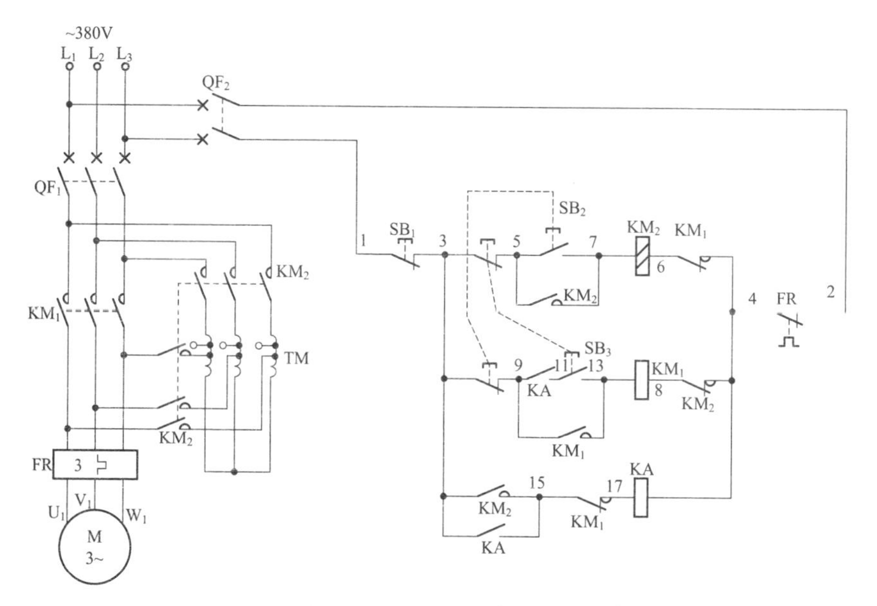

图 4.17　自耦变压器手动控制降压启动电路原理图

首先，合上主回路断路器 QF_1、控制回路断路器 QF_2，为电路工作提供准备条件。

按下启动按钮 SB_2，SB_2 的一组常闭触（3-9）断开，起互锁作用；SB_2 的另一组常开触点（5-7）闭合，使交流接触器 KM_2 线圈得电吸合且 KM_2 辅助常开触点（5-7）闭合自锁，由于 KM_2 辅助常开触点（3-15）闭合，接通了中间继电器 KA 线圈回路电源，KA 线圈得电吸合且 KA 常开触点（3-15）闭合自锁，KA 串联在全压运转按钮回路中的常开触点（9-11）闭合，为电动机降压启动操作转为全压运转操作做准备。此时 KM_2 的六只主触点闭合，电动机绕组串入自耦变压器 TM 进行降压启动；随着电动机转速的不断提高，可按下全压运转按钮 SB_3，SB_3 的一组常闭触点（3-5）断开，切断交流接触器 KM_2 线圈回路电源，KM_2

线圈断电释放，KM_2 辅助常开触点（5–7）断开，解除自锁，KM_2 三相主触点断开，切除自耦变压器 TM，降压启动结束；SB_3 的另一组常开触点（11–13）闭合，接通交流接触器 KM_1 线圈回路电源，KM_1 线圈得电吸合且 KM_1 辅助常开触点（9–13）闭合自锁，KM_1 三相主触点闭合，电动机通入三相交流 380V 电源全压运转。

图 4.17 中 KA 的作用是防止在未按动启动按钮前误按全压运转按钮 SB_3，造成直接全压启动电动机的问题。

电路布线图（图 4.18）

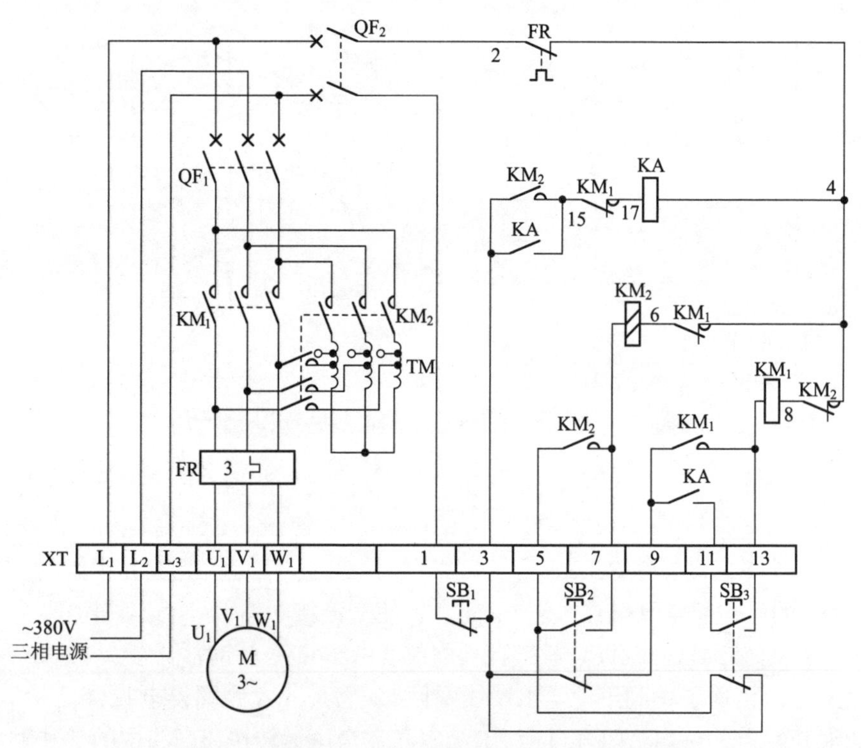

图 4.18　自耦变压器手动控制降压启动电路布线图

从图 4.18 中可以看出，XT 为接线端子排，通过端子排 XT 来区分电气元件的安装位置，XT 的上方为放置在配电箱内底板上或底部位置的电气元件，XT 的下方为外接或引至配电箱门面板上的电气元件。

从端子排 XT 上看，共有 13 个接线端子。其中，L_1、L_2、L_3 这 3 根线为由外引入配电箱的三相交流 380V 电源，并穿管引入；U_1、V_1、W_1 这 3 根线为电动机线，穿管接至电动机接线盒内的 U_1、V_1、W_1 上；1、3、5、7、9、11、13 这 7 根线为控制线，接至配电箱门面板上的按钮开关 SB_1、SB_2、SB_3 上。

电路接线图（图 4.19）

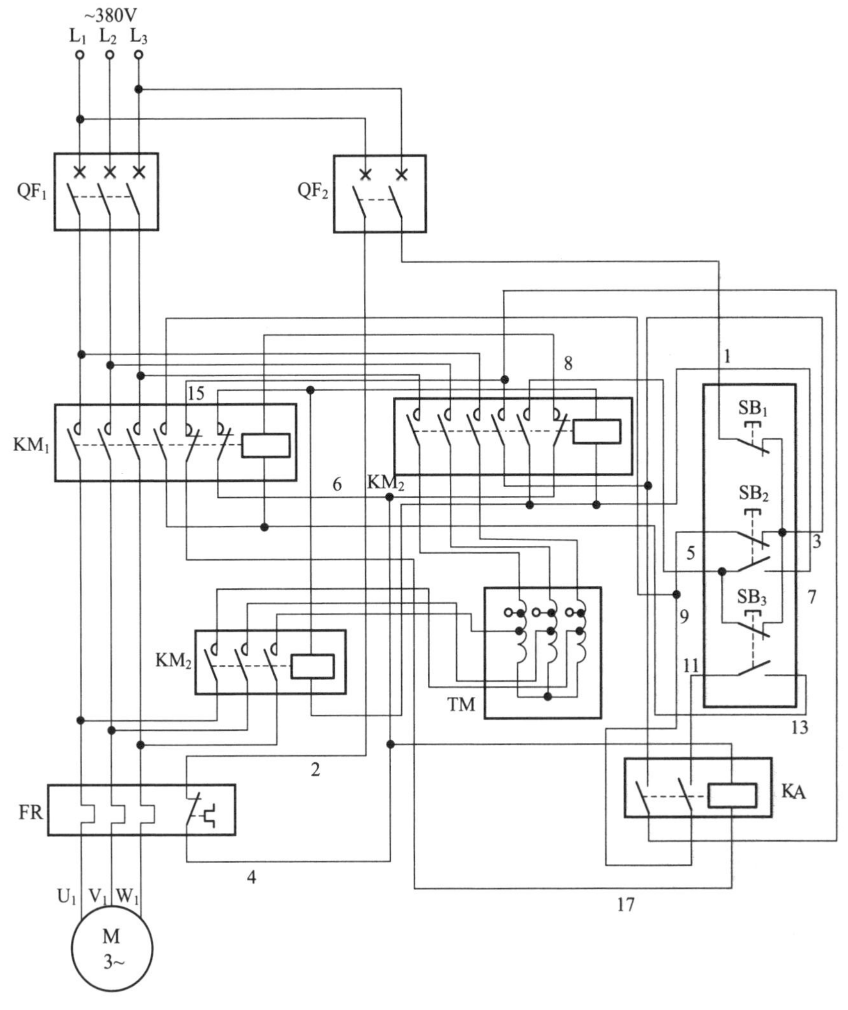

图 4.19　自耦变压器手动控制降压启动电路实际接线

元器件安装排列图及端子图（图 4.20）

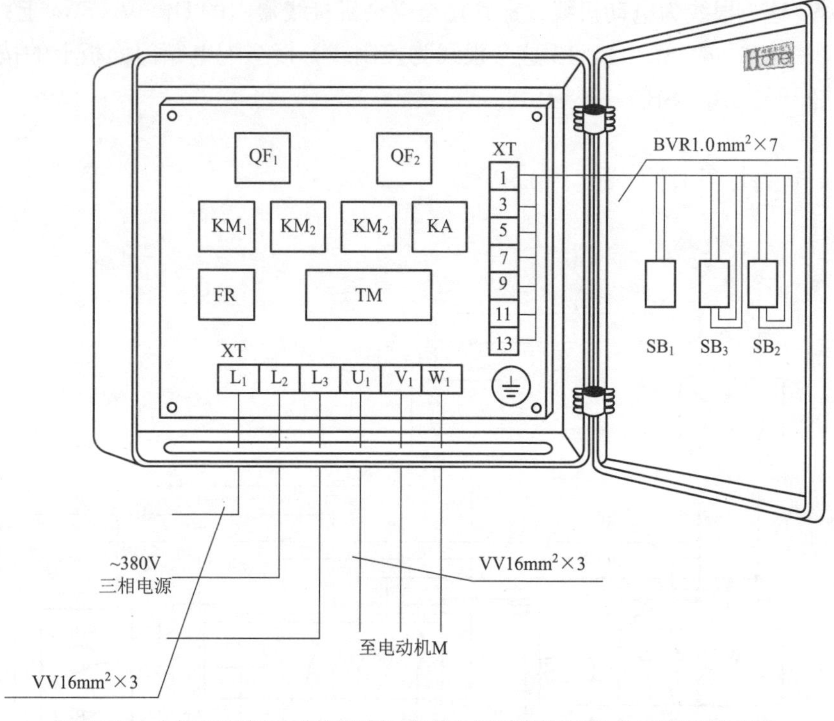

图 4.20　自耦变压器手动控制降压启动电路元器件安装排列图及端子图

从图 4.20 中可以看出，断路器 QF_1、QF_2，交流接触器 KM_1、KM_2（KM_2 为两只交流接触器线圈并联使用），中间继电器 KA，热继电器 FR 安装在配电箱内底板上；自耦变压器 TM 可安装在配电箱内底部位置；按钮开关 SB_1、SB_2、SB_3 安装在配电箱门面板上。

通过端子 L_1、L_2、L_3 将三相交流 380V 电源接入配电箱中。

端子 U_1、V_1、W_1 接至电动机接线盒中的 U_1、V_1、W_1 上。

端子 1、3、5、7、9、11、13 将配电箱内的器件与配电箱门面板上的按钮开关 SB_1、SB_2、SB_3 连接起来。

按钮接线图（图 4.21）

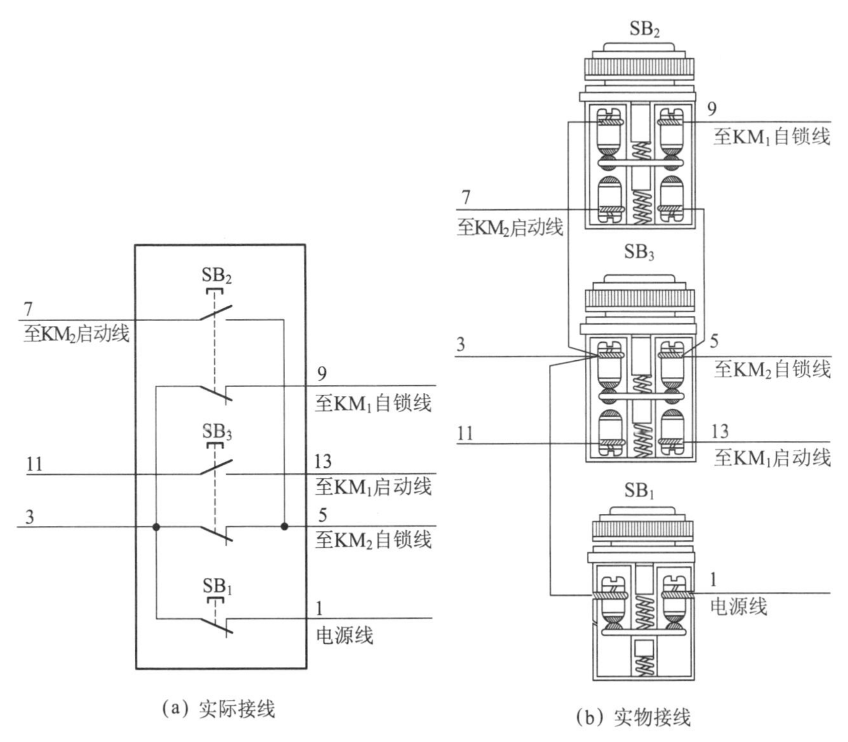

(a) 实际接线　　(b) 实物接线

图 4.21　自耦变压器手动控制降压启动电路按钮接线

电气元件作用表（表 4.4）

表 4.4　**电气元件作用表**

符　号	名称、型号及规格	器件外形及相关部件介绍		作　用
QF_1	断路器 DZ20-225 125A，三极		三极断路器	主回路过流保护

续表 4.4

符　号	名称、型号及规格	器件外形及相关部件介绍		作　用
QF_2	断路器 DZ47-63 10A，二极		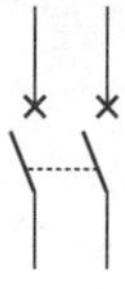 二极断路器	控制回路过流保护
KM_1	交流接触器 CDC10-100 线圈电压 380V		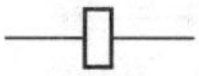  线圈 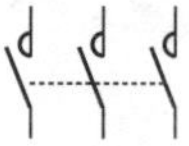 三相主触点 	控制电动机电源用（全压）
KM_2	交流接触器 CDC10-100 两只线圈并联使用 线圈电压 380V		辅助常开触点 辅助常闭触点	接通自耦变压器作降压启动
FR	热继电器 JR36-160 75~120A		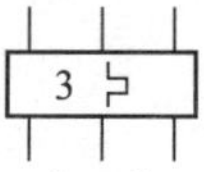 3 热元件 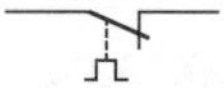 控制常闭触点 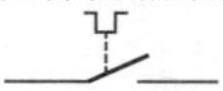 控制常开触点	过载保护
TM	自耦变压器 QZB-45 84A		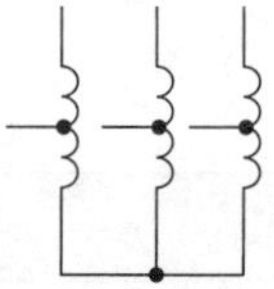	降压启动用
SB_1	按钮开关 LA19-11		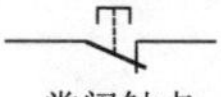 常闭触点	停止电动机用
SB_2			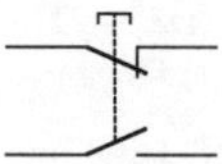 一组常闭触点 一组常开触点	降压启动用
SB_3				全压运转用

续表 4.4

符 号	名称、型号及规格	器件外形及相关部件介绍		作 用
KA	中间继电器 JZ7-44 5A 线圈电压 380V		常闭触点 常开触点 线圈	防止直接操作全压启动保护
M	三相异步电动机 Y225M-2 45kW，84A 2970r/min		M 3~	拖动

依据电气元件作用表给出的相关技术数据选择导线，本电路所配电动机型号为 Y225M-2、功率为 45kW、电流为 84A。其电动机线 U_1、V_1、W_1 可选用 VV16mm^2×3 电缆；电源线 L_1、L_2、L_3 可选用 VV16mm^2×3 电缆；控制线 1、3、5、7、9、11、13 可选用 BVR 1.0 mm^2 导线。

电路调试

断开主回路断路器 QF_1，合上控制回路断路器 QF_2，调试控制回路。

从图 4.17 中可以看出，若先按下运转按钮 SB_3，电路无反应。启动时，按下启动按钮 SB_2，两只线圈并联的交流接触器 KM_2 线圈得电吸合且自锁，同时，观察中间继电器 KA 线圈是否也得电吸合且自锁，若此时中间继电器 KA 线圈也吸合工作，说明启动控制回路工作正常。在中间继电器 KA 线圈得电吸合工作后，按下运转按钮 SB_3，若交流接触器 KM_2 线圈断电释放，交流接触器 KM_1 线圈得电吸合且自锁，说明运转控制回路工作正常。若按下 SB_2 时，KM_2 线圈能吸合且自锁，同时 KA 线圈也得电吸合，但再按下 SB_3 时无反应，应重点检查中间继电器 KA 串联在 SB_3 运转按钮回路中的常开触点（9-11）是否闭合；也可用螺丝刀顶一下交流接触器 KM_1 上方的可动部分，若此时交流接触器 KM_1

线圈能得电吸合且自锁，则更加证明此故障就出现在 KA 的常开触点（9-11）上，并加以排除。

停止时，按下停止按钮 SB_1，交流接触器 KM_1 线圈应能断电释放，同时中间继电器 KA 线圈也断电释放。

再合上主回路断路器 QF_1，调试主回路。调试主回路应注意以下几点:

（1）注意降压启动时电动机的转向必须与全压运转时相同。

（2）降压启动时间按$\sqrt{功率}\times 2+4$（s）估算。

（3）热继电器 FR 电流设定值应低一些，要小于电动机额定电流的 80% 左右。

带负载调试时，按下启动按钮 SB_2，交流接触器 KM_2 线圈得电吸合且自锁，KM_2 主触点闭合，电动机绕组串联自耦变压器进行降压启动，同时 KA 线圈得电吸合，并观察电动机的转向是否符合要求。当电动机的转速达到额定转速时，再按下运转按钮 SB_3，交流接触器 KM_2 线圈应断电释放，解除串入电动机绕组内的自耦变压器，启动过程结束。这时，交流接触器 KM_1 线圈应得电吸合且自锁，KM_1 主触点闭合，电动机全压正常运转，此时若电动机的转向与启动时的转向相反，则会出现反接制动情况而使主回路断路器 QF_1 动作跳闸，应查明原因加以处理。

常见故障及排除方法

（1）降压启动很困难。主要原因是负载较重使电动机输入电压偏低而导致启动力矩不够。将自耦变压器 TM 抽头由 65% 调换至 80%，即可提高起动力矩，排除故障。

（2）自耦变压器 TM 冒烟或烧毁。可能原因是自耦变压器容量选得过小不配套、降压启动时间过长或过于频繁。检查自耦变压器是否过小，若是过小，则更换配套产品；缩短启动时间、减少操作次数。

（3）全压运行时，按下按钮 SB_3 无反应，中间继电器 KA 线圈吸合。根据上述情况结合电气原理图分析故障，在图 4.22 所示电路中，可用测电笔逐一检查，找出故障点并加以排除。

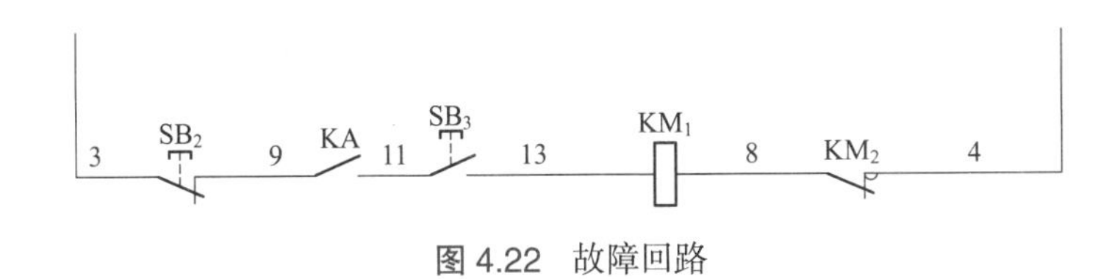

图 4.22 故障回路

（4）降压启动时，按下启动按钮 SB_2 后松手，电动机即停止运转。根据以上情况分析，故障原因为 KM_2 缺少自锁回路。用测电笔检查 KM_2 自锁回路常开触点是否能闭合以及相关连线是否脱落松动，找出原因后并加以处理。

（5）降压启动正常，但转为△形全压运转时，电动机停转无反应。从上述情况看，此故障为交流接触器 KM_1 三相主触点断路所致。检查并更换 KM_1 主触点后即可排除故障。

（6）降压启动正常，但转为△形全压运转时断路器 QF_1 跳闸。从原理图上分析，可能是△形全压运转方向错了，也就是降压启动时为顺转，而△形全压运转为逆转，可检查配电箱中接线是否有误，若接线有误，重新调换恢复接线后即可排除故障。

4.5 自耦变压器自动控制降压启动电路

工作原理（图 4.23）

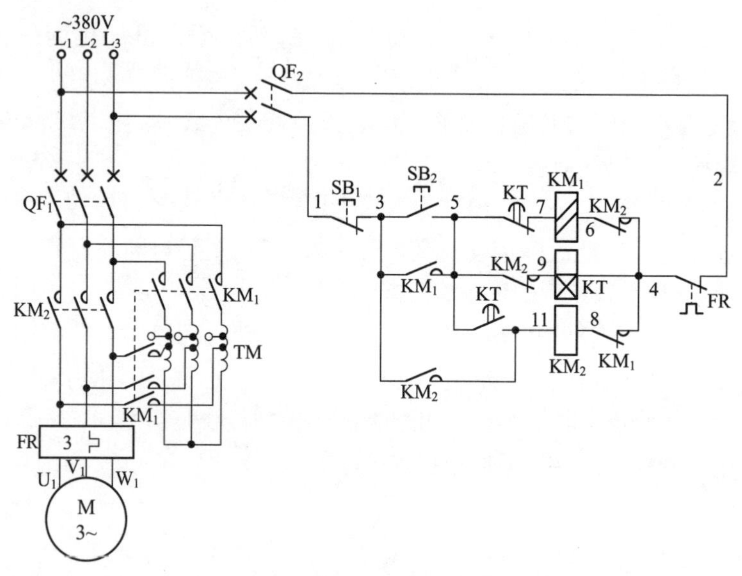

图 4.23　自耦变压器自动控制降压启动电路原理图

启动： 按下启动按钮 SB_2（3−5），交流接触器 KM_1、得电延时时间继电器 KT 线圈得电吸合且 KM_1 辅助常开触点（3−5）闭合自锁，同时 KT 开始延时。KM_1 三相主触点闭合，将自耦变压器 TM 接入电动机绕组中，进行自耦降压启动，经 KT 一段时间延时后（其延时时间可按电动机功率开方后乘以 2 倍再加 4s 估算），KT 串联在 KM_1 线圈回路中的得电延时断开的常闭触点（5−7）断开，切断 KM_1 线圈回路电源，KM_1 线圈断电释放，KM_1 辅助常开触点（3−5）断开，解除自锁，KM_1 主触点断开，使自耦变压器 TM 退出运行；同时，KT 得电延时闭合的常开触点（5−11）闭合，接通交流接触器 KM_2 线圈回路电源，KM_2 线圈得电吸合且 KM_2 辅助常开触点（3−11）闭合自锁，KM_2 三相主触点闭合，电动机得电全压运转。在 KM_2 线圈得电吸合后，KM_2 串联在 KT 线圈回路中的辅助常闭触点（5−9）断开，使 KT 线圈退出运行，至此整个降压启动过程结束。

停止：按下停止按钮 SB_1（1-3），交流接触器 KM_2 线圈断电释放，KM_2 辅助常开触点（3-11）断开，解除自锁，KM_2 三相主触点断开，电动机失电停止运转。

电路布线图（图 4.24）

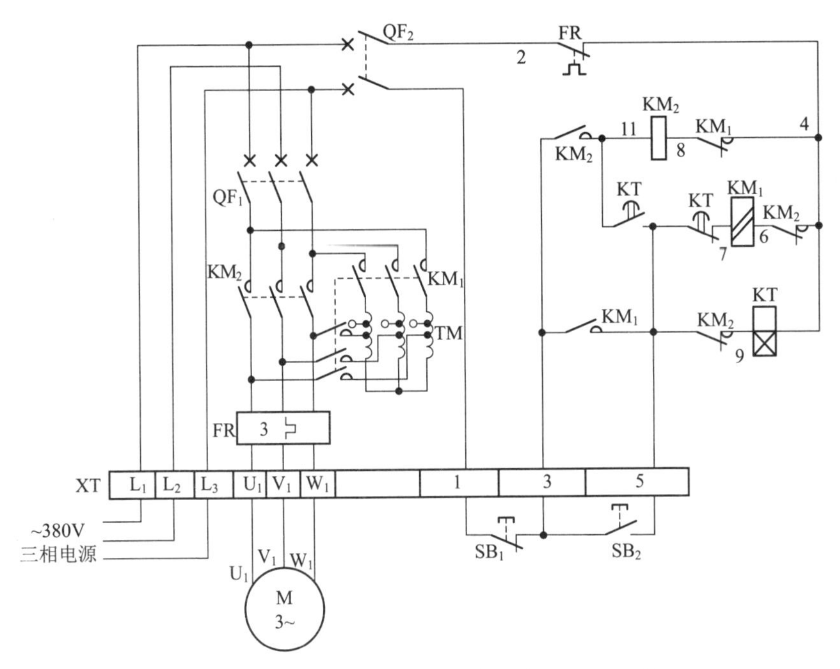

图 4.24 自耦变压器自动控制降压启动电路布线图

从图 4.24 中可以看出，XT 为接线端子排，通过端子排 XT 来区分电气元件的安装位置，XT 的上方为放置在配电箱内底板上或底部位置的电气元件，XT 的下方为外接或引至配电箱门面板上的电气元件。

从端子排 XT 上看，共有 9 个接线端子。其中，L_1、L_2、L_3 这 3 根线为由外引入配电箱的三相交流 380V 电源，并穿管引入；U_1、V_1、W_1 这 3 根线为电动机线穿管接至电动机接线盒内的 U_1、V_1、W_1 上；1、3、5 这 3 根线为控制线，接至配电箱门面板上的按钮开关 SB_1、SB_2 上。

◆电路接线图（图 4.25）

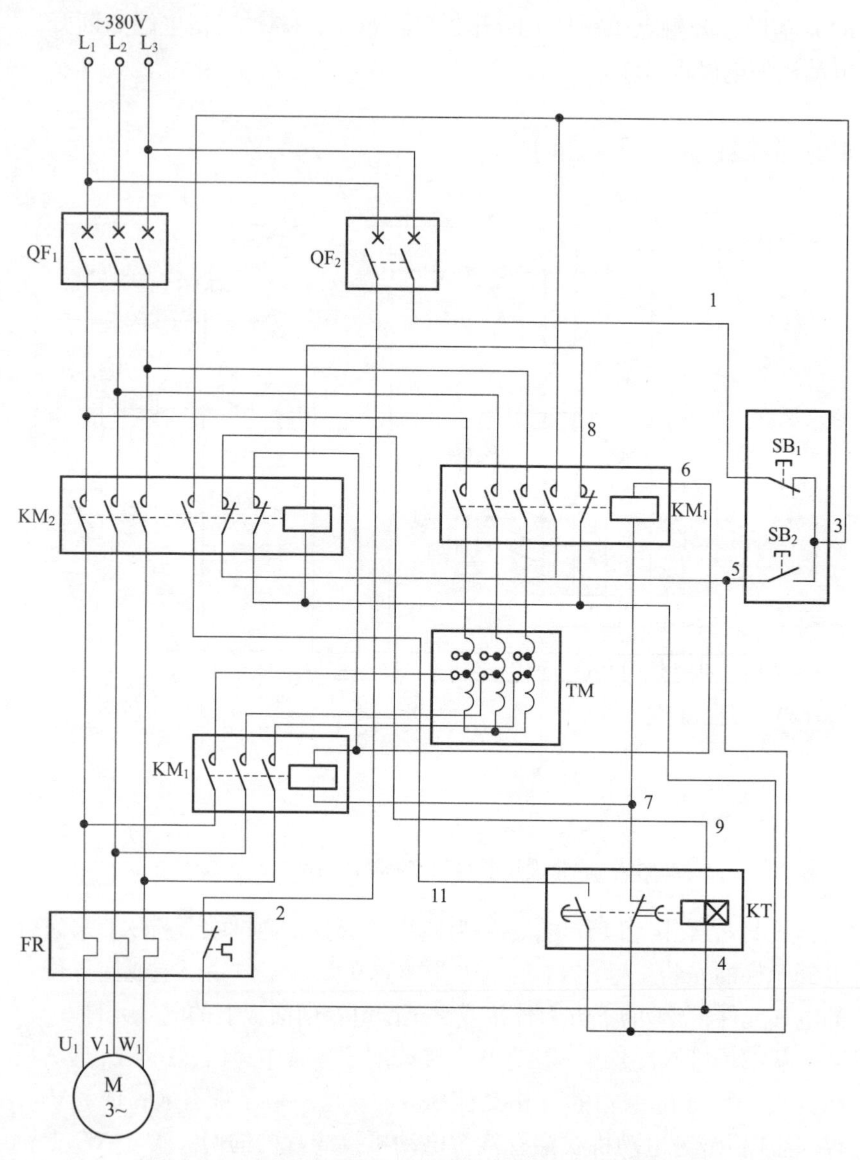

图 4.25　自耦变压器自动控制降压启动电路实际接线

元器件安装排列图及端子图（图 4.26）

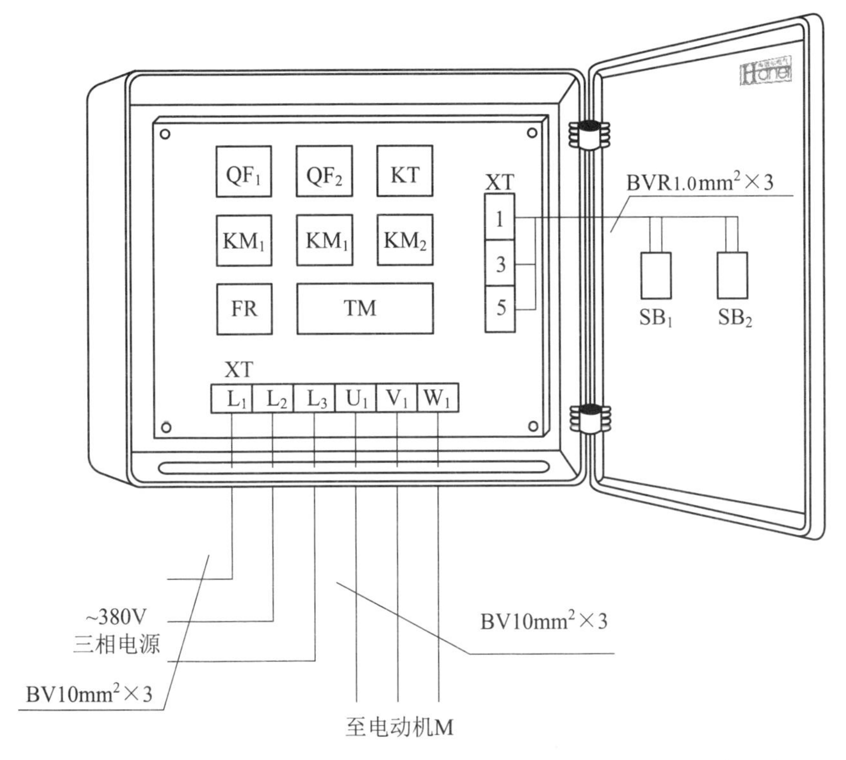

图 4.26 自耦变压器自动控制降压启动电路元器件安装排列图及端子图

从图 4.26 中可以看出，断路器 QF_1、QF_2，交流接触器 KM_1、KM_2，得电延时时间继电器 KT，热继电器 FR 安装在配电箱内底板上；自耦变压器 TM 可安装在配电箱内底部位置；按钮开关 SB_1、SB_2 安装在配电箱门面板上。

通过端子 L_1、L_2、L_3 将三相交流 380V 电源接入配电箱中。

端子 U_1、V_1、W_1 接至电动机接线盒中的 U_1、V_1、W_1 上。

端子 1、3、5 将配电箱内的器件与配电箱门面板上的按钮开关 SB_1、SB_2 连接起来。

按钮接线图（图 4.27）

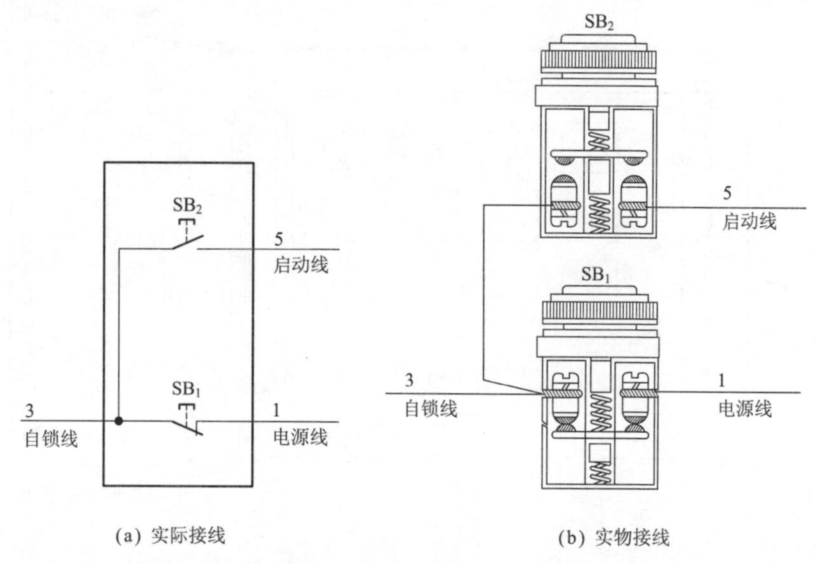

(a) 实际接线　　(b) 实物接线

图 4.27　自耦变压器自动控制降压启动电路按钮接线

电气元件作用表（表 4.5）

表 4.5　**电气元件作用表**

符　号	名称、型号及规格	器件外形及相关部件介绍		作　用
QF_1	断路器 DZ20-100 80A，三极		三极断路器	主回路过流保护
QF_2	断路器 DZ47-63 10A，二极		二极断路器	控制回路过流保护

续表 4.5

符 号	名称、型号及规格	器件外形及相关部件介绍		作 用
KM_1	交流接触器 CDC10-60 线圈电压 380V 两只并联		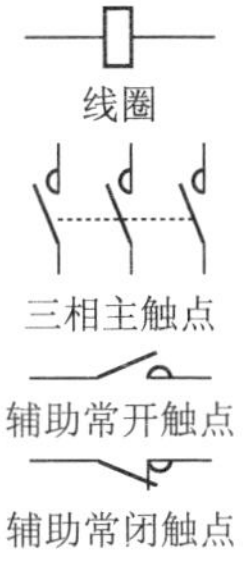 线圈 三相主触点 辅助常开触点 辅助常闭触点	减压启动用
KM_2	交流接触器 CDC10-60 线圈电压 380V			全压运转用
FR	热继电器 JR36-63 40~63A		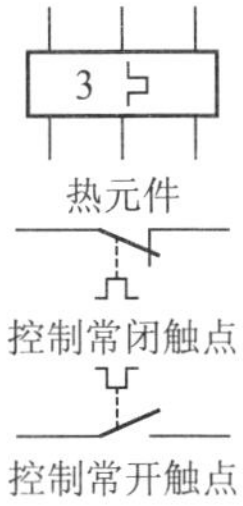 3 热元件 控制常闭触点 控制常开触点	过载保护
TM	自耦变压器 QZB-30 57A		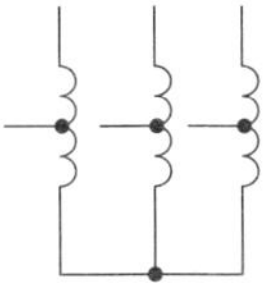	减压启动用
KT	得电延时 时间继电器 JS14P 工作电压 380V 180s	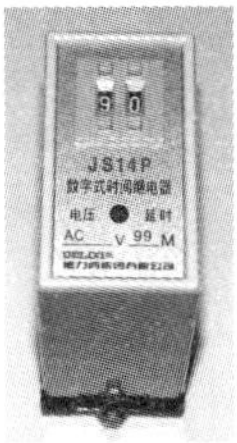	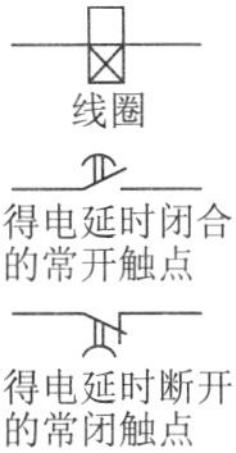 线圈 得电延时闭合的常开触点 得电延时断开的常闭触点	启动时间延时转换
SB_1	按钮开关 LA19-11		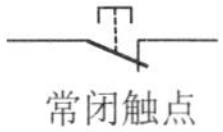 常闭触点	停止电动机用
SB_2			 常开触点	启动电动机用

续表 4.5

符　号	名称、型号及规格	器件外形及相关部件介绍		作　用
M	三相异步电动机 Y200L-4 30kW，56.8A 1470r/min		M 3~	拖动

依据电气元件作用表给出的相关技术数据选择导线，本电路所配电动机型号为 Y200L-4、功率为 30kW、电流为 56.8A。其电动机线 U_1、V_1、W_1 可选用 BV 10mm² 导线；电源线 L_1、L_2、L_3 可选用 BV 10mm² 导线；控制线 1、3、5 可选用 BVR 1.0mm² 导线。

电路调试

断开主回路断路器 QF_1，接通控制回路断路器 QF_2，调试控制回路，将 KT 延时时间设定好。

按下启动按钮 SB_2，若交流接触器 KM_1 和得电延时时间继电器 KT 线圈能吸合动作且 KM_1 能自锁，说明启动回路正常。再观察配电箱内得电延时时间继电器 KT 的延时动作情况，KT 能延时并切断交流接触器 KM_1 线圈回路电源，然后将交流接触器 KM_2 线圈回路接通，最终 KM_2 线圈得电吸合并自锁，KM_2 常闭触点断开并将得电延时时间继电器 KT 线圈回路切断。以上电气元件动作情况说明，从启动至运转的整个控制方式符合设计要求。最后按下停止按钮 SB_1，交流接触器 KM_2 线圈断电释放，至此整个控制回路调试完毕。

带负载调试主回路时，将负载接上并合上主回路断路器 QF_1。按下启动按钮 SB_2，交流接触器 KM_1 和得电延时时间继电器 KT 线圈得电吸合，电动机串自耦变压器进行启动，此时观察电动机的启动过程并确定从启动至全压运转所需的时间；经 KT 延时后，交流接触器 KM_1 线圈断电释放，切除自耦变压器；然后接通交流接触器 KM_2 线圈回路电源，电动机得电由启动自动转换为全压运转状态。

常见故障及排除方法

（1）启动时一直为降压状态，无法转换为正常运转。由配电箱内电气元件动作情况可知，故障原因是得电延时时间继电器 KT 未工作。从原理图中可以分析出，当启动时按下启动按钮 SB_2，降压交流接触器 KM_1 和得电延时时间继电器 KT 线圈均得电吸合且 KM_1 辅助常开触点闭合自锁，KM_1 主触点闭合，电动机接入自耦变压器进行降压启动；但由于得电延时时间继电器 KT 线圈不工作，KT 无法切断 KM_1 线圈回路电源，也就是无法使自耦变压器 TM 退出启动，一直处于启动状态；同时 KT 也无法接通 KM_2 线圈回路电源，也就是说，电动机无法进入全压运转，所以，电动机只能处于长时间启动而无法全压运转。检查得电延时时间继电器 KT 线圈是否损坏；检查串联在得电延时时间继电器 KT 线圈回路中的常闭触点是否断路，更换上述故障器件即可。

（2）按下启动按钮 SB_2，电动机启动过程正常，但启动完毕无法进入全压运转。故障原因为 KT 得电延时闭合的常开触点损坏；KM_2 线圈断路；KM_1 串联在 KM_2 线圈回路中的常闭触点损坏，如图 4.28 所示。

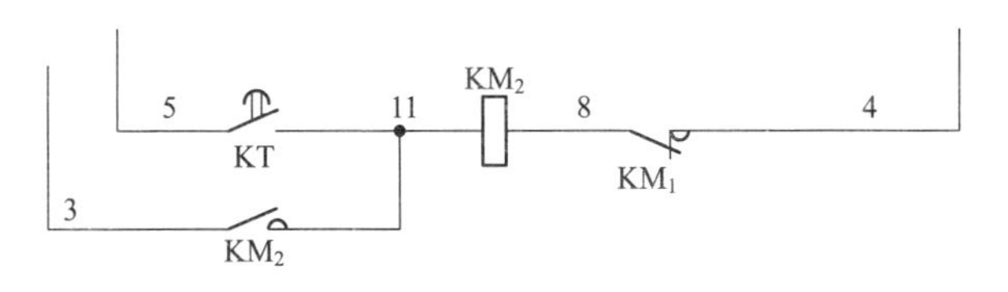

图 4.28　故障回路

若电动机降压启动完毕后能瞬间全压运转一下又停止，则故障为 KM_2 自锁触点损坏所致。

用万用表检查上述各器件，找出故障器件，更换即可。

4.6 频敏变阻器启动控制电路

工作原理（图 4.29）

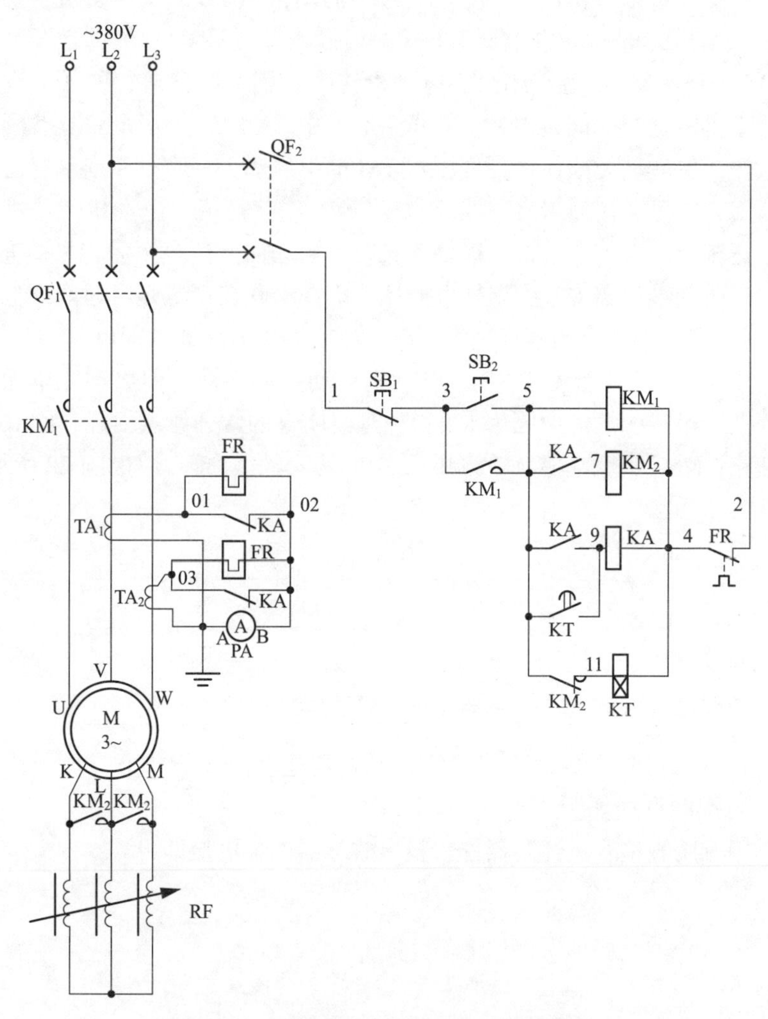

图 4.29　频敏变阻器启动控制电路原理图

首先，合上主回路断路器 QF_1、控制回路断路器 QF_2，为电路工作提供准备条件。

启动操作： 按下启动按钮 SB_2（3-5），电源交流接触器 KM_1 线圈得电吸合且 KM_1 辅助常开触点（3-5）闭合自锁，KM_1 三相主触点闭合，绕线式电动机转子串频敏变阻器 RF 进行启动；在启动过程中，由于频敏变阻器 RF 的阻抗将随转子电流频率的降低而自动减小，电动机会平稳地启动起来。在按下启动按钮 SB_2（3-5）的同时，得电延时时间继电器 KT 线圈也得电吸合且开始延时，待电动机平稳启动后，也就是得电延时时间继电器 KT 的设定延时时间，KT 得电延时闭合的常开触点（5-9）闭合，接通中间继电器 KA 线圈回路电源，KA 线圈得电吸合且 KA 常开触点（5-9）闭合自锁，KA 串联在短接频敏变阻器交流接触器 KM_2 线圈回路中的常开触点（5-7）闭合，使 KM_2 线圈得电吸合，KM_2 三相主触点闭合，将频敏变阻器 RF 短接起来，频敏变阻器 RF 退出运行，电动机正常运转。在 KM_2 线圈得电吸合后，KM_2 串联在得电延时时间继电器 KT 线圈回路中的辅助常闭触点（5-11）断开，使 KT 线圈断电释放退出运行。电路中，中间继电器 KA 的两组常闭触点（01-02、03-02）在电动机启动时处于闭合状态，这是为了防止电动机在启动过程中因启动时间长、启动电流较大使热继电器 FR 热元件发热弯曲出现误动作而设置的，待电动机启动完毕转为正常运转后，KA 的两组常闭触点（01-02、03-02）断开，使热继电器 FR 热元件投入电路工作进行过载保护。

停止操作： 按下停止按钮 SB_1（1-3），电源交流接触器 KM_1、短接频敏变阻器 RF、交流接触器 KM_2、中间继电器 KA 线圈断电释放，KM_1 辅助常开触点（3-5）断开，解除自锁，KM_1、KM_2 各自的三相主触点断开，电动机失电停止运转。

大家都知道，频敏变阻器实际上是一种静止的、无触点电磁元件，类似一个铁心损耗特别大的三相电抗器，电动机启动时，频敏变阻器阻抗随着通过其电流的频率变化而改变，从而完成自动变阻，使电动机平稳启动。

为了满足启动要求，可通过改变频敏变阻器绕组上的抽头（有 3 个，分别为 71%、85%、100%）来解决启动时对电动机启动电流和启动转矩的要求。

电路布线图（图 4.30）

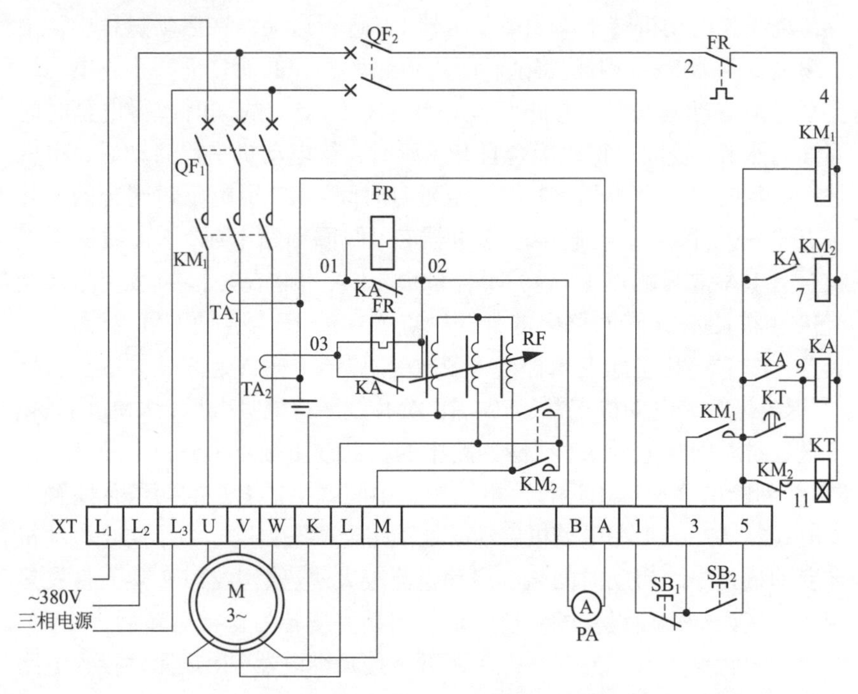

图 4.30　频敏变阻器启动控制电路布线图

从图 4.30 中可以看出，XT 为接线端子排，通过端子排 XT 来区分电气元件的安装位置，XT 的上方为放置在配电箱内底板上或底部位置的电气元件，XT 的下方为外接或引至配电箱门面板上的电气元件。

从端子排 XT 上看，共有 14 个接线端子。其中，L_1、L_2、L_3 这 3 根线为由外引入配电箱的三相交流 380V 电源，并穿管引入；主回路端子 U、V、W、K、L、M 这 6 根线为电动机线，穿管接至电动机接线盒内的相应 U、V、W、K、L、M 接线柱上；控制回路端子 1、3、5 这 3 根线为控制线，接至配电箱门面板上的按钮开关 SB_1、SB_2 上；A、B 这 2 根线为电流表线，接至配电箱门面板上的电流表 PA 上。

电路接线图（图 4.31）

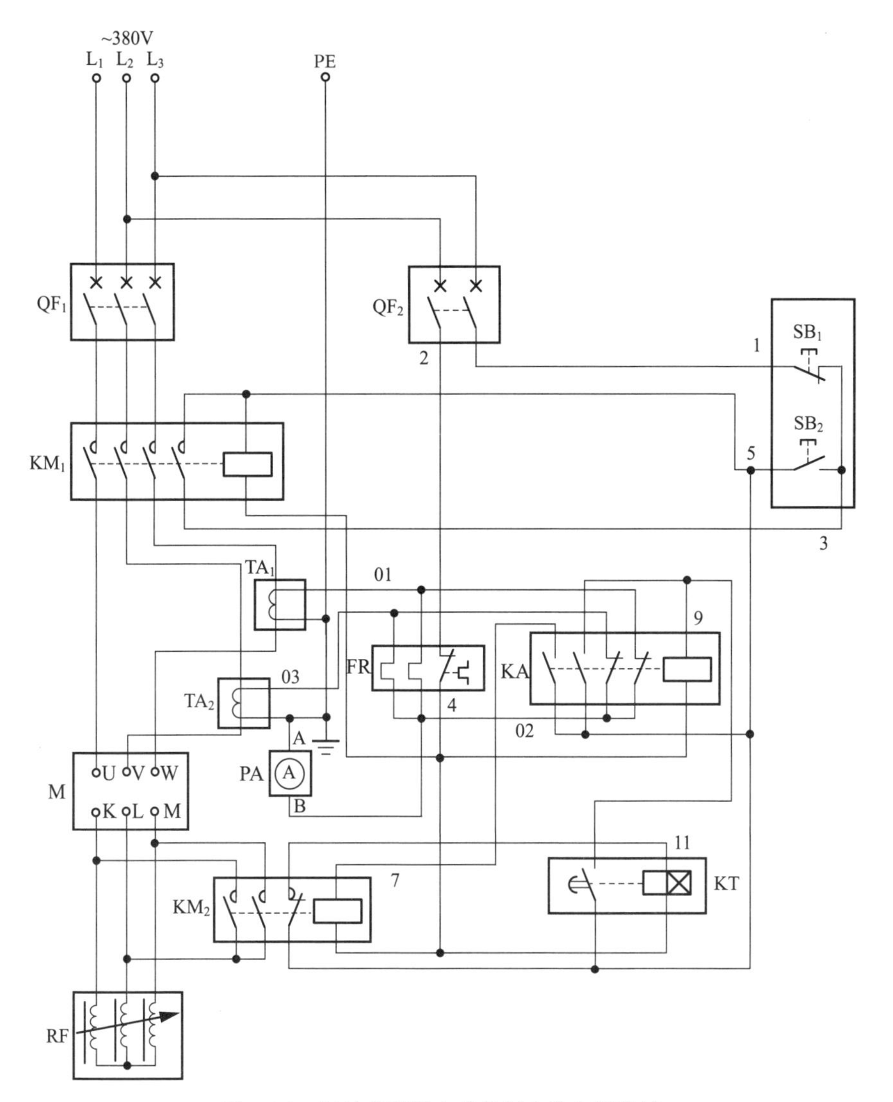

图 4.31 频敏变阻器启动控制电路实际接线

元器件安装排列图及端子图（图 4.32）

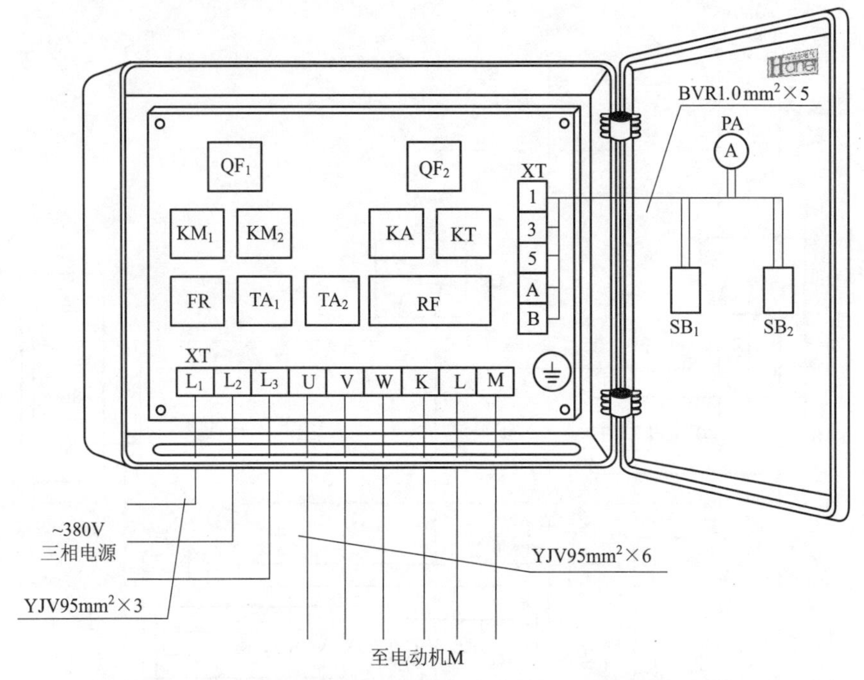

图 4.32　频敏变阻器启动控制电路元器件安装排列图及端子图

从图 4.32 中可以看出，断路器 QF_1、QF_2，交流接触器 KM_1、KM_2，中间继电器 KA，得电延时时间继电器 KT，热继电器 FR，电流互感器 TA_1、TA_2 安装在配电箱内底板上；频敏变阻器 RF 可安装在配电箱内底部位置；按钮开关 SB_1、SB_2，电流表 PA 安装在配电箱门面板上。

通过端子 L_1、L_2、L_3 将三相交流 380V 电源接入配电箱中。

端子 U、V、W、K、L、M 接至电动机接线盒中的 U、V、W、K、L、M 上。

端子 1、3、5、A、B 将配电箱内的器件与配电箱门面板上的按钮开关 SB_1、SB_2 和电流表 PA 连接起来。

按钮接线图（图 4.33）

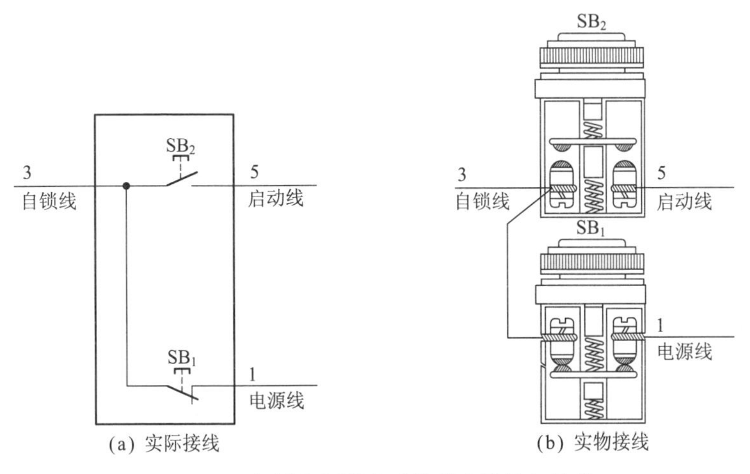

(a) 实际接线　(b) 实物接线

图 4.33　频敏变阻器启动控制电路按钮接线

电气元件作用表（表 4.6）

表 4.6　电气元件作用表

符　号	名称、型号及规格	器件外形及相关部件介绍		作　用
QF_1	断路器 DZ20-400 300A，三极		三极断路器	主回路过流保护
QF_2	断路器 DZ47-63 10A，二极		二极断路器	控制回路过流保护

续表 4.6

符　号	名称、型号及规格	器件外形及相关部件介绍		作　用
KM_1	交流接触器 CJX1-250 线圈电压 380V		线圈 三相主触点 辅助常开触点 辅助常闭触点	控制电动机电源用
KM_2				短接频敏变阻器正常运转用
FR	热继电器 JR36-20 3.2~5A		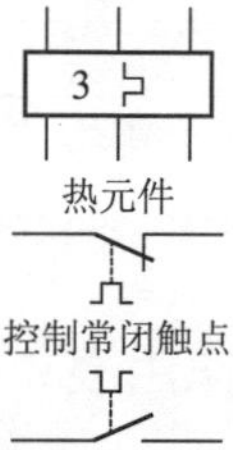 热元件 控制常闭触点 控制常开触点	过载保护
KA	中间继电器 JZ7-44 5A 线圈电压 380V		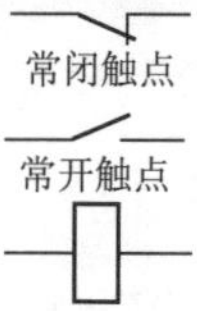 常闭触点 常开触点 线圈	转换记忆
KT	得电延时 时间继电器 JS14P 工作电压 380V 180s	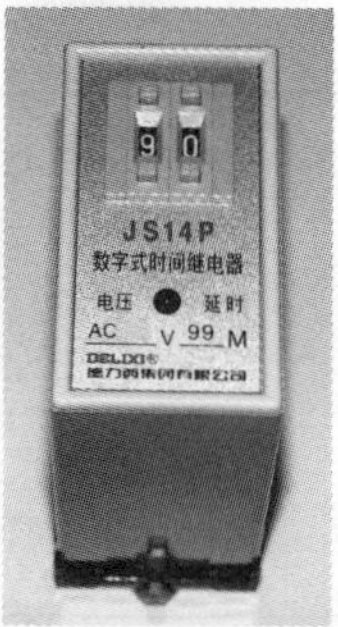	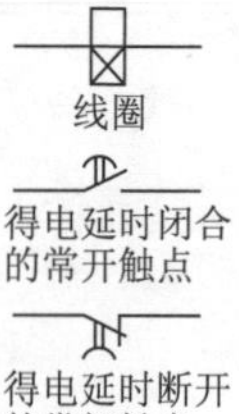 线圈 得电延时闭合的常开触点 得电延时断开的常闭触点	延时自动切换

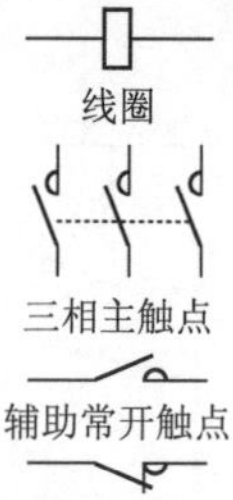

续表 4.6

符号	名称、型号及规格	器件外形及相关部件介绍		作用
RF	频敏变阻器 BP1-305/4020		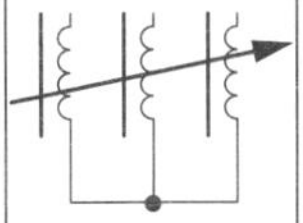	频敏变阻器启动
TA_1 TA_2	电流互感器 LMZ1-0.5 400/5			电流变换
PA	电流表 42L6-A 配 400/5 电流互感器		 A	电流指示
SB_1	按钮开关 LA19-11		 常闭触点	停止电动机用
SB_2			 常开触点	启动电动机用
M	绕线式异步电动机 YZR400LA 160kW，244A		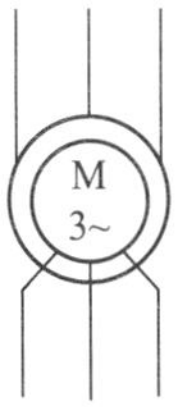 M 3~	拖动

依据电气元件作用表给出的相关技术数据选择导线，本电路所配电动机型号为 YZR400LA、功率为 160kW、定子电流为 244A。其电动机

线 U、V、W、K、L、M 可选用 2 根 YJV 交联电力电缆 $95mm^2 \times 3$；电源线 L_1、L_2、L_3 可选用 YJV 交联电力电缆 $95mm^2 \times 3$；按钮控制线 1、3、5 可选用 BVR $1.0mm^2$ 导线；电流表线 A、B 可选用 BVR $1.0mm^2$ 导线。

电路调试

断开主回路断路器 QF_1，合上控制回路断路器 QF_2，调试控制回路。预置好得电延时时间继电器的延时时间。

按下启动按钮 SB_2，交流接触器 KM_1 线圈得电吸合且能自锁，同时得电延时时间继电器 KT 线圈也得电吸合并开始延时，说明启动回路正常。此时观察配电箱内电气元件的动作情况，若经 KT 一段延时后，中间继电器 KA 线圈能得电吸合且自锁，同时切断得电延时时间继电器 KT 线圈回路电源，KT 线圈能断电释放，并且能接通交流接触器 KM_2 线圈回路电源，使 KM_2 线圈得电吸合，说明从启动至运转过程正常。停止时，按下停止按钮 SB_1，交流接触器 KM_1、KM_2 和中间继电器 KA 线圈能断电释放，说明整个控制回路工作正常。

只要接线无误，主回路无需调试即可投入运行。但需注意以下几点：

（1）电动机的转向要符合设备实际运行要求。

（2）电动机在启动过程中，中间继电器 KA 并联在热继电器 FR 热元件上的常闭触点应短接热元件，否则会造成启动过程失败。

（3）在启动过程中，若出现启动过快或过慢问题，可通过改变频敏变阻器绕组上的抽头加以解决。

常见故障及排除方法

（1）按下启动按钮 SB_2 时，无频敏变阻器降压而直接全压启动。观察配电箱内电气元件动作情况，在按动启动按钮 SB_2 时，交流接触器 KM_1 和得电延时时间继电器 KT 线圈能瞬间吸合又断开，使中间继电器 KA 和交流接触器 KM_2 线圈均得电吸合工作，由于交流接触器 KM_1、KM_2 同时吸合，KM_2 主触点将频敏变阻器短接起来，电动机就会直接全压启动了。从上述电气元件动作情况分析，得电延时时间继电器 KT 线圈瞬间吸合又断开，说明时间继电器 KT 动作正常，可能是 KT 延时时间设置得过短所致。重新调整得电延时时间继电器 KT 的延时时间，即可排除故障。

（2）按下启动按钮 SB_2，电动机一直处于降压启动状态，而无法正常全压运转。观察配电箱内电气元件动作情况，此时交流接触器 KM_1、得电延时时间继电器 KT 线圈一直吸合，经过很长时间 KT 也不转换，无法进入全压控制。根据上述情况可知，故障为得电延时时间继电器 KT 损坏所致，更换一只新的得电延时时间继电器并重新调整其延时时间即可解决。

（3）按动启动按钮 SB_2，电动机一直处于降压启动状态。观察配电箱内电气元件动作情况，在按动启动按钮 SB_2 时，交流接触器 KM_1、得电延时时间继电器 KT 线圈得电吸合且 KM 辅助常开触点能闭合自锁，经延时后，KT 触点转换，中间继电器 KA 吸合且自锁，但接通不了交流接触器 KM_2 线圈回路，也切断不了得电延时时间继电器 KT 线圈回路。从元器件动作情况可知，故障原因为 KM_2 线圈断路或 KA 常开触点断路，如图 4.34 所示。用短接法或万用表测量各元器件是否损坏，若损坏则更换新品。

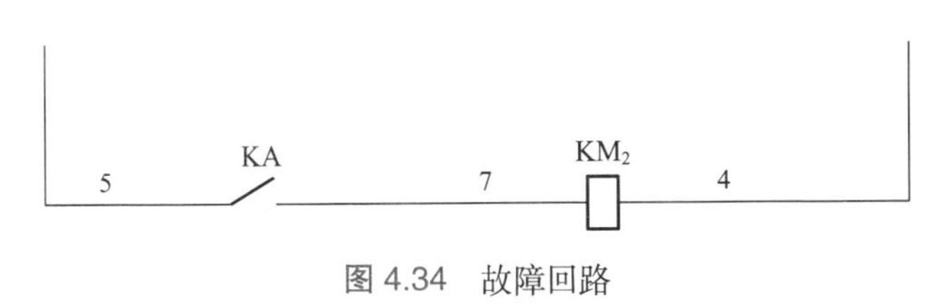

图 4.34　故障回路

4.7 手动Y－△降压启动控制电路

◆工作原理（图 4.35）

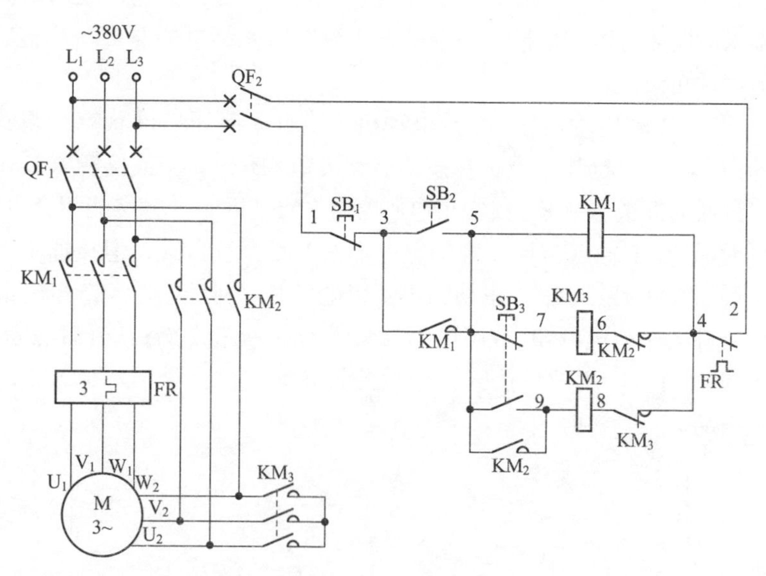

图 4.35　手动Y－△降压启动控制电路原理图

首先，合上主回路断路器 QF_1、控制回路断路器 QF_2，为电路工作提供准备条件。

启动操作：按下启动按钮 SB_2（3-5），交流接触器 KM_1、KM_3 线圈得电吸合且 KM_1 辅助常开触点（3-5）闭合自锁，KM_1、KM_3 各自的三相主触点闭合，其中，KM_1 三相主触点闭合接通三相交流电源，KM_3 三相主触点闭合将绕组 U_2、V_2、W_2 短接起来，电动机接成 Y 形启动。按下运转按钮 SB_3，SB_3 的一组常闭触点（5-7）断开，切断 KM_3 线圈回路电源，KM_3 线圈断电释放，KM_3 三相主触点断开，电动机绕组 Y 形接法解除；同时，SB_3 的另一组常开触点（5-9）闭合，接通交流接触器 KM_2 线圈回路电源，KM_2 线圈得电吸合且 KM_2 辅助常开触点（5-9）闭合自锁，KM_2 三相主触点闭合，KM_2 将绕组 U_1 与 W_2、V_1 与 U_2、W_1 与 V_2 分别短接起来，电动机接成△形全压运转。

停止操作：按下停止按钮 SB_1（1-3），交流接触器 KM_1、KM_2 线圈断电释放，KM_1 辅助常开触点（3-5）和 KM_2 辅助常开触点（5-9）均断开，解除自锁，KM_1、KM_2 各自的三相主触点断开，电动机失电停止运转。

电路布线图（图 4.36）

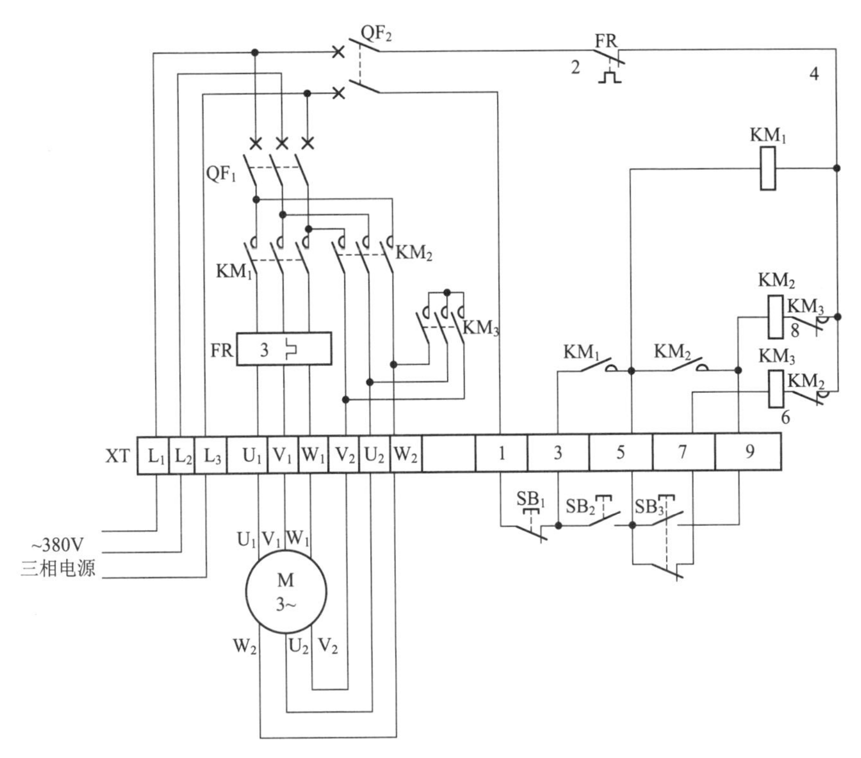

图 4.36　手动Y－△降压启动控制电路布线图

从图 4.36 中可以看出，XT 为接线端子排，通过端子排 XT 来区分电气元件的安装位置，XT 的上方为放置在配电箱内底板上的电气元件，XT 的下方为外接或引至配电箱门面板上的电气元件。

从端子排 XT 上看，共有 14 个接线端子。其中，L_1、L_2、L_3 这 3 根线为由外引入配电箱的三相交流 380V 电源，并穿管引入；U_1、V_1、W_1、U_2、V_2、W_2 这 6 根线为电动机线，穿管接至电动机接线盒内的

U_1、V_1、W_1、U_2、V_2、W_2 上；1、3、5、7、9 这 5 根线为控制线，接至配电箱门面板上的按钮开关 SB_1、SB_2、SB_3 上。

电路接线图（图 4.37）

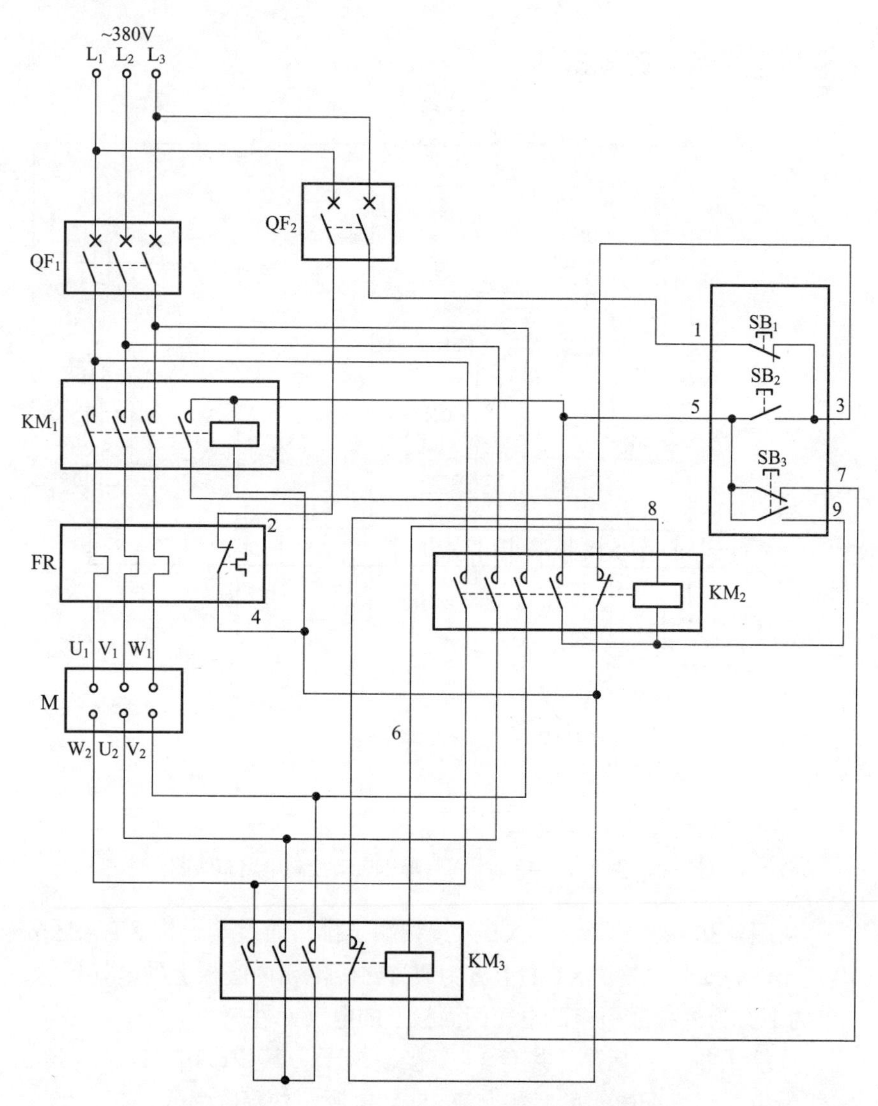

图 4.37　手动Y－△降压启动控制电路实际接线

元器件安装排列图及端子图（图 4.38）

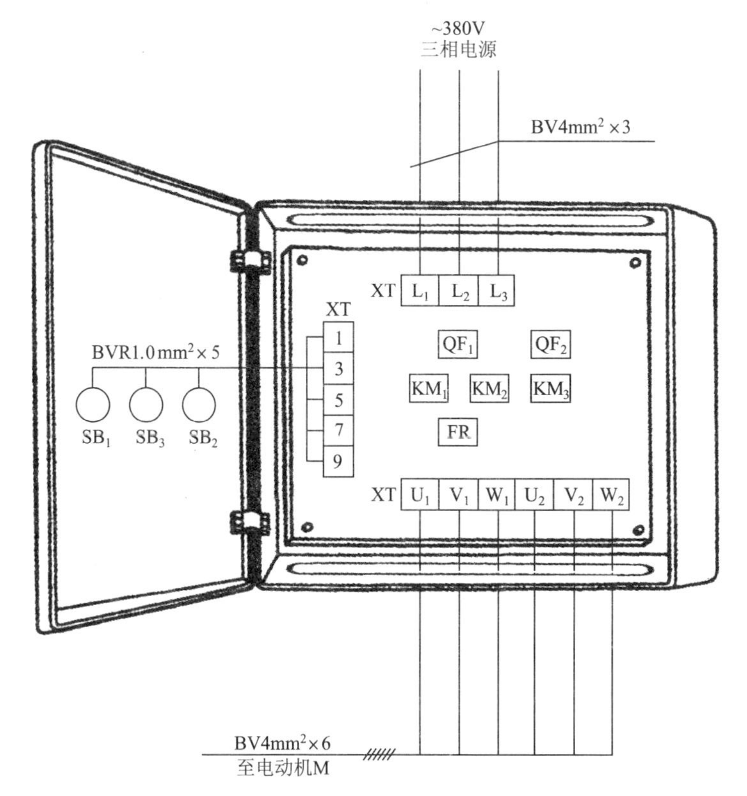

图 4.38 手动Y－△降压启动控制电路元器件安装排列图及端子图

从图 4.38 中可以看出，断路器 QF_1、QF_2，交流接触器 KM_1、KM_2、KM_3，热继电器 FR 安装在配电箱内底板上；按钮开关 SB_1、SB_2、SB_3 安装在配电箱门面板上。

通过端子 L_1、L_2、L_3 将三相交流 380V 电源接入配电箱中。

端子 U_1、V_1、W_1、U_2、V_2、W_2 对应接至电动机接线盒中的 U_1、V_1、W_1、U_2、V_2、W_2 上。

端子 1、3、5、7、9 将配电箱内的器件与配电箱门面板上的按钮开关 SB_1、SB_2、SB_3 连接起来。

按钮接线图（图 4.39）

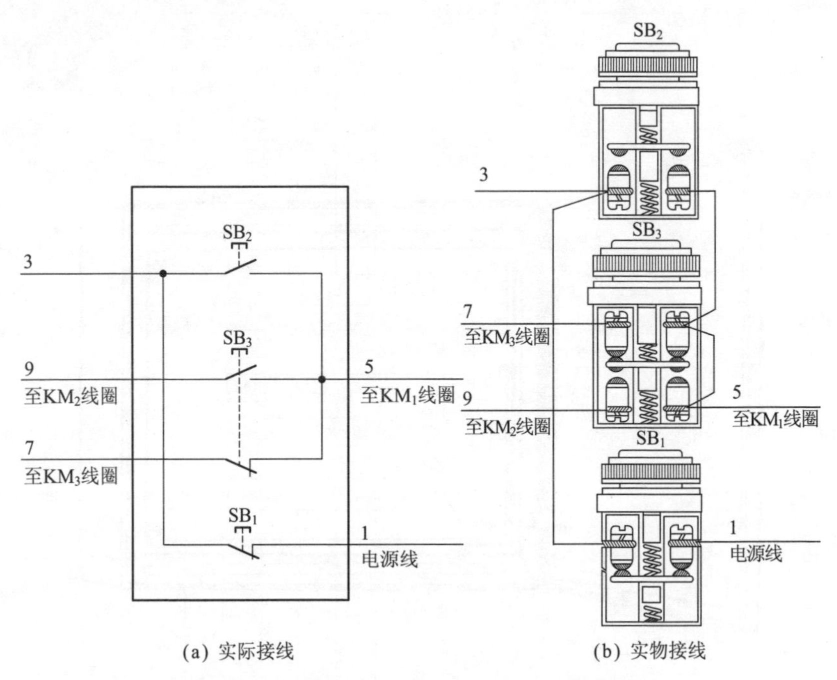

(a) 实际接线　　(b) 实物接线

图 4.39　手动Y－△降压启动控制电路按钮接线

电气元件作用表（表 4.7）

表 4.7　**电气元件作用表**

符　号	名称、型号及规格	器件外形及相关部件介绍	作　用
QF_1	断路器 CDM1-63 32A，三极	三极断路器	主回路短路保护

续表 4.7

符　号	名称、型号及规格	器件外形及相关部件介绍		作　用
QF_2	断路器 DZ47-63 6A，二极		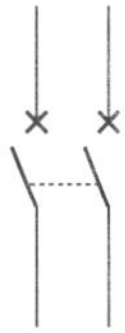 二极断路器	控制回路短路保护
KM_1	交流接触器 CDC10-20 线圈电压 380V		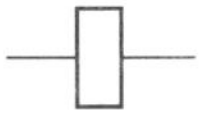 线圈	控制电动机电源
KM_2			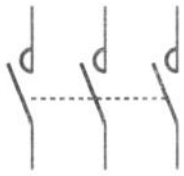 三相主触点	电动机△形运转转换用
KM_3			 辅助常开触点  辅助常闭触点	电动机Y形启动控制用
FR	热继电器 JR36-20 14~22A		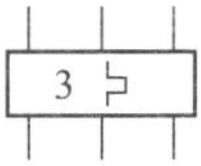 3 热元件 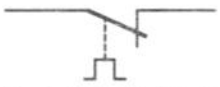 控制常闭触点 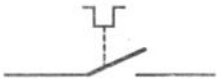 控制常开触点	电动机过载保护
SB_1	按钮开关 LAY7		 常闭触点	电动机停止操作用
SB_2			 常开触点	电动机Y形启动操作用
SB_3				电动机△形运转操作用

续表 4.7

符　号	名称、型号及规格	器件外形及相关部件介绍		作　用
M	三相异步电动机 Y160M-6 7.5kW，17A		M 3~	拖动

依据电气元件作用表给出的相关技术数据选择导线，本电路所配电动机型号为 Y160M-6、功率为 7.5kW、电流为 17A。其电动机线 U_1、V_1、W_1、U_2、V_2、W_2 可选用 BV4 mm^2 导线；电源线 L_1、L_2、L_3 可选用 BV 4mm^2 导线；控制线 1、3、5、7、9 可选用 BVR 1.0mm^2 导线。

电路调试

断开主回路断路器 QF_1，合上控制回路断路器 QF_2，对控制回路进行调试。先按下运转按钮 SB_3 无效，必须先按下启动按钮 SB_2，电源交流接触器 KM_1 先吸合且自锁，在 KM_1 吸合的同时观察配电箱内的Y点交流接触器 KM_3 是否也吸合，若同时吸合，那么由 KM_1+KM_3 组成Y形启动；再按下运转按钮 SB_3 试之，若Y点交流接触器 KM_3 能先断电释放，然后△接交流接触器 KM_2 能吸合且自锁，那么由 KM_1+KM_2 组成△形运转。通过以上调试说明控制回路一切正常，可进一步对主回路进行调试。

调试主回路之前，应先检查热继电器下端的 3 根线是否分别接至电动机接线盒中的 U_1、V_1、W_1，再检查Y点交流接触器 KM_3 三相主触点上端是否已全部用导线短接起来，其 KM_3 三相主触点下端是否分别接到电动机接线盒中的 W_2、U_2、V_2 上；再检查△形交流接触器 KM_2 三相主触点的连接情况，检查 KM_2 三相主触点中的一对主触点是否能短接电动机绕组中的 U_1、W_2，KM_2 三相主触点中的一对主触点是否能短接电动机绕组中的 V_1、U_2，KM_2 三相主触点中的一对主触点是否能短接电动机绕组中的 W_1、V_2，若连接全部正确，则可合上主回路断路器 QF_1，通电试机。这里还需注意电动机的旋转方向问题，特别是电动机绕组接线不符合要求时，可能出现Y形启动与△形运转方向不一致的现象，导致只能启动，而转接到△连接时断路器 QF_1 出现动作跳闸现象。

另外，电路中过载保护热继电器 FR 的电流整定值可不按电动机额定电流值设定，可按电动机功率乘 8 除以 7 的方法估算。即本电路电动机为 11kW，其热继电器电流整定值为 $11 \times 8 \div 7 \approx 13$（A）。

常见故障及排除方法

（1）按下Y形启动按钮 SB_2，只有交流接触器 KM_1 线圈吸合工作，电动机无反应，不做Y形启动；紧接着按下△形运转按钮 SB_3，交流接触器 KM_2 吸合工作，电动机直接全压起动。此故障为Y点交流接触器 KM_3 未吸合所致，重点检查按钮 SB_3 常闭触点是否断路、交流接触器 KM_3 线圈是否断路、交流接触器 KM_2 互锁常闭触点是否断路。只要故障排除后，Y点交流接触器 KM_3 能吸合工作，电路就能恢复正常工作。

（2）按下Y形启动按钮 SB_2，电源交流接触器 KM_1、Y点交流接触器 KM_3 得电吸合，电动机Y形启动。按下△形运转按钮 SB_3 时，能转为△形运转，但手一松开△形运转按钮 SB_3，又由△形运转转为Y形启动。此故障为△形交流接触器 KM_2 自锁触点断路所致。应重点检查△形交流接触器 KM_2 辅助常开触点，更换故障器件，使电路恢复正常。

4.8 自动Y－△降压启动控制电路

工作原理（图 4.40）

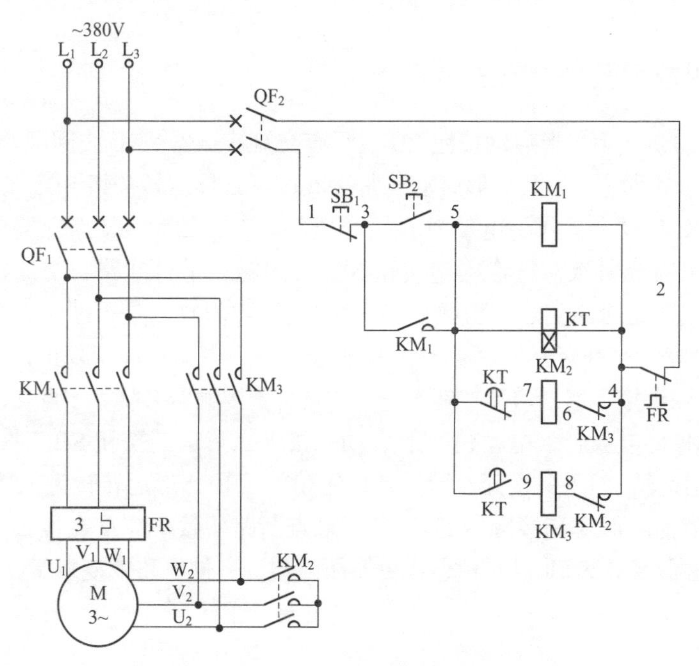

图 4.40　自动Y－△降压启动控制电路原理图

首先，合上主回路断路器 QF_1、控制回路断路器 QF_2，为电路工作提供准备条件。

启动：按下启动按钮 SB_2（3-5），电源交流接触器 KM_1、得电延时时间继电器 KT 线圈得电吸合且 KM_1 辅助常开触点（3-5）闭合自锁，同时 KT 开始延时；接通Y形启动交流接触器 KM_2 线圈回路电源，KM_2 线圈得电吸合，KM_1、KM_2 各自的三相主触点闭合，电动机绕组得电接成Y形进行降压启动。经 KT 延时后，KT 的一组得电延时断开的常闭触点（5-7）先断开，切断Y形交流接触器 KM_2 线圈回路电源，KM_2 线圈断电释放，KM_2 三相主触点断开，电动机绕组Y点解除；与此同时，KT 的另一组得电延时闭合的常开触点（5-9）闭合，接通△

形运转交流接触器 KM_3 线圈回路电源，KM_3 三相主触点闭合，电动机绕组由Y形改接成△形全压运转。至此整个Y－△启动结束，从而完成由Y形启动到△形运转的自动控制。

停止：按下停止按钮 SB_1（1-3），电源交流接触器 KM_1、△形运转交流接触器 KM_3、得电延时时间继电器 KT 线圈均断电释放，KM_1 辅助常开触点（3-5）断开，解除自锁，KM_1、KM_3 各自的三相主触点断开，电动机失电停止运转。

本电路采用了三只交流接触器 KM_1、KM_2、KM_3 来完成Y－△降压启动自动控制，电路中Y形启动交流接触器 KM_2 触点容量较大，能满足频繁启动要求。

电路布线图（图 4.41）

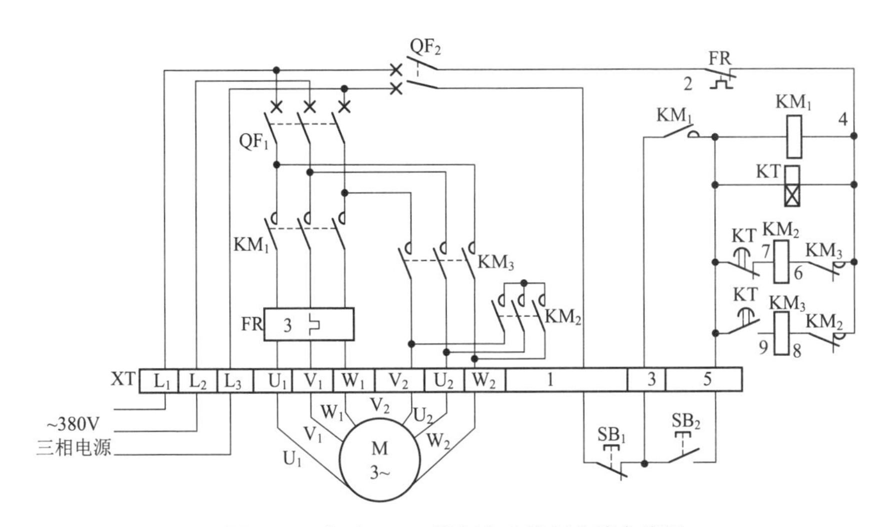

图 4.41 自动Y－△降压启动控制电路布线图

从图 4.41 中可以看出，XT 为接线端子排，通过端子排 XT 来区分电气元件的安装位置，XT 的上方为放置在配电箱内底板上的电气元件，XT 的下方为外接或引至配电箱门面板上的电气元件。

从端子排 XT 上看，共有 12 个接线端子。其中，L_1、L_2、L_3 这 3 根线为由外引入配电箱的三相交流 380V 电源，并穿管引入；U_1、V_1、W_1、U_2、V_2、W_2 这 6 根线为电动机线，穿管接至电动机接线盒内的

U_1、V_1、W_1、U_2、V_2、W_2 上；1、3、5 这 3 根线为控制线，接至配电箱门面板上的按钮开关 SB_1、SB_2 上。

电路接线图（图 4.42）

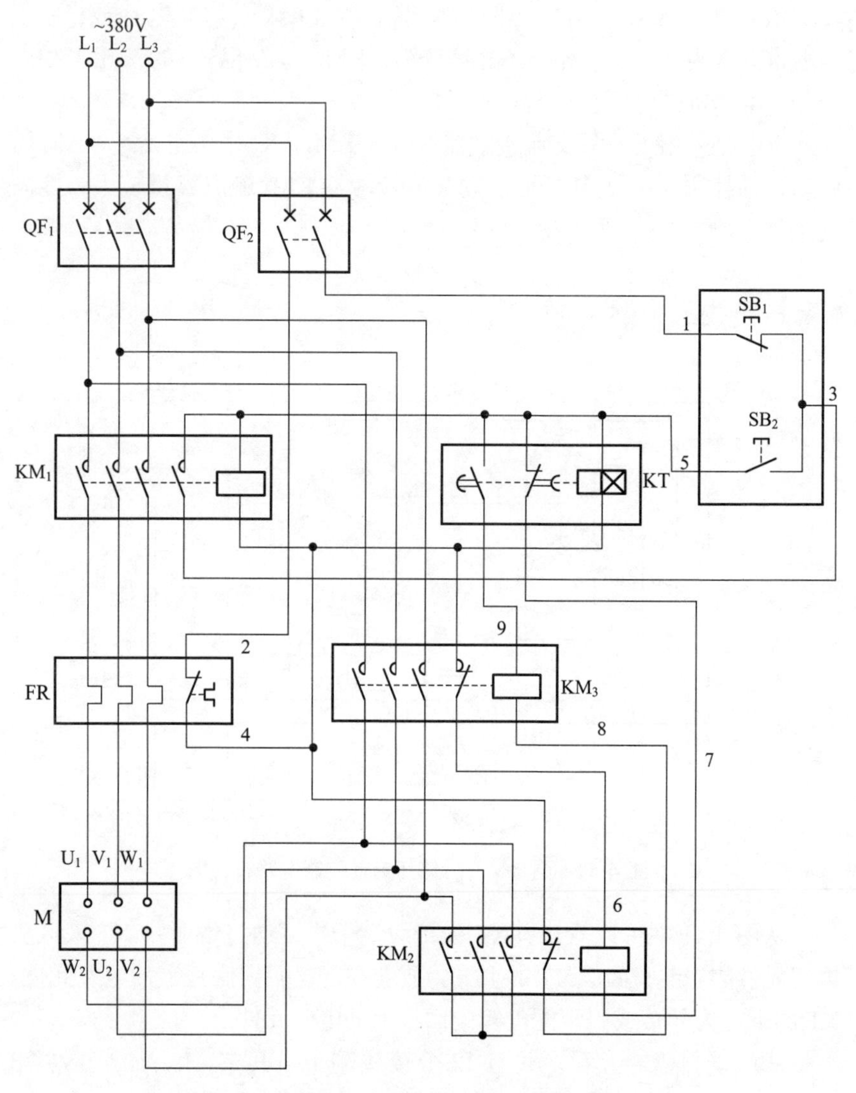

图 4.42　自动Y－△降压启动控制电路实际接线

元器件安装排列图及端子图（图 4.43）

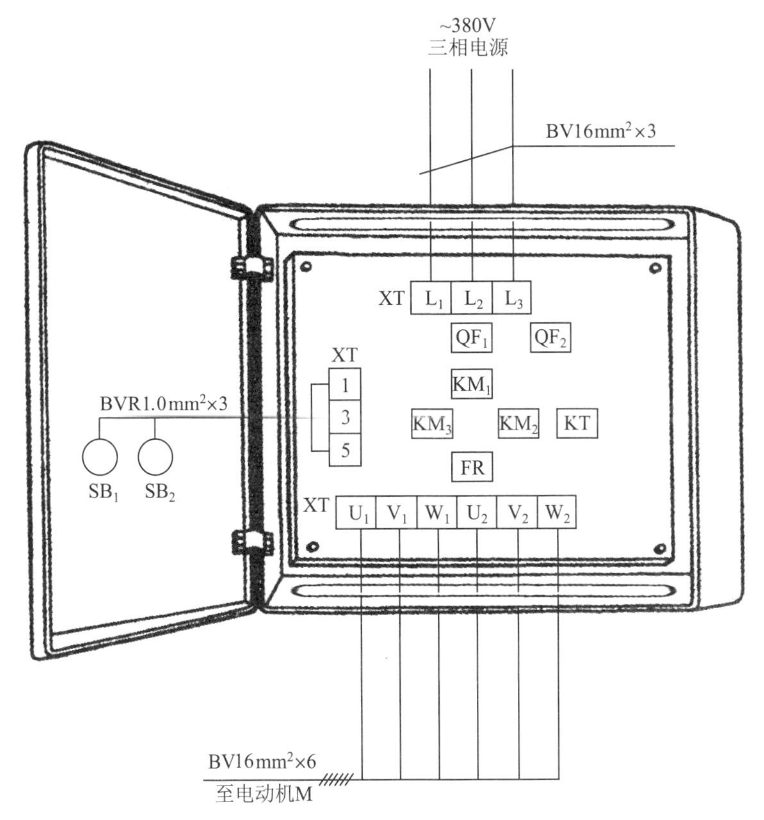

图 4.43　自动Y－△降压启动控制电路元器件安装排列图及端子图

从图 4.43 中可以看出，断路器 QF_1、QF_2，交流接触器 KM_1、KM_2、KM_3，得电延时时间继电器 KT，热继电器 FR 安装在配电箱内底板上；按钮开关 SB_1、SB_2 安装在配电箱门面板上。

通过端子 L_1、L_2、L_3 将三相交流 380V 电源接入配电箱中。

端子 U_1、V_1、W_1、U_2、V_2、W_2 接至电动机接线盒中的 U_1、V_1、W_1、U_2、V_2、W_2 上。

端子 1、3、5 将配电箱内的器件与配电箱门面板上的按钮开关 SB_1、SB_2 连接起来。

按钮接线图（图 4.44）

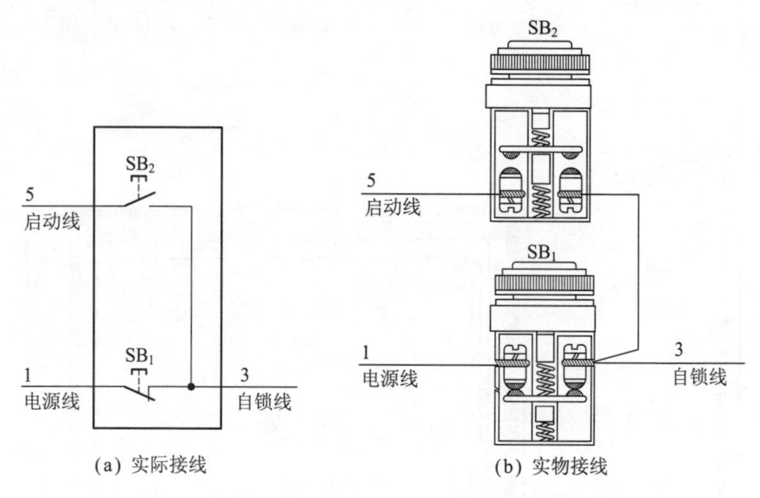

图 4.44　自动Y－△降压启动控制电路按钮接线

电气元件作用表（表 4.8）

表 4.8　**电气元件作用表**

符　号	名称、型号及规格	器件外形及相关部件介绍		作　用
QF_1	断路器 CDM1-100 100A，三极		三极断路器	主回路短路保护
QF_2	断路器 DZ47-63 6A，二极		二极断路器	控制回路短路保护

续表 4.8

符 号	名称、型号及规格	器件外形及相关部件介绍		作 用
KM_1	交流接触器 CJ20-63 线圈电压 380V	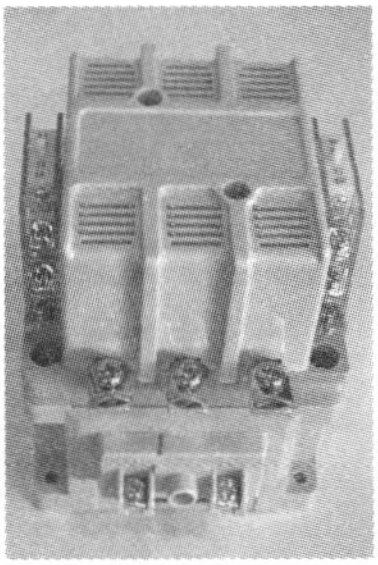	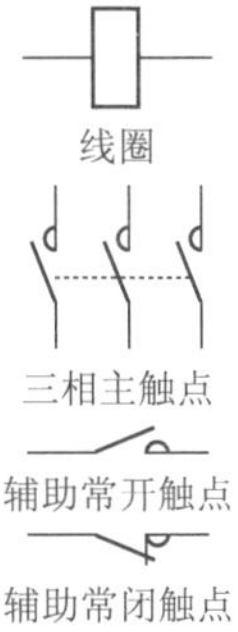线圈 三相主触点 辅助常开触点 辅助常闭触点	控制电动机电源用
KM_3				接成△形全压运转用
KM_2	交流接触器 CJ20-40 线圈电压 380V	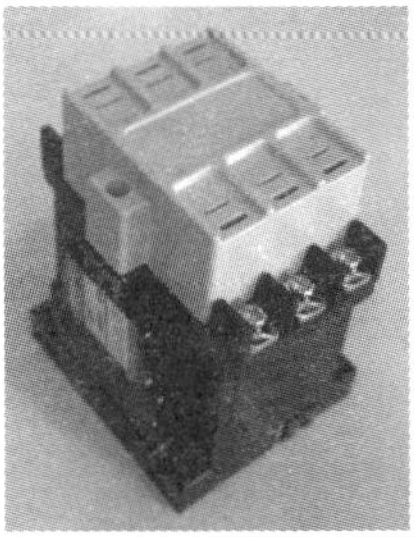	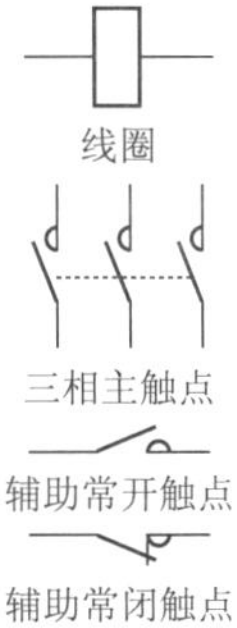线圈 三相主触点 辅助常开触点 辅助常闭触点	接成Y形降压启动用
FR	热继电器 JR20-63 55~71A	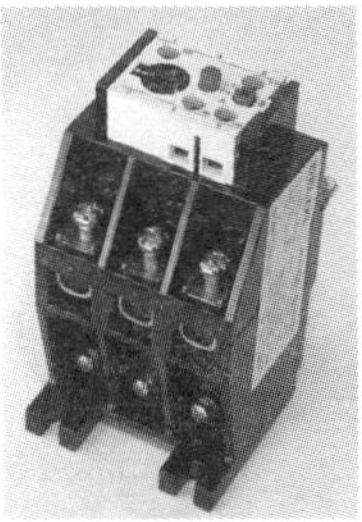	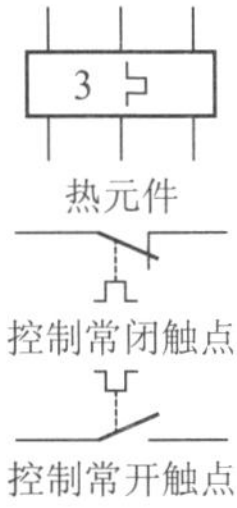3 热元件 控制常闭触点 控制常开触点	电动机过载保护
KT	得电延时时间继电器 JS14P 工作电压 380V	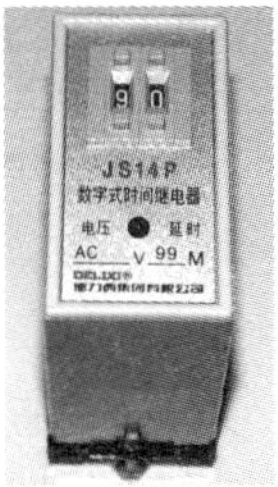JS14P 数字式时间继电器	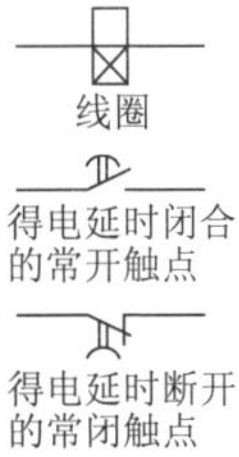线圈 得电延时闭合的常开触点 得电延时断开的常闭触点	Y－△延时转换时间控制

续表 4.8

符号	名称、型号及规格	器件外形及相关部件介绍		作用
SB_1	按钮开关 LAY7		常闭触点	电动机停止操作用
SB_2			常开触点	电动机启动操作用
M	三相异步电动机 Y225M-6 30kW，59.5A		M 3~	拖动

依据电气元件作用表给出的相关技术数据选择导线，本电路所配电动机型号为 Y225M-6、功率为 30kW、电流为 59.5A。其电动机线 U_1、V_1、W_1、U_2、V_2、W_2 可选用 6 根 BV16mm^2 导线；电源线 L_1、L_2、L_3 可选用 3 根 BV16 mm^2 导线；控制线 1、3、5 可选用 BVR 1.0mm^2 导线。

电路调试

断开主回路断路器 QF_1，合上控制回路断路器 QF_2，调试控制回路，并先将得电延时时间继电器 KT 的延时时间设定好。

启动时，按下启动按钮 SB_2，观察配电箱内各电气元件的动作情况，若此时交流接触器 KM_1、KM_2 和得电延时时间继电器 KT 线圈得电吸合且 KM_1 能自锁，说明启动回路基本正常。再继续观察得电延时时间继电器 KT 的动作情况，若经过一段延时后，KT 能够转换，也就是说，通过 KT 的一组得电延时断开的常闭触点切断交流接触器 KM_2 线圈回路，使 KM_2 线圈断电释放；通过 KT 的另一组得电延时闭合的常开触

点接通交流接触器 KM_3 线圈回路，使 KM_3 线圈得电吸合。从以上电气元件动作情况看，在启动时，也就是Y形启动时，由 KM_1+KM_2 动作组成Y形启动；而在启动结束转为全压过程后，也就是△形运转时，由 KM_1+KM_3 动作组成△形运转。

停止时，按下停止按钮 SB_1，交流接触器 KM_1、KM_3 和得电延时时间继电器 KT 线圈均能断电释放，说明整个控制回路工作正常。此时可接上负载，合上主回路断路器 QF_1 进行调试。

在按下启动按钮 SB_2 后，观察配电箱内交流接触器 KM_1 和 KM_2 及得电延时时间继电器 KT 动作后，电动机绕组是否为Y形方式运转，并确定其转向是否正确；在经 KT 延时后，观察其延时时间是否满足启动要求，并加以调整。当电动机Y形启动结束后，通过 KT 转换，切除交流接触器 KM_2，电动机Y点解除；接通交流接触器 KM_3，电动机△形运转，观察其运转情况是否正常。若正常，可反复进行启停操作，连续运转 30min 以上。之后，可将电动机过载保护热继电器电流值设定至电动机额定电流的 70% 左右。

常见故障及排除方法

（1）按下启动按钮 SB_2，电动机一直处于降压启动状态而不能转为自动全压运转。观察配电箱内电气元件动作情况，发现 KM_1、KM_2 线圈吸合时，得电延时时间继电器 KT 线圈不吸合。从原理图分析可知，当启动时按动按钮 SB_2（3-5）后，交流接触器 KM_1、KM_2 和得电延时时间继电器 KT 线圈均吸合且 KM_1 辅助常开触点（3-5）闭合自锁，KM_1、KM_2 三相主触点闭合，电动机Y形降压启动，经 KT 延时后，KT 得电延时断开的常闭触点（5-7）断开，切断Y点接触器 KM_2 线圈回路电源，同时 KT 得电延时闭合的常开触点（5-9）闭合，接通△形接触器 KM_3 线圈回路电源，电动机△形全压运转。根据以上情况分析，故障就是得电延时时间继电器 KT 线圈断路而不能吸合所致，因 KT 线圈不工作，交流接触器 KM_1、KM_2 线圈一直吸合，电动机会一直处于降压启动状态。检查 KT 线圈电路，重点检查 KT 线圈是否断路，若断路，更换一只同型号的 KT 线圈，电路即可恢复正常。

（2）按下启动按钮 SB_2（3-5）后，电动机Y形降压启动正常，但转换不到△形运转，电动机不能得到全压电源而停止。此故障可根据配电箱内电气元件动作情况加以分析，按动 SB_2（3-5）后，只要关键元件时间继电器 KT 能吸合转换，经 KT 延时后，KT 得电延时断开的常闭触点（5-7）断开使 KM_2 线圈断电释放，KT 得电延时闭合的常开触点（5-9）闭合，使 KM_3 线圈得电吸合，就能实现Y-△切换。但按动 SB_2，KT 线圈吸合工作，经延时后，KM_2 线圈断电释放，而 KM_3 线圈不工作。根据上述情况确定故障为得电延时时间继电器 KT 延时闭合的常开触点（5-9）损坏；交流接触器 KM_3 线圈烧毁断路。可用万用表检查上述两个电气元件找出故障点并排除。

（3）按动 SB_2（3-5）后，若交流接触器 KM_2、KM_3 线圈能转换工作，而电动机在Y形启动后不能转换成△形运转，停止工作，则故障为交流接触器 KM_2 三相主触点不能可靠闭合，检查更换 KM_2 三相主触点即可排除此故障。

第 5 章

制动控制电路

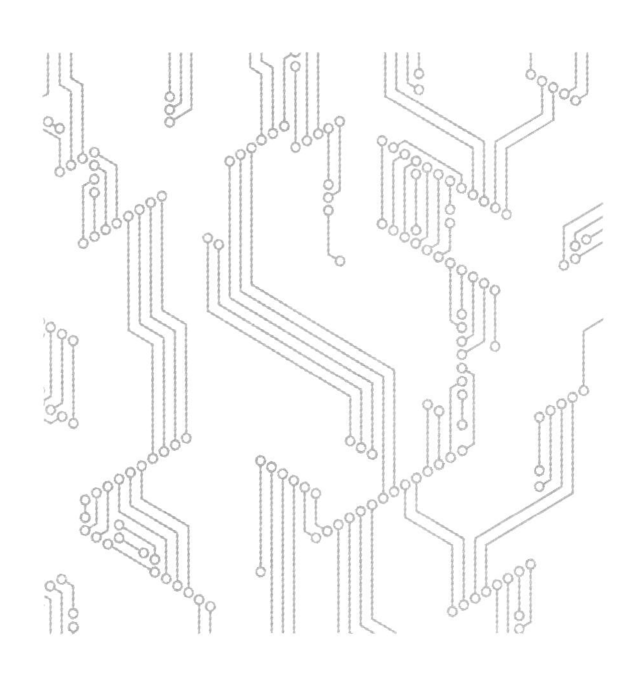

5.1 单向运转反接制动控制电路

工作原理（图 5.1）

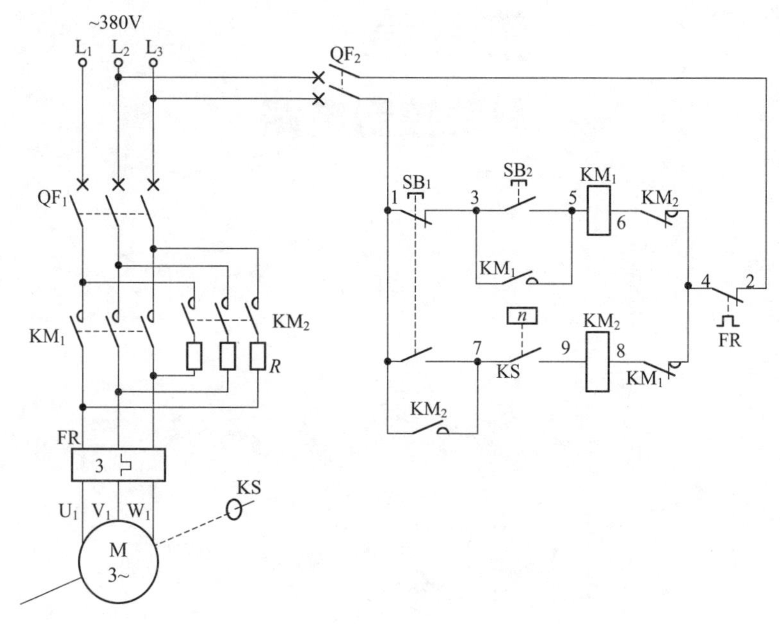

图 5.1　单向运转反接制动控制电路原理图

首先，合上主回路断路器 QF_1、控制回路断路器 QF_2，为电路工作提供准备条件。

启动：按下启动按钮 SB_2（3–5），交流接触器 KM_1 线圈得电吸合且 KM_1 辅助常开触点（3–5）闭合自锁，同时 KM_1 串联在制动用交流接触器 KM_2 线圈回路中的辅助常闭触点（4–8）断开，对制动控制回路进行互锁；在 KM_1 线圈得电吸合的同时，KM_1 三相主触点闭合，电动机得电启动运转。当电动机的转速升至 120r/min 后，速度继电器 KS 常开触点（7–9）闭合，为停止时反接制动做准备。

制动：将停止兼制动按钮 SB_1 按到底，SB_1 的一组常闭触点（1–3）断开，切断交流接触器 KM_1 线圈回路电源，KM_1 线圈断电释放，KM_1 辅助常开触点（3–5）断开，解除自锁，KM_1 三相主触点断开，电动机失电仍靠惯性继续转动；同时，SB_1 的另外一组常开触点（1-7）闭合，注意由于 KM_1 线圈已断电释放，KM_1 串联在 KM_2 线圈回路中的互锁辅助常闭触点（4-8）恢复常闭状态，此时交流接触器 KM_2 线圈得电吸合且 KM_2 辅助常开触点（1-7）闭合自锁，KM_2 三相主触点闭合，串联限流电阻器 R 对电动机进行反接制动，使电动机迅速停止下来，当电动机的转速低至 100r/min 时，速度继电器 KS 常开触点（7-9）断开，切断反接制动交流接触器 KM_2 线圈回路电源，KM_2 线圈断电释放，KM_2 辅助常开触点（5-7）断开，解除自锁，KM_2 三相主触点断开，电动机反接制动电源解除，从而完成反接制动控制。

自由停机： 轻轻按下停止按钮 SB_1（1-3），交流接触器 KM_1 线圈断电释放，KM_1 辅助常开触点（3-5）断开，解除自锁，KM_1 三相主触点断开，电动机失电仍靠惯性继续转动，处于自由停机状态。

电路布线图（图 5.2）

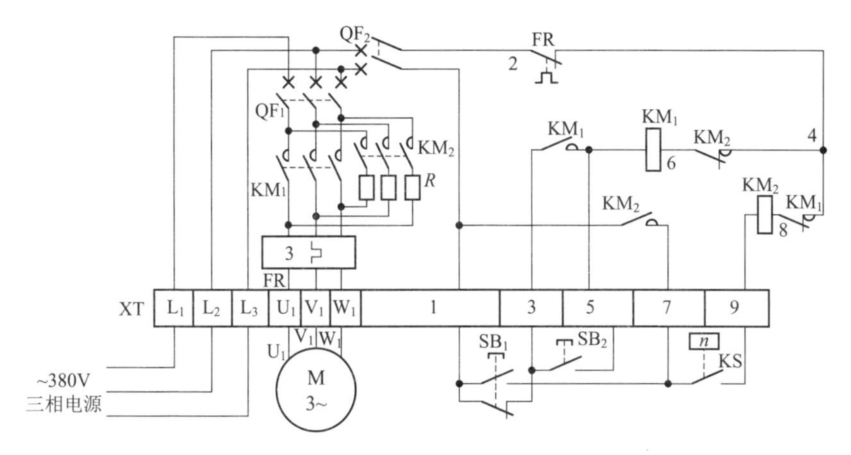

图 5.2 单向运转反接制动控制电路布线图

从图 5.2 中可以看出，XT 为接线端子排，通过端子排 XT 来区分电气元件的安装位置，XT 的上方为放置在配电箱内底板上或底部位置的电气元件，XT 的下方为外接或引至配电箱门面板上的电气元件。

从端子排 XT 上看，共有 12 个接线端子。其中，L_1、L_2、L_3 这 3 根线为由外引入配电箱的三相交流 380V 电源，并穿管引入；U_1、V_1、

W_1 这 3 根线为电动机线，穿管接至电动机接线盒内的 U_1、V_1、W_1 上；1、3、5、7 这 4 根线为控制线，接至配电箱门面板上的按钮开关 SB_1、SB_2 上；7、9 这 2 根线为速度继电器控制线，穿管接至速度继电器 KS 常开触点上。

电路接线图（图 5.3）

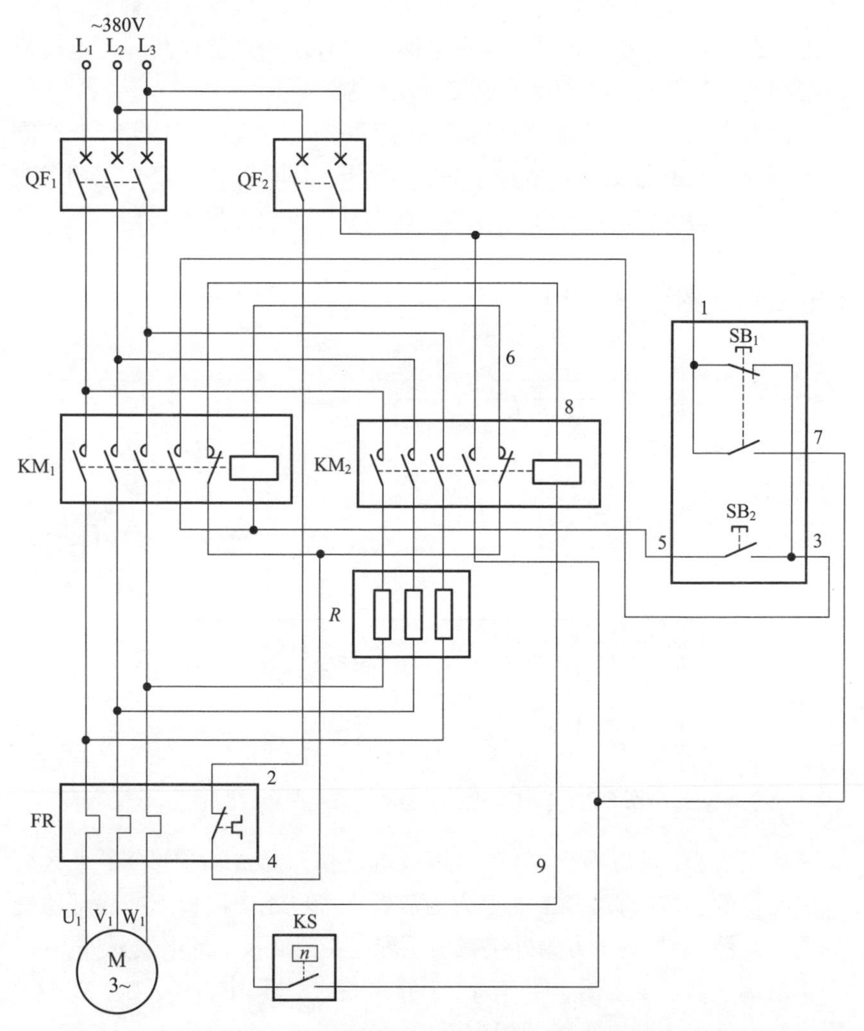

图 5.3　单向运转反接制动控制电路实际接线

元器件安装排列图及端子图（图 5.4）

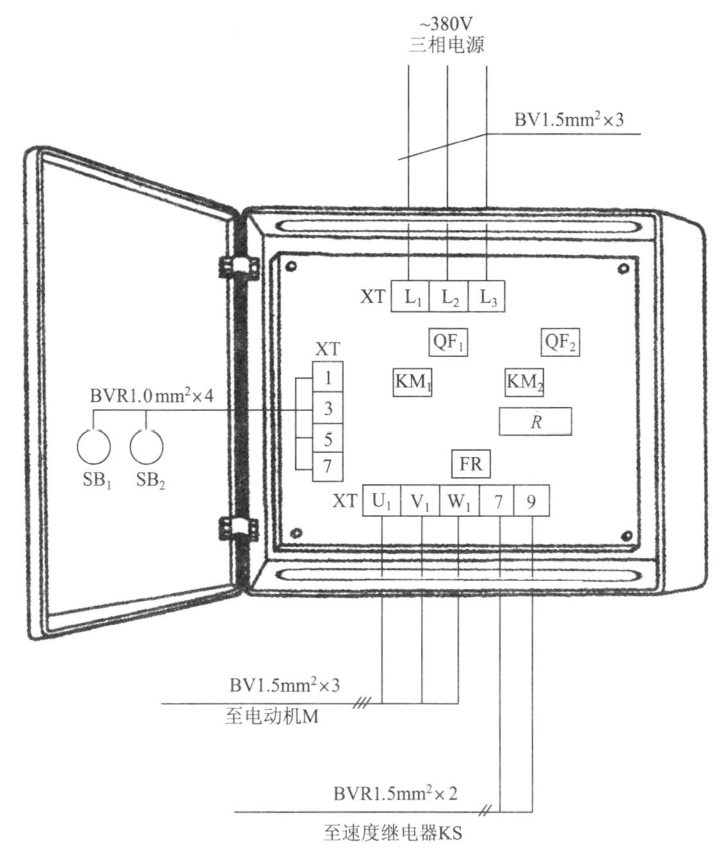

图 5.4　单向运转反接制动控制电路元器件安装排列图及端子图

从图 5.4 中可以看出，断路器 QF_1、QF_2，交流接触器 KM_1、KM_2，热继电器 FR 安装在配电箱内底板上；制动电阻器 R 可安装在配电箱内底板位置；按钮开关 SB_1、SB_2 安装在配电箱门面板上。

通过端子 L_1、L_2、L_3 将三相交流 380V 电源接入配电箱中。

端子 U_1、V_1、W_1 接至电动机接线盒中的 U_1、V_1、W_1 上。

端子 1、3、5、7 将配电箱内的器件与配电箱门面板上的按钮开关 SB_1、SB_2 连接起来。

端子 7、9 接至速度继电器 KS 常开触点上。

按钮接线图（图 5.5）

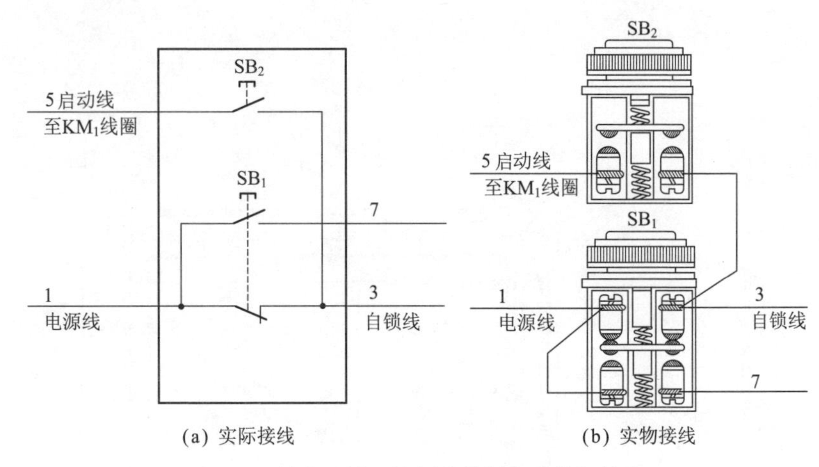

图 5.5　单向运转反接制动控制电路按钮接线

电气元件作用表（表 5.1）

表 5.1　电气元件作用表

符　号	名称、型号及规格	器件外形及相关部件介绍		作　用
QF_1	断路器 CDM1-63 16A，三极		三极断路器	主回路短路保护
QF_2	断路器 DZ47-63 6A，二极		二极断路器	控制回路短路保护

续表 5.1

符　号	名称、型号及规格	器件外形及相关部件介绍		作　用
KM_1	交流接触器 CDC10-10 线圈电压 380V		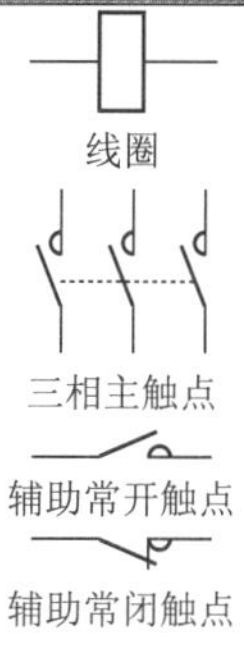 线圈 三相主触点 辅助常开触点 辅助常闭触点	控制电动机正转电源
KM_2				控制电动机反转电源
R	电阻器 ZX2		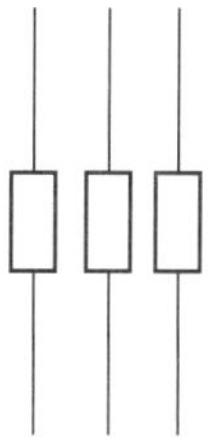	限制制动电流用
FR	热继电器 JR36-20 4.5~7.2A		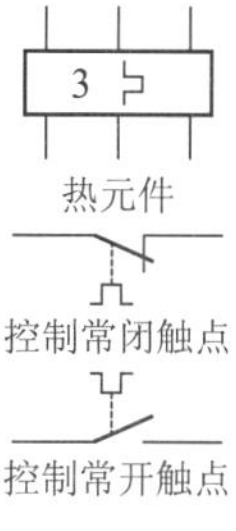 3 热元件 控制常闭触点 控制常开触点	电动机过载保护用
SB_1	按钮开关 LAY7		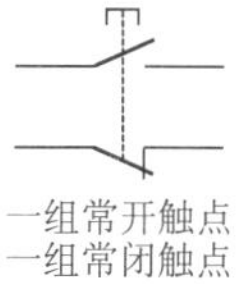 一组常开触点 一组常闭触点	电动机停止兼作反接制动操作用
SB_2			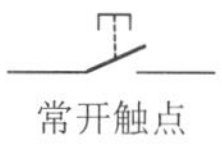 常开触点	电动机启动操作用

续表 5.1

符 号	名称、型号及规格	器件外形及相关部件介绍		作 用
KS	速度继电器 JY1		常开触点	反接制动自动控制用
M	三相异步电动机 Y132S-8 2.2kW，5.8A		M 3~	拖动

依据电气元件作用表给出的相关技术数据选择导线，本电路所配电动机型号为 Y132S-8、功率为 2.2kW、电流为 5.8A。其电动机线 U_1、V_1、W_1 可选用 BV 1.5mm^2 导线；电源线 L_1、L_2、L_3 可选用 BV 1.5mm^2 导线；按钮控制线 1、3、5 可选用 BVR 1.0mm^2 导线；反接制动线也就是速度继电器控制线 7、9 可选用 BVR 1.5mm^2 导线。

电路调试

断开主回路断路器 QF_1、控制回路断路器 QF_2，用短接线将端子排上的 4$^{\#}$、5$^{\#}$线短接起来，再合上控制回路断路器 QF_2，调试控制回路。

通过观察配电箱内的电气元件动作情况来判断电路是否正常。按下启动按钮 SB_2（3-5），交流接触器 KM_1 线圈应得电吸合且 KM_1 辅助常开触点（3-5）闭合自锁，说明控制电动机电源接触器工作正常。再按下停止兼制动控制按钮 SB_1，交流接触器 KM_1 线圈应断电释放，同时交流接触器 KM_2 线圈应得电吸合且 KM_2 辅助常开触点（1-7）闭合自锁，说明串接电阻器反接制动电源接触器工作正常，此时用螺丝刀拆去端子排上的 7$^{\#}$、9$^{\#}$短接线后，交流接触器 KM_2 线圈应断电释放，说明反接制动回路自动控制正常。这里所谓的端子排上的 7$^{\#}$、9$^{\#}$线，实际上就是用于反接制动控制的速度继电器 KS 常开触点（7-9），短接的作用就是模拟速度继电器 KS 的动作情况。

通过以上调试后，说明控制回路一切正常。再合上主回路断路器 QF_1，调试主回路。

启动时，按下启动按钮 SB_2（3-5），交流接触器 KM_1 线圈得电吸合且 KM_1 辅助常开触点（3-5）闭合自锁，KM_1 三相主触点闭合，电动机得电运转工作（注意：电动机的转向要符合工作要求）。在电动机运转后，速度继电器 KS 常开触点（7-9）闭合，为反接制动自动控制做准备。反接制动时，将停止兼制动控制按钮 SB_1 按到底，此时，电源交流接触器 KM_1 线圈先断电释放，KM_1 三相主触点断开，电动机失电仍靠惯性继续运转，KS 常开触点（7-9）仍然闭合；与此同时，反接制动交流接触器 KM_2 线圈得电吸合且 KM_2 辅助常开触点（1-7）闭合自锁，KM_2 三相主触点闭合，电动机串电阻器 R 后通入反向电源而使电动机的转速迅速降下来。当电动机的转速低于 100r/min 时，速度继电器 KS 常开触点（7-9）恢复常开，切断反接制动交流接触器 KM_2 线圈回路电源，KM_2 线圈断电释放，KM_2 三相主触点断开，电动机失电停止运转，反接制动结束。

通过以上调试后，说明主回路也一切正常，可以投入使用了。

常见故障及排除方法

（1）按下启动按钮 SB_2，交流接触器 KM_1 线圈无反应，电动机不能启动运转。从图 5.6 可以看出，断路器 QF_1、停止按钮 SB_1、启动按钮 SB_2、交流接触器 KM_1 线圈、交流接触器 KM_2 辅助常闭触点、热继电器 FR 常闭触点中的任意一个出现断路故障，均会使交流接触器 KM_1 线圈不能得电工作。

用万用表逐个测量上述各电气元件，找出故障点，更换故障元件，使电路正常工作。

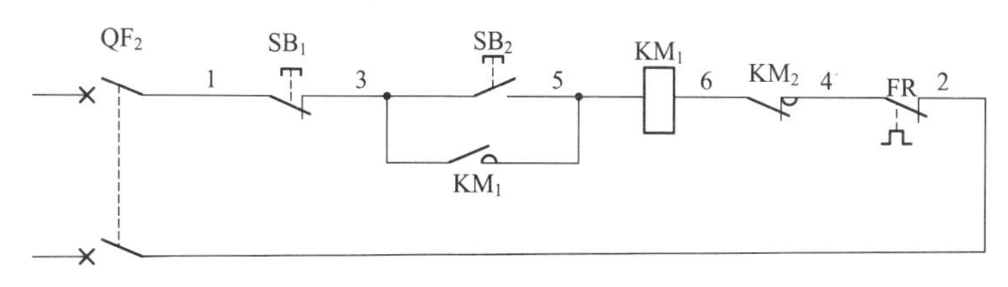

图 5.6 故障回路

（2）电动机停止时，有制动但为瞬间制动，若长时间按着停止按钮 SB_1，能可靠进行制动。从电路分析可以看出，故障出在控制回路中，通常是 KM_2 自锁触点（1–7）闭合不了所致。检查方法：用万用表检查 KM_2 常开触点（1–7）是否正常，若损坏，则更换交流接触器 KM_2 常开触点（1–7），即可排除故障。

5.2 双向运转反接制动控制电路

工作原理（图 5.7）

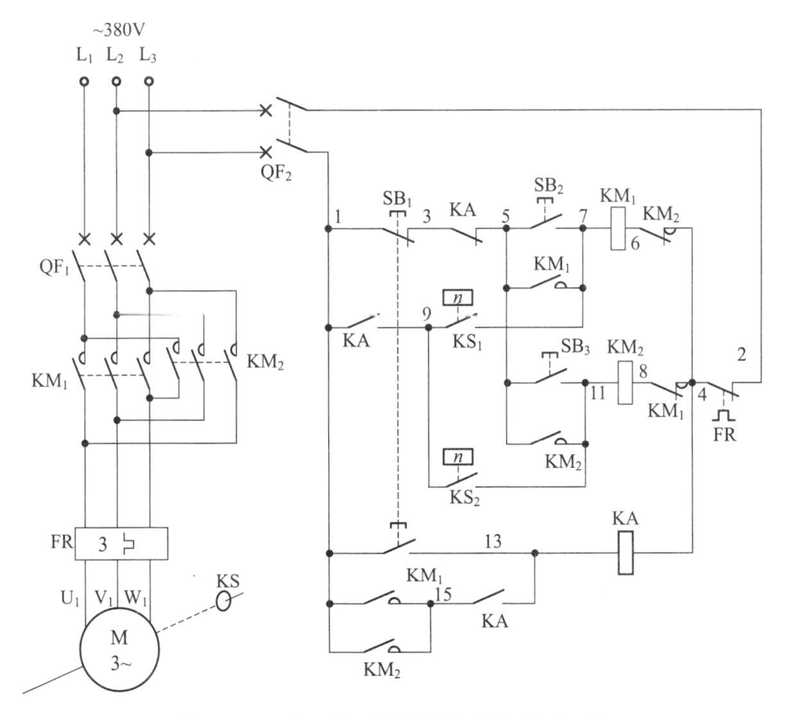

图 5.7 双向运转反接制动控制电路原理图

正转启动运转：按下正转启动按钮 SB_2（5–7），交流接触器 KM_1 线圈得电吸合且 KM_1 辅助常开触点（5–7）闭合自锁，KM_1 三相主触点闭合，电动机得电正转启动运转了。当电动机转速大于 120r/min 时，速度继电器 KS 动作，KS_2 常开触点（9–11）闭合，为反接制动做准备。

在 KM_1 线圈得电吸合后，KM_1 串联在中间继电器 KA 线圈回路中的辅助常开触点（1–15）闭合，为正转反接制动做准备。

正转自由停车：轻轻按下停止按钮 SB_1，SB_1 的一组常闭触点（1–3）断开，使交流接触器 KM_1 线圈断电释放，KM_1 辅助常开触点（5–7）断开，解除自锁，KM_1 三相主触点断开，电动机失电正转停止运转，电动机处于无制动自由停车状态。由于 SB_1 的常开触点（1-13）行程大于 SB_1 的常闭触点（1-3），所以轻轻按下时，其常开触点（1-13）不会闭合。

正转反接制动：当电动机正转启动运转后，欲进行反接制动，则将停止按钮 SB_1 按到底，SB_1 的一组常闭触点（1-3）断开，切断交流接触器 KM_1 线圈回路电源，KM_1 线圈断电释放，KM_1 辅助常开触点（5-7）断开，解除自锁，KM_1 三相主触点断开，电动机失电仍靠惯性继续转动。同时，SB_1 的一组常开触点（1-13）闭合，接通中间继电器 KA 线圈回路电源，KA 线圈得电吸合且 KA 常开触点（13-15）闭合自锁，KA 串联在速度继电器常开触点（7-9、9-11）回路中的常开触点（1-9）闭合，为电动机反接制动提供控制准备条件。此时，速度继电器 KS_2 控制常开触点（9-11）仍处于闭合状态，使交流接触器 KM_2 线圈得电吸合，KM_2 三相主触点闭合，电动机得电反转启动运转，电动机在刚刚正转失电停止后又突然反加上反相序的三相电源，从而使电动机的转速迅速降下来。当电动机的转速低至 100r/min 时，速度继电器 KS_2 常开触点（9-11）恢复常开状态，使交流接触器 KM_2 线圈断电释放，KM_2 辅助常开触点（5-11）断开，解除自锁，KM_2 三相主触点断开，电动机失电停止运转，至此，完成正转运转反接制动过程。

反转启动运转：按下反转启动按钮 SB_3（5-11），交流接触器 KM_2 线圈得电吸合且 KM_2 辅助常开触点（5-11）闭合自锁，KM_2 三相主触点闭合，电动机得电反转启动运转。当电动机转速大于 120r/min 时，速度继电器 KS 动作，其 KS_1 常开触点（7-9）闭合，为反接制动做准备。

在 KM_2 线圈得电吸合后，KM_2 串联在中间继电器 KA 线圈回路中的辅助常开触点（1-15）闭合，为反转反接制动做准备。

反转自由停车：轻轻按下停止按钮 SB_1，交流接触器 KM_2 线圈断电释放，KM_2 辅助常开触点（5-11）断开，解除自锁，KM_2 三相主触点断开，电动机失电反转停止运转，电动机处于无制动自由停车状态。

反转反接制动：电动机反转启动运转后，欲进行反接制动，需将停止按钮 SB_1 按到底，SB_1 的一组常闭触点（1-3）断开，切断交流接触器 KM_2 线圈回路电源，KM_2 线圈断电释放，KM_2 辅助常开触点（5-11）断开，解除自锁，KM_2 三相主触点断开，电动机失电仍靠惯性继续转动；同时 SB_1 的另一组常开触点（1-13）闭合，接通中间继电器 KA 线圈回路电源，KA 线圈得电吸合且 KA 常开触点（13-15）闭合自锁，KA 串联在速度继电器常开触点（7–9、9–11）回路中的常开触点（1–9）闭合，为电动机反接制动提供准备条件。此时，速度继电器 KS_1 控制常开触点（7–9）仍处于闭合状态，使交流接触器 KM_1 线圈得电吸合，KM_1 三相主触点闭合，电动机得电正转启动运转，电动机在刚刚反转失电停止后又突然反加上正相序的三相电源，从而使电动机的转速迅速降下来。当电动机的转速低至 100r/min 时，速度继电器 KS_1 常开触点（7–9）恢复常开状态，使交流接触器 KM_1 线圈断电释放，KM_1 辅助常开触点（5–7）断开，解除自锁，KM_1 三相主触点断开，电动机失电停止运转。至此，完成反转运转反接制动过程。

电路布线图（图 5.8）

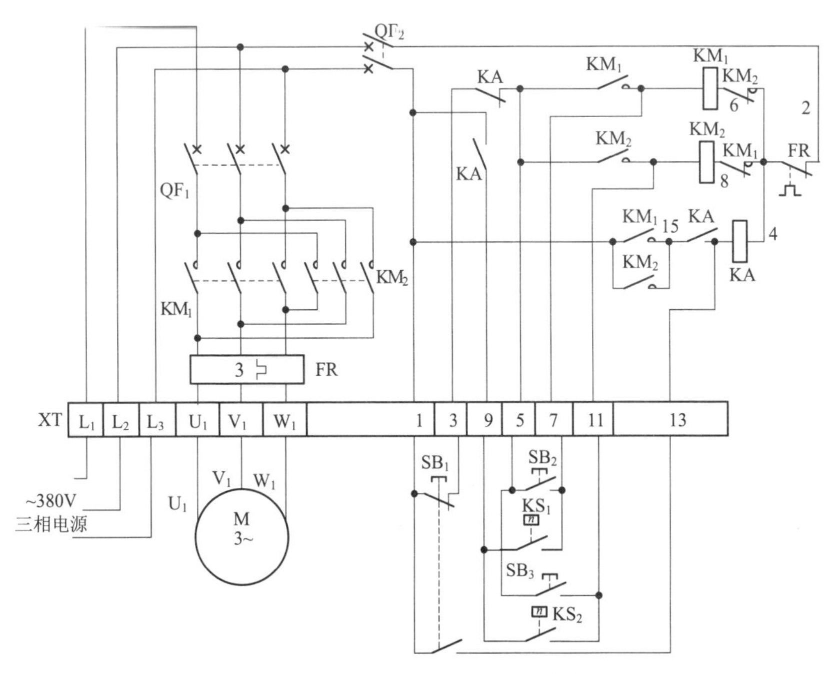

图 5.8　双向运转反接制动控制电路布线图

从图 5.8 中可以看出，XT 为接线端子排，通过端子排 XT 来区分电气元件的安装位置，XT 的上方为放置在配电箱内底板上的电气元件，XT 的下方为外接或引至配电箱门面板上的电气元件。

从端子排 XT 上看，共有 13 个接线端子。其中，L_1、L_2、L_3 这 3 根线为由外引入配电箱的三相交流 380V 电源，并穿管引入；U_1、V_1、W_1 这 3 根线为电动机线，穿管接至电动机接线盒内的 U_1、V_1、W_1 上；1、3、5、7、11、13 这 6 根线为控制线，接至配电箱门面板上的按钮开关 SB_1、SB_2、SB_3 上；7、9、11 这 3 根线为速度继电器控制线，外引至电动机处的速度继电器 KS_1、KS_2 触点上。

电路接线图（图 5.9）

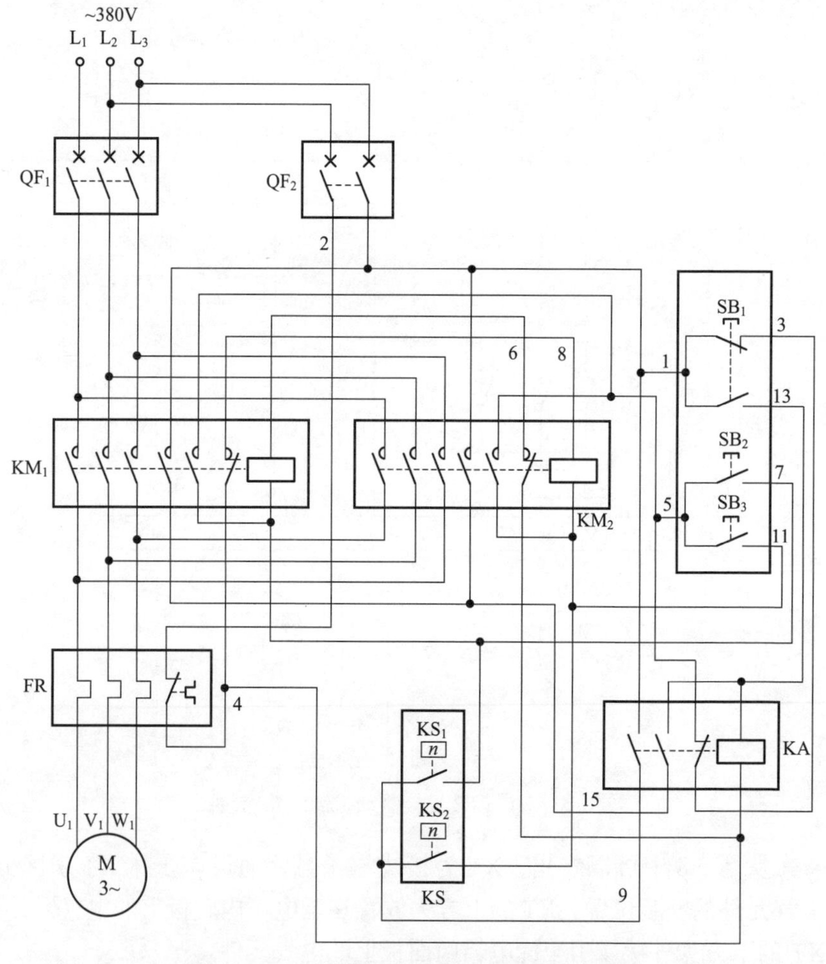

图 5.9　双向运转反接制动控制电路实际接线

元器件安装排列图及端子图（图 5.10）

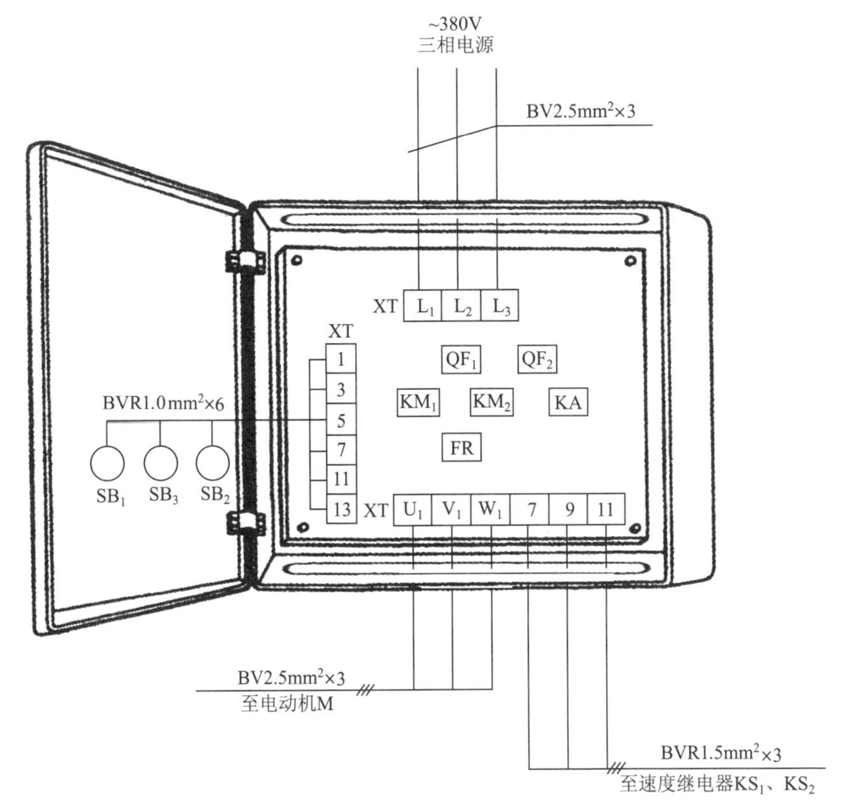

图 5.10　双向运转反接制动控制电路元器件安装排列图及端子图

从图 5.10 中可以看出，断路器 QF_1、QF_2，交流接触器 KM_1、KM_2，中间继电器 KA，热继电器 FR 安装在配电箱内底板上；按钮开关 SB_1、SB_2、SB_3 安装在配电箱门面板上。

通过端子 L_1、L_2、L_3 将三相交流 380V 电源接入配电箱中。

端子 U_1、V_1、W_1 接至电动机接线盒中的 U_1、V_1、W_1 上。

端子 1、3、5、7、11、13 将配电箱内的器件与配电箱门面板上的按钮开关 SB_1、SB_2、SB_3 连接起来。

端子 7、9、11 外接至速度继电器 KS_1、KS_2 上。

按钮接线图（图 5.11）

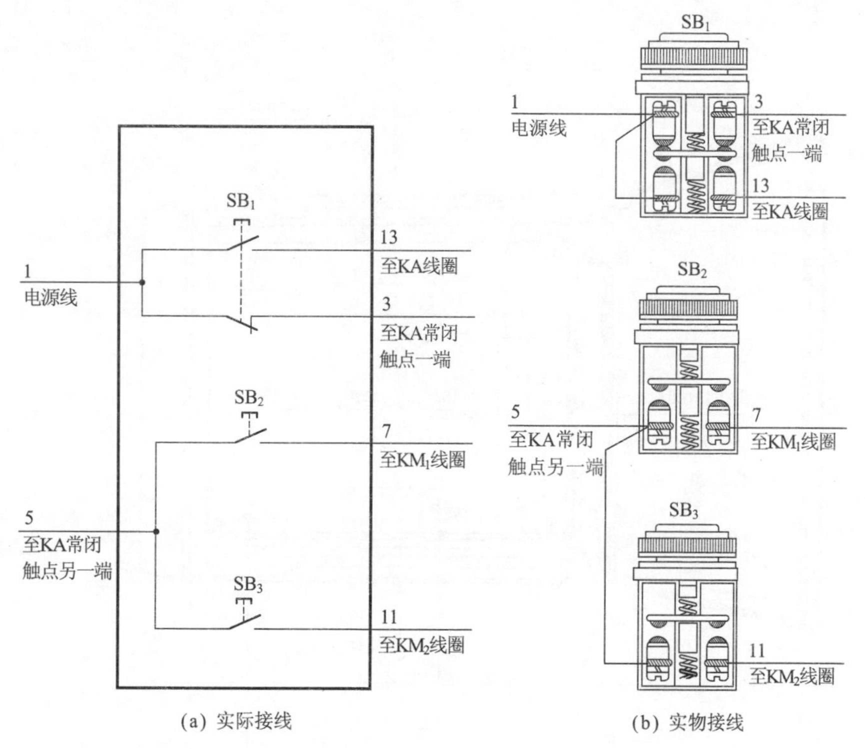

图 5.11　双向运转反接制动控制电路按钮接线

电气元件作用表（表 5.2）

表 5.2　**电气元件作用表**

符　号	名称、型号及规格	器件外形及相关部件介绍		作　用
QF_1	断路器 DZ20G-100 20A，三极		三极断路器	主回路短路保护

续表 5.2

符　号	名称、型号及规格	器件外形及相关部件介绍		作　用
QF_2	断路器 DZ47-63 6A，二极		二极断路器	控制回路短路保护
KM_1	交流接触器 CJX2-1210 带 F4-11 辅助触点 线圈电压 380V		线圈 三相主触点 辅助常开触点 辅助常闭触点	控制电动机正转电源
KM_2				控制电动机反转电源
KA	中间继电器 JZ7-44 线圈电压 380V		常开触点 常闭触点 线圈	控制回路切换
FR	热继电器 JRS1D-25 9~13A		热元件 控制常闭触点 控制常开触点	电动机过载保护用

续表 5.2

符　号	名称、型号及规格	器件外形及相关部件介绍		作　用
SB_1	按钮开关 LAY7		一组常闭触点 一组常开触点	电动机停止兼制动操作用
SB_2			常开触点	电动机正转启动操作用
SB_3				电动机反转启动操作用
KS_1	速度继电器 JY1		n 常开触点	反接制动控制
KS_2				
M	三相异步电动机 Y132M-6 4kW，9.4A		M 3~	拖动

依据电气元件作用表给出的相关技术数据选择导线，本电路所配电动机型号为 Y132M-6、功率为 4kW、电流为 9.4A。其电动机线 U_1、V_1、W_1 可选用 BV2.5mm^2 导线；电源线 L_1、L_2、L_3 可选用 BV2.5mm^2 导线；控制线 1、3、5、7、11、13 可选用 BVR 1.0mm^2 导线；速度继电器 KS_1、KS_2 控制线 7、9、11 可选用 BVR 1.5mm^2 导线。

电路调试

断开主回路断路器 QF_1，合上控制回路断路器 QF_2，调试控制回路。先分别调试正、反转启动及停止控制回路。

正转启动调试：按下正转启动按钮 SB_2，交流接触器 KM_1 线圈应得电吸合且自锁，若正常，说明正转启动完成。此时直接按反转启动按钮 SB_3 无效，符合电路设计要求。

正转停止：调试时若轻轻按下 SB_1，KM_1 线圈断电释放，说明停止回路工作正常；若将 SB_1 按到底，中间继电器 KA 线圈能随 SB_1 停止按钮的按动而动作，交流接触器 KM_1 线圈断电释放。随后观察 KA 的动作情况，即按下 SB_1，KA 线圈得电吸合；松开 SB_1，KA 线圈断电释放，说明 KA 能在动作后切除正转自锁回路。此时再调试速度继电器 KS 动作情况（假设），用一根短接线将 KS_2 常开触点（9-11）短接起来（这样就相当于电动机的速度大于 120r/min 以上时 KS_2 常开触点闭合），然后按正转启动按钮 SB_2，此时 KM_1 应吸合自锁，再按下停止按钮 SB_1（按到底），中间继电器 KA、反转交流接触器 KM_2 应同时闭合且 KA 自锁。上述调试条件满足时，说明反接制动控制回路正常。最后调试（假设）KS_2 的动作能否满足要求，也就是说反转制动后，电动机的转速会迅速降下来，KS_2 在电动机转速低于 120r/min 时应自动断开，此时，将 KS_2 两端的短接线去掉，注意观察配电箱内电气元件动作情况。若交流接触器 KM_2、中间继电器 KA 线圈能断电释放，则说明正转反接制动控制一切正常。

因反转启动、反接制动回路与正转相同，所不同的是调试时要短接速度继电器 KS_1 常开触点（7-9），这里不再讲述。

然后，再合上主回路断路器 QF_1 调试主回路。注意观察电动机在不同转向运转时，若按下停止按钮 SB_1，电动机转向会在瞬间改变，转动一下后立即停止运转，说明主回路、控制回路正常，可以投入使用。

◆常见故障及排除方法

（1）正转启动正常，在停止时按下停止按钮 SB_1，中间继电器 KA 吸合，但无反接制动（注意，反转回路工作正常、反转反接制动也正常）。根据以上情况分析，故障为速度继电器 KS 的一组常开触点 KS_2 损坏闭合不了所致。可将主回路断路器 QF_1 断开，将 KS_2 短接起来，再按下停止按钮 SB_1，观察配电箱内电气元件动作情况。若 KA、KM_2 线圈均吸合，再将短接线去掉，KA、KM_2 线圈全部释放，说明故障就是 KS_2 常开触点损坏，更换速度继电器即可。

（2）正、反转启动和停止均正常，但全部无反接制动。遇到此故障首先观察配电箱内中间继电器 KA 是否工作。若 KA 不工作，故障为

SB_1 常开触点损坏、KA 线圈断路；若 KA 工作，则故障为 1$^{\#}$、9$^{\#}$线之间的常开触点闭合不了所致。根据以上情况，用万用表对上述器件进行测量，找出故障点并加以排除即可。

（3）按下停止按钮 SB_1 时，中间继电器 KA 线圈吸合动作，但无论是正转进行反接制动，还是反转进行反接制动，均变为反向继续运转。从原理图中分析，此故障最大可能为 3$^{\#}$、5$^{\#}$线之间的 KA 常闭触点损坏断不开所致。可用万用表测量 KA 常闭触点是否正常，若损坏则需更换中间继电器。

（4）正转启动正常，反转为点动。此故障通常为 KM_2 自锁触点损坏闭合不了所致，更换 KM_2 辅助常开自锁触点即可。

（5）欲停止时，轻轻按下停止按钮 SB_1，不能进行停止操作；若将停止按钮 SB_1 按到底，中间继电器 KA 线圈吸合动作，正、反转均能进行反接制动。根据图 5.7 分析可知，此故障原因为停止按钮 SB_1 常闭触点损坏断不开。更换停止按钮 SB_1，即可排除故障。

（6）按下停止按钮 SB_1 时，控制回路断路器 QF_2 跳闸。故障原因为中间继电器 KA 线圈短路，更换中间继电器 KA 线圈即可。

5.3 直流能耗制动控制电路

工作原理（图 5.12）

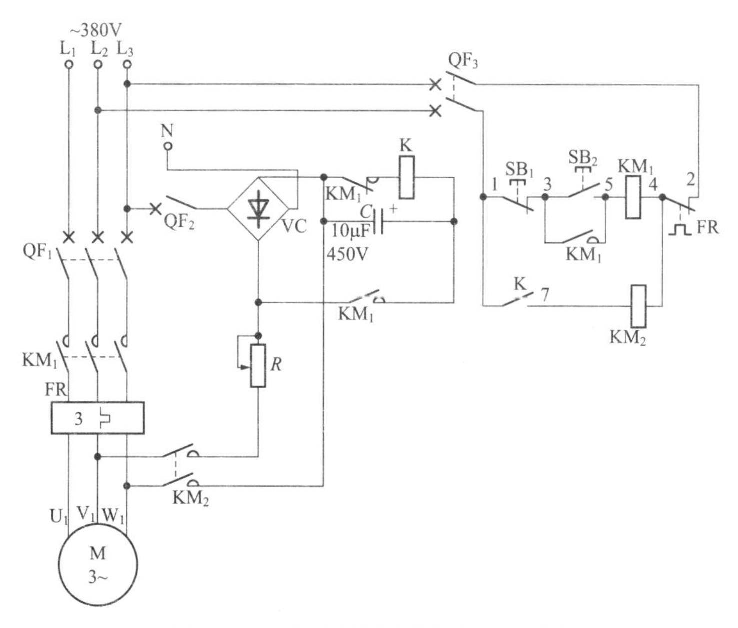

图 5.12 直流能耗制动控制电路原理图

首先，合上主回路断路器 QF_1、控制回路断路器 QF_3、制动回路断路器 QF_2，为电路工作提供准备条件。

启动：按下启动按钮 SB_2（3–5），交流接触器 KM_1 线圈得电吸合且 KM_1 辅助常开触点（3–5）闭合自锁，KM_1 三相主触点闭合，电动机得电运转工作。同时 KM_1 辅助常闭触点断开，切断小型灵敏继电器 K 线圈回路电源，使 K 线圈不能得电吸合；而 KM_1 串联在制动回路中的辅助常开触点闭合，给电容器 C 充电。

制动：按下停止按钮 SB_1（1–3），交流接触器 KM_1 线圈断电释放，KM_1 辅助常开触点（3–5）断开，解除自锁，KM_1 三相主触点断开，切断电动机三相电源，但电动机仍靠惯性继续转动做自由停机。由于 KM_1 辅助常闭触点闭合，使电容器 C 放电，接通小型灵敏继电器 K

线圈回路电源，K 线圈得电吸合，K 串联在制动交流接触器 KM_2 线圈回路中的常开触点（1–7）闭合，使制动交流接触器 KM_2 线圈得电吸合，KM_2 三相主触点闭合，将直流电源通入电动机绕组内，产生一静止磁场，从而使电动机迅速制动停止下来。在交流接触器 KM_1 辅助常闭触点闭合的同时，电容器 C 开始对小型灵敏继电器 K 线圈（阻值为 3500Ω）放电，当电容器 C 上的电压逐渐降低至最小值时（也就是制动延时时间），小型灵敏继电器 K 线圈断电释放，K 常开触点（1–7）断开，切断 KM_2 线圈回路电源，KM_2 主触点断开，切断直流电源，能耗制动结束。改变电容器 C 的值就改变能耗制动时间。

自由停止控制：将制动断路器 QF_2 断开，制动电源被切除，所以当按下停止按钮 SB_1（1–3）时，电动机失电后仍靠惯性转动而自由停止（无制动控制）。

◆电路布线图（图 5.13）

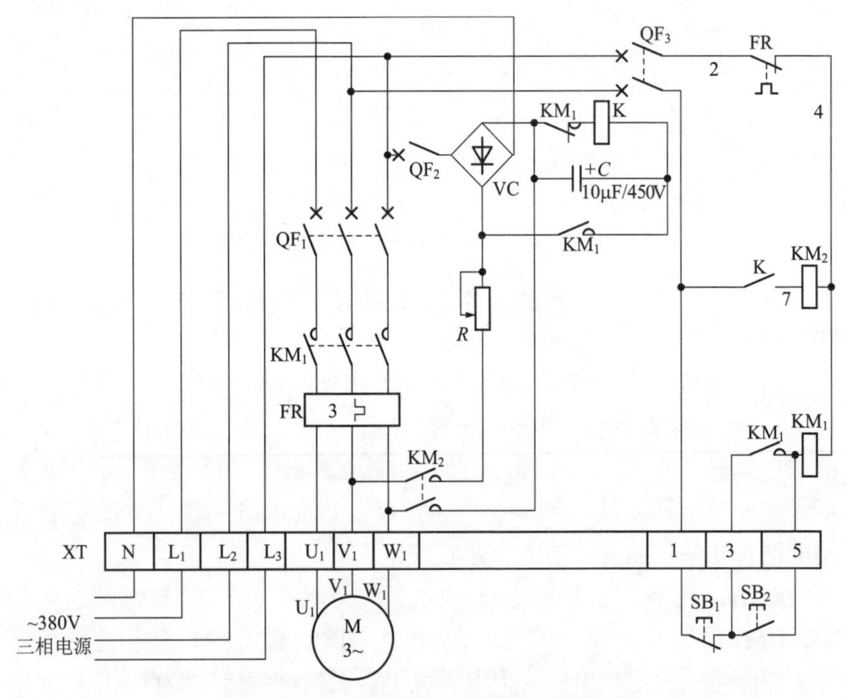

图 5.13　直流能耗制动控制电路布线图

从图 5.13 中可以看出，XT 为接线端子排，通过端子排 XT 来区分电气元件的安装位置，XT 的上方为放置在配电箱内底板上的电气元件，XT 的下方为外接或引至配电箱门面板上的电气元件。

从端子排 XT 上看，共有 10 个接线端子。其中，L_1、L_2、L_3、N 这 4 根线为由外引入配电箱的三相交流 380V 电源，并穿管引入；U_1、V_1、W_1 这 3 根线为电动机线，穿管接至电动机接线盒内的 U_1、V_1、W_1 上；1、3、5 这 3 根线为控制线，接至配电箱门面板上的按钮开关 SB_1、SB_2 上。

电路接线图（图 5.14）

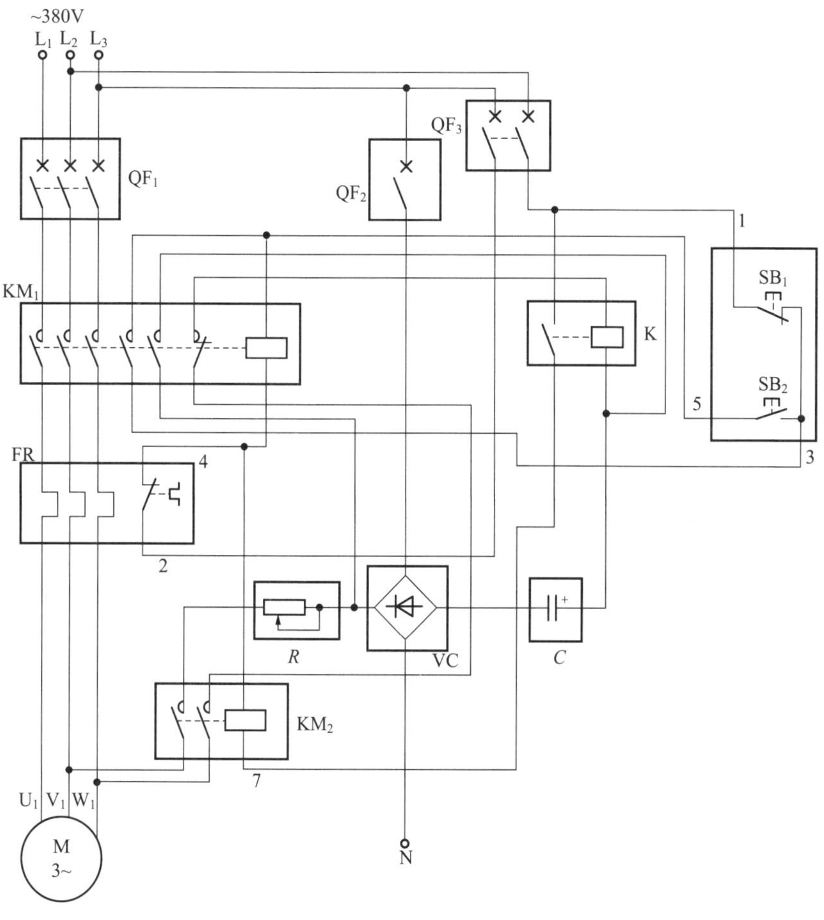

图 5.14　直流能耗制动控制电路实际接线

元器件安装排列图及端子图（图 5.15）

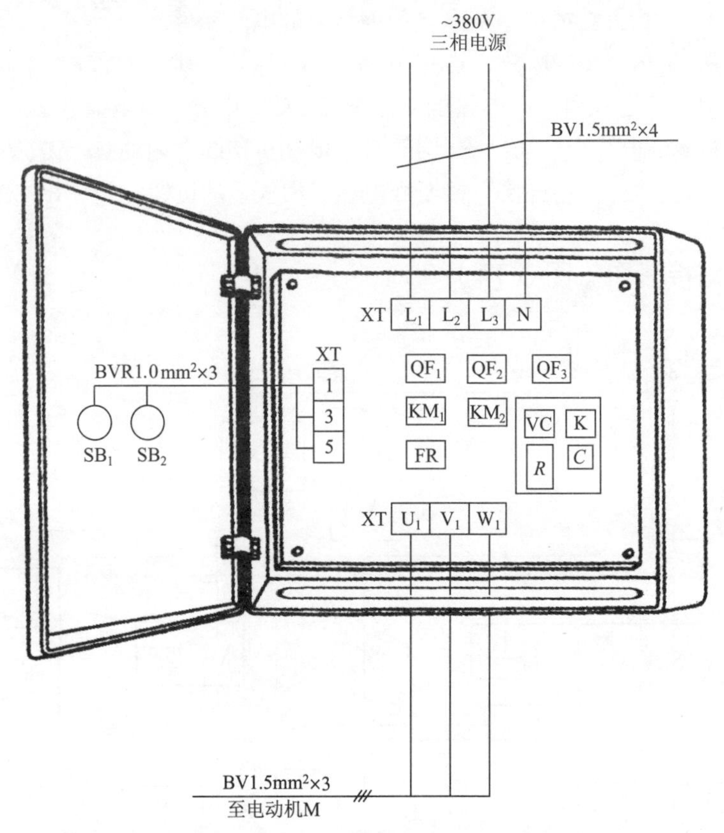

图 5.15　直流能耗制动控制电路元器件安装排列图及端子图

从图 5.15 中可以看出，断路器 QF_1、QF_2、QF_3，交流接触器 KM_1、KM_2，整流桥 VC，电容器 C，电阻器 R，小型灵敏继电器 K，热继电器 FR 安装在配电箱内底板上；按钮开关 SB_1、SB_2 安装在配电箱门面板上。

通过端子 L_1、L_2、L_3、N 将三相交流 380V 电源接入配电箱中。

端子 U_1、V_1、W_1 接至电动机接线盒中的 U_1、V_1、W_1 上。

端子 1、3、5 将配电箱内的器件与配电箱门面板上的按钮开关 SB_1、SB_2 连接起来。

按钮接线图（图 5.16）

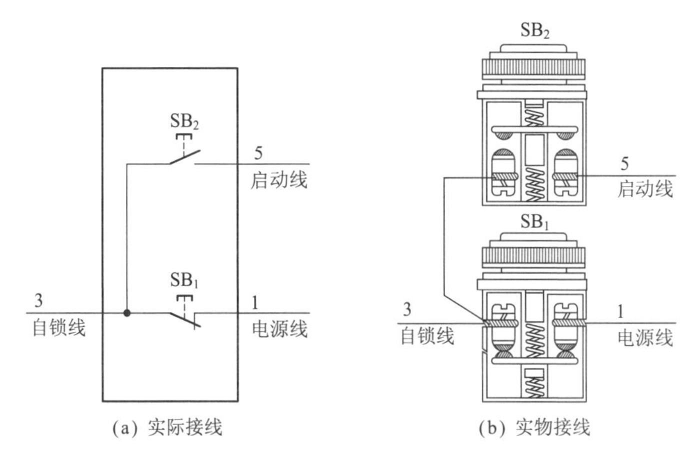

图 5.16　直流能耗制动控制电路按钮接线

电气元件作用表（表 5.3）

表 5.3　**电气元件作用表**

符　号	名称、型号及规格	器件外形及相关部件介绍		作　用
QF_1	断路器 CDM1-63 16A，三极		三极断路器	主回路短路保护
QF_2	断路器 DZ47-63 10A，单极		单极断路器	制动回路短路保护

续表 5.3

符　号	名称、型号及规格	器件外形及相关部件介绍		作　用
QF_3	断路器 DZ47-63 6A，二极	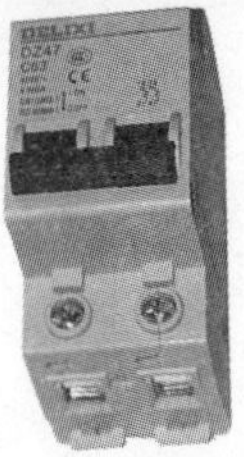	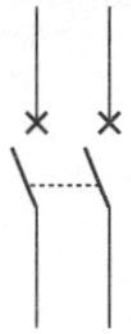 二极断路器	控制回路短路保护
KM_1	交流接触器 CJX2-0910 带 F4-11 辅助触点 线圈电压 380V		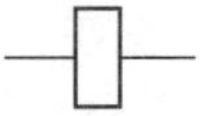  线圈 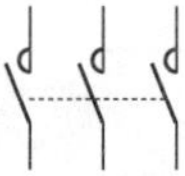 三相主触点 	控制电动机电源用
KM_2			辅助常开触点 辅助常闭触点	控制制动电源
FR	热继电器 JRS1D-25 5.5~8A		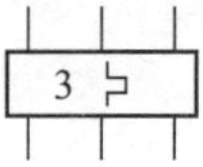 3 热元件 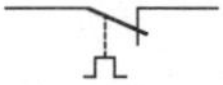 控制常闭触点 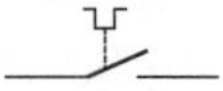 控制常开触点	电动机过载保护
R	电阻器 BC1		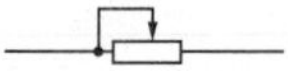	限制制动电流
VC	整流桥 QL30		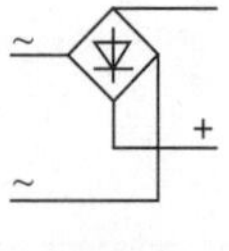 ~ − ~ +	整流

续表 5.3

符　号	名称、型号及规格	器件外形及相关部件介绍		作　用
C	电容器 10μF/450V			延时，控制制动时间
K	小型灵敏继电器 JTX-3C 线圈电压 220V		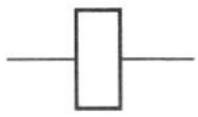 线圈  常开触点  常闭触点	信号转换
SB_1	按钮开关 LAY7		 常闭触点	电动机停止操作用
SB_2			 常开触点	电动机启动操作用
M	三相异步电动机 Y132S-6 3kW，7.2A		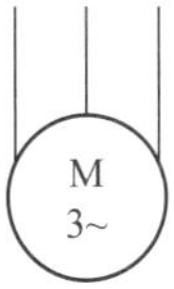 M 3~	拖动

依据电气元件作用表给出的相关技术数据选择导线，本电路所配电动机型号为 Y132S-6、功率为 3kW、电流为 7.2A。其电动机线 U_1、V_1、W_1 可选用 BV 1.5mm^2 导线；电源线 L_1、L_2、L_3、N 可选用 BV 1.5mm^2 导线；控制线 1、3、5 可选用 BVR 1.0mm^2 导线。

电路调试

首先切断主回路断路器 QF_1，调试控制回路及制动回路，将断路器 QF_3、QF_2 合上。调试时应观察以下几点，若相符则说明控制回路及制动回路正常。

启动调试： 按下启动按钮 SB_2（3-5），交流接触器 KM_1 线圈得电吸合且 KM_1 辅助常开触点（3-5）闭合自锁。

制动调试： 按下停止按钮 SB_1（1-3）时，交流接触器 KM_1 线圈断电释放，小型灵敏继电器 K 线圈吸合，交流接触器 KM_2 线圈得电吸合，过一段时间，K、KM_2 线圈均释放。

通过以上操作可以看出，控制回路及制动延时回路正常。再合上主回路断路器 QF_1，调试主回路，注意观察以下几点：

（1）电动机通电后其转向是否符合要求，若转向反了，则任意调换三相电源中的两相即可改变。

（2）看制动效果，若制动太狠，电动机温度很高，可适当调节电阻器 R 的阻值，边调边试，直到满意为止。若制动力不大，可调整电阻器 R，若还小，可用万用表测量制动回路电压，可能是整流二极管有问题。

常见故障及排除方法

（1）制动断路器 QF_2 合不上，动作跳闸。可能原因是断路器 QF_2 自身损坏；整流二极管击穿短路；小型灵敏继电器 K 线圈短路；电容器 C 击穿短路。对于第一种故障，将 QF_2 下端连线拆除，试合 QF_2，若能合上则为下端短路，需进一步检查故障所在；若仍不能合上，则为断路器 QF_2 自身损坏，更换同类新器件即可。对于第二种故障，用万用表检查二极管 VC 是否击穿短路，若正反向阻值都很小为短路则更换。对于第三种故障，用万用表测量 K 线圈电阻，正常时应为 3000~3500Ω，若阻值非常小，几乎为零，则为线圈烧毁或短路，更换小型灵敏继电器 K。对于第四种故障，用万用表测量电容器充放电情况，若无充放电特性且电阻值为零，则为电容器击穿短路，需换新品。

（2）按下启动按钮 SB_2（3-5）无反应（控制回路供电正常）。从原理图中可以看出，造成上述故障的原因为启动按钮 SB_2（3-5）损坏；

停止按钮 SB_1（1-3）损坏闭合不了；交流接触器 KM_1 线圈断路；热继电器 FR 控制常闭触点（2-4）损坏闭合不了或过载跳闸。对于第一种故障，可采用短接法试之，若短接启动按钮 3、5 两端，KM_1 线圈能吸合，则为按钮 SB_2（3-5）损坏；若短接时 KM_1 无反应，则不是启动按钮故障，可能是相关连线脱落或接触不良，可用万用表做进一步检查。对于第二种故障，用短接法将停止按钮两端 SB_1（1-3）短接后，操作启动按钮 SB_2（3-5），若 KM_1 线圈能吸合，则为停止按钮 SB_1（1-3）损坏，需更换新品。对于第三种故障，用万用表欧姆挡检查 KM_1 线圈阻值，若为无穷大，说明 KM_1 线圈断路，需更换线圈。对于第四种故障，首先检查热继电器 FR 是否是过载了，若过载则手动复位后查明过载原因，若不是过载则检查热继电器 FR 控制触点（2-4）是接错了还是触点损坏了，并作相应处理。

（3）制动时，小型灵敏继电器 K 线圈吸合，但交流接触器 KM_2 线圈不吸合。其故障原因为小型灵敏继电器 K 常开触点（1-7）损坏闭合不了或交流接触器 KM_2 线圈断路。对于第一种故障，用万用表测量 K 常开触点（1-7）是否正常，若损坏，则更换新品。对于第二种故障，用万用表测量 KM_2 线圈阻值，若为无穷大，则为线圈断路，需更换线圈。

（4）按下启动按钮 SB_2（3-5）时为点动。此故障为交流接触器 KM_1 常开自锁触点（3-5）损坏所致。用万用表测量 KM_1 常开自锁触点（3-5）是否正常，若不正常，则需更换。

（5）启动时，交流接触器 KM_1 线圈吸合，但主回路断路器 QF_1 跳闸。此故障通常为电动机绕组短路所致，重点检查电动机绕组并加以修复即可排除故障。

（6）启动后，KM_1 线圈吸合正常，但电动机不转。可能原因是 QF_1 损坏两极；KM_1 三相主触点损坏；热继电器 FR 热元件断路；电动机损坏。对于第一种故障，用万用表测断路器 QF_1 是否损坏，若不通，则为损坏，需更换。对于第二种故障，检查 KM_1 触点是否接触不良或损坏，若接触不良，看能否加以修理，若损坏，则需更换。

（7）制动时，KM_2 线圈吸合但制动效果差。原因为制动力调节电阻器 R 调整不当。重新调整电阻器 R，可边调边试直到达到要求为止。

（8）制动时，无任何制动（KM_2 吸合）。除电阻器 R 调节不当外，通常为 KM_2 主触点损坏闭合不了。用万用表检查 KM_2 三相主触点是否正常，若损坏，则更换。

5.4 单管整流能耗制动控制电路

工作原理（图 5.17）

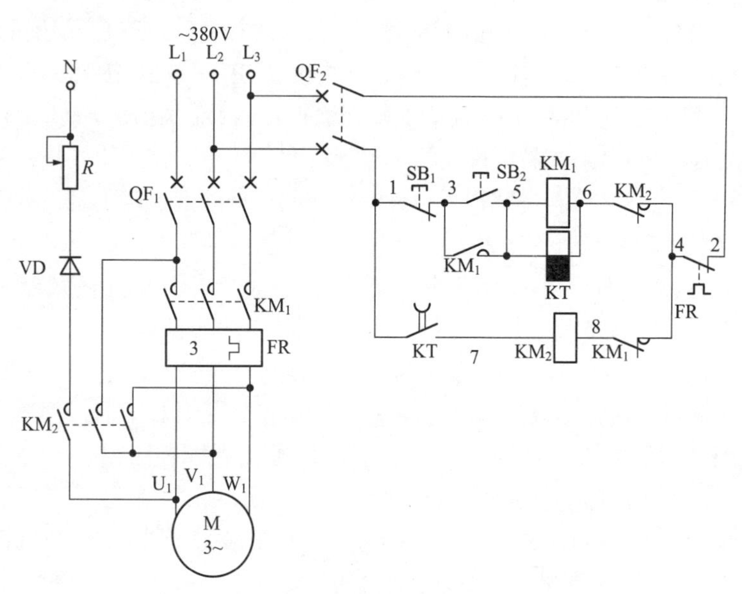

图 5.17　单管整流能耗制动控制电路原理图

首先，合上主回路断路器 QF_1、控制回路断路器 QF_2，为电路工作提供准备条件。

启动：按下启动按钮 SB_2（3-5），交流接触器 KM_1 和失电延时时间继电器 KT 线圈均得电吸合且 KM_1 辅助常开触点（3-5）闭合自锁。需提醒的是，在 KM_1 线圈得电吸合时，KM_1 串联在交流接触器 KM_2 线圈回路中的辅助常闭触点（4-8）先断开，起到互锁保护作用。在 KM_1、KT 线圈得电吸合自锁后，KT 失电延时断开的常开触点（1-7）立即闭合，为停止时进行能耗制动做好准备；与此同时，KM_1 三相主触点闭合，电动机得电运转工作，拖动设备运转。

制动：按下停止按钮 SB_1（1-3），交流接触器 KM_1、失电延时时间继电器 KT 线圈均断电释放，KM_1 辅助常开触点（3-5）断开，解除自锁，KT 开始延时，KM_1 三相主触点断开，电动机绕组失电仍靠惯性继续转动；与此同时，KM_1 串联在交流接触器 KM_2 线圈回路中的辅助常闭触点（4-8）恢复常闭状态，使交流接触器 KM_2 线圈得电吸合，KM_2 三相主触点闭合，将制动直流电源通入电动机绕组内，使其产生一制动静止磁场，让电动机立即停止下来，从而完成能耗制动工作，经KT延时后，KT失电延时断开的常开触点（1-7）恢复常开状态，切断交流接触器 KM_2 线圈回路电源，KM_2 三相主触点断开，切除制动直流电源，至此，能耗制动结束。

电路布线图（图5.18）

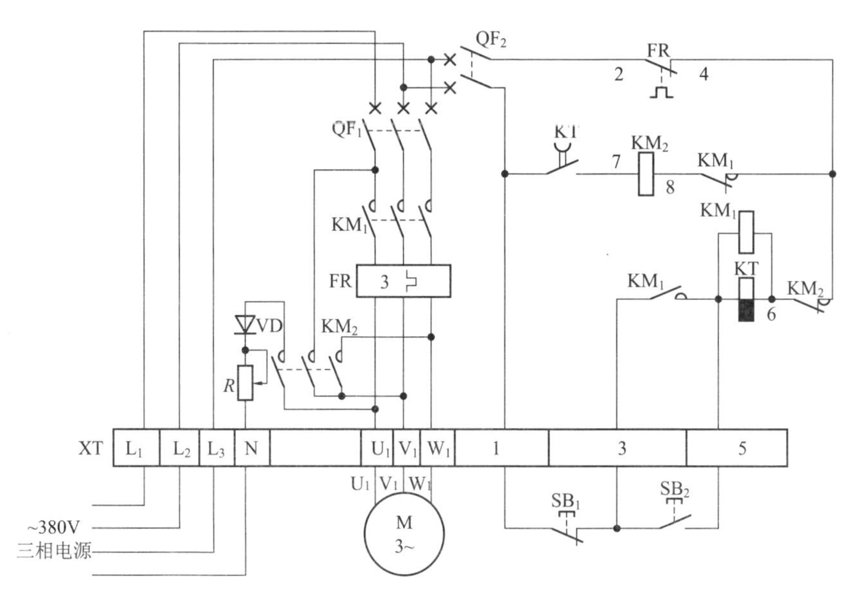

图5.18 单管整流能耗制动控制电路布线图

从图5.18中可以看出，XT为接线端子排，通过端子排XT来区分电气元件的安装位置，XT的上方为放置在配电箱内底板上的电气元件，XT的下方为外接或引至配电箱门面板上的电气元件。

从端子排XT上看，共有10个接线端子。其中，L_1、L_2、L_3、N这4根线为由外引入配电箱的三相交流380V电源，并穿管引入；U_1、V_1、W_1这3根线为电动机线，穿管接至电动机接线盒内的U_1、V_1、W_1上；1、3、5这3根线为控制线，接至配电箱门面板上的按钮开关SB_1、SB_2上。

电路接线图（图 5.19）

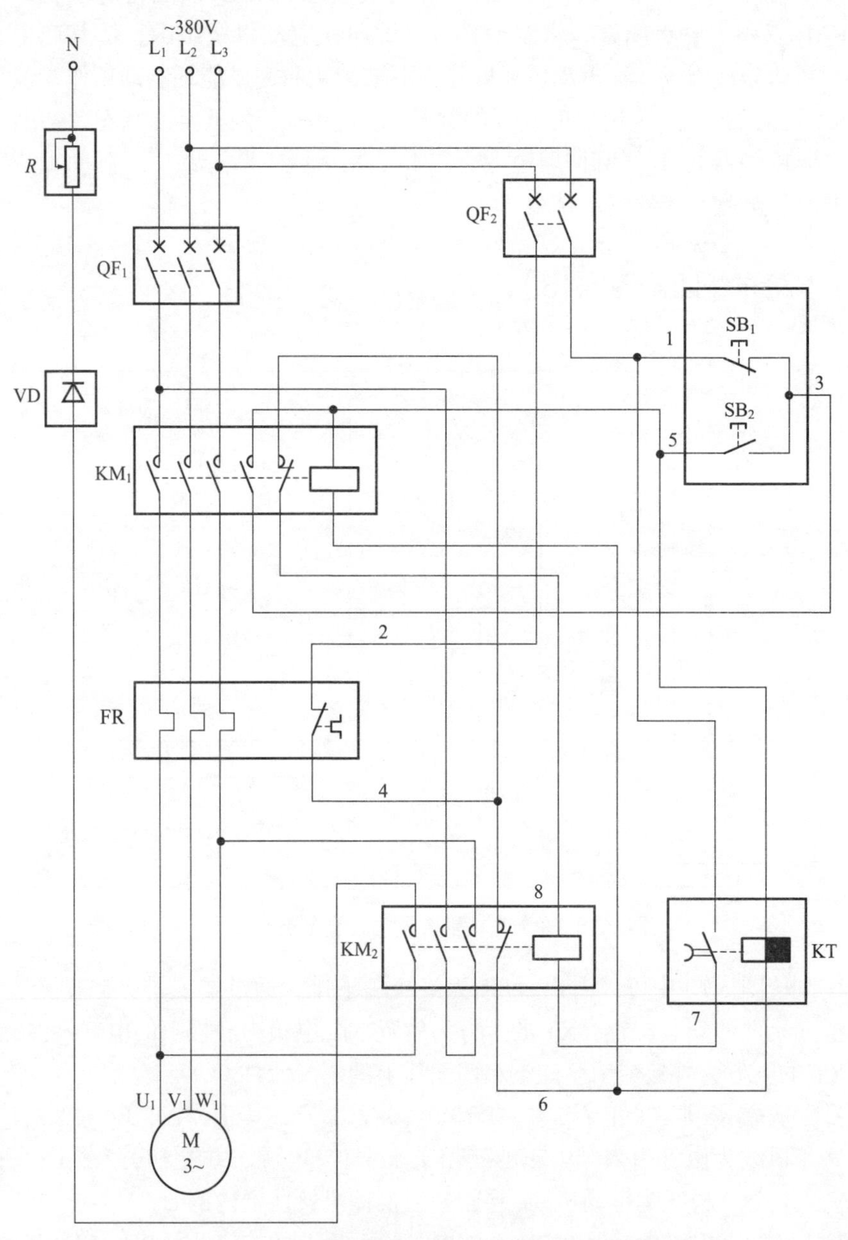

图 5.19　单管整流能耗制动控制电路实际接线

元器件安装排列图及端子图（图 5.20）

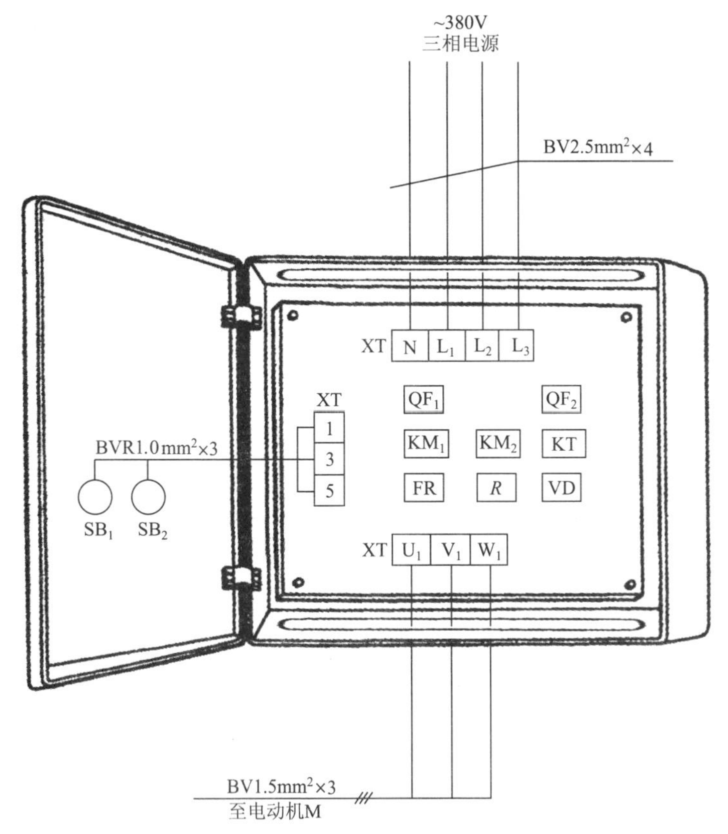

图 5.20 单管整流能耗制动控制电路元器件安装排列图及端子图

从图 5.20 中可以看出，断路器 QF_1、QF_2，交流接触器 KM_1、KM_2，失电延时时间继电器 KT，热继电器 FR，整流二极管 VD，电阻器 R 安装在配电箱内底板上；按钮开关 SB_1、SB_2 安装在配电箱门面板上。

通过端子 L_1、L_2、L_3、N 将三相交流 380V 电源接入配电箱中。

端子 U_1、V_1、W_1 接至电动机接线盒中的 U_1、V_1、W_1 上。

端子 1、3、5 将配电箱内的器件与配电箱门面板上的按钮开关 SB_1、SB_2 连接起来。

按钮接线图（图 5.21）

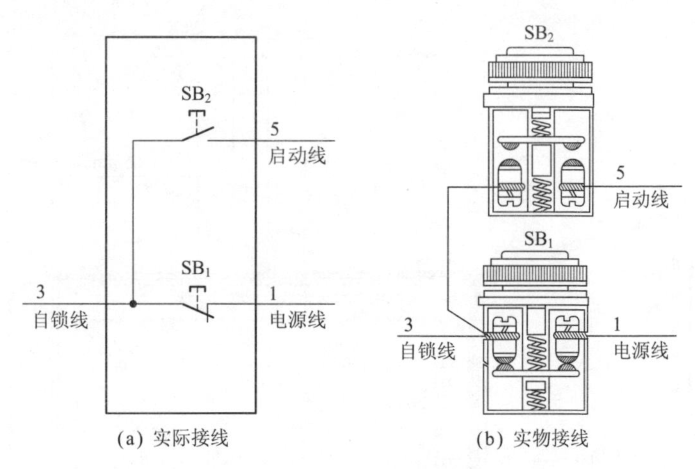

(a) 实际接线　　(b) 实物接线

图 5.21　单管整流能耗制动控制电路按钮接线

电气元件作用表（表 5.4）

表 5.4　电气元件作用表

符　号	名称、型号及规格	器件外形及相关部件介绍		作　用
QF_1	断路器 DZ20G-100 16A，三极		三极断路器	主回路短路保护用
QF_2	断路器 DZ47-63 6A，二极		二极断路器	控制回路短路保护用

续表 5.4

符　号	名称、型号及规格	器件外形及相关部件介绍		作　用
KM_1	交流接触器 CDC10-10 线圈电压 380V		线圈 三相主触点	控制电动机电源用
KM_2			辅助常开触点 辅助常闭触点	控制制动电源用
FR	热继电器 JR36-20 2.2~3.5A		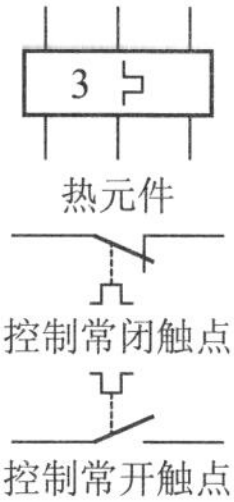 3 热元件 控制常闭触点 控制常开触点	电动机过载保护用
VD	整流二极管 ZP-10 1000V 带散热器			整流，将交流电变成直流电
R	电阻器 BC1			限制制动电流

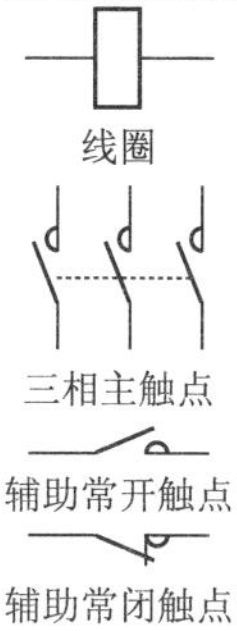

续表 5.4

符　号	名称、型号及规格	器件外形及相关部件介绍		作　用
SB_1	按钮开关 LAY8		常闭触点	电动机停止操作用
SB_2			常开触点	电动机启动操作用
KT	失电延时 时间继电器 JS7-4A 0~180s 线圈电压 380V		线圈 失电延时断开的常开触点 失电延时闭合的常闭触点	延时切除制动控制
M	三相异步电动机 Y90L-6 1.1kW，3.2A		M 3~	拖动

依据电气元件作用表给出的相关技术数据选择导线，本电路所配电动机型号为 Y90L-6、功率为 1.1kW、电流为 3.2A。其电动机线 U_1、V_1、W_1 可选用 BV 1.5mm^2 导线；电源线 L_1、L_2、L_3、N 可选用 BV 2.5mm^2 导线；控制线 1、3、5 可选用 BVR 1.0mm^2 导线。

电路调试

暂不接电动机，合上主回路断路器 QF_1、控制回路断路器 QF_2，对电路进行调试。

启动调试： 按下启动按钮 SB_2，观察配电箱内的交流接触器 KM_1 和失电延时时间继电器 KT 线圈均应得电吸合且 KM_1 能自锁。此时用万用表交流电压挡测量端子 U_1、V_1、W_1 任意两端的电压应均为 380V，若是，则说明电动机启动电路正常。

制动调试：按下停止按钮 SB_1，观察配电箱内的交流接触器 KM_1 和失电延时时间继电器 KT 线圈均应断电释放，这时交流接触器 KM_2 线圈应得电吸合动作（调试时可先将 KT 的延时时间设置得长一些，以便于测量制动电压），此时用万用表的直流电压挡测量端子 U_1、V_1 或 U_1、W_1 之间将有几十伏的直流电压，调节电阻器 R，其电压值随之改变，通过以上调试可知制动电源正常。最后观察配电箱内的 KT 延时情况，若在按下停止按钮 SB_1 后几秒钟内，KT、KM_2 线圈均能自动被切除，端子 U_1、V_1 或 U_1、W_1 上的直流电压也被切除，则说明制动回路工作正常。在完成上述调试后，可将电动机绕组线接至端子 U_1、V_1、W_1 上带负载试机，至于制动的具体效果，则可根据实际要求通过改变电阻器 R 来实现。

◆常见故障及排除方法

（1）电动机停止时没有制动。观察配电箱内电气元件动作情况，若在启动时 KT 线圈得电动作，而停止时交流接触器 KM_2 线圈不吸合，则故障为 KT 失电延时断开的常开触点（1-7）损坏；KM_2 线圈断路；KM_1 互锁常闭触点（4-8）损坏。发生任何一种故障，都会出现电动机停止无制动现象。检查上述器件，查出故障器件并更换。

（2）按下停止按钮 SB_1（1-3），交流接触器 KM_1、失电延时时间继电器 KT 线圈断电释放，交流接触器 KM_2 线圈得电吸合，但电动机处于自由停车状态，无制动。此故障原因为交流接触器 KM_2 主触点损坏；二极管 VD 开路；电阻器 R 损坏。用万用表检查 KM_2 主触点、二极管 VD、电阻器 R 是否损坏，找出故障器件并更换即可。

5.5 全波整流单向能耗制动控制电路

工作原理（图 5.22）

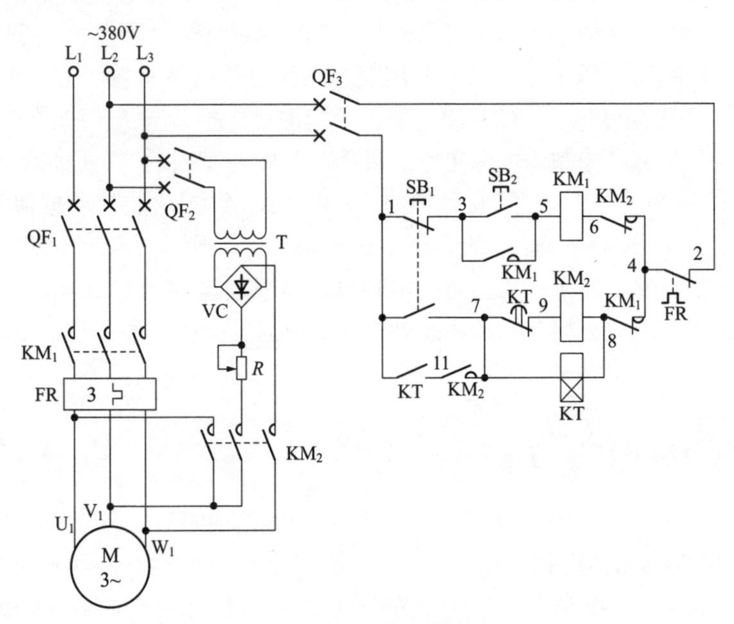

图 5.22　全波整流单向能耗制动控制电路原理图

启动： 按下启动按钮 SB_2（3–5），交流接触器 KM_1 线圈得电吸合且 KM_1 辅助常开触点（3–5）闭合自锁，KM_1 三相主触点闭合，电动机得电启动运转。

自由停车： 轻轻按下停止按钮 SB_1，SB_1 的一组常闭触点（1–3）断开，使交流接触器 KM_1 线圈断电释放，KM_1 辅助常开触点（3–5）断开，解除自锁，KM_1 三相主触点断开，电动机失电处于自由停车状态，也就是电动机虽然失电但仍在惯性的作用下逐渐缓慢地停止下来。

制动： 将停止按钮 SB_1 按到底，SB_1 的一组常闭触点（1–3）断开，交流接触器 KM_1 线圈断电释放，KM_1 辅助常开触点（3–5）断开，解除自锁，KM_1 三相主触点断开，电动机失电处于自由停车状态；同时，SB_1 的另一组常开触点（1–7）闭合，交流接触器 KM_2 和得电延时时间继电器 KT 线圈同时得电吸合，KM_2 辅助常开触点（7–11）和 KT 不延时瞬动常开触点（1–11）共同闭合自锁，KM_2 三相主触点闭合，接通通入电动机绕组内的直流电源，电动机在直流电源的作用下产生静止制动磁场使电动机快速停止下来。经 KT 一段延时后，KT 得电延时断开的常闭触点（9–11）断开，自动切断制动控制回路电源，KT、KM_2 线圈断电释放，KT 不延时瞬动常开触点（1-11）、KM_2 辅助常开触点（7-11）断开，KM_2 三相主触点断开，切断通入电动机绕组内的直流制动电源，电动机制动过程结束。

电路布线图（图 5.23）

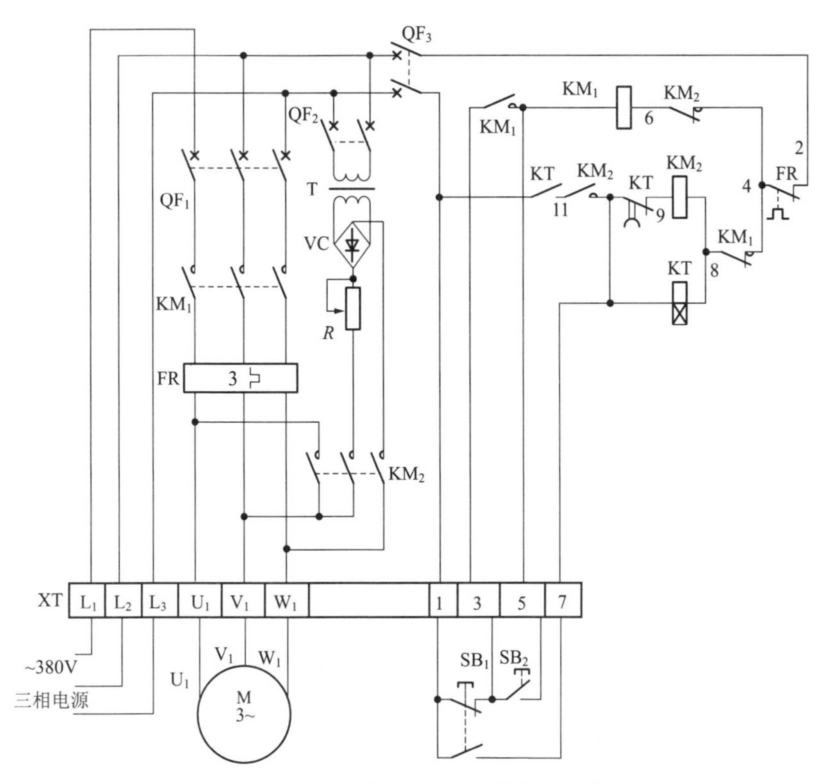

图 5.23　全波整流单向能耗制动控制电路布线图

从图 5.23 中可以看出，XT 为接线端子排，通过端子排 XT 来区分电气元件的安装位置，XT 的上方为放置在配电箱内底板上的电气元件，

XT 的下方为外接或引至配电箱门面板上的电气元件。

从端子排 XT 上看，共有 10 个接线端子。其中 L_1、L_2、L_3 这 3 根线为由外引入配电箱的三相交流 380V 电源，并穿管引入；U_1、V_1、W_1 这 3 根线为电动机线，穿管接至电动机接线盒内的 U_1、V_1、W_1 上；1、3、5、7 这 4 根线为控制线，接至配电箱门面板上的按钮开关 SB_1、SB_2 上。

电路接线图（图 5.24）

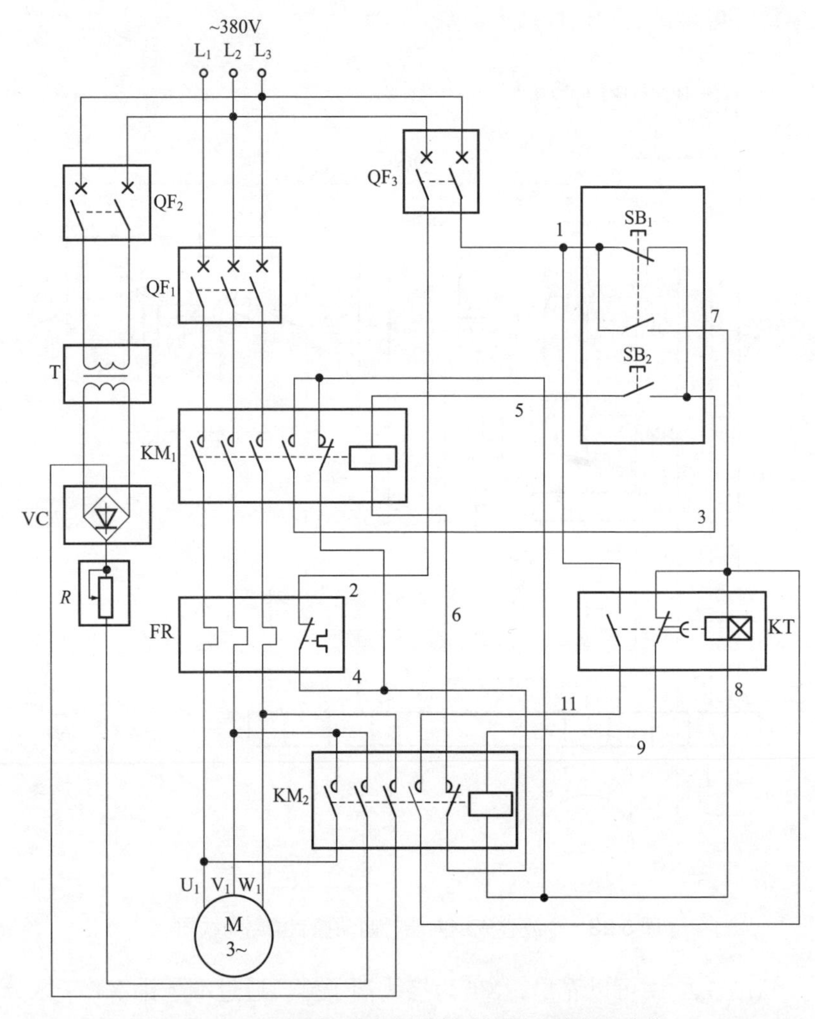

图 5.24　全波整流单向能耗制动控制电路实际接线

元器件安装排列图及端子图（图 5.25）

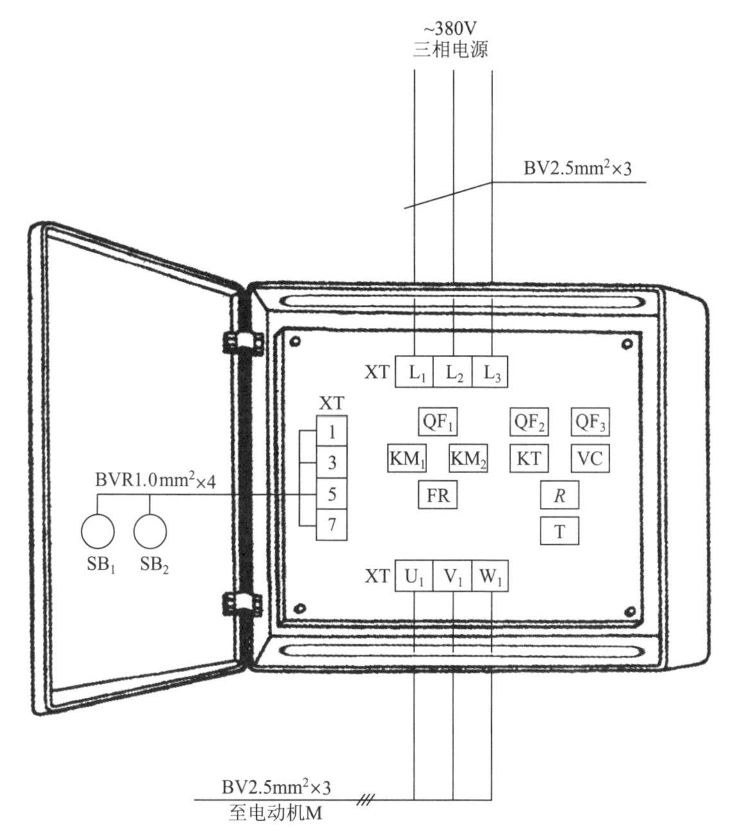

图 5.25 全波整流单向能耗制动控制电路元器件安装排列图及端子图

从图 5.25 中可以看出，断路器 QF_1、QF_2、QF_3，交流接触器 KM_1、KM_2，得电延时时间继电器 KT，电阻器 R，整流桥 VC，控制变压器 T，热继电器 FR 安装在配电箱内底板上；按钮开关 SB_1、SB_2 安装在配电箱面板上。

通过端子 L_1、L_2、L_3 将三相交流 380V 电源接入配电箱中。

端子 U_1、V_1、W_1 接至电动机接线盒中的 U_1、V_1、W_1 上。

端子 1、3、5、7 将配电箱内的器件与配电箱门面板上的按钮开关 SB_1、SB_2 连接起来。

按钮接线图（图 5.26）

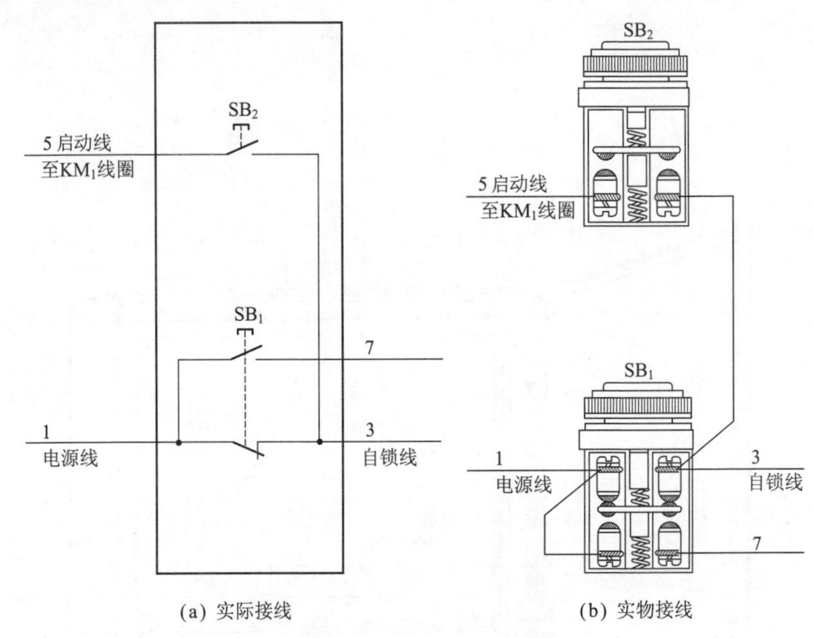

(a) 实际接线　　(b) 实物接线

图 5.26　全波整流单向能耗制动控制电路按钮接线

电气元件作用表（表 5.5）

表 5.5　电气元件作用表

符　号	名称、型号及规格	器件外形及相关部件介绍		作　用
QF_1	断路器 CDM1-63 16A，三极		三极断路器	主回路短路保护

续表 5.5

符　号	名称、型号及规格	器件外形及相关部件介绍		作　用
QF_2	断路器 DZ47-63 10A，二极	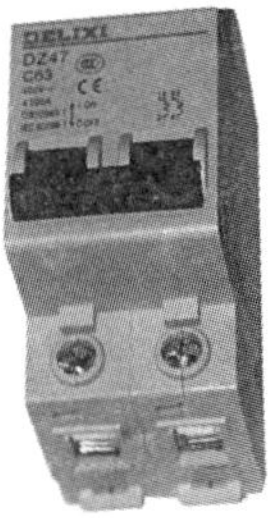	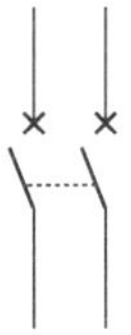 二极断路器	制动回路短路保护
QF_3	断路器 DZ47-63 6A，二极		二极断路器	控制回路短路保护
KM_1	交流接触器 CJX2-0910 带 F4-11 辅助触点 线圈电压 380V		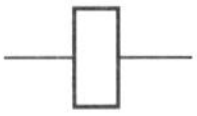 线圈 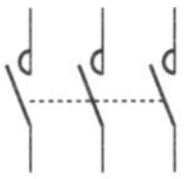 三相主触点  辅助常开触点 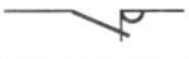 辅助常闭触点	控制电动机电源
KM_2	交流接触器 CJX2-0910 带 F4-11 辅助触点 线圈电压 380V		线圈 三相主触点 辅助常开触点 辅助常闭触点	控制能耗制动电源
FR	热继电器 JRS1D-25 5.5~8A		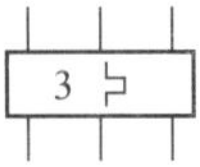 热元件  控制常闭触点 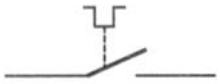 控制常开触点	电动机过载保护
T	控制变压器 BK 系列	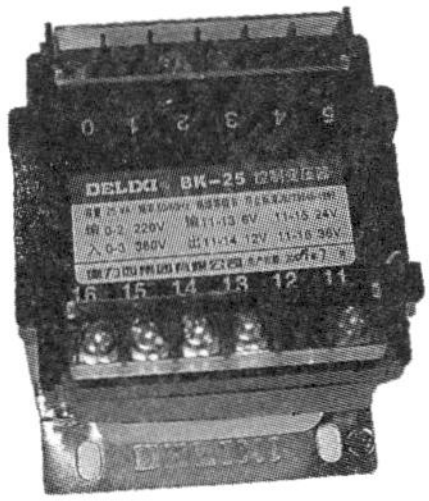	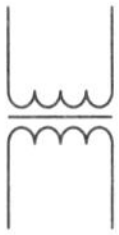	降压

续表 5.5

符　号	名称、型号及规格	器件外形及相关部件介绍		作　用
VC	整流桥 QL30		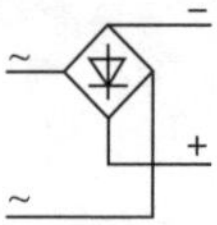 ~ ~ − +	整流
R	电阻器 BC1			限制制动电流
KT	得电延时时间继电器 JS14P 0~180s 工作电压 380V		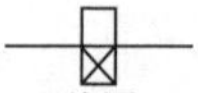 线圈  得电延时闭合的常开触点  得电延时断开的常闭触点	控制制动时间
SB_1	按钮开关 LAY7		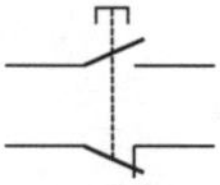 一组常开触点 一组常闭触点	电动机停止兼制动控制操作用
SB_2			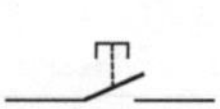 常开触点	电动机启动操作用
M	三相异步电动机 Y132S-6 3kW，7.2A		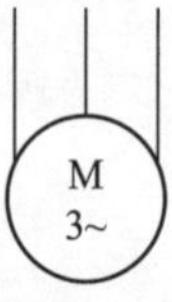 M 3~	拖动

依据电气元件作用表给出的相关技术数据选择导线，本电路所配电动机型号为Y132S-6、功率为3kW、电流为7.2A。其电动机线U_1、V_1、W_1可选用BV2.5mm^{2}导线；电源线L_1、L_2、L_3可选用BV2.5mm^{2}导线；控制线1、3、5、7可选用BVR 1.0mm^{2}导线。

电路调试

首先将接线端子上的U_1、V_1、W_1电动机线拆下，再将主回路断路器QF_1、控制回路断路器QF_3、制动回路断路器QF_2全部合上，对整个电路进行调试。

启动调试：按下启动按钮SB_2，配电箱内的交流接触器KM_1线圈应得电吸合动作且自锁，此时可用万用表交流电压挡测量接线端子U_1、V_1、W_1任意两相之间的电压，若均为380V，则说明电动机启动电源工作正常。轻轻按下停止按钮SB_1，交流接触器KM_1线圈应断电释放，接线端子U_1、V_1、W_1上的电源应全部切除。通过以上调试可以看出，电动机启动、停止回路正常。

制动调试：将停止按钮SB_1按到底，配电箱内的交流接触器KM_2和得电延时时间继电器KT线圈均应得电吸合动作且KM_2、KT各自的常开触点能串联自锁；此时，用万用表直流电压挡测量电动机U_1、W_1或V_1、W_1之间应有几十伏的直流电压，调节电阻器R后，直流电压将会随之改变。经KT一段延时后，配电箱内的交流接触器KM_2和得电延时时间继电器KT线圈均断电释放，端子U_1、W_1或V_1、W_1上的直流制动电源会自动切除。至此，制动回路调试完毕。

通过以上调试后，可直接将电动机绕组线接至端子U_1、V_1、W_1上，带负载投入使用。

常见故障及排除方法

（1）停机时，能瞬间制动（也就是按下按钮的手一松开，制动即消失），若长时间按着停机按钮SB_1，制动效果很好。从以上情况分析，制动主回路没有问题，故障出在制动延时回路或制动自锁回路，如图5.27所示。

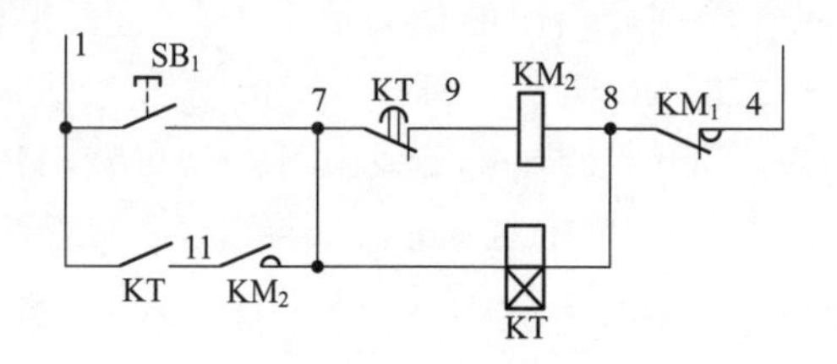

图 5.27　故障回路一

从图 5.27 可以看出，在制动时（也就是按下制动停止按钮 SB_1 时），制动交流接触器 KM_2、得电延时时间继电器 KT 线圈得电吸合且 KT、KM_2 两组串联常开触点同时闭合自锁，KM_2 主触点闭合，接入整流二极管对电动机进行能耗制动，同时 KT 开始延时，当延时至设定时间后（也就是所需要的制动时间），KT 串联在 KM_2 线圈回路中的得电延时断开的常闭触点断开，切断 KM_2 线圈回路电源，KM_2 线圈断电释放，KM_2 主触点断开，电动机能耗制动结束。

由于得电延时时间继电器 KT 线圈自锁回路故障而造成 KM_2 不能自锁，在制动瞬间工作又停止。此时应检查 KT、KM_2 自锁触点是否损坏，若损坏则换新品，即可排除故障。

（2）制动时间过长、电动机发烫。此故障为得电延时时间继电器 KT 延时时间调整过长所致。重新调整 KT 延时时间，即可排除故障。

（3）制动时，控制回路工作正常（KM_2 线圈能吸合自锁，KT 能延时），但无制动，电动机处于自由停车状态。此故障发生在制动主回路中，如图 5.28 所示。用万用表检查制动回路保护断路器 QF_2 是否损坏；变压器 T 是否正常；电阻器 R 是否烧坏或调整不当；整流桥 VC 是否短路或断路；交流接触器 KM_2 主回路是否接触不良或损坏。找出故障器件并加以修复即可。

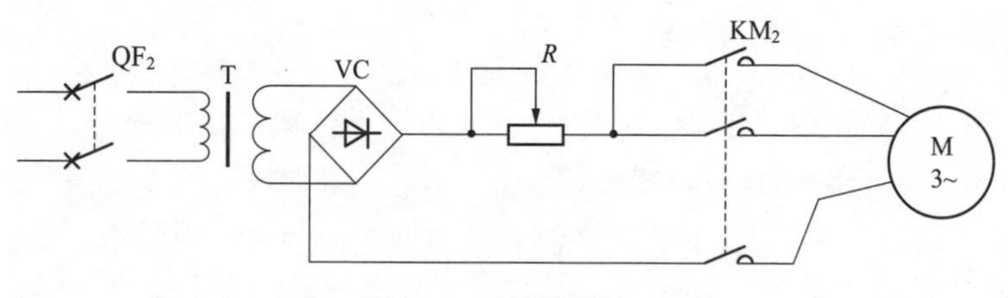

图 5.28　故障回路二

5.6 电磁抱闸制动控制电路

工作原理（5.29）

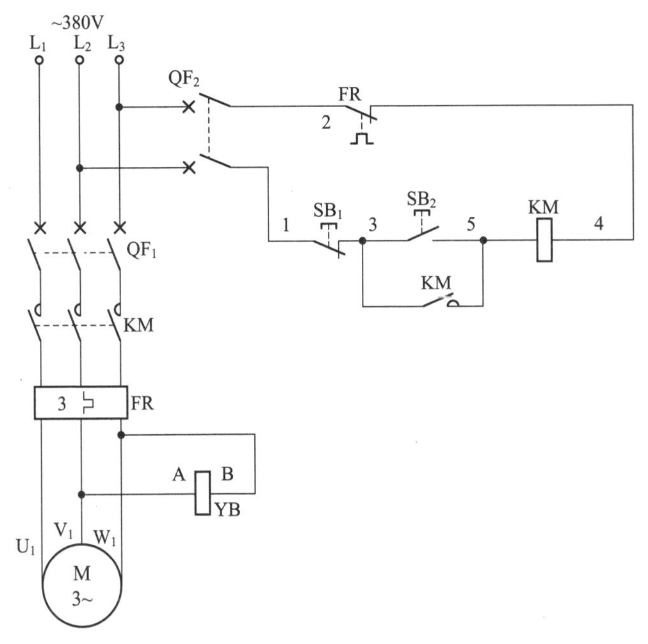

图 5.29 电磁抱闸制动控制电路原理图

首先，合上主回路断路器 QF_1、控制回路断路器 QF_2，为电路工作提供准备条件。

启动：按下启动按钮 SB_2（3–5），交流接触器 KM 线圈得电吸合且 KM 辅助常开触点（3–5）闭合自锁，KM 三相主触点闭合，电磁抱闸 YB 线圈得电松闸打开，电动机得电启动运转。

停止：按下停止按钮 SB_1（1–3），交流接触器 KM 线圈断电释放，KM 辅助常开触点（3–5）断开，解除自锁，KM 三相主触点断开，电动机失电停止运转且电磁抱闸 YB 线圈失电，其机械部分对电动机进行制动。

电路布线图（图 5.30）

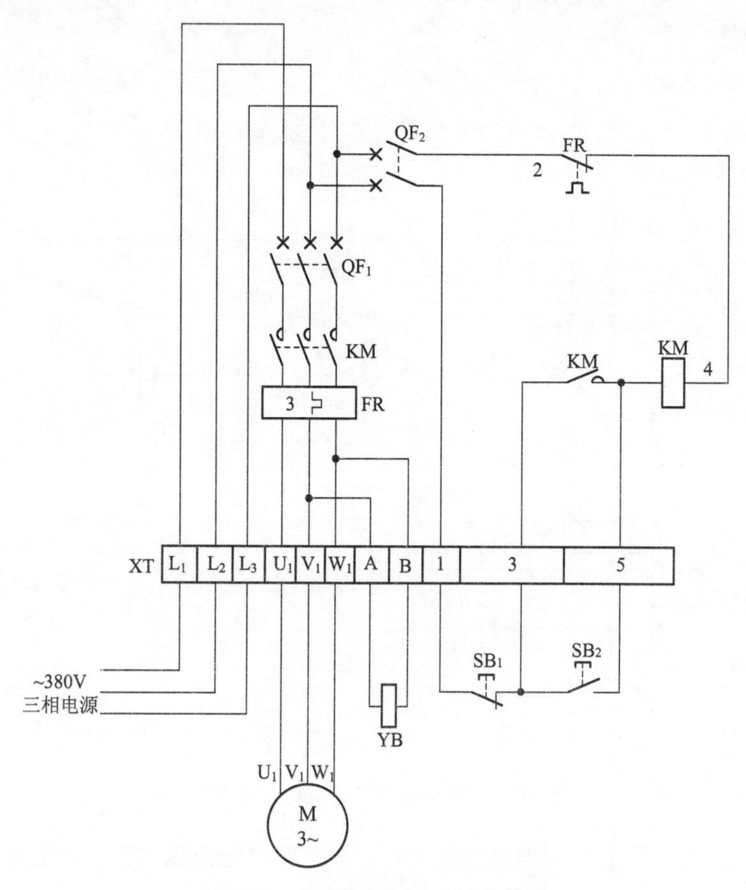

图 5.30　电磁抱闸制动电路布线图

从图 5.30 中可以看出，XT 为接线端子排，通过端子排 XT 来区分电气元件的安装位置，XT 的上方为放置在配电箱内底板上的电气元件，XT 的下方为外接或引至配电箱门面板上的电气元件。

从端子排 XT 上看，共有 11 个接线端子。其中，L_1、L_2、L_3 这 3 根线为由外引入配电箱的三相交流 380V 电源，并穿管引入；U_1、V_1、W_1 这 3 根线为电动机线，穿管接至电动机接线盒内的 U_1、V_1、W_1 上，并从端子 A、B 上接出 2 根线连至电磁抱闸 YB 线圈上；1、3、5 这 3 根线为控制线，接至配电箱门面板上的按钮开关 SB_1、SB_2 上。

电路接线图（图 5.31）

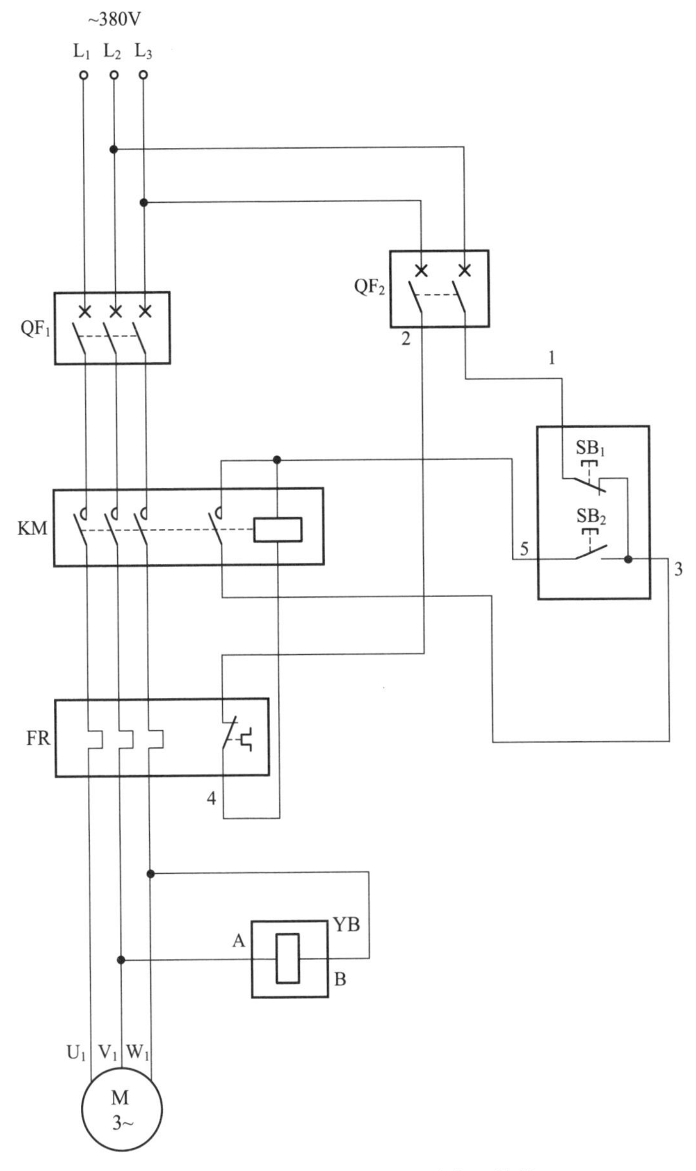

图 5.31 电磁抱闸制动电路实际接线

元器件安装排列图及端子图（图 5.32）

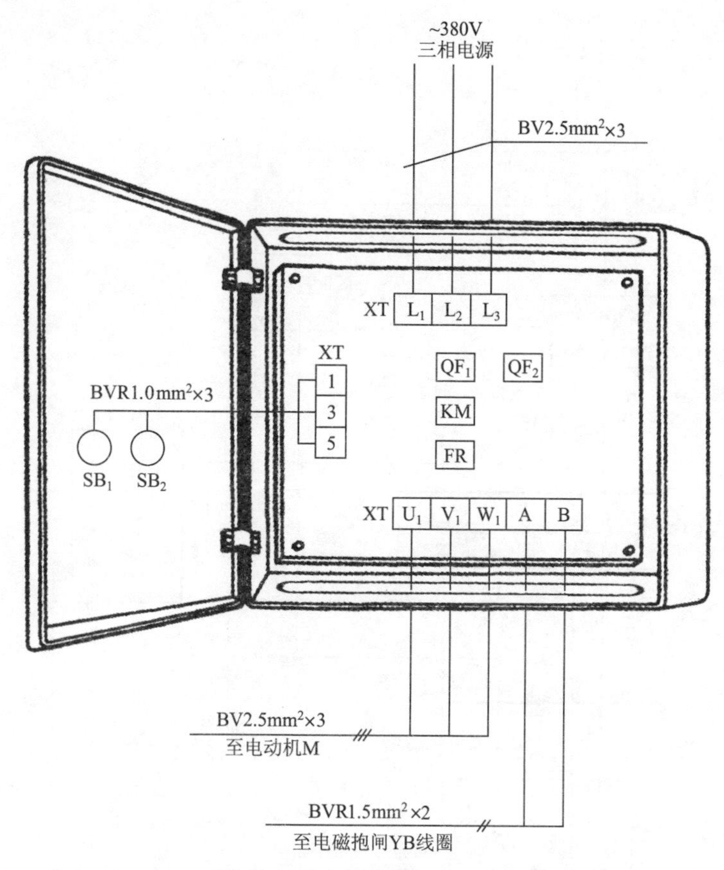

图 5.32　电磁抱闸制动电路元器件安装排列图及端子图

从图 5.32 中可以看出，断路器 QF_1、QF_2，交流接触器 KM，热继电器 FR 安装在配电箱内底板上；按钮开关 SB_1、SB_2 安装在配电箱门面板上。

通过端子 L_1、L_2、L_3 将三相交流 380V 电源接入配电箱中。

端子 U_1、V_1、W_1 接至电动机接线盒中的 U_1、V_1、W_1 上，再从端子 A、B 引出 2 根线接至电磁抱闸线圈 YB 上。

端子 1、3、5 将配电箱内的器件与配电箱门面板上的按钮开关 SB_1、SB_2 连接起来。

按钮接线图（图 5.33）

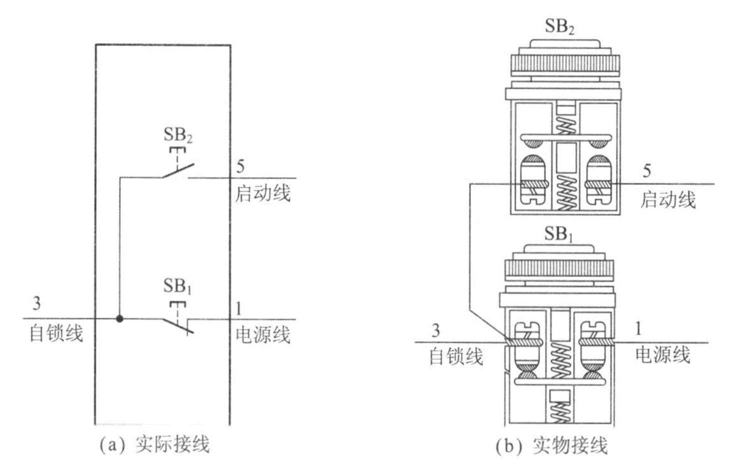

(a) 实际接线　　(b) 实物接线

图 5.33　电磁抱闸制动控制电路按钮接线

电气元件作用表（表 5.6）

表 5.6　电气元件作用表

符　号	名称、型号及规格	器件外形及相关部件介绍		作　用
QF_1	断路器 DZ20G-100 20A，三极		三极断路器	主回路短路保护
QF_2	断路器 DZ47-63 6A，二极		二极断路器	控制回路短路保护

续表 5.6

符　号	名称、型号及规格	器件外形及相关部件介绍		作　用
KM	交流接触器 CDC10-20 线圈电压 380V		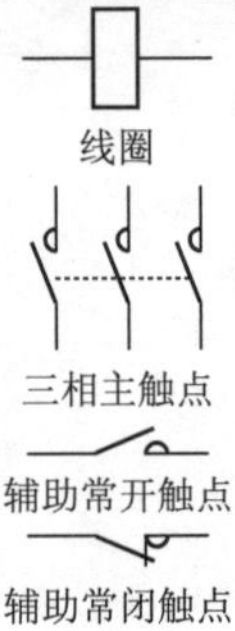 线圈 三相主触点 辅助常开触点 辅助常闭触点	控制电动机电源
FR	热继电器 JR36-20 10~16A		 热元件 控制常闭触点 控制常开触点	电动机过载保护
SB_1	按钮开关 LAY8		 常闭触点	停止电动机用
SB_2			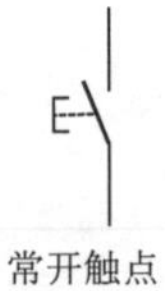 常开触点	启动电动机用
YB	电磁抱闸 MZD1-100 线圈电压 380V		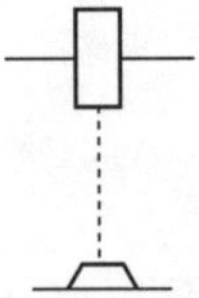	制动

续表 5.6

符 号	名称、型号及规格	器件外形及相关部件介绍		作 用
M	三相异步电动机 Y132S-4 5.5kW，11.6A		M 3~	拖动

依据电气元件作用表给出的相关技术数据选择导线，本电路所配电动机型号为 Y132S-4、功率为 5.5kW、电流为 11.6A。其电动机线 U_1、V_1、W_1 可选用 BV 2.5mm^2 导线；电源线 L_1、L_2、L_3 可选用 BV 2.5mm^2 导线；控制线 1、3、5 可选用 BVR 1.0mm^2 导线；电磁抱闸线选用 BVR 1.5mm^2 导线。

电路调试

断开主回路断路器 QF_1，合上控制回路断路器 QF_2，调试其控制回路。

实际上其控制回路非常简单，就是应用最广泛的单向启动、停止控制电路。调试时，按下启动按钮 SB_2，观察配电箱内的交流接触器 KM 线圈是否能吸合并自锁，若能，则说明启动操作正常；再按下停止按钮 SB_1，观察配电箱内的交流接触器 KM，若其断电释放，说明停止操作正常。通过以上操作说明控制回路正常，控制回路调试结束。

检查主回路接线是否正确、牢固，并确定电磁抱闸 YB 的线圈线是否从端子 A、B 上引出，同时检查调整电磁抱闸，使其抱紧电动机转轴。通过以上检查后，可合上主回路断路器 QF_1，通电对主回路进行调试。

这时可按下启动按钮 SB_2，交流接触器 KM 线圈得电吸合且自锁，KM 三相主触点闭合，电磁抱闸得电抱闸打开，同时电动机得电启动运转。在电动机正常运转后，可对电动机过载保护热继电器 FR 进行调试，用手将热继电器 FR 电流整定旋钮调至最小刻度处，并让电动机继续运转，观察热继电器 FR 能否动作。若能动作，切断交流接触器 KM 线圈回路，则说明热继电器 FR 正常，再将热继电器 FR 电流整定旋转调至电动机额定电流处即可。

常见故障及排除方法

（1）按下启动按钮 SB_2 无反应。故障原因为停止按钮 SB_1 损坏；启动按钮 SB_2 损坏；交流接触器 KM 线圈断路；热继电器 FR 常闭触点断路。用万用表检查各器件，找出故障点，也可用短接法逐一试之，更快捷迅速。

（2）电动机启动后，按停止按钮 SB_1 停止不下来，若长时间按住 SB_1 不放，交流接触器能释放。此故障原因为交流接触器 KM_1 铁心极面脏、有油污造成衔铁释放缓慢。用细砂布或干布清理一下交流接触器动、静铁心极面后，即可排除故障。

（3）按动启动按钮 SB_2 时，控制回路保护断路器 QF_2 立即跳闸。故障极可能是交流接触器 KM 线圈短路所致。更换一只同型号 KM 线圈即可使电路恢复正常。

（4）按下停止按钮 SB_1 时，电磁抱闸无反应，电动机失电处于自由停车状态。此故障为电磁抱闸 YB 线圈损坏且主弹簧张力过小所致，需更换电磁抱闸 YB 线圈并重新调整主弹簧张力。

5.7 改进的电磁抱闸制动电路

工作原理（图 5.34）

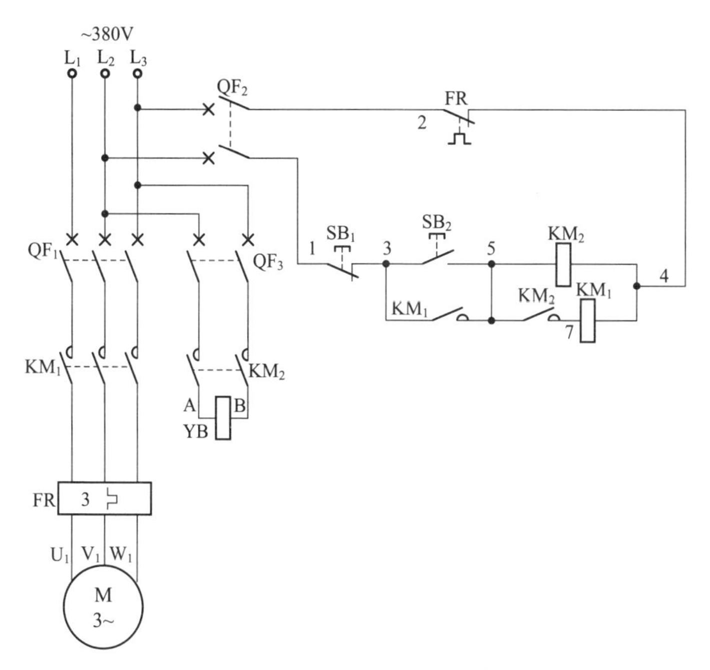

图 5.34　改进的电磁抱闸制动电路原理图

首先，合上主回路断路器 QF_1、控制回路断路器 QF_2，为电路工作提供准备条件。

本电路的优点是，通电时先给制动电磁抱闸通电，使电磁抱闸先瞬间打开，然后立即给电动机绕组通电，使其正常运转工作，以此解决电动机因电磁抱闸问题而造成的堵转现象。

启动：按下启动按钮 SB_2（3−5），交流接触器 KM_2 线圈得电吸合，KM_2 三相主触点闭合，使电磁抱闸 YB 线圈先得电打开；与此同时，KM_2 串联在交流接触器 KM_1 线圈回路中的辅助常开触点（5−7）闭合，使交流接触器 KM_1 线圈得电吸合且 KM_1、KM_2 各自的辅助常开触点（3−5、5−7）同时闭合形成自锁，KM_1 三相主触点闭合，电动机得电启动运转，拖动设备工作。

停止：按下停止按钮 SB_1（1-3），交流接触器 KM_1、KM_2 线圈均断电释放，KM_1 辅助常开触点（3-5）和 KM_2 辅助常开触点（5-7）均断开，解除自锁，KM_1、KM_2 各自的三相主触点均断开，电动机失电停止运转，制动电磁抱闸断电制动。

电路布线图（图 5.35）

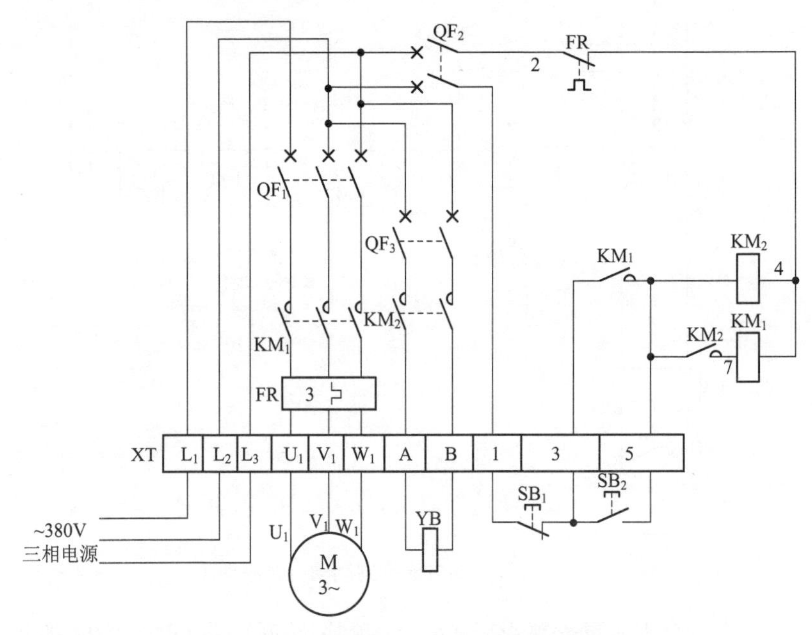

图 5.35　改进的电磁抱闸制动电路布线图

从图 5.35 中可以看出，XT 为接线端子排，通过端子排 XT 来区分电气元件的安装位置，XT 的上方为放置在配电箱内底板上的电气元件，XT 的下方为外接或引至配电箱门面板上的电气元件。

从端子排 XT 上看，共有 11 个接线端子。其中，L_1、L_2、L_3 这 3 根线为由外引入配电箱的三相交流 380V 电源，并穿管引入；U_1、V_1、W_1 这 3 根线为电动机线，穿管接至电动机接线盒内的 U_1、V_1、W_1 上；1、3、5 这 3 根线为控制线，接至配电箱门面板上的按钮开关 SB_1、SB_2 上；A、B 这 2 根线为电磁抱闸 YB 线圈电源线，穿管接至电磁抱闸线圈上。

电路接线图（图 5.36）

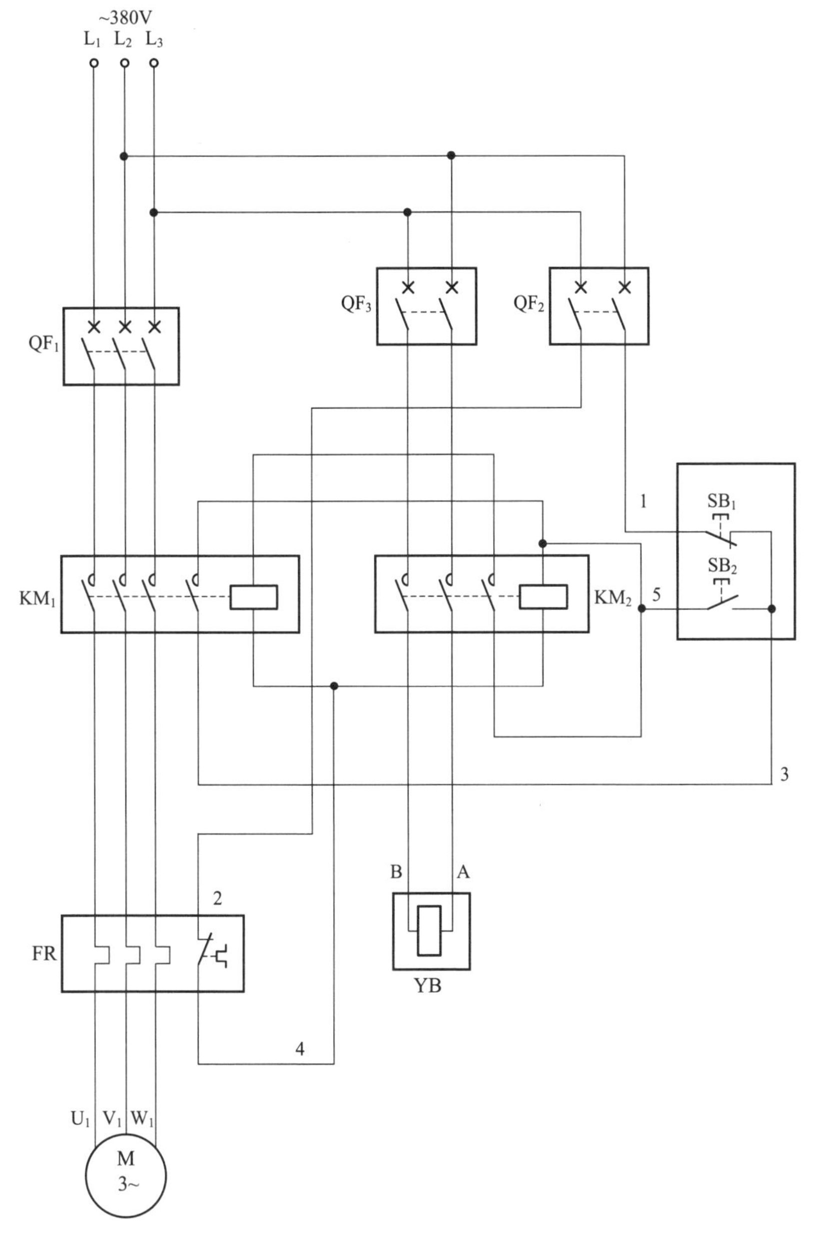

图 5.36 改进的电磁抱闸制动电路实际接线

元器件安装排列图及端子图（图 5.37）

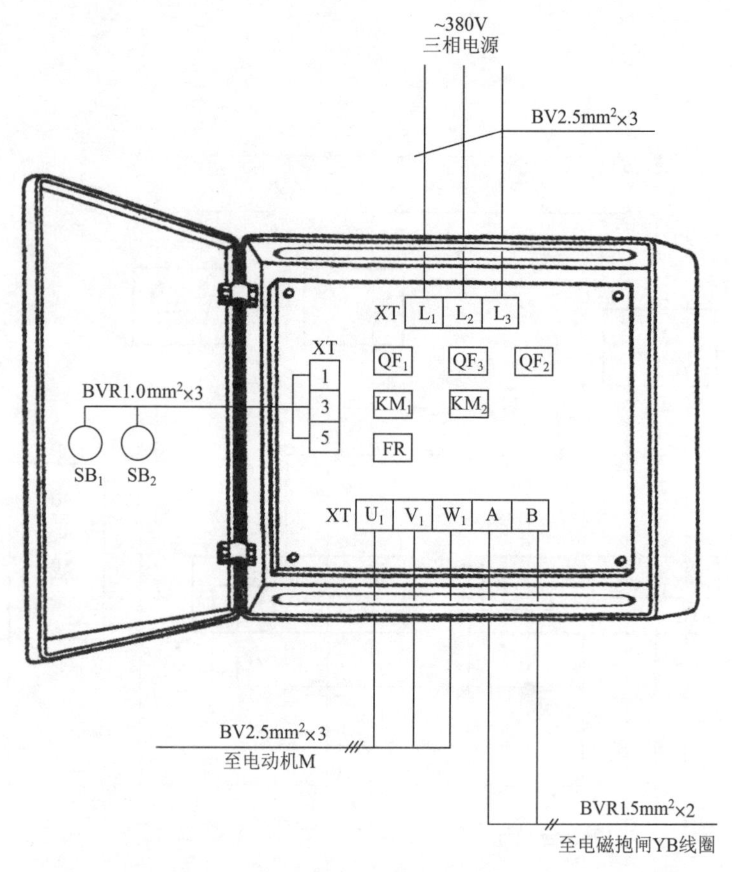

图 5.37　改进的电磁抱闸制动电路元器件安装排列图及端子图

从图 5.37 中可以看出，断路器 QF_1、QF_2、QF_3，交流接触器 KM_1、KM_2，热继电器 FR 安装在配电箱内底板上；按钮开关 SB_1、SB_2 安装在配电箱门面板上。

通过端子 L_1、L_2、L_3 将三相交流 380V 电源接入配电箱中。

端子 U_1、V_1、W_1 接至电动机接线盒中的 U_1、V_1、W_1 上。

端子 1、3、5 将配电箱内的器件与配电箱门面板上的按钮开关 SB_1、SB_2 连接起来。

端子 A、B 接至电磁抱闸线圈 YB 上。

按钮接线图（图 5.38）

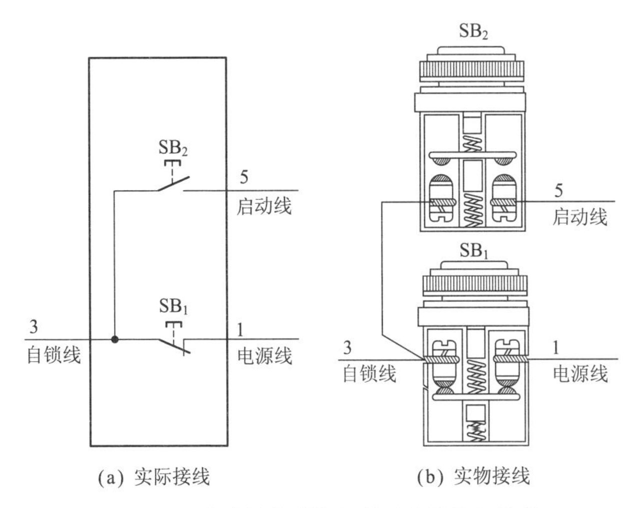

(a) 实际接线　　(b) 实物接线

图 5.38　改进的电磁抱闸制动电路按钮接线

电气元件作用表（表 5.7）

表 5.7　电气元件作用表

符　号	名称、型号及规格	器件外形及相关部件介绍		作　用
QF_1	断路器 DZ108-63 16~25A，三极		三极断路器	主回路短路保护
QF_2	断路器 DZ47-63 6A，二极		二极断路器	控制回路短路保护
QF_3	断路器 DZ47-63 10A，二极			电磁抱闸短路保护

续表 5.7

符　号	名称、型号及规格	器件外形及相关部件介绍		作　用
KM_1	交流接触器 CDC10-20 线圈电压 380V		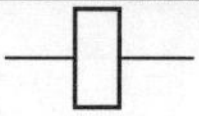 线圈 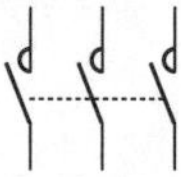 三相主触点	控制电磁抱闸电源
KM_2			 辅助常开触点 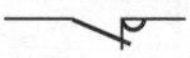 辅助常闭触点	控制电动机电源
FR	热继电器 JR36-20 10-16A		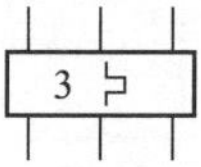 3 热元件 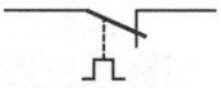 控制常闭触点 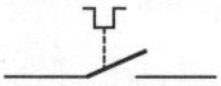 控制常开触点	电动机过载保护
SB_1	按钮开关 LAY8		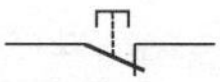 常闭触点	停止电动机用
SB_2			 常开触点	启动电动机用
YB	电磁抱闸 MZD1-100 线圈电压 380V		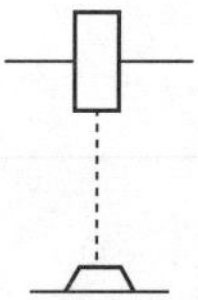	制动
M	三相异步电动机 Y132M2-6 5.5kW，12.6A		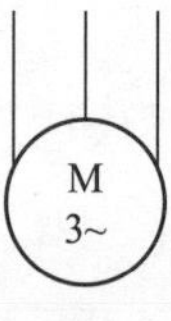 M 3~	拖动

依据电气元件作用表给出的相关技术数据选择导线，本电路所配电动机型号为Y132M2-6、功率为5.5kW、电流为12.6A。其电动机线U_1、V_1、W_1可选用BV 2.5mm^{2}导线；电源线L_1、L_2、L_3可选用BV 2.5mm^{2}导线；控制线1、3、5可选用BVR 1.0mm^{2}导线；电磁抱闸线可选用BVR 1.5mm^{2}导线。

电路调试

先不接端子U_1、V_1、W_1（电动机线）和A、B（电磁抱闸线圈线），合上主回路断路器QF_1和控制回路断路器QF_2进行调试。

启动时，按下启动按钮SB_2，观察配电箱内的交流接触器KM_1和KM_2应全部得电吸合且能自锁，此时可用万用表的交流电压挡测量端子U_1、V_1、W_1上应有三相交流380V电压；端子A、B上测出的也应该为380V交流电压，若测量的交流电压正常，则说明启动回路正常。停止时，按下停止按钮SB_1，观察配电箱内的交流接触器KM_1和KM_2线圈应全部断电释放，此时用万用表测量端子A、B以及U_1、V_1、W_1上应无电压。以上情况说明电路工作正常，可直接将电动机线接至端子U_1、V_1、W_1上，电磁抱闸YB线圈线接至端子A、B上直接使用。需注意的是，电动机的过载用热继电器电流刻度值应旋至电动机额定电流值大小，电动机的旋转方向应符合要求。

常见故障及排除方法

（1）启动时，交流接触器KM_1、KM_2线圈均得电工作，但电磁抱闸YB不动作，闸瓦打不开，电动机转不起来。此故障主要是断路器QF_3跳闸或KM_1主触点断路损坏所致。检查上述两个器件，查出故障点并排除即可。

（2）按下启动按钮SB_2，为点动操作无自锁。此故障为KM_2自锁触点损坏所致。更换KM_2自锁触点，即可排除故障。

（3）按下启动按钮SB_2为点动操作，电磁抱闸动作正常，但电动机不转。此故障为交流接触器KM_2线圈不吸合所致。检查KM_2线圈是否断路或KM_1辅助常开触点是否损坏。查出原因后更换即可。

5.8 不用速度继电器的单向运转反接制动控制电路

工作原理（图 5.39）

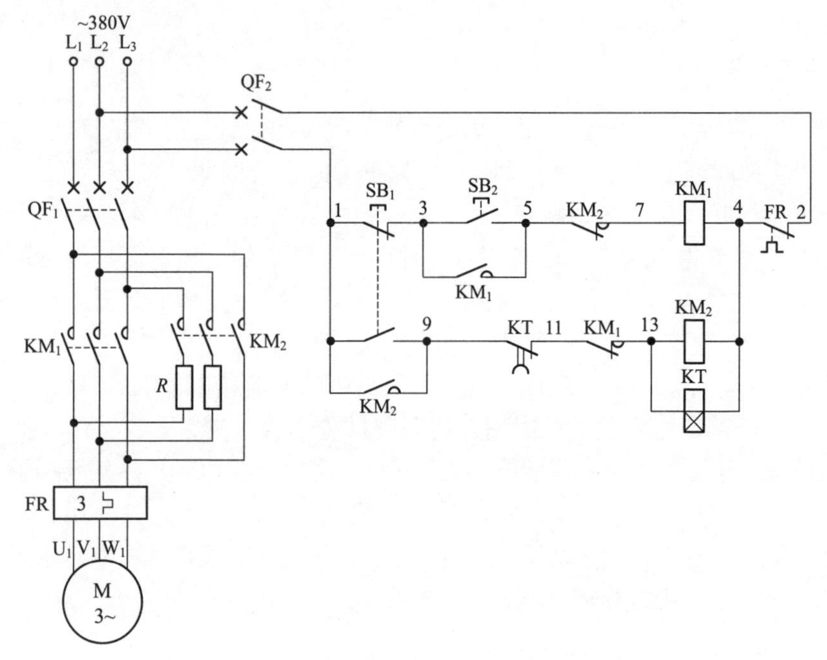

图 5.39　不用速度继电器的单向运转反接制动控制电路原理图

启动时，按下启动按钮 SB_2（3–5），交流接触器 KM_1 线圈得电吸合且 KM_1 辅助常开触点（3–5）闭合自锁，KM_1 三相主触点闭合，电动机得电启动运转。同时，KM_1 串联在 KM_2 线圈回路中的辅助常闭触点（11–13）首先断开，起到互锁保护作用。

制动时，将停止按钮 SB_1 按到底，SB_1 的一组常闭触点（1–3）断开，切断交流接触器 KM_1 线圈回路电源，KM_1 线圈断电释放，KM_1 辅助常开触点（3–5）断开，解除自锁，KM_1 三相主触点断开，电动机失电但仍靠惯性继续转动；同时，SB_1 的另一组常开触点（1–9）闭合，接通交流接触器 KM_2 和得电延时时间继电器 KT 线圈回路电源，KM_2、KT 线圈得电吸合且 KM_2 辅助常开触点（1–9）闭合自锁，KT 开始延时；

这时 KM_2 三相主触点闭合，电动机绕组串联了不对称限流电阻 R 后反转运转，电动机通入反接制动电源后转速骤降。经 KT 一段延时后，KT 得电延时断开的常闭触点（1-9）断开，切断交流接触器 KM_2 和得电延时时间继电器 KT 线圈回路电源，KM_2、KT 线圈断电释放，KM_2 辅助常开触点（1-9）断开，解除自锁，KM_2 三相主触点断开，解除通入电动机绕组内的反接制动电源，也就是通入电动机绕组内的反转电源，电动机反接制动过程结束。

电路布线图（图 5.40）

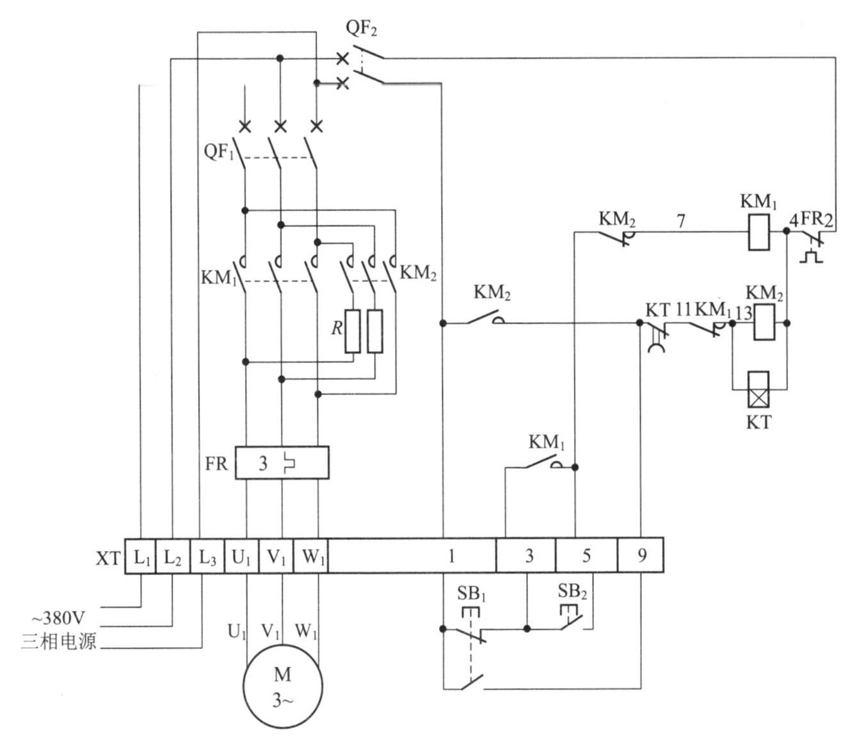

图 5.40 不用速度继电器的单向运转反接制动控制电路布线图

从图 5.40 中可以看出，XT 为接线端子排，通过端子排 XT 来区分电气元件的安装位置，XT 的上方为放置在配电箱内底板上或底部位置的电气元件，XT 的下方为外接或引至配电箱门面板上的电气元件。

从端子排 XT 上看，共有 10 个接线端子。其中，L_1、L_2、L_3 这 3 根线为由外引入配电箱的三相交流 380V 电源，并穿管引入；U_1、V_1、W_1 这 3 根线为电动机线，穿管接至电动机接线盒内的 U_1、V_1、W_1 上；1、3、5、9 这 4 根线为控制线，接至配电箱门面板上的按钮开关 SB_1、SB_2 上。

电路接线图（图 5.41）

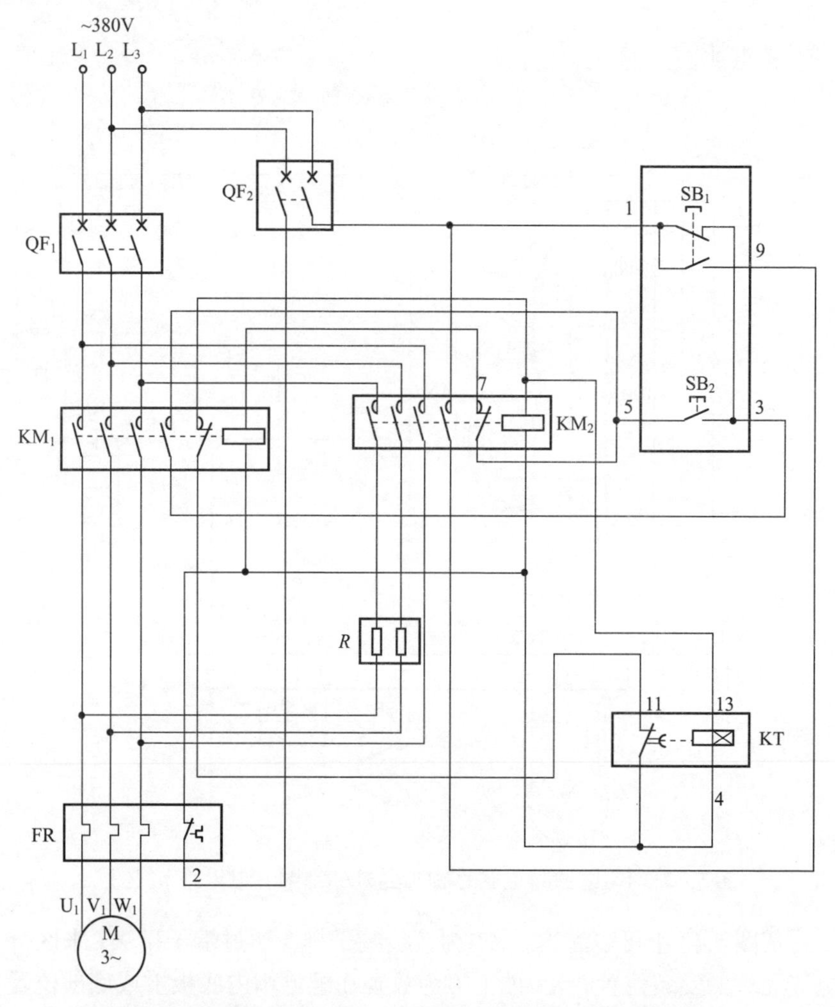

图 5.41　不用速度继电器的单向运转反接制动控制电路现场接线

元器件安装排列图及端子图（图 5.42）

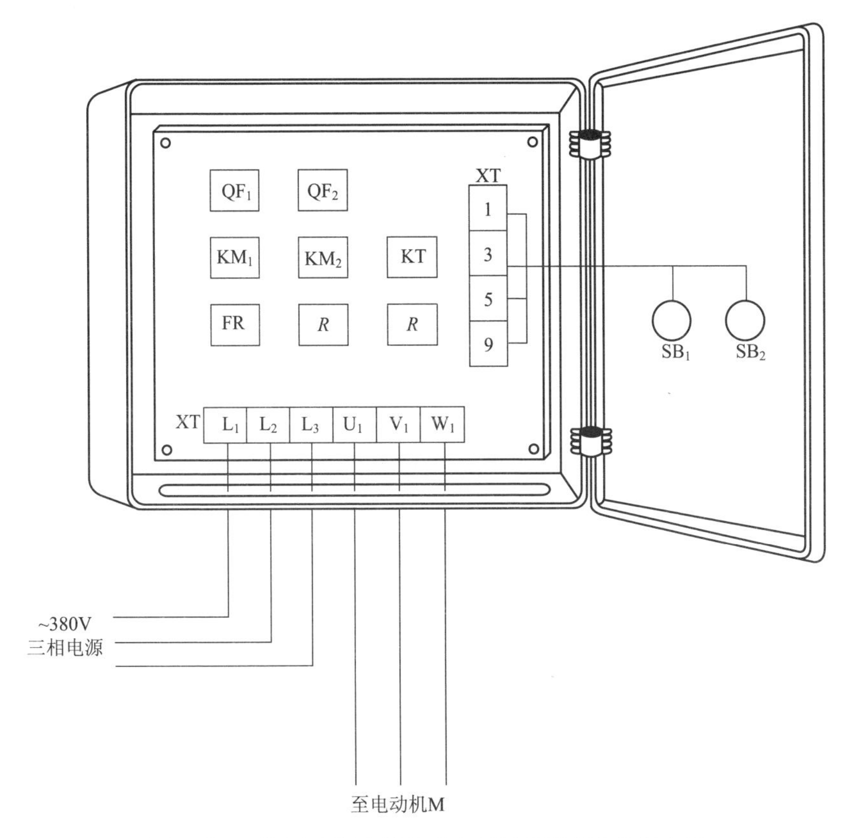

图 5.42 不用速度继电器的单向运转反接制动控制电路元器件安装排列图及端子图

从图 5.42 中可以看出，断路器 QF_1、QF_2，交流接触器 KM_1、KM_2，得电延时时间继电器 KT，电阻器 R，热继电器 FR 安装在配电箱内底板或底部位置上；按钮开关 SB_1、SB_2 安装在配电箱门面板上。

通过端子 L_1、L_2、L_3 将三相交流 380V 电源接入配电箱中。

端子 U_1、V_1、W_1 接至电动机接线盒中的 U_1、V_1、W_1 上。

端子 1、3、5、9 将配电箱内的器件与配电箱门面板上的按钮开关 SB_1、SB_2 连接起来。

按钮接线图（图 5.43）

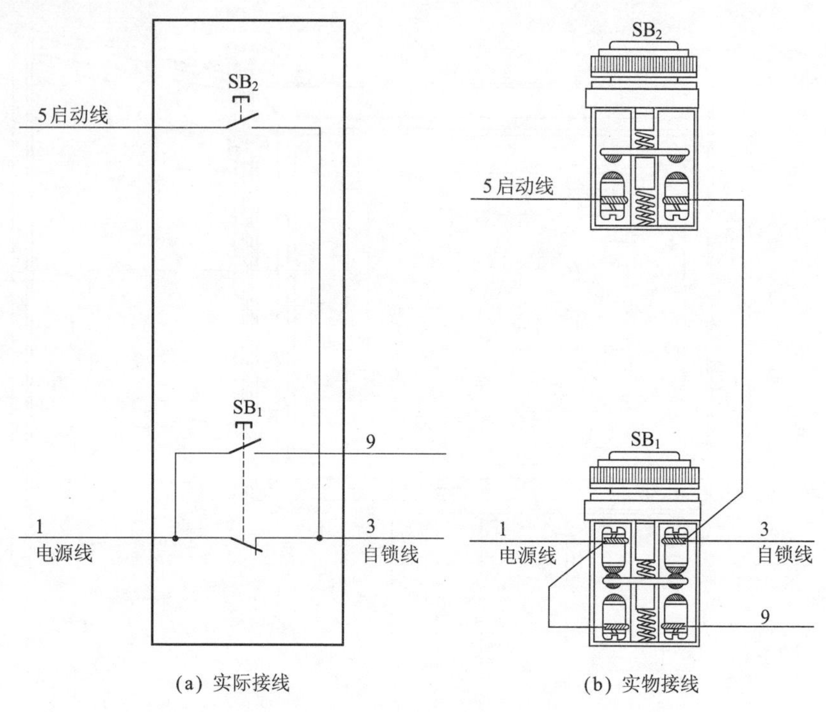

(a) 实际接线　　　　(b) 实物接线

图 5.43　不用速度继电器的单向运转反接制动控制电路按钮接线

电气元件作用表（表 5.8）

表 5.8　电气元件作用表

符　号	名称、型号及规格	器件外形及相关部件介绍		作　用
QF_1	断路器 DZ47-63 32A，三极	DELIXI DZ47	三极断路器	主回路短路保护

续表 5.8

符号	名称、型号及规格	器件外形及相关部件介绍		作用
QF_2	断路器 DZ47-63 6A 二极	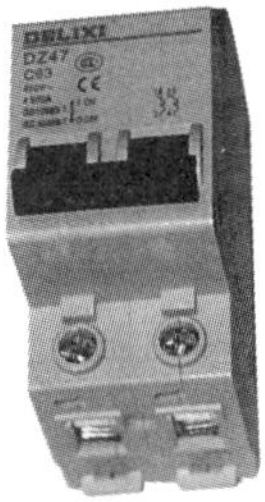 DELIXI DZ47 C63	 二极断路器	控制回路短路保护
KM_1	交流接触器 CDC10-40 线圈电压 380V		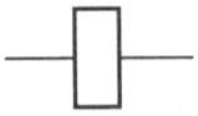 线圈 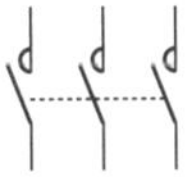 三相主触点  辅助常开触点  辅助常闭触点	控制电动机电源
KM_2				控制电动机反接制动电源
KT	得电延时时间继电器 JS14P 工作电压 380V 180s	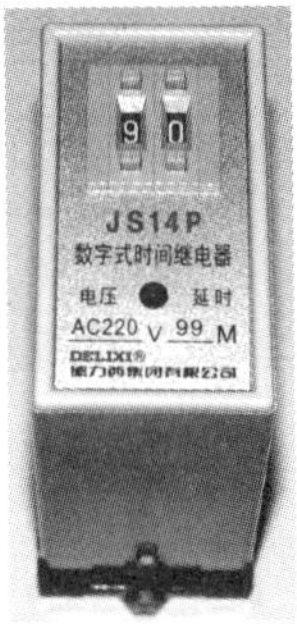 JS14P 数字式时间继电器 电压 延时 AC220 V 99 M DELIXI	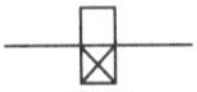 线圈  得电延时闭合的常开触点  得电延时断开的常闭触点	延时切除反接制动电源控制
FR	热继电器 JR36-20 14～22A		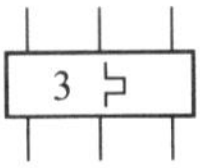 3 热元件  控制常闭触点	电动机过载保护

续表 5.8

符号	名称、型号及规格	器件外形及相关部件介绍		作用
R	限流电阻器 ZX2			限制反接制动电流
SB_1	按钮开关 LAY7		一组常开触点 一组常闭触点	停止电动机用及反接制动启动用
SB_2			常开触点	启动电动机用
M	三相异步电动机 Y160M1-2 11kW，21.8A 2930r/min		M 3~	拖动

依据电气元件作用表给出的相关技术数据选择导线，本电路所配电动机型号为 Y160M1-2、功率为 11kW、电流为 21.8A。其电动机线 U_1、V_1、W_1 可选用 BV6mm^2 导线；电源线 L_1、L_2、L_3 可选用 BV6mm^2 导线；控制线 1、3、5、9 可选用 BVR 1.0mm^2 导线。

电路调试

断开主回路 QF_1，合上控制回路 QF_2，调试控制回路。

先调试正转回路，按下启动按钮 SB_2（3-5），交流接触器 KM_1 线圈应吸合动作且能自锁，若能，说明正转启动回路正常；轻轻按下停止按钮 SB_1，交流接触器 KM_1 线圈能断电释放，说明正转控制回路正常。

再调试反转（反接制动）回路，将停止按钮 SB_1 按到底，交流接触

器 KM_2 和得电延时时间继电器 KT 线圈均应吸合动作且能自锁，经几秒钟延时后，能自动将 KM_2、KT 线圈回路切除，说明反转（反接制动）回路正常。

再调试正转与反转控制回路的互锁情况，若均能进行互锁，说明 KM_2 串联在 KM_1 线圈回路中的辅助常闭触点（5-7）、KM_1 串联在 KM_2 和 KT 线圈回路中的辅助常闭触点（11-13）均正常。

最后将 KT 延时时间整定在 2 秒钟上。调试主回路前应检查主回路正转或反转（反接制动）是否倒相，若均为相同转向，则无法进行反接制动。

合上主回路断路器 QF_1，连接好电动机，短时间内点动一下电动机，观察转向是否正确，若正确，可进行反接制动调试。

按下启动按钮 SB_2，电动机正转运转；反接制动时，将停止按钮 SB_1 按到底，此时电动机正转停止仍有惯性继续正转转动，但电动机绕组又加电反转运转，使其产生一个反作用力，电动机转速骤降，对电动机进行反接制动，电动机立即停止运转，2 秒钟后控制自动解除。

常见故障及排除方法

（1）将停止按钮 SB_1 按到底，电动机转速变低，仍顺向低速运转，没有反接制动现象，2 秒钟后电动机仍靠惯性继续转动处于自由停机状态。此故障为主回路未倒相所致，将主回路倒相后，故障排除。

（2）将停止按钮 SB_1 按到底，电动机立即低速反转运转，立即制动，但制动一下后又继续低速反转运转不停。此故障原因为得电延时时间继电器 KT 线圈损坏不工作或 KT 得电延时断开的常闭触点（9-11）损坏或与 KT 线圈有关的 $4^\#$ 线、$13^\#$ 线脱落。经检查，为 $13^\#$ 线脱落所致，将 $13^\#$ 线正确连接后，故障排除。

5.9 采用不对称电阻器的单向运转反接制动控制电路

工作原理（图 5.44）

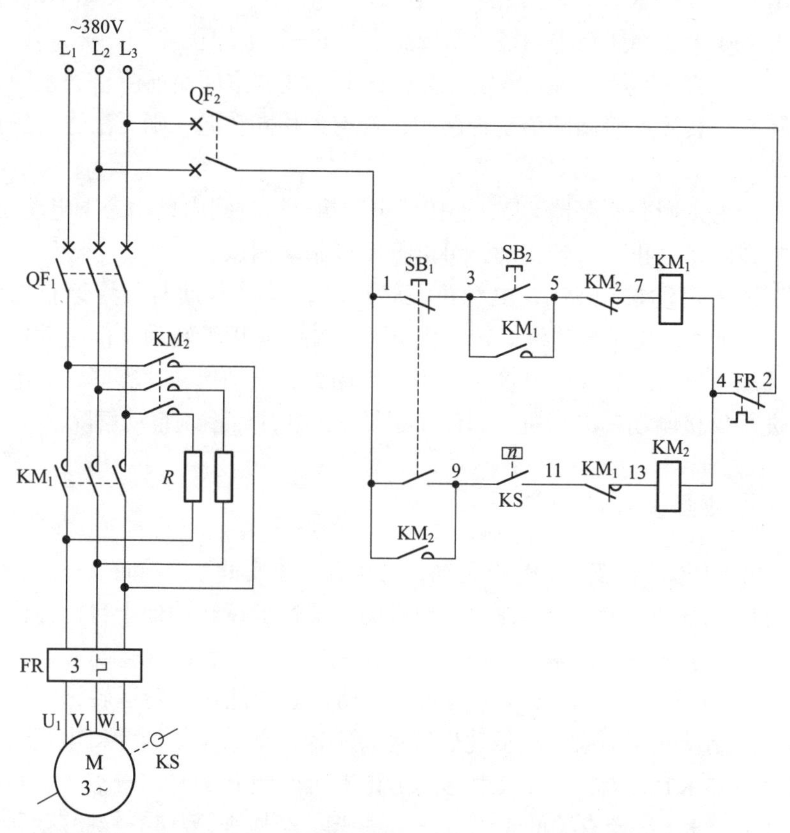

图 5.44　采用不对称电阻器的单向运转反接制动控制电路原理图

启动时，按下启动按钮 SB_2（3–5），交流接触器 KM_1 线圈得电吸合且 KM_1 辅助常开触点（3–5）闭合自锁，KM_1 辅助常闭触点（11–13）断开，起互锁作用，KM_1 三相主触点闭合，电动机得电正转启动运转。当电动机的转速达到 120r/min 时，速度继电器 KS 常开触点（9–11）闭合，为反接制动做准备。

制动时，将停止按钮 SB_1 按到底，首先 SB_1 的一组常闭触点（1–3）

断开，切断交流接触器 KM_1 线圈回路电源，KM_1 线圈断电释放，KM_1 辅助常开触点（3-5）断开，解除自锁，KM_1 三相主触点断开，电动机失电但仍靠惯性继续转动。与此同时，KM_1 辅助常闭触点（11-13）恢复常闭，与早已闭合的 KS 常开触点（9-11）及已闭合的 SB_1 的另一组常开触点（1-9）共同使交流接触器 KM_2 线圈得电吸合且 KM_2 辅助常开触点（1-9）闭合自锁，KM_2 三相主触点闭合，串入不对称电阻器 R 给电动机提供反转电源，也就是反接制动电源。这样，原来正转仍靠惯性转动的电动机加上了反转电源，电动机的转速会迅速降下来。当电动机的转速低至 100r/min 时，速度继电器 KS 常开触点（9-11）断开，切断交流接触器 KM_2 线圈回路电源，KM_2 线圈断电释放，KM_2 辅助常开触点（1-9）断开，解除自锁，KM_2 三相主触点断开，切断电动机反转电源，也就是反接制动电源解除，制动过程结束。

电路布线图（图 5.45）

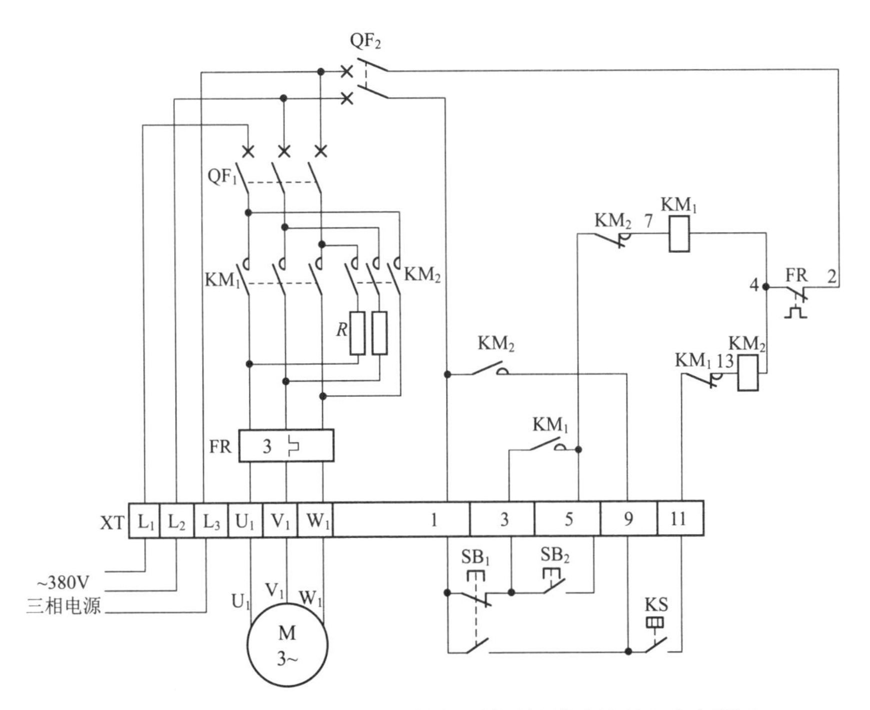

图 5.45 采用不对称电阻器的单向运转反接制动控制电路布线图

从图5.45中可以看出，XT为接线端子排，通过端子排XT来区分电气元件的安装位置，XT的上方为放置在配电箱内底板上或底部位置的电气元件，XT的下方为外接或引至配电箱门面板上的电气元件。

从端子排XT上看，共有11个接线端子。其中，L_1、L_2、L_3这3根线为由外引入配电箱的三相交流380V电源，并穿管引入；U_1、V_1、W_1这3根线为电动机线，穿管接至电动机接线盒内的U_1、V_1、W_1上；1、3、5、9这4根线为控制线，接至配电箱门面板上的按钮开关SB_1、SB_2上；9、11这2根线为速度继电器控制线，穿管外接至速度继电器KS上。

电路接线图（图5.46）

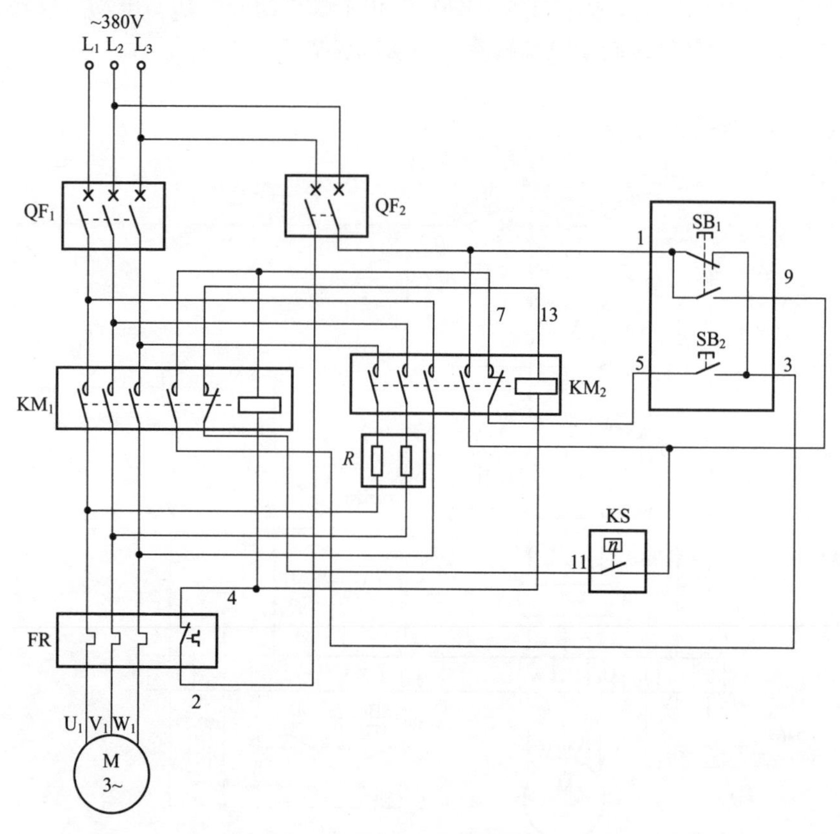

图5.46 采用不对称电阻器的单向运转反接制动控制电路实际接线

元器件安装排列图及端子图（图 5.47）

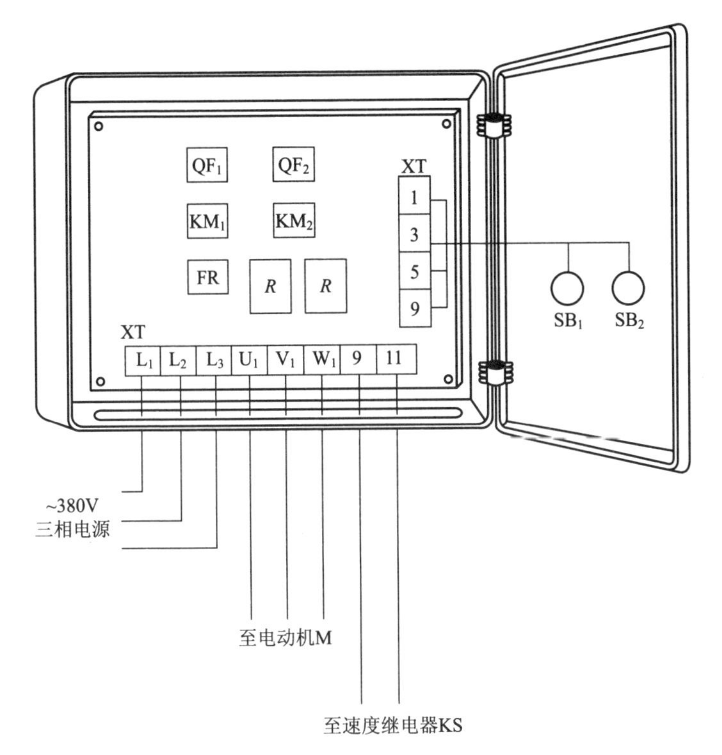

图 5.47 采用不对称电阻器的单向运转反接制动控制电路元器件安装排列图及端子图

从图 5.47 中可以看出，断路器 QF_1、QF_2，交流接触器 KM_1、KM_2，电阻器 R，热继电器 FR 安装在配电箱内底板或底部位置上；按钮开关 SB_1、SB_2 安装在配电箱门面板上；速度继电器 KS 外接至电动机处。

通过端子 L_1、L_2、L_3 将三相交流 380V 电源接入配电箱中。

端子 U_1、V_1、W_1 接至电动机接线盒中的 U_1、V_1、W_1 上。

端子 1、3、5、9 将配电箱内的器件与配电箱门面板上的按钮开关 SB_1、SB_2 连接起来。

端子 9、11 外接至速度继电器 KS 上。

按钮接线图（图 5.48）

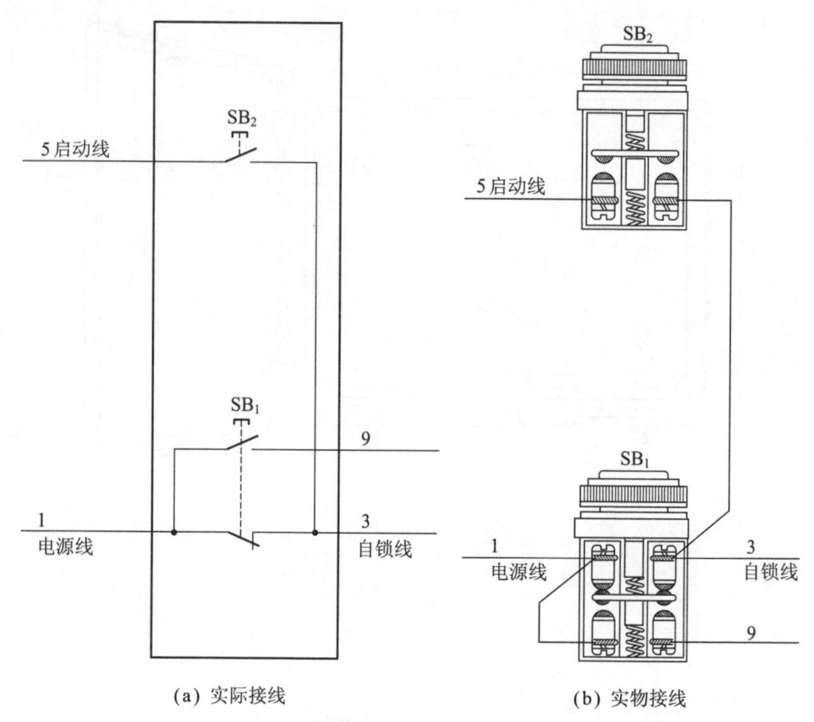

(a) 实际接线　　(b) 实物接线

图 5.48　采用不对称电阻器的单向运转反接制动控制电路按钮接线

电气元件作用表（表 5.9）

表 5.9　电气元件作用表

符　号	名称、型号及规格	器件外形及相关部件介绍		作　用
QF_1	断路器 CDM1-63 50A，三极		三极断路器	主回路短路保护

续表 5.9

符 号	名称、型号及规格	器件外形及相关部件介绍		作 用
QF_2	断路器 DZ47-63 6A 二极	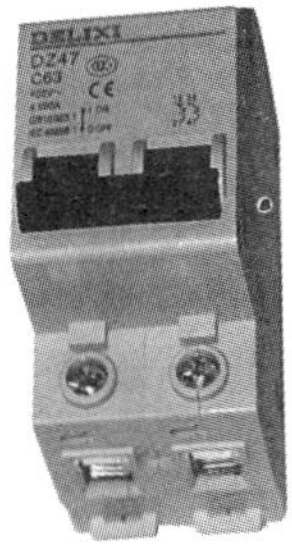 DELIXI DZ47 C63	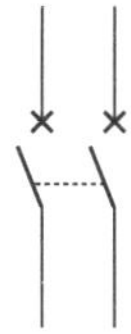 二极断路器	控制回路短路保护
KM_1	交流接触器 CJX2-2510 带 F4-22 辅助触点 线圈电压 380V	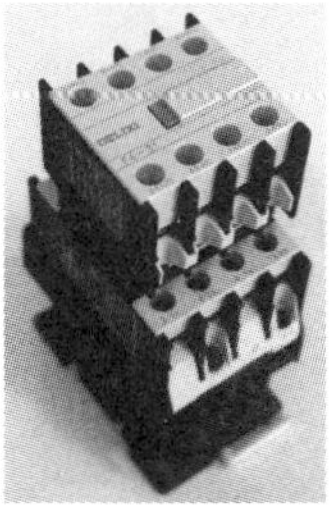	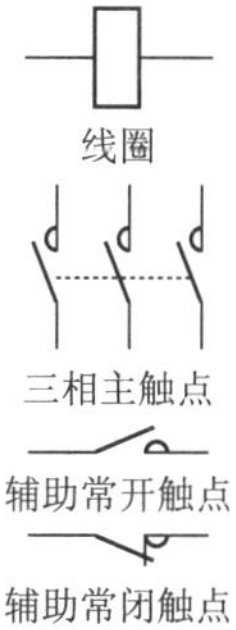 线圈 三相主触点 辅助常开触点 辅助常闭触点	控制电动机电源
KM_2				控制电动机反接制动电源
FR	热继电器 JRS1D-25 17~25A	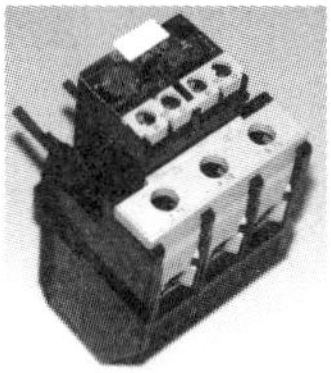	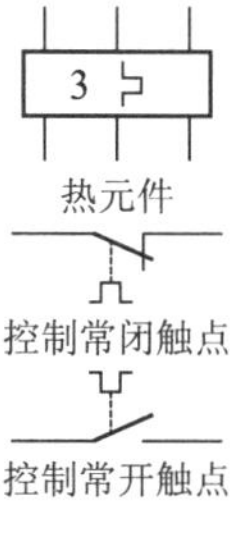 3 热元件 控制常闭触点 控制常开触点	电动机过载保护
R	限流电阻器 ZX2	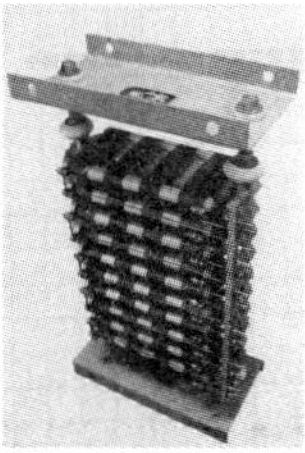	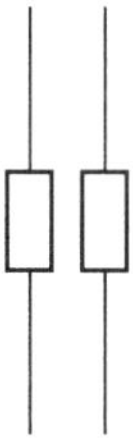	限制反接制动电流

续表 5.9

符　号	名称、型号及规格	器件外形及相关部件介绍		作　用
SB_1	按钮开关 LAY7		一组常开触点 一组常闭触点	停止电动机用及反接制动启动用
SB_2			常开触点	启动电动机用
KS	速度继电器 JY1		常开触点	反接制动控制用
M	三相异步电动机 Y180L-8 11kW，25.1A 730r/min		M 3~	拖动

依据电气元件作用表给出的相关技术数据选择导线，本电路所配电动机型号为 Y180L-8、功率为 11kW、电流为 25.1A。其电动机线 U_1、V_1、W_1 可选用 BV6mm^2 导线；电源线 L_1、L_2、L_3 可选用 BV6mm^2 导线；控制线 1、3、5、9、11 可选用 BVR 1.0mm^2 导线。

电路调试

断开主回路断路器 QF_1，合上控制回路断路器 QF_2，对控制回路进行调试。

正转控制回路调试：按下启动按钮 SB_2，交流接触器 KM_1 线圈应得电吸合动作并自锁，若能，说明正转控制回路正常。

反转控制回路调试：先将停止按钮 SB_1 按到底，交流接触器 KM_2 线圈不能吸合，这是对的，因为速度继电器 KS 常开触点（9-11）串联在 KM_2 线圈回路中，它处于断开状态，所以电路不工作。再将速度继电器 KS 常开触点（9-11）短接起来后，按 SB_1 试之，若交流接触器 KM_2 线圈能得电吸合还能锁住，说明反转（反接制动）控制回路正常。

与此同时，还应检查正转，反转的互锁情况，若正常，说明 KM_2 串联在正转交流接触器 KM_1 线圈回路中的常闭触点（5-7）和 KM_1 串联在反转交流接触器 KM_2 线圈回路中的常闭触点（11-13）均正常。

合上主回路断路器 QF_1，带负荷进行调试。在合上 QF_2 之前，还要检查 KM_2 主触点是否倒相，KM_2 回路中是否串联了电阻器 R，热继电器整定电流是否整定好。按下启动按钮 SB_2 后立即轻轻按下停止按钮 SB_1，确定电动机的转向是否正确，若不正常则改为正确。

上述工作做好后，按下启动按钮 SB_2，观察电动机是否能正转连续运转，若能，说明正转运转正常。再将停止按钮 SB_1 按到底，观察电动机是否能正转停止仍惯性转动后又得电反转运转，并立即制动骤停，且反转控制解除，若能，说明反转（反接制动）制动回路及主回路均正确。

常见故障及排除方法

（1）电动机运转后，将停止按钮 SB_1 按到底，电动机骤停一下后又反转低速连续运转不停机。此故障原因为速度继电器 KS 常开触点（9-11）损坏断不开。解决方法很简单，更换一只速度继电器 KS 即可。

（2）电动机运转一段时间后自动停机，反复试之均出现此现象。此故障原因可能是热继电器整定电流整定值过小。重新将热继电器整定值设置为电动机额定电流即可。

第 6 章

供排水控制电路

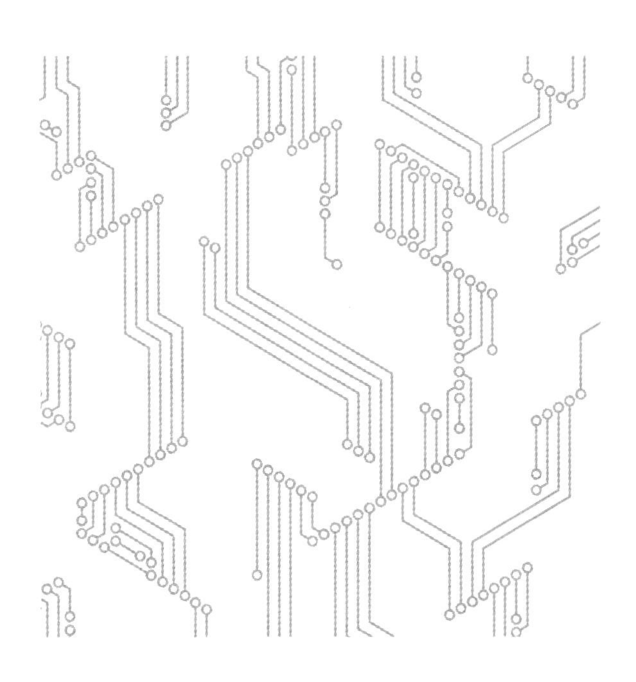

6.1 电接点压力表自动控制电路

工作原理（图 6.1）

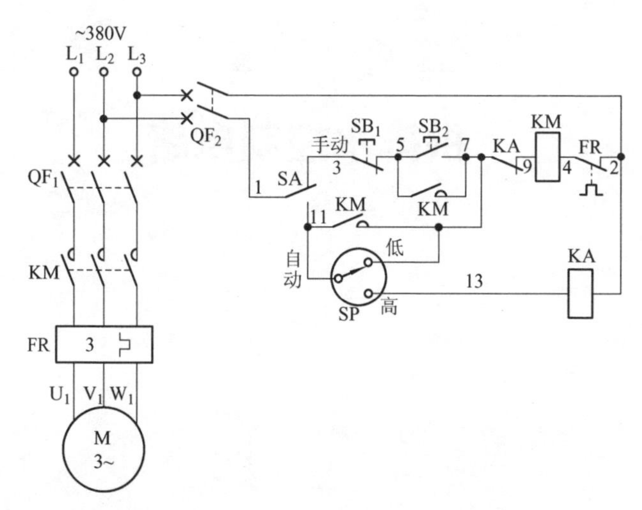

图 6.1　电接点压力表自动控制电路原理图

首先，合上主回路断路器 QF_1 和控制回路断路器 QF_2，为电路工作提供准备条件。

手动时，将选择开关 SA 置于手动位置，其触点（1–3）闭合。需手动启动则按下启动按钮 SB_2，其常开触点（5–7）闭合，接通交流接触器 KM 线圈回路电源，KM 线圈得电吸合且 KM 辅助常开触点（5–7）闭合自锁，KM 三相主触点闭合，水泵电动机得电启动运转。需说明一下，KM 的另一组辅助常开触点（7–11）虽然闭合，手动时无用，只在自动时起作用。手动停止则按下停止按钮 SB_1（3–5）即可。

自动时，将选择开关 SA 置于自动位置，其触点（1–11）闭合。若管道压力低于电接点压力表 SP 下限值时，SP 触点（7–11）闭合，接通交流接触器 KM 线圈回路电源，KM 线圈得电吸合，KM 辅助常开触点（7–11）闭合自锁，KM 三相主触点闭合，水泵电动机得电启动运转。随着管道压力的逐渐升高，当压力达到电接点压力表上限值时，SP 触点（11–13）闭合，接通中间继电器 KA 线圈回路电源，KA 线圈得电吸合，KA 常闭触点（7-9）断开，切断交流接触器 KM 线圈回路电源，KM 线圈断电释放，KM 辅助常开触点（7-11）断开，解除自锁；KM 三相主触点断开，水泵电动机失电停止运转，从而实现自动控制。

电路布线图（图 6.2）

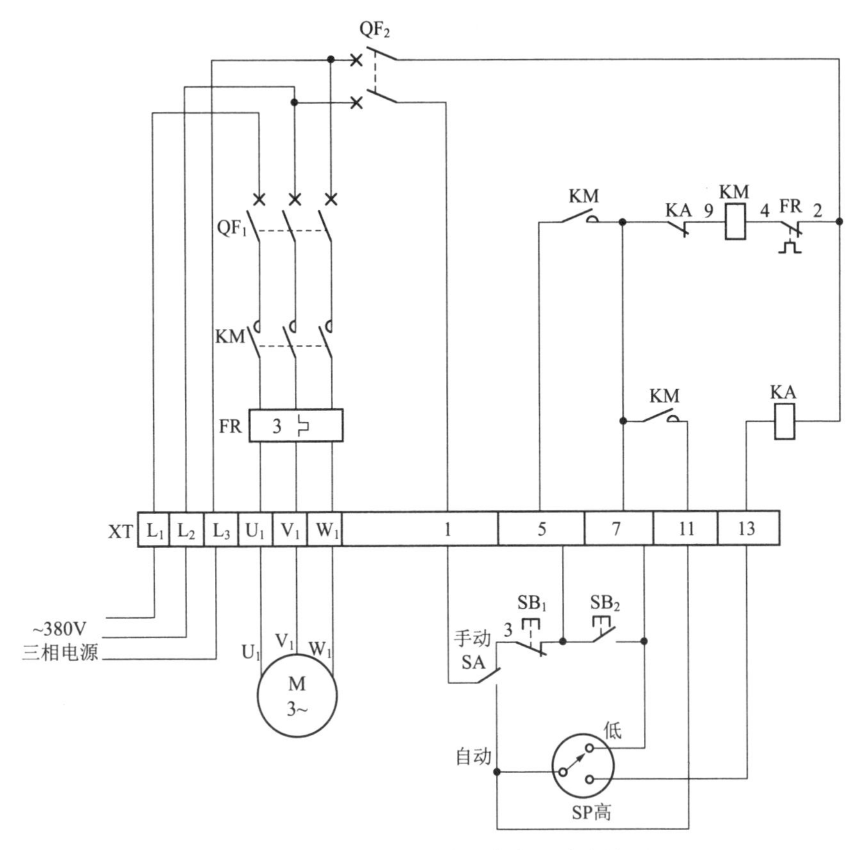

图 6.2 电接点压力表自动控制电路布线图

从图 6.2 中可以看出，XT 为接线端子排，通过端子排 XT 来区分电气元件的安装位置，XT 的上方为放置在配电箱内底板上的电气元件，XT 的下方为外接或引至配电箱门面板上的电气元件。

从端子排 XT 上看，共有 11 个接线端子。其中，L_1、L_2、L_3 这 3 根线为由外引入配电箱的三相交流 380V 电源，并穿管引入；U_1、V_1、

W_1这3根线为电动机线，穿管接至电动机接线盒内的U_1、V_1、W_1上；1、5、7、11 这 4 根线为控制线，接至配电箱门面板上的按钮开关 SB_1、SB_2 及选择开关 SA 上；7、11、13 这 3 根线为电接点压力表线，穿管外接至电接点压力表上。

电路接线图（图 6.3）

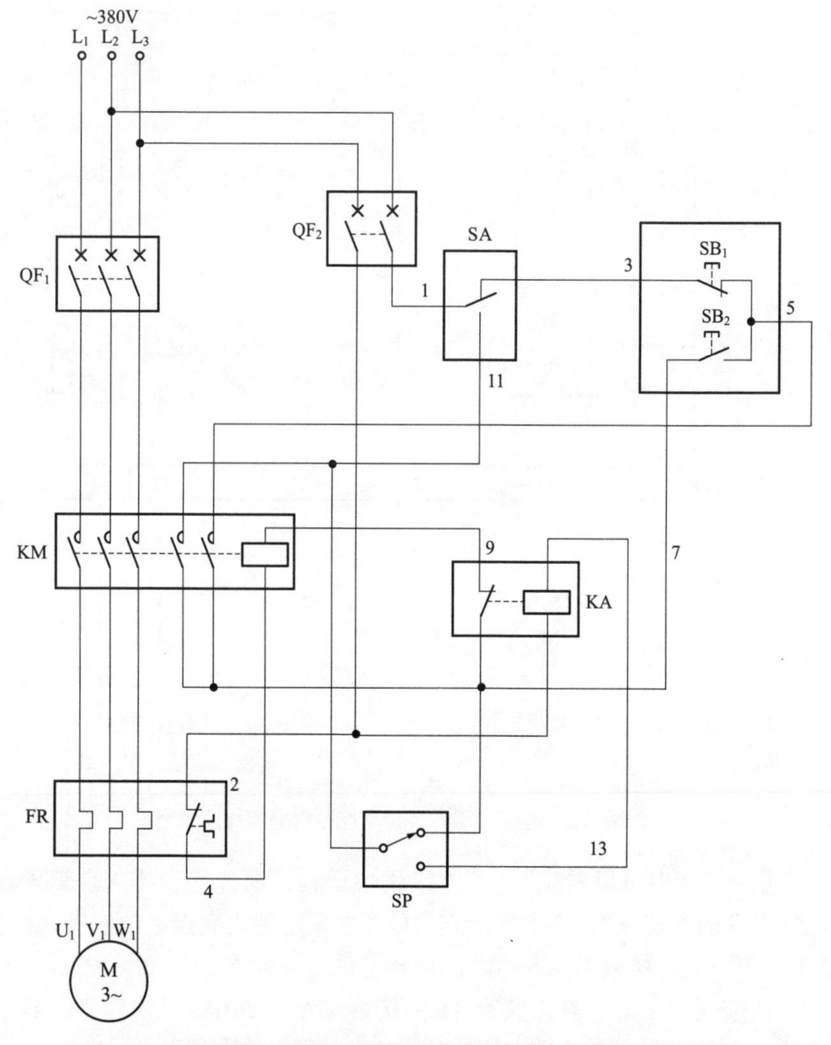

图 6.3　电接点压力表自动控制电路实际接线

元器件安装排列图及端子图（图 6.4）

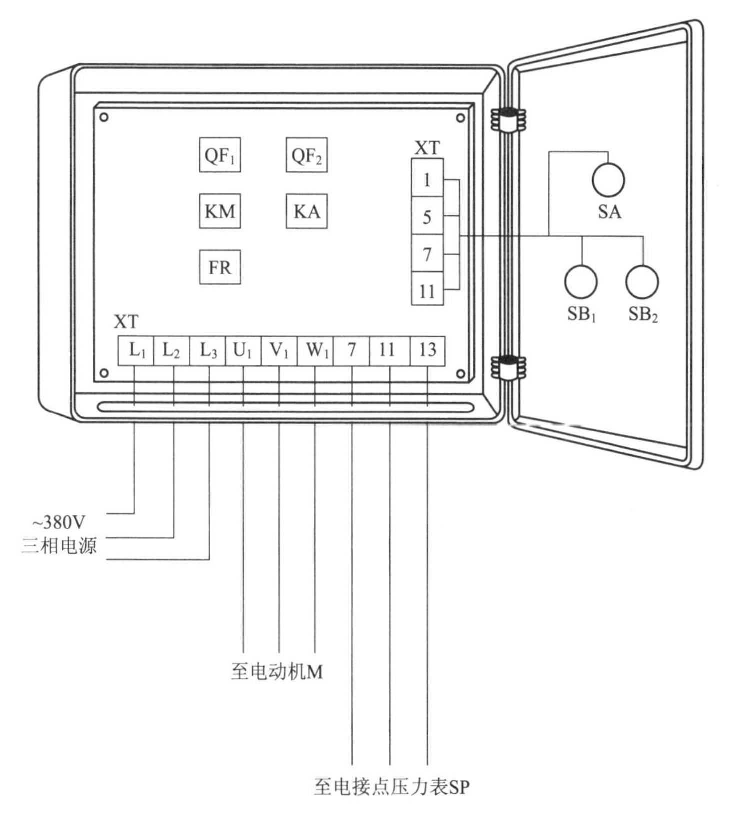

图 6.4 电接点压力表自动控制电路元器件安装排列图及端子图

从图 6.4 中可以看出，断路器 QF_1、QF_2，交流接触器 KM，中间继电器 KA，热继电器 FR 安装在配电箱内底板上；按钮开关 SB_1、SB_2 及选择开关 SA 安装在配电箱门面板上。

通过端子 L_1、L_2、L_3 将三相交流 380V 电源接入配电箱中。

端子 U_1、V_1、W_1 接至电动机接线盒中的 U_1、V_1、W_1 上。

端子 1、5、7、11 将配电箱内的器件与配电箱门面板上的按钮开关 SB_1、SB_2 及选择开关 SA 连接起来。

端子 7、11、13 接至电接点压力表 SP 上。

按钮接线图（图 6.5）

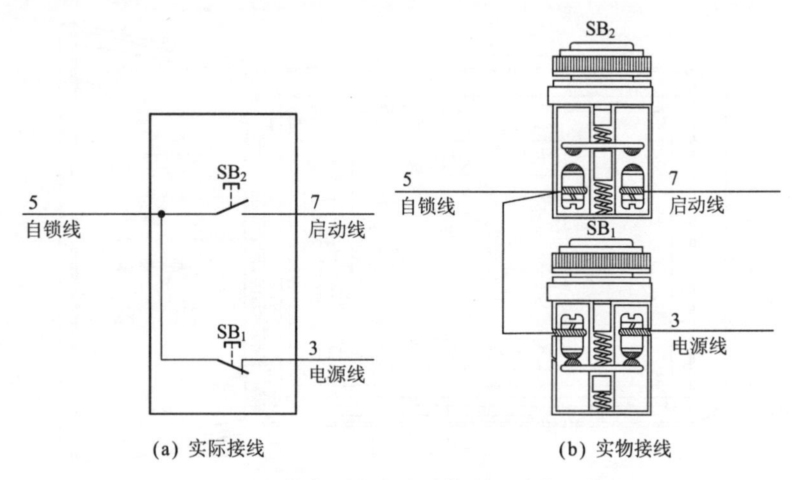

图 6.5　电接点压力表自动控制电路按钮接线

电气元件作用表（表 6.1）

表 6.1　电气元件作用表

符　号	名称、型号及规格	器件外形及相关部件介绍		作　用
QF_1	断路器 DZ108-63 28~40A 三极		三极断路器	主回路短路保护
QF_2	断路器 DZ47-63 6A 二极		二极断路器	控制回路短路保护

续表 6.1

符　号	名称、型号及规格	器件外形及相关部件介绍		作　用
KM	交流接触器 CDC10-20 线圈电压 380V		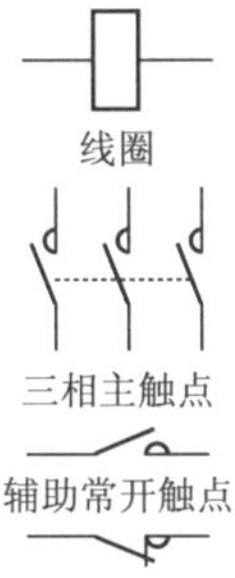 线圈 三相主触点 辅助常开触点 辅助常闭触点	控制电动机电源
KA	中间继电器 JZ7-44 5A 线圈电压 380V		 常开触点 常闭触点 线圈	压力上限停止控制用
FR	热继电器 JR36-20 14~22A		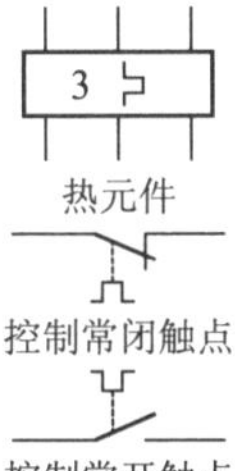 3 热元件 控制常闭触点 控制常开触点	电动机过载保护
SA	选择开关 LAY7-11X′2 旋钮式二挡		 转换触点	自动 / 手动选择用

续表 6.1

符　号	名称、型号及规格	器件外形及相关部件介绍		作　用
SB_1	按钮开关 LAY8		常闭触点	停止电动机用
SB_2			常开触点	启动电动机用
SP	电接点压力表 YXC-150		转换触点	压力自动控制用
M	三相异步电动机 Y160M-6 7.5kW，17A 970r/min		M 3~	拖动

依据电气元件作用表给出的相关技术数据选择导线，本电路所配电动机型号为 Y160M-6、功率为 7.5kW、电流为 17A。其电动机线 U_1、V_1、W_1 可选用 BV4mm^2 导线；电源线 L_1、L_2、L_3 可选用 BV4mm^2 导线；控制线 1、5、7、11、13 可选用 BVR 1.0mm^2 导线。

电路调试

断开主回路断路器 QF_1，合上控制回路断路器 QF_2，进行控制回路调试。

手动控制回路调试：将选择开关 SA 置于手动位置，按下启动按钮 SB_2（5-7），此时配电箱内的交流接触器 KM 线圈应吸合且自锁，若能，说明手动启动回路正确；再按下停止按钮 SB_1（3-5），交流接触器 KM 线圈应断电释放，若能，说明手动停止回路正确。注意，按下

启动按钮 SB_2 后，也就是交流接触器 KM 线圈得电吸合后，用螺丝刀顶一下中间继电器 KA 触点可动部件，相当于中间继电器线圈得电吸合状态，若交流接触器 KM 线圈断电释放，说明中间继电器 KA 串联在 KM 线圈回路中的常闭触点（7-9）正确无误。

自动控制回路调试：将选择开关 SA 置于自动位置，若此时交流接触器 KM 线圈应能得电吸合且自锁，再将压力继电器 SP 上的低端线拆下，此时若 KM 线圈仍得电吸合，说明 SP 低端线及自锁回路正确；再手动将电接点压力表 SP 上的设置钮调至高端位置，也就是人为使电接点压力表上的公共线与高端线连接，此时中间继电器 KA 线圈应吸合动作，若能，将交流接触器 KM 线圈断电释放，说明高端停止正确。最后将拆下来的低端线重新连好，整个控制回路正确无误。根据压力要求设置电接点压力表的上限、下限值。

在调试主回路时，最好将水泵电动机与泵体连接脱开，通电转向正确后再恢复，以免电动机转向错误损坏泵体。合上主回路断路器 QF_1，通过手动方式进行调试，观察电动机运转是否正常，无振动、发热、异响等情况，若正常，停泵关掉电源，并将热继电器电流设置正确即可。

常见故障及排除方法

（1）在手动位置时，无需按下启动按钮 SB_2（5-7），直接启泵。遇到此故障，可送电听配电箱内是否有接触器吸合动作响声，若无，原因为 KM 触点粘连，机械部分卡住、铁芯极面脏释放缓慢；若有则为启动按钮 SB_2 损坏后触点断不开，有碰线现象出现，如 7# 线与 1# 线、3# 线、5# 线相碰等。通过现场检查为 3# 线脱落碰到 7# 线端子上所致，恢复接线后，故障排除。

（2）在自动控制时，压力很低，一启泵就停止，重复出现。此故障为并联在电接点压力表公共线与低端线之间的 KM 辅助常开触点（7-11）闭合不了所致，也就是说，自动时无自锁回路，在压力下限时，能启泵，一旦压力稍微升高，SP 公共端与低端就断开，切断 KM 线圈回路。经检查为 KM 辅助常开触点（7-11）端子上的 11# 线脱落了，恢复接线后，故障排除。

6.2 防止抽水泵空抽保护电路

工作原理（图 6.6）

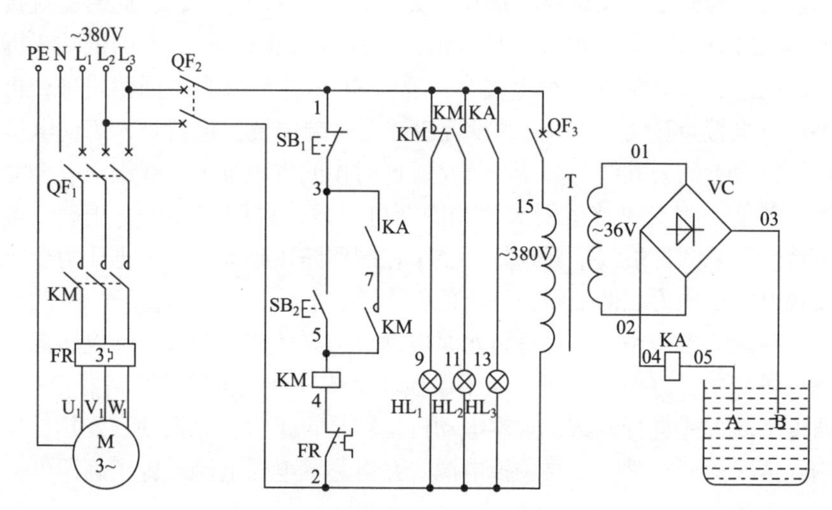

图 6.6　防止抽水泵空抽保护电路原理图

合上主回路保护断路器 QF_1、控制回路保护断路器 QF_2、控制变压器保护断路器 QF_3，电动机停止兼电源指示灯 HL_1 亮，说明电动机已停止且电源有电，若此时指示灯 HL_3 亮，则说明水池内有水。若水池有水，探头 A、B 被水短接，小型灵敏继电器 KA 线圈得电吸合，KA 的两组常开触点均闭合，一组常开触点（1-13）闭合，为水池有水指示；另一组常开触点（3-7）闭合，作为 KM 自锁信号，为允许自锁提供条件。

启动时，按下启动按钮 SB_2（3-5），交流接触器 KM 线圈得电吸合且 KM 辅助常开触点（5-7）闭合自锁，KM 三相主触点闭合，水泵电动机得电启动运转，带动水泵进行抽水；同时指示灯 HL_1 灭，HL_2 亮，说明水泵电动机已运转了。当水池内无水时，探头 A、B 悬空，小型灵敏继电器 KA 线圈断电释放，KA 的一组常开触点（3-7）断开，切断交流接触器 KM 线圈回路电源，KM 线圈断电释放，KM 辅助常开触点（5-7）断开，解除自锁，KM 三相主触点断开，水泵电动机失电停止运转，水泵停止抽水；同时，指示灯 HL_2 灭，HL_1 亮，说明水泵电动机已停止运转；同时，KA 的另一组常开触点（1-13）断开，指示灯 HL_3 灭，说明水池已无水。通过以上控制可有效地防止出现抽水泵空抽现象，起到保护作用。

电路布线图（图 6.7）

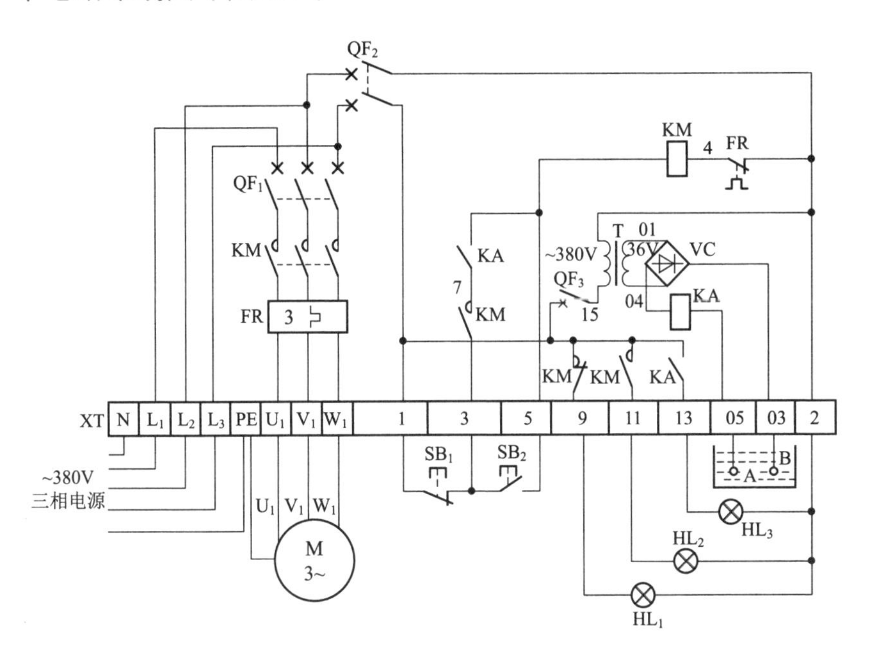

图 6.7　防止抽水泵空抽保护电路布线图

从图 6.7 中可以看出，XT 为接线端子排，通过端子排 XT 来区分电气元件的安装位置，XT 的上方为放置在配电箱内底板上的电气元件，XT 的下方为外接或引至配电箱门面板上的电气元件。

从端子排 XT 上看，共有 17 个接线端子。其中，L_1、L_2、L_3、N、PE 这 5 根线为由外引入配电箱的三相交流 380V 电源，并穿管引入；U_1、V_1、W_1、PE 这 4 根线为电动机线，穿管接至电动机接线盒内的 U_1、V_1、W_1 端子及外壳上；1、3、5、9、11、13、2 这 7 根线为控制线，接至配电箱门面板上的按钮开关 SB_1、SB_2，指示灯 HL_1、HL_2、HL_3 上；05、03 这 2 根线为探头线，穿管接至水池处。

电路接线图（图 6.8）

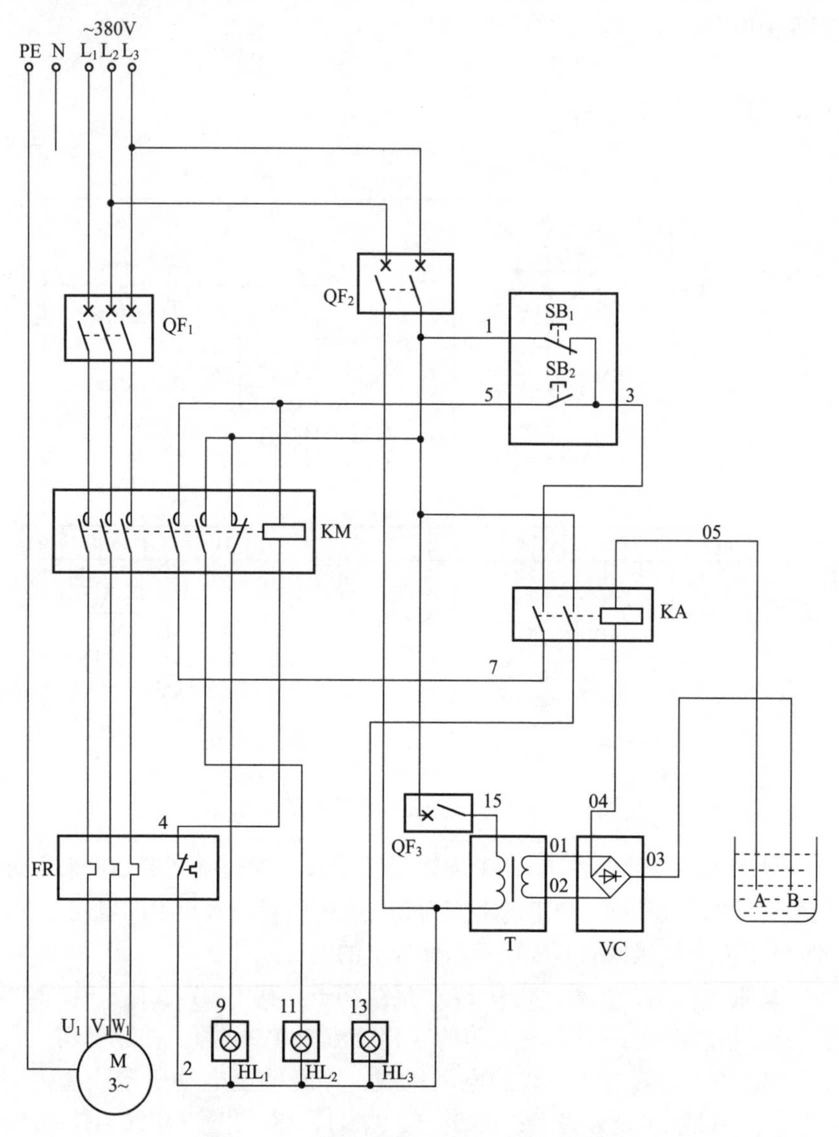

图 6.8　防止抽水泵空抽保护电路实际接线

元器件安装排列图及端子图（图 6.9）

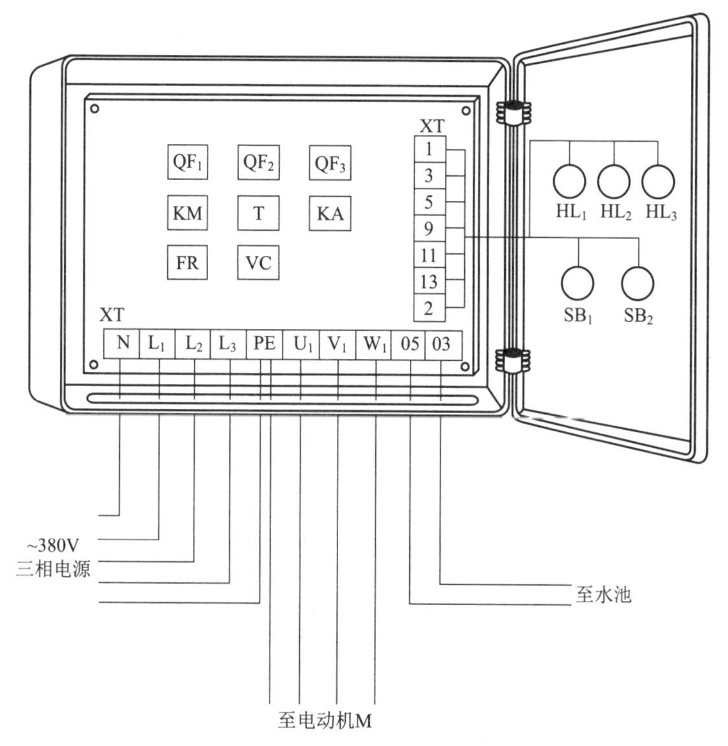

图 6.9 防止抽水泵空抽保护电路元器件安装排列图及端子图

从图 6.9 中可以看出，断路器 QF_1、QF_2、QF_3，交流接触器 KM，小型灵敏继电器 KA，变压器 T，整流桥 VC，热继电器 FR 安装在配电箱内底板上；按钮开关 SB_1、SB_2，指示灯 HL_1、HL_2、HL_3 安装在配电箱门面板上。

通过端子 L_1、L_2、L_3、N、PE 将三相交流 380V 电源接入配电箱中。

端子 U_1、V_1、W_1、PE 接至电动机接线盒中的 U_1、V_1、W_1 及外壳上。

端子 1、3、5、9、11、13、2 将配电箱内的器件与配电箱门面板上的按钮开关 SB_1、SB_2，指示灯 HL_1、HL_2、HL_3 连接起来。

端子 05、03 接至水池处。

按钮接线图（图 6.10）

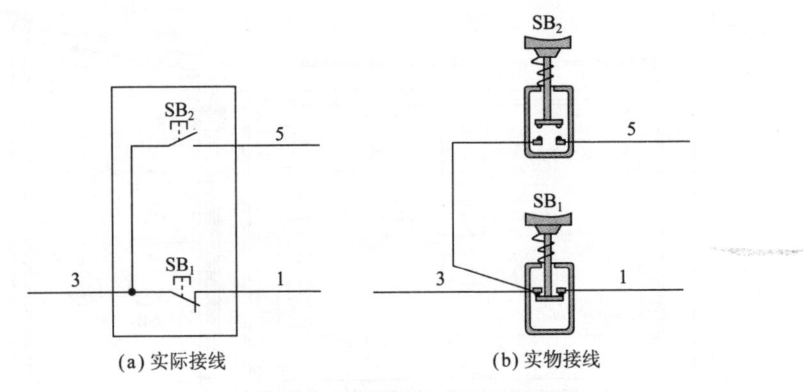

(a) 实际接线　　(b) 实物接线

图 6.10　防止抽水泵空抽保护电路按钮接线

电气元件作用表（表 6.2）

表 6.2　电气元件作用表

符　号	名称、型号及规格	器件外形及相关部件介绍		作　用
QF_1	断路器 DZ47-63 40A 三极	DELIXI DZ47 C6	三极断路器	主回路短路保护
QF_2	断路器 DZ47-63 6A 二极	DELIXI DZ47 C63	二极断路器	控制回路短路保护

续表 6.2

符　号	名称、型号及规格	器件外形及相关部件介绍		作　用
QF_3	断路器 DZ47-63 6A 单极	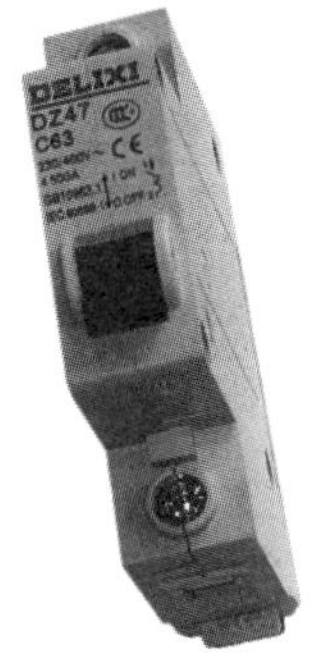DELIXI DZ47 C63	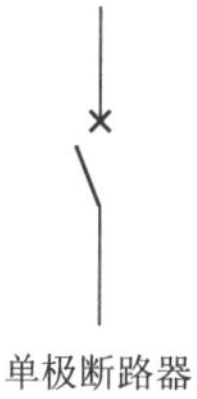单极断路器	控制变压器短路保护
KM	交流接触器 CJX2-2510 带 F4-22 辅助触点 线圈电压 380V	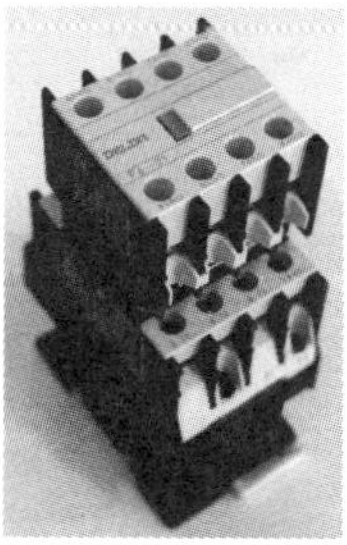	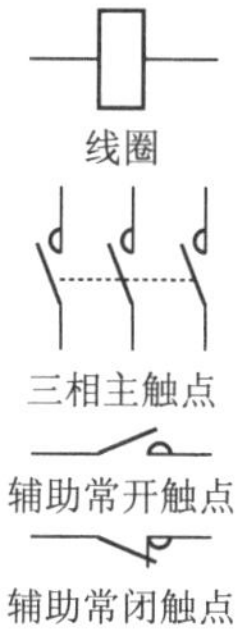线圈 三相主触点 辅助常开触点 辅助常闭触点	控制电动机电源
T	小型电源变压器 BK-25V 220V/36V	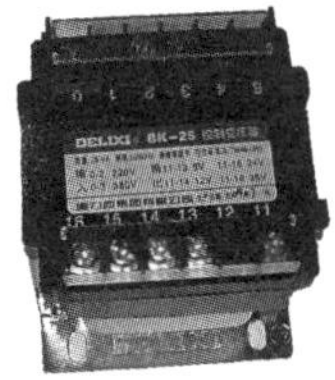DELIXI BK-25	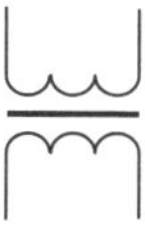	变压（降低电压）
KA	小型灵敏继电器 JTX-3C 线圈电压 36V	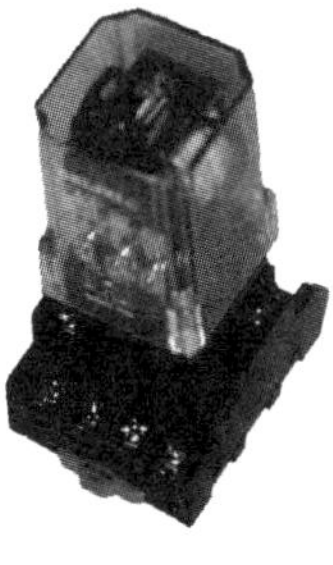	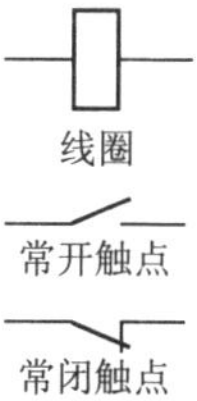线圈 常开触点 常闭触点	无水抽干保护用

续表 6.2

符号	名称、型号及规格	器件外形及相关部件介绍		作用
FR	热继电器 JRS1D-25 17~25A		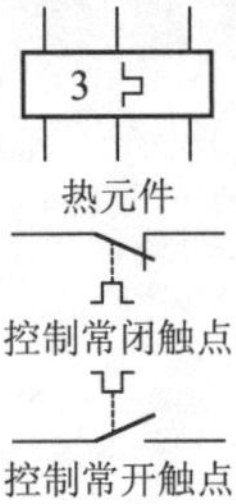 热元件 控制常闭触点 控制常开触点	电动机过载保护
VC	整流桥		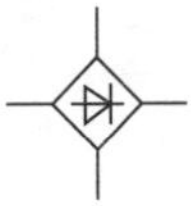	将交流电变成直流电
HL_1	指示灯 LD11-22 电压 380V			电源及停止指示
HL_2				运转指示
HL_3				水池有水指示
SB_1	按钮开关 LAY7		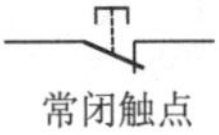 常闭触点	停止电动机用
SB_2			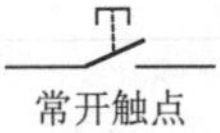 常开触点	启动电动机用
M	三相异步电动机 Y160L-8 7.5kW，17.7A 720r/min		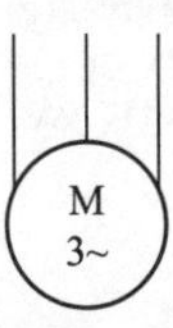 M 3~	拖动

依据电气元件作用表给出的相关技术数据选择导线，本电路所配电动机型号为Y160L-8、功率为7.5kW、电流为17.7A。其电动机线U_1、V_1、W_1可选用BV4mm^{2}导线；电源线L_1、L_2、L_3可选用BV4mm^{2}导线；控制线1、3、5、9、11、13、2可选用BVR1.0mm^{2}导线。

电路调试

断开主回路断路器QF_1，合上控制回路断路器QF_2，对控制回路进行调试。

此时指示灯HL_1应亮，说明电路有电且处于停止状态。按下启动按钮后为点动状态，KM线圈回路不能自锁，若是，再将3#线与5#线短接起来，此时小型灵敏继电器KA线圈应得电吸合动作，若是，指示灯HL_3应亮，说明防抽空回路正常。最后再次按下启动按钮SB_2，若此时KM线圈得电吸合且能锁住，同时指示灯HL_1灭，HL_2亮，按下停止按钮SB_1后，KM线圈能断电释放，HL_2灭，HL_1亮，说明整个控制回路正确无误，调试完毕。

合上主回路断路器QF_1，调试主回路，并正确设置电流值。因主回路很简单，不再讲述。

常见故障及排除方法

（1）按下启动按钮SB_2后为点动状态，无法自锁。遇到此故障，首先看指示灯HL_3是否亮，若不亮，则为防空抽电路有问题，若亮，则为3#线、7#线、5#线之间的KA、KM触点有问题。现场观察指示灯HL_3不亮，逐步检查为QF_3未合上，合上QF_3后，KA线圈得电吸合，HL_3亮，再按下SB_2后，KM线圈能得电吸合且自锁，故障排除。

（2）交流接触器KM线圈得电吸合后，按停止按钮SB_1无效，也就是说停止不了，此时即使断开控制回路断路器QF_2也无效，在断开QF_2几分钟后交流接触器KM自行释放。此故障通常为交流接触器KM铁心极面有油污或极面脏造成延时释放。解决方法很简单，将交流接触器拆开，用干布加细砂纸清除动、静铁心极面污物即可。

6.3 供排水手动 / 定时控制电路

工作原理（图 6.11）

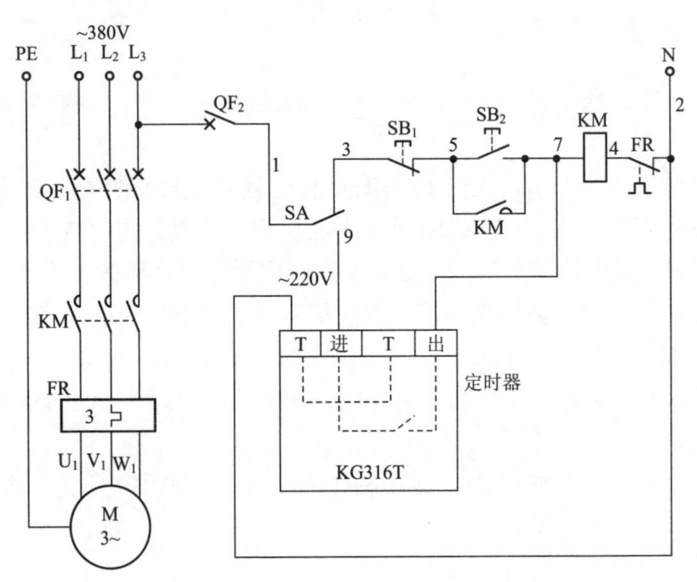

图 6.11　供排水手动 / 定时控制电路原理图

将手动 / 定时选择开关 SA 置于手动位置（1–3），按下启动按钮 SB_2（5–7），交流接触器 KM 线圈得电吸合且 KM 辅助常开触点（5–7）闭合自锁，KM 三相主触点闭合，电动机得电启动运转。

将自动 / 定时选择开关 SA 置于定时位置（1–9），并将时控开关 KG316T 按要求参照说明书设置好。到了定时开机时间时，时控开关 KG316T 内部继电器线圈吸合动作，接通进、出两端，交流接触器 KM 线圈得电吸合，KM 三相主触点闭合，电动机得电启动运转工作；到了定时关机时间时，KG316T 内部继电器线圈断电释放，其触点断开进、出两端，从而切断了交流接触器 KM 线圈的回路电源，KM 线圈断电释放，KM 三相主触点断开，电动机失电停止运转。

电路布线图（图 6.12）

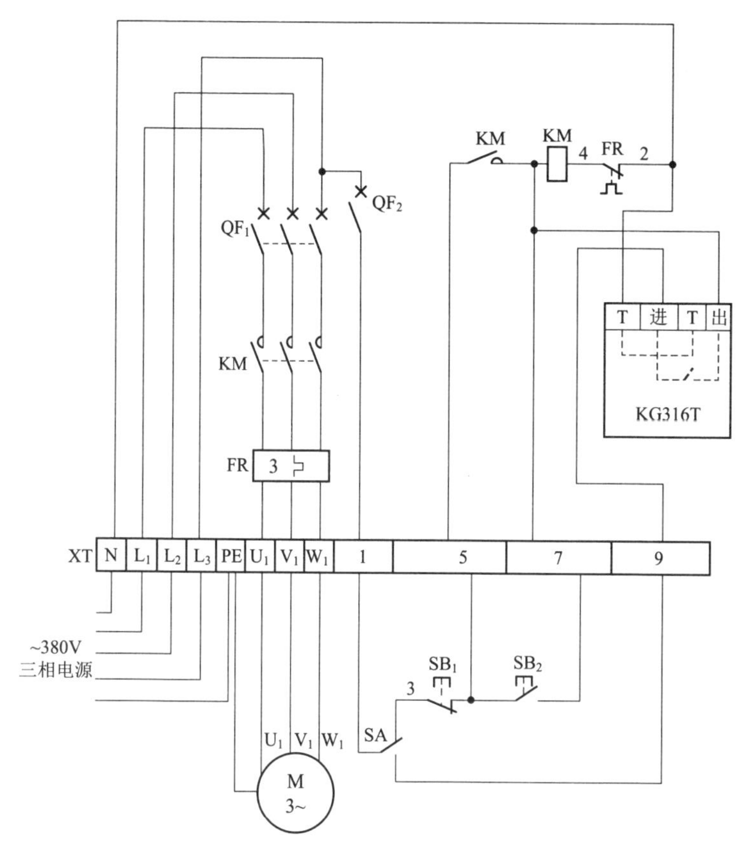

图 6.12 供排水手动 / 定时控制电路布线图

从图 6.12 中可以看出，XT 为接线端子排，通过端子排 XT 来区分电气元件的安装位置，XT 的上方为放置在配电箱内底板上的电气元件，XT 的下方为外接或引至配电箱门面板上的电气元件。

从端子排 XT 上看，共有 12 个接线端子。其中，L_1、L_2、L_3、N、PE 这 5 根线为由外引入配电箱的三相交流 380V 电源，并穿管引入；U_1、V_1、W_1 这 3 根线为电动机线，穿管接至电动机接线盒内的 U_1、V_1、W_1 及外壳上；1、5、7、9 这 4 根线为控制线，接至配电箱门面板上的按钮开关 SB_1、SB_2，选择开关 SA 上。

电路接线图（图 6.13）

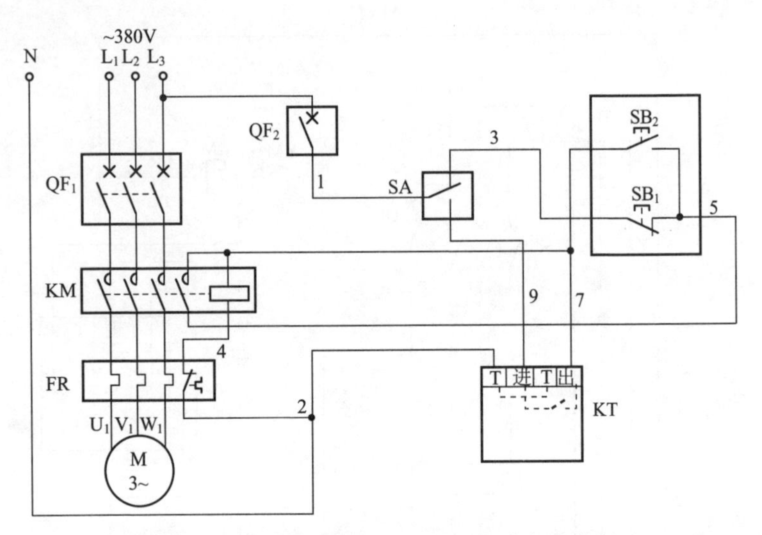

图 6.13　供排水手动 / 定时控制电路实际接线

元器件安装排列图及端子图（图 6.14）

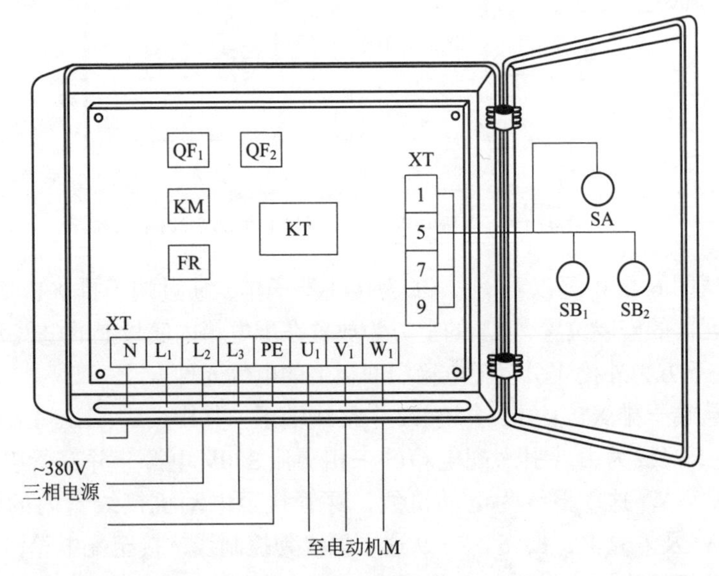

图 6.14　供排水手动 / 定时控制电路元器件安装排列图及端子图

从图 6.14 中可以看出，断路器 QF_1、QF_2，交流接触器 KM，KT（定时器 KG316T），热继电器 FR 安装在配电箱内底板上；按钮开关 SB_1、SB_2 及选择开关 SA 安装在配电箱门面板上。

通过端子 L_1、L_2、L_3 将三相交流 380V 电源接入配电箱中。

端子 U_1、V_1、W_1 接至电动机接线盒中的 U_1、V_1、W_1 上。

端子 1、5、7、9 将配电箱内的器件与配电箱门面板上的按钮开关 SB_1、SB_2，选择开关 SA 连接起来。

◆按钮接线图（图 6.15）

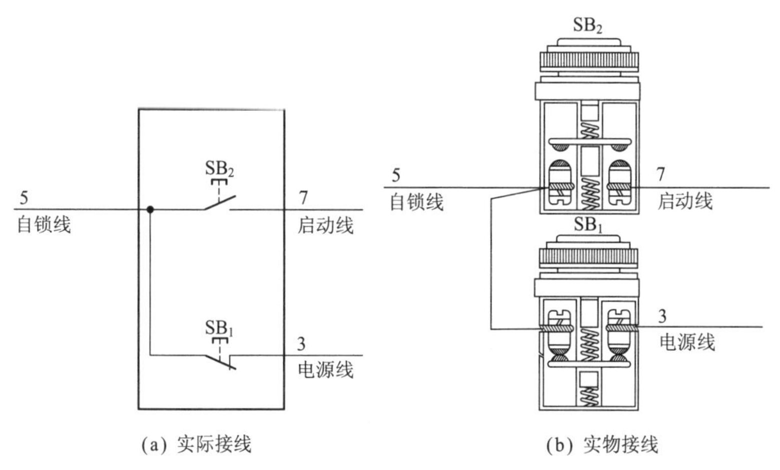

(a) 实际接线　　(b) 实物接线

图 6.15　供排水手动 / 定时控制电路按钮接线

◆电气元件作用表（表 6.3）

表 6.3　**电气元件作用表**

符　号	名称、型号及规格	器件外形及相关部件介绍		作　用
QF_1	断路器 DZ47-63 16A，三极		三极断路器	主回路短路保护

续表 6.3

<table>
<tr><th>符　号</th><th>名称、型号及规格</th><th colspan="2">器件外形及相关部件介绍</th><th>作　用</th></tr>
<tr><td>QF_2</td><td>断路器
DZ47-63
6A
二极</td><td>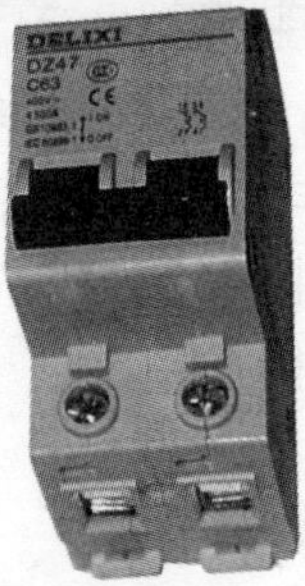DELIXI
DZ47
C63</td><td>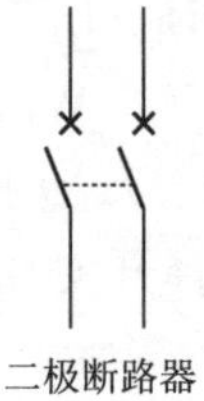二极断路器</td><td>控制回路短路保护</td></tr>
<tr><td>KM</td><td>交流接触器
CDC10-10
线圈电压 380V</td><td>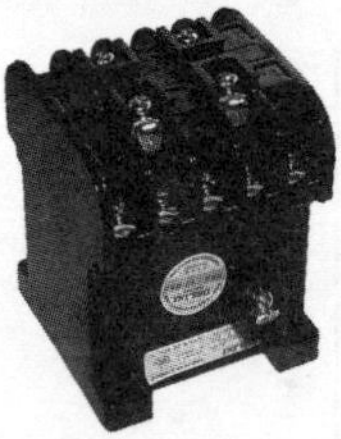</td><td>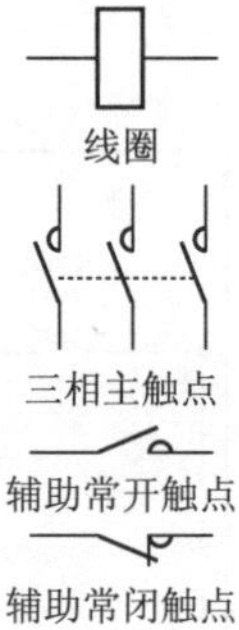线圈
三相主触点
辅助常开触点
辅助常闭触点</td><td>控制电动机电源</td></tr>
<tr><td>FR</td><td>热继电器
JR36-20
4.5~7.2A</td><td>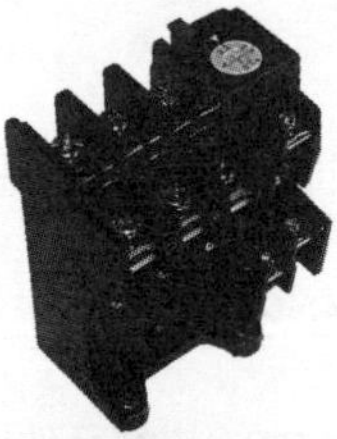</td><td>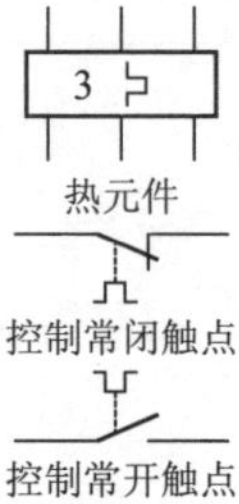3
热元件
控制常闭触点
控制常开触点</td><td>电动机过载保护</td></tr>
<tr><td>KT</td><td>定时器
KG316T</td><td>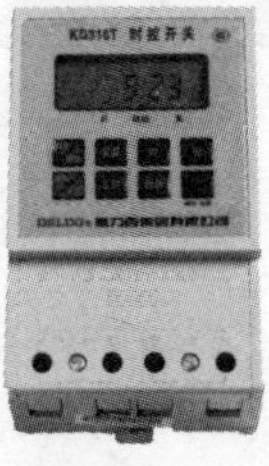</td><td></td><td>定时控制</td></tr>
</table>

续表 6.3

符　号	名称、型号及规格	器件外形及相关部件介绍		作　用
SA	选择开关 LW5-16			选择手动/定时控制
SB_1	按钮开关 LAY8		常闭触点	停止电动机用
SB_2			常开触点	启动电动机用
M	三相异步电动机 Y112M-6 2.2kW，5.6A 940r/min		M 3~	拖动

依据电气元件作用表给出的相关技术数据选择导线，本电路所配电动机型号为 Y112M-6、功率为 2.2kW、电流为 5.6A。其电动机线 U_1、V_1、W_1 可选用 BV4mm² 导线；电源线 L_1、L_2、L_3 可选用 BV4mm² 导线；控制线 1、5、7、9 可选用 BVR 1.0mm² 导线。

电路调试

断开主回路断路器 QF_1，合上控制回路断路器 QF_2，将选择开关 SA 置于自动位置，先预置 KG316T 定时器开机、停机时间。

手动控制回路调试：将选择开关 SA 置于手动位置，按下启动按钮 SB_2 后，交流接触器 KM 线圈应得电吸合还能自锁；按下停止按钮 SB_1 后，交流接触器 KM 线圈能断电释放，说明手动控制回路正常。

定时控制回路调试：观察在设定时间内 KG316T 定时器是否能自动

启动，交流接触器 KM 能否得电吸合；观察在设定时间内 KG316T 定时器是否能自动停止，交流接触器 KM 能否断电释放，若能，说明定时控制回路正常。

合上主回路断路器 QF_1，确定电动机转向，通电试之。最后将热继电器整定电流设置为电动机额定电流。

常见故障及排除方法

（1）按下启动按钮 SB_2 能启动，但按下停止按钮 SB_1 不能停止。故障原因通常为停止按钮 SB_1 损坏；$3^\#$ 线与 $5^\#$ 线碰线；$1^\#$ 线与 $5^\#$ 线碰线；交流接触器 KM 自身故障。经检查是 $3^\#$ 线与 $5^\#$ 线碰线而致，恢复正常接线后，故障排除。

（2）手动正常，不能进行定时控制。故障原因通常为 KG316T 损坏或未设定为先循环到“关”位置再返回到“自动”位置；选择开关 SA 损坏；相关连线 $9^\#$ 线、$2^\#$ 线、$7^\#$ 线脱落。经检查是 KG316T 设置后未循环到“关”再到“自动”位置，循环返回至“自动”位置即可。

6.4 排水泵故障时备用泵自投电路

工作原理（图 6.16）

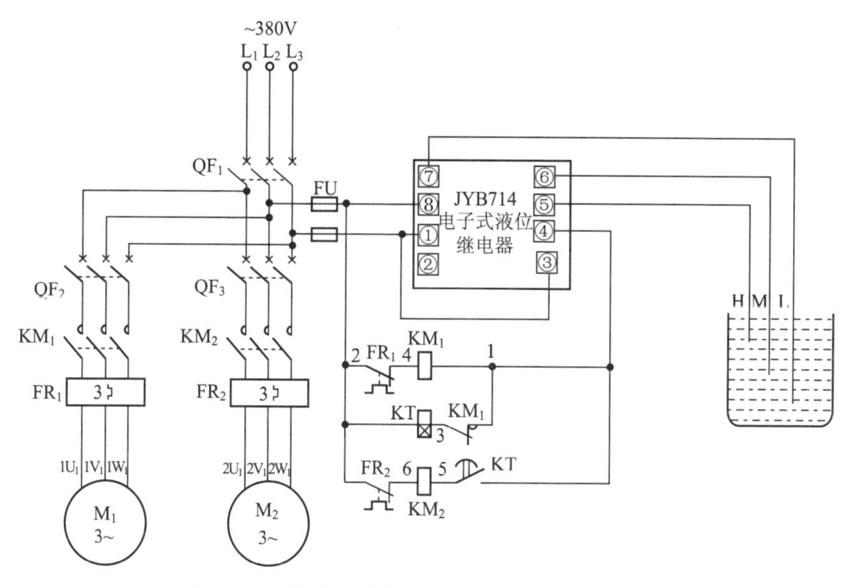

图 6.16 排水泵故障时备用泵自投电路原理图

在平时主排水泵无故障时，若水位升至高水位，则液位继电器控制交流接触器 KM_1 线圈得电吸合，KM_1 三相主触点闭合，主排水泵电动机 M_1 得电运转，开始排水。

在排水过程中主排水泵出现过载时，过载保护热继电器 FR_1 动作，FR_1 常闭控制触点（2−4）断开，切断交流接触器 KM_1 线圈的回路电源，KM_1 线圈断电释放，KM_1 三相主触点断开，主排水泵电动机 M_1 失电停止运转；串联在得电延时时间继电器 KT 线圈回路中的 KM_1 辅助常闭触点（1−3）恢复常闭状态（闭合），接通得电延时时间继电器 KT 线圈电源，KT 线圈得电吸合且开始延时。经 KT 延时（5s）后，KT 得电延时闭合的常开触点（1−5）闭合，接通备用泵控制交流接触器 KM_2 线圈电源，KM_2 线圈得电吸合，KM_2 三相主触点闭合，备用泵电动机 M_2 自动快速投入使用。

当排除主排水泵电动机 M_1 的过载故障后，主排水泵电动机 M_1 仍自动优先投入运转，而备用泵电动机 M_2 则继续待命。

电路布线图（图 6.17）

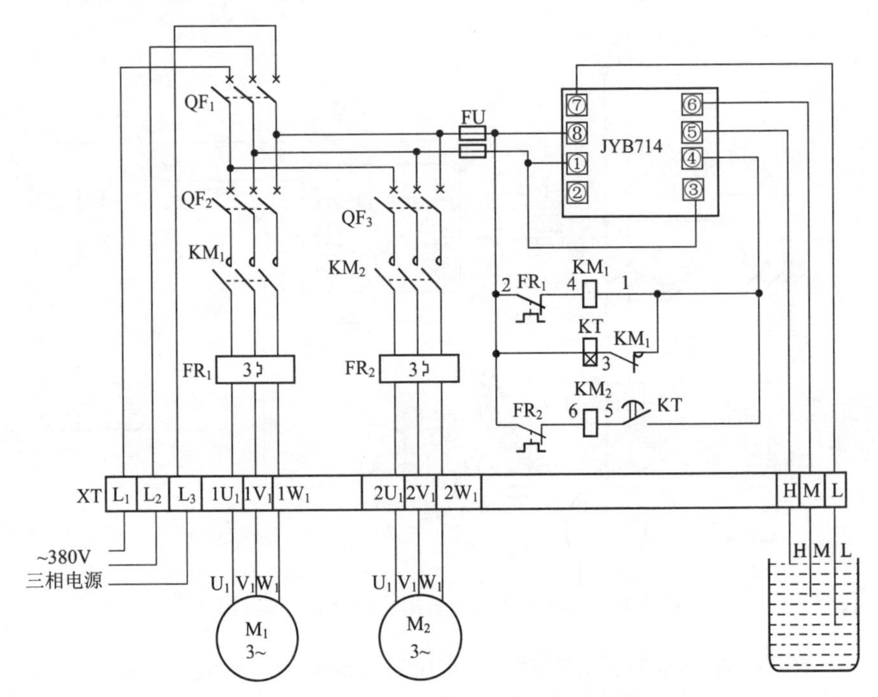

图 6.17　排水泵故障时备用泵自投电路布线图

从图 6.17 中可以看出，XT 为接线端子排，通过端子排 XT 来区分电气元件的安装位置，XT 的上方为放置在配电箱内底板上的电气元件，XT 的下方为外接或引至配电箱门面板上的电气元件。

从端子排 XT 上看，共有 12 个接线端子。其中，L_1、L_2、L_3 这 3 根线为由外引入配电箱的三相交流 380V 电源，并穿管引入；$1U_1$、$1V_1$、$1W_1$ 这 3 根线为电动机 M_1 电动机线，穿管接至电动机 M_1 接线盒内的 U_1、V_1、W_1 上；$2U_1$、$2V_1$、$2W_1$ 这 3 根线为电动机 M_2 电动机线，穿管接至电动机 M_2 接线盒内的 U_1、V_1、W_1 上。H、M、L 这 3 根线为水位探头线，穿管接至水池相应位置。

电路接线图（图 6.18）

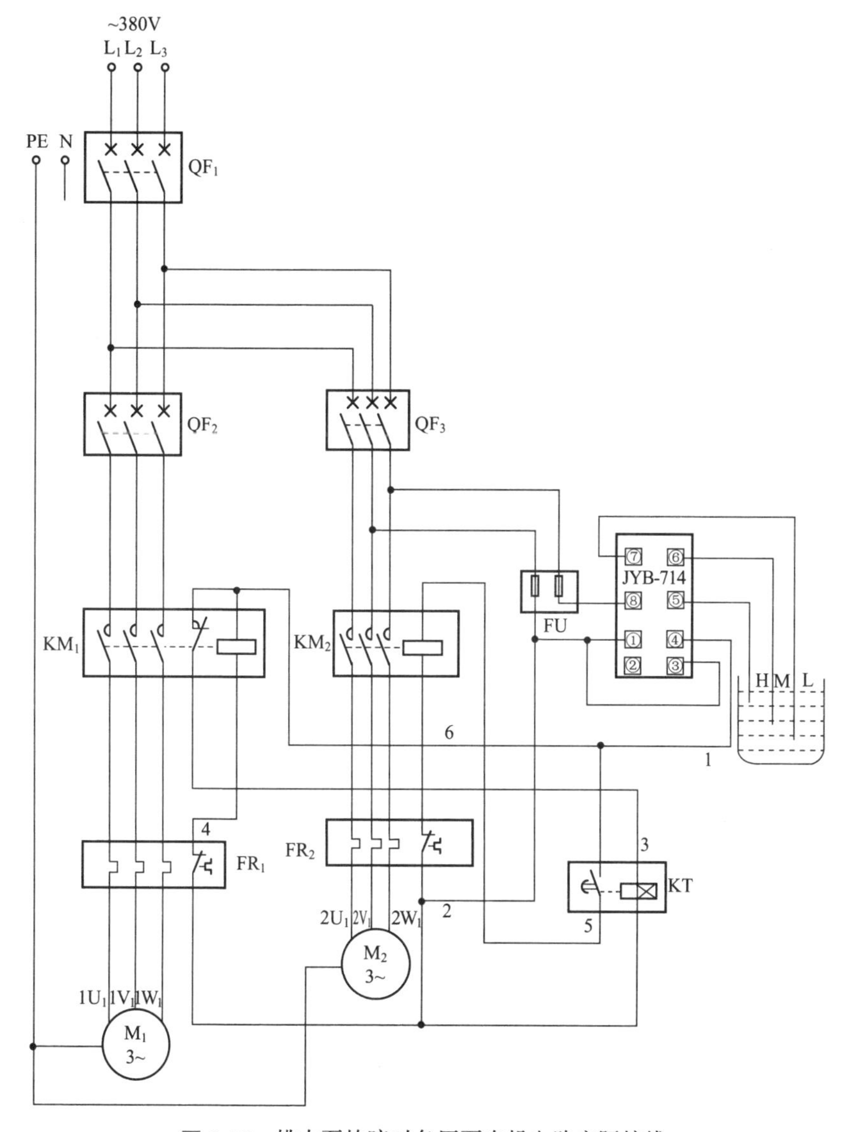

图 6.18 排水泵故障时备用泵自投电路实际接线

元器件安装排列图及端子图（图 6.19）

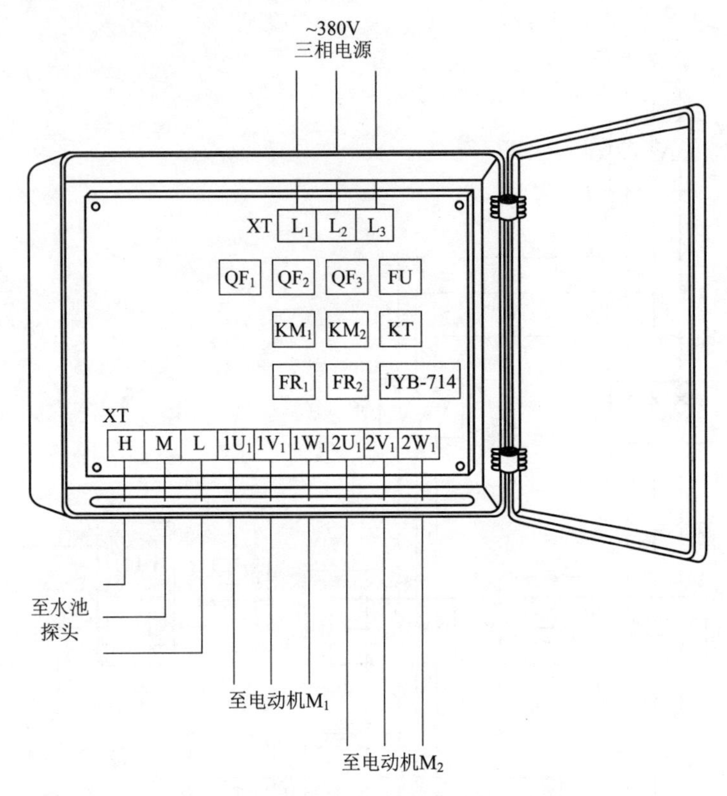

图 6.19　排水泵故障时备用泵自投电路元器件安装排列图及端子图

从图 6.19 中可以看出，断路器 QF_1、QF_2、QF_3，交流接触器 KM_1、KM_2，得电延时时间继电器 KT，熔断器 FU，液位继电器 JYB714，热继电器 FR_1、FR_2 安装在配电箱内底板上。

通过端子 L_1、L_2、L_3 将三相交流 380V 电源接入配电箱中。

端子 $1U_1$、$1V_1$、$1W_1$ 接至电动机 M_1 接线盒中的 U_1、V_1、W_1 上。

端子 $2U_1$、$2V_1$、$2W_1$ 接至电动机 M_2 接线盒中的 U_1、V_1、W_1 上。

端子 H、M、L 接至水池内探头上。

电气元件作用表（表 6.4）

表 6.4 电气元件作用表

符 号	名称、型号及规格	器件外形及相关部件介绍		作 用
QF_1	断路器 DZ47-63 50A，三极	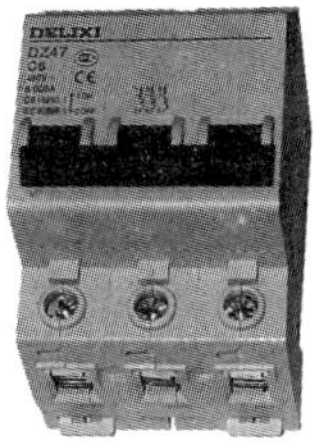DELIXI DZ47 C6	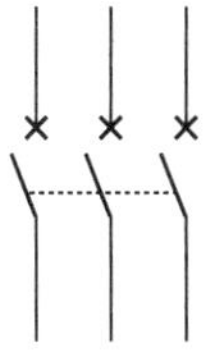 三极断路器	总短路保护用
QF_2	断路器 DZ47-63 32A，三极			电动机 M_1 短路保护用
QF_3				电动机 M_2 短路保护用
FU	熔断器 RT18-32 6A	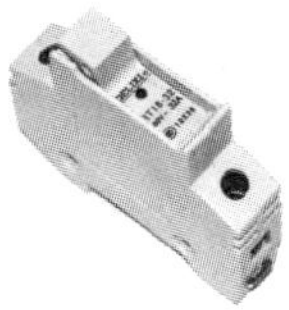	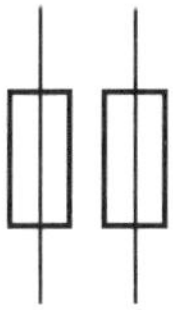	控制回路过流保护用
KM_1	交流接触器 CDC10-20 线圈电压 380V	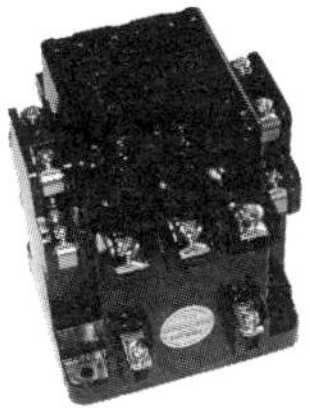	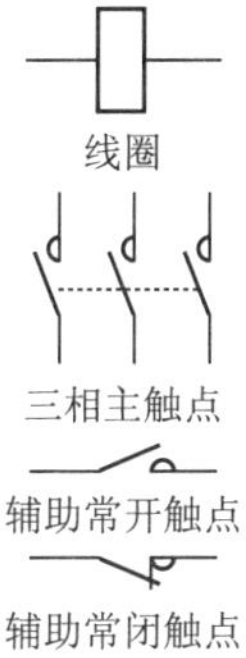线圈 三相主触点 辅助常开触点 辅助常闭触点	控制电动机 M_1 电源
KM_2				控制电动机 M_2 电源
FR_1	热继电器 JR36-20 14~22A	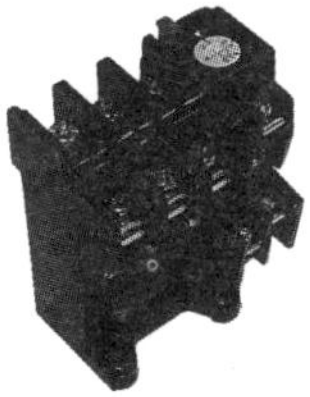	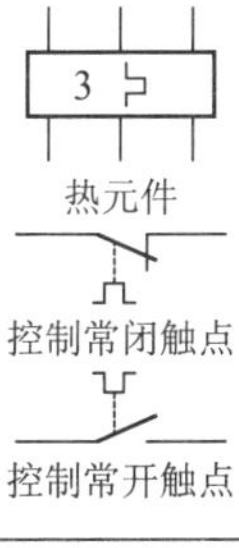3 热元件 控制常闭触点 控制常开触点	电动机过载保护
FR_2				

续表 6.4

符　号	名称、型号及规格	器件外形及相关部件介绍		作　用
KT	得电延时时间继电器 JS14P 工作电压 380V 180s	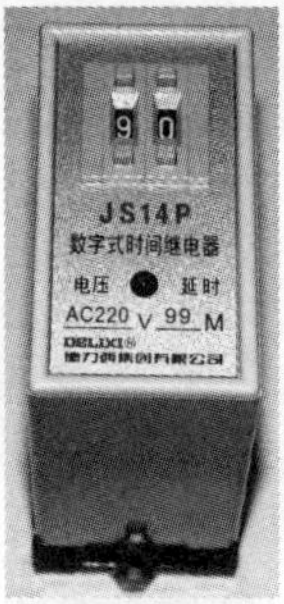 JS14P 数字式时间继电器 电压 延时 AC220 V 99 M DELIXI	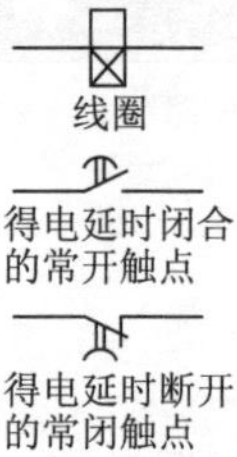 线圈 得电延时闭合的常开触点 得电延时断开的常闭触点	延时投入备用泵控制
JYB714	液位继电器 JYB714 工作电压 380V			液位（水位）自动控制
M_1、M_2	三相异步电动机 Y132M-4 7.5kW，15.4A 1440r/min		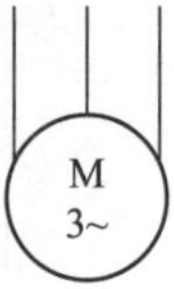 M 3~	拖动

依据电气元件作用表给出的相关技术数据选择导线，本电路所配电动机 M_1、M_2 型号均为 Y132M-4、功率均为 7.5kW、电流均为 15.4A。其电动机 M_1、M_2 的电动机线 U_1、V_1、W_1 均可选用 BV4mm^2 导线；电源线 L_1、L_2、L_3 可选用 BV 10mm^2 导线；电路中所用控制线为 BVR 1.0mm^2 导线。

电路调试

合上断路器 QF_1，断开断路器 QF_2、QF_3，合上控制回路熔断器 FU，先对控制回路进行调试。

用短接线将 JYB714 的③、④脚短接，此时交流接触器 KM_1 线圈应得电吸合，KM_1 辅助常闭触点（1-3）应断开，KT、KM_2 线圈不动作；再断开主泵电动机过载保护热继电器 FR_1，常闭触点（2-4）断开，此时观察配电箱内的交流接触器 KM_1 线圈应断电释放，同时得电延时时间继电器 KT 线圈应得电吸合动作，经 KT 一段时间延时后，交流接触器 KM_2 线圈也吸合动作。再将主泵电动机过载保护热继电器 FR_1 常闭触点（2-4）恢复连接，此时交流接触器 KM_1 线圈应得电吸合动作，并将得电延时时间继电器 KT 和交流接触器 KM_2 线圈切断，使 KT、KM_2 线圈断电释放。通过以上调试，说明控制回路连接基本正常。

再断开 JYB714 端子③、④脚，此时 KM_1、KM_2、KT 线圈均应断电释放；用短接线将 JYB714 的⑤、⑥、⑦脚短接在一起，KM_1 线圈应得电吸合，然后将 JYB714 的⑤脚断开，KM_1 线圈仍得电吸合，再断开 JYB714 的⑥、⑦脚短接线，KM_1 线圈应断电释放。通过以上调试，说明 JYB714 液位继电器动作正常。注意，通过 JYB714 液位继电器上的指示灯可直接观察其动作情况。

最后，合上断路器 QF_1、QF_2，带负载试之，注意观察电动机转向是否正常。并将热继电器 FR_1、FR_2 整定电流至电动机额定电流值处。

常见故障及排除方法

（1）主泵电动机 FR_1（2-4）过载故障后，备用泵不能自投。此故障原因为交流接触器 KM_1 辅助常闭触点（1-3）断路或接触不良；得电延时时间继电器 KT 线圈断路或掉线；得电延时时间继电器 KT 的一组得电延时闭合的常开触点（1-5）损坏闭合不了；交流接触器 KM_2 线圈断路或掉线；备用泵电动机过载保护热继电器 FR_2（2-6）损坏或掉线。经查，得电延时时间继电器 KT 得电延时闭合的常开触点（1-5）损坏闭合不了，更换新品后，故障排除。

（2）水池水位升至高水位位置 H 时，不启泵排水工作。首先检查 JYB714 电子式液位继电器是否正常，通常 JYB714 在供水工作时，器件上的指示灯亮，而在排水工作时，器件上的指示灯灭。若此时指示灯亮，说明器件未工作，其检修方法有许多种，可自行选择。首先，测 JYB714 的①、⑧脚 380V 工作电源是否正常，若正常，将其⑤、⑥、⑦脚全部连在一起，此时若 JYB714 工作了，同时交流接触器 KM_1 线圈也吸合，排水主泵电动机 M_1 也运转排水，说明液位继电器探头线有断路问题，可将探头线抽出来检查修复并正常放置后，故障即可排除。

第 7 章

自动往返控制电路

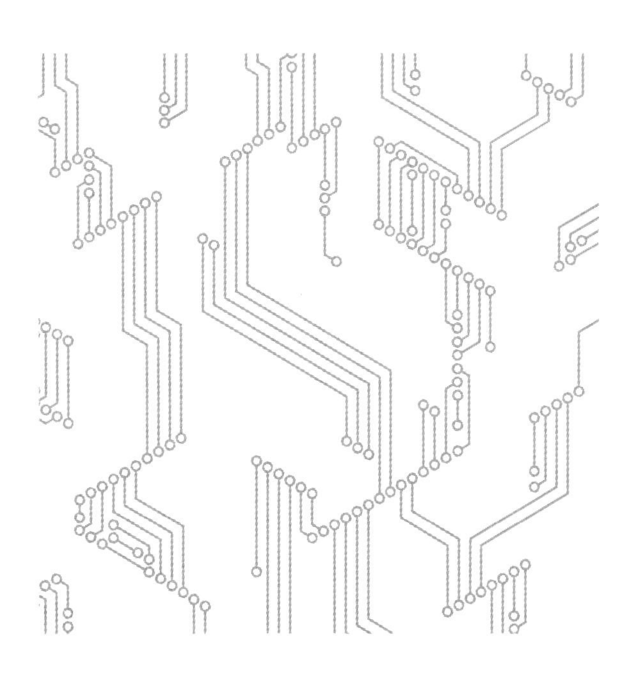

7.1 自动往返循环控制电路

工作原理（图 7.1）

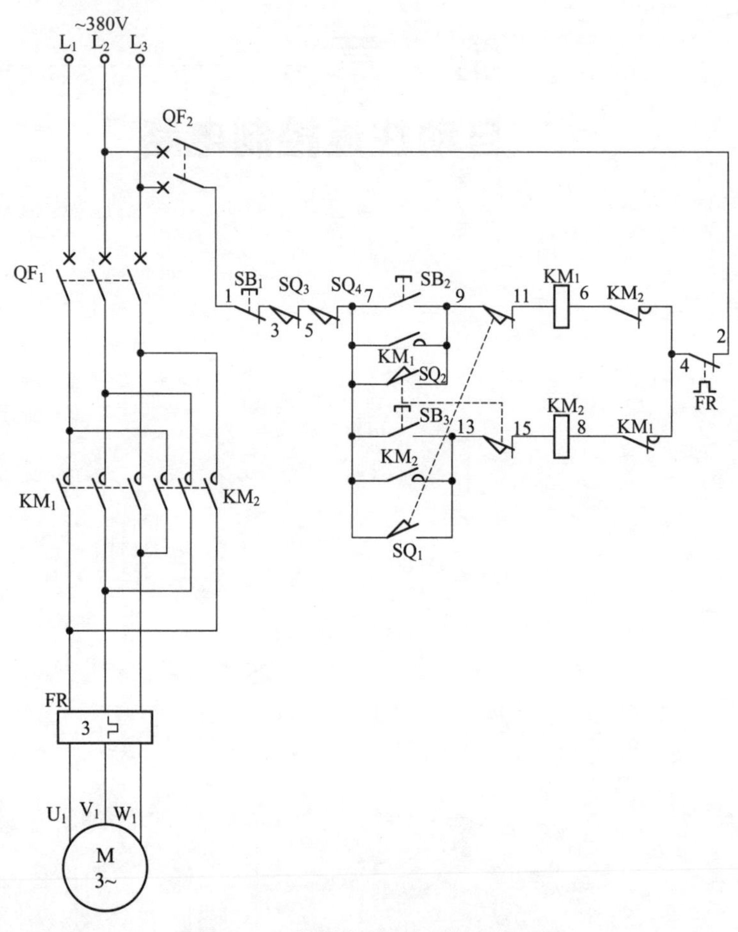

图 7.1　自动往返循环控制电路原理图

首先，合上主回路断路器 QF_1、控制回路断路器 QF_2，为电路工作提供准备条件。

正转启动：按下正转启动按钮 SB_2（7–9），正转交流接触器 KM_1

线圈得电吸合且 KM_1 辅助常开触点（7-9）闭合自锁，KM_1 三相主触点闭合，电动机得电正转运转，拖动工作台向左移动。

正转停止：按下停止按钮 SB_1（1-3），正转交流接触器 KM_1 线圈断电释放，KM_1 辅助常开触点（7-9）断开，解除自锁，KM_1 三相主触点断开，电动机失电停止运转，拖动工作台向左移动停止。

反转启动：按下反转启动按钮 SB_3（7-13），反转交流接触器 KM_2 线圈得电吸合且 KM_2 辅助常开触点（7-13）闭合自锁，KM_2 三相主触点闭合，电动机得电反转运转，拖动工作台向右移动。

反转停止：按下停止按钮 SB_1（1-3），反转交流接触器 KM_2 线圈断电释放，KM_2 辅助常开触点（7-13）断开，解除自锁，KM_2 三相主触点断开，电动机失电停止运转，拖动工作台向右移动。

自动往返控制：按下正转启动按钮 SB_2（7-9），正转交流接触器 KM_1 线圈得电吸合且 KM_1 辅助常开触点（7-9）闭合自锁，KM_1 三相主触点闭合，电动机得电正转运转，拖动工作台向左移动；当工作台向左移动到位时，碰块触及左端行程开关 SQ_1，SQ_1 的一组常闭触点（9-11）断开，切断正转交流接触器 KM_1 线圈回路电源，KM_1 线圈断电释放，KM_1 辅助常开触点（7-9）断开，解除自锁，KM_1 三相主触点断开，电动机失电正转停止运转，工作台向左移动停止；与此同时，SQ_1 的另外一组常开触点（7-13）闭合，接通了反转交流接触器 KM_2 线圈回路电源，KM_2 线圈得电吸合且 KM_2 辅助常开触点（7-13）闭合自锁，KM_2 三相主触点闭合，电动机得电反转运转，拖动工作台向右移动（当碰块离开行程开关 SQ_1 后，SQ_1 恢复原始状态）。当工作台向右移动到位时，碰块触及右端行程开关 SQ_2，SQ_2 的一组常闭触点（13-15）断开，切断反转交流接触器 KM_2 线圈回路电源，KM_2 线圈断电释放，KM_2 辅助常开触点（7-13）断开，解除自锁，KM_2 三相主触点断开，电动机失电反转停止运转，工作台向右移动停止；与此同时，SQ_2 的另外一组常开触点（7-9）闭合，接通了正转交流接触器 KM_1 线圈回路电源，KM_1 线圈得电吸合且 KM_1 辅助常开触点（7-9）闭合自锁，KM_1 三相主触点闭合，电动机又得电正转运转了，拖动工作台向左移动（当碰块离开行程开关 SQ_2 后，SQ_2 恢复原始状态）……如此这般循环下去。图 7.1 中行程开关 SQ_3 为左端极限行程开关，SQ_4 为右端极限行程开关。

电路布线图（图 7.2）

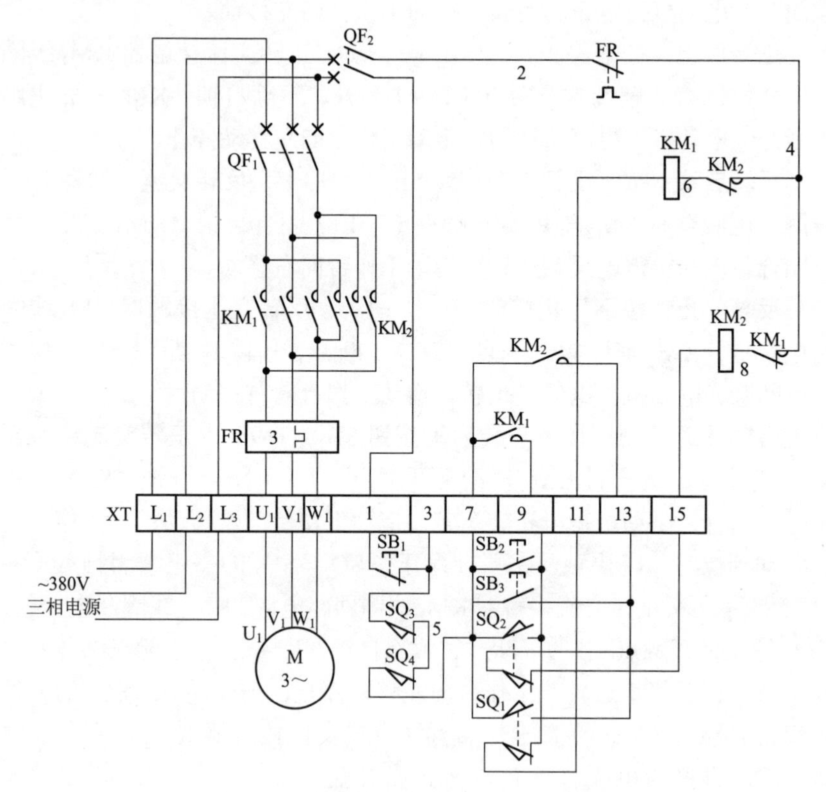

图 7.2 自动往返循环控制电路布线图

从图 7.2 中可以看出，XT 为接线端子排，通过端子排 XT 来区分电气元件的安装位置，XT 的上方为放置在配电箱内底板上的电气元件，XT 的下方为外接或引至配电箱门面板上的电气元件。

从端子排 XT 上看，共有 13 个接线端子。其中，L_1、L_2、L_3 这 3 根线为由外引入配电箱的三相交流 380V 电源，并穿管引入；U_1、V_1、W_1 这 3 根线为电动机线，穿管接至电动机接线盒内的 U_1、V_1、W_1 上；1、3、7、9、13 这 5 根线为按钮控制线，接至配电箱门面板上的按钮开关 SB_1、SB_2、SB_3 上；3、7、9、11、13、15 这 6 根线为行程开关控制线，可将 3、5、7、9、11、13，5、7、9、13、15 这 2 组线分别穿管接至行程开关 SQ_1、SQ_3，SQ_2、SQ_4 上。

电路接线图（图 7.3）

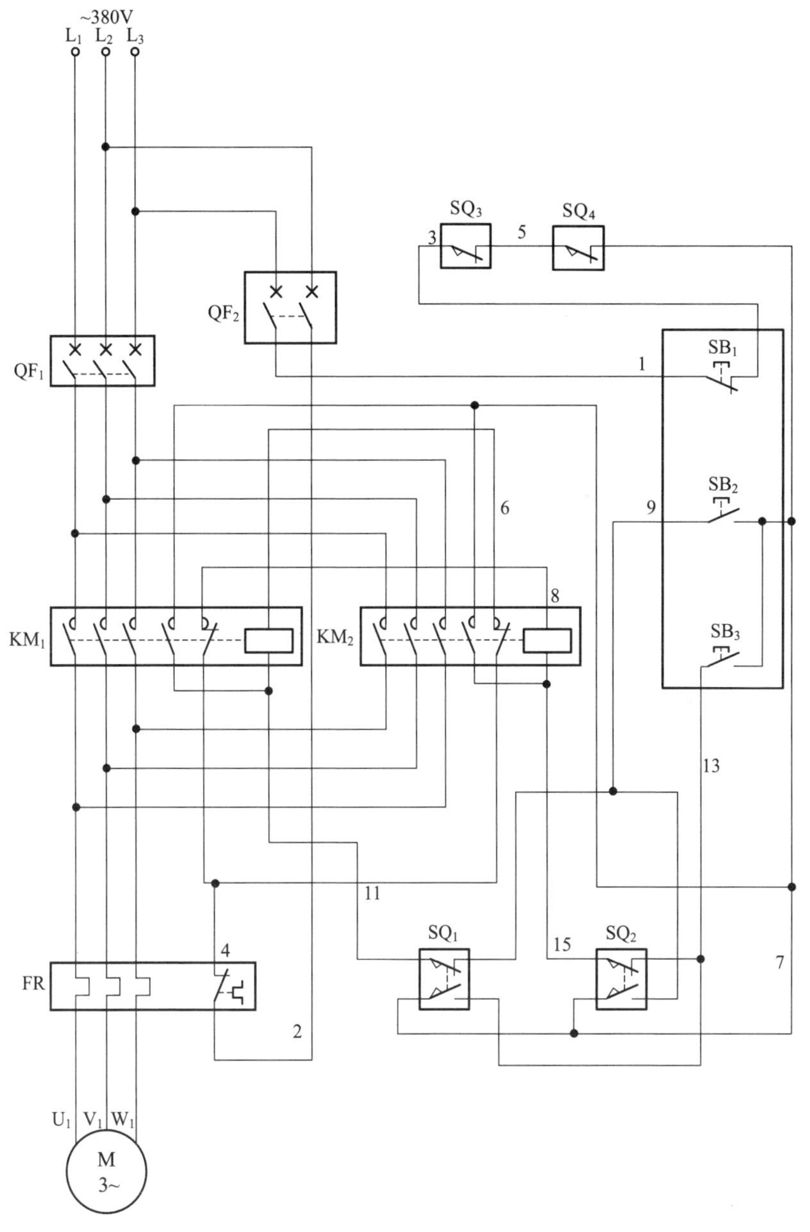

图 7.3 自动往返循环控制电路实际接线

元器件安装排列图及端子图（图 7.4）

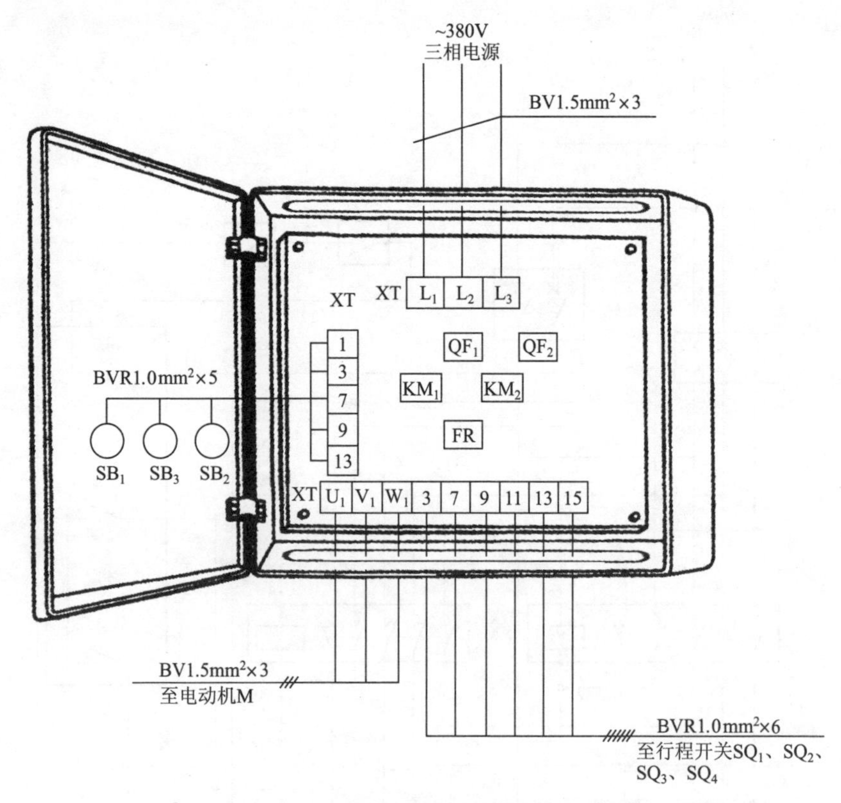

图 7.4　自动往返循环控制电路元器件安装排列图及端子图

从图 7.4 中可以看出，断路器 QF_1、QF_2，交流接触器 KM_1、KM_2，热继电器 FR 安装在配电箱内底板上；按钮开关 SB_1、SB_2、SB_3 安装在配电箱门面板上。

通过端子 L_1、L_2、L_3 将三相交流 380V 电源接入配电箱中。

端子 U_1、V_1、W_1 接至电动机接线盒中的 U_1、V_1、W_1 上。

端子 1、3、7、9、13 将配电箱内的器件与配电箱门面板上的按钮开关 SB_1、SB_2、SB_3 连接起来。

端子 3、7、9、11、13、15 分别接至行程开关 SQ_1、SQ_2、SQ_3、SQ_4 上。

按钮接线图（图 7.5）

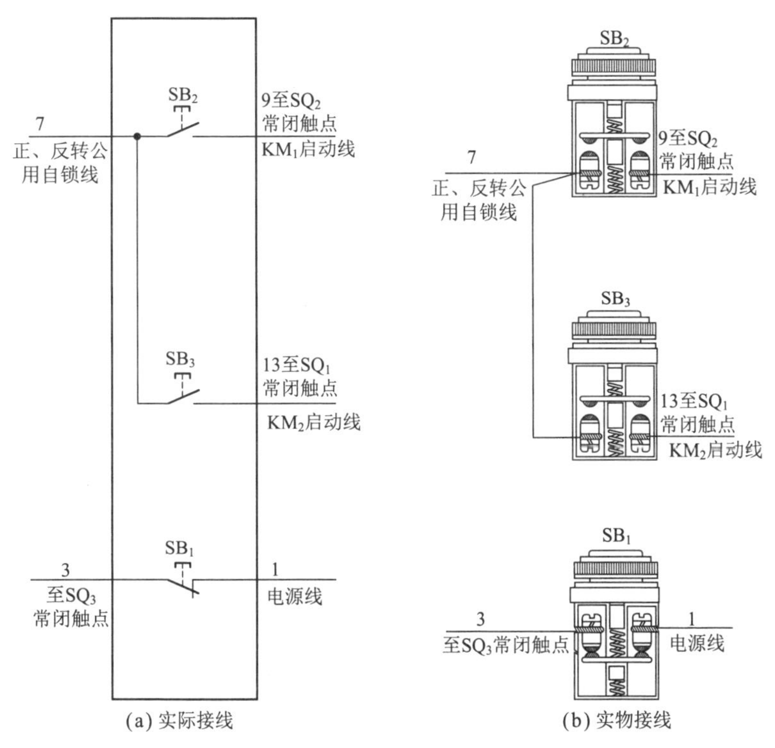

图 7.5　自动往返循环控制电路按钮接线

电气元件作用表（表 7.1）

表 7.1　**电气元件作用表**

符　号	名称、型号及规格	器件外形及相关部件介绍		作　用
QF_1	断路器 DZ108-20 10~16A，三极	DELIXI DZ108-20 A OFF ON	三极断路器	主回路短路保护

续表 7.1

符 号	名称、型号及规格	器件外形及相关部件介绍		作 用
QF_2	断路器 DZ47-63 6A，二极	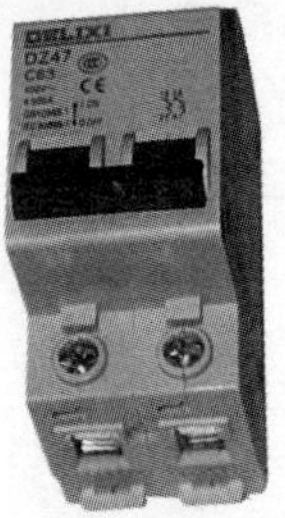	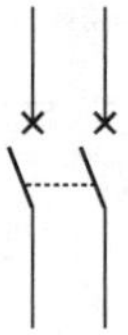 二极断路器	控制回路短路保护
KM_1	交流接触器 CJX2-0910 带 F4-22 辅助触点 线圈电压 380V		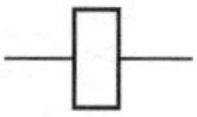 线圈 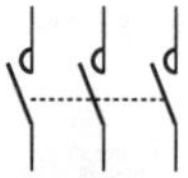 三相主触点 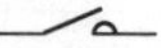 辅助常开触点  辅助常闭触点	控制电动机正转电源用
KM_2				控制电动机反转电源用
FR	热继电器 JRS1D-25 5.5~8A		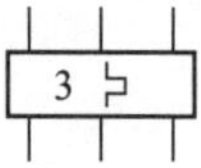 3 热元件  控制常闭触点 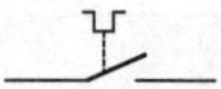 控制常开触点	电动机过载保护
SQ_1	行程开关 JLXK1-311		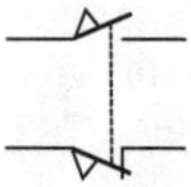 一组常开触点 一组常闭触点	反转启动、正转到位限位停止（左端）
SQ_2				正转启动、反转到位限位停止（右端）

续表 7.1

符 号	名称、型号及规格	器件外形及相关部件介绍		作 用
SQ_3	行程开关 JLXK1-111		一组常开触点 一组常闭触点	正转（工作台左端）极限终端保护
SQ_4				反转（工作台右端）极限终端保护
SB_1	按钮开关 LAY7		常闭触点	停止电动机操作用
SB_2			常开触点	电动机正转启动操作用
SB_3				电动机反转启动操作用
M	三相异步电动机 Y132S-6 3kW，7.2A		M 3~	拖动

依据电气元件作用表给出的相关技术数据选择导线，本电路所配电动机型号为 Y132S-6、功率为 3kW、电流为 7.2A。其电动机线 U_1、V_1、W_1 可选用 BV 1.5mm^2 导线；电源线 L_1、L_2、L_3 可选用 BV 1.5mm^2 导线；按钮控制线 1、3、7、9、13 可选用 BVR 1.0mm^2 导线；行程开关控制线 3、7、9、11、13、15 可选用 BVR 1.0mm^2 导线。

电路调试

调试前先检查下述接线是否正确：

（1）检查热继电器 FR 控制常闭触点（2-4）是否串接在控制回路电源中。

（2）检查停止按钮 SB_1（1-3）是否串接在控制回路电源中。

（3）检查行程开关 SQ_3（3-5）是否串接在控制回路电源中。

（4）检查行程开关 SQ_4（5-7）是否串接在控制回路电源中。

（5）检查行程开关 SQ_1 的一组常开触点（7-13）是否并接在反转启动按钮 SB_3 两端。

（6）检查行程开关 SQ_1 的一组常闭触点（9-11）是否串接在正转交流接触器 KM_1 线圈回路中。

（7）检查行程开关 SQ_2 的一组常开触点（7-9）是否并接在正转启动按钮 SB_2 两端。

（8）检查行程开关 SQ_2 的一组常闭触点（13-15）是否串接在反转交流接触器 KM_2 线圈回路中。

（9）检查反转交流接触器 KM_2 辅助常闭触点（4-6）是否串接在正转交流接触器 KM_1 线圈回路中。

（10）检查正转交流接触器 KM_1 辅助常闭触点（4-8）是否串接在反转交流接触器 KM_2 线圈回路中。

（11）检查主回路反转交流接触器 KM_2 三相主触点中的 L_1 相、L_3 相是否已倒相了。

经检查正确无误后，断开主回路断路器 QF_1，合上控制回路断路器 QF_2，调试控制回路。在调试时通过观察配电箱内交流接触器 KM_1、KM_2 的工作情况来判断控制回路是否正常。

手动正转或自动往返正转启动控制回路调试：按下正转启动按钮 SB_2 或人为手动触碰一下行程开关 SQ_2，交流接触器 KM_1 线圈能得电吸合且自锁，说明手动正转或自动往返正转启动回路动作正常。

手动反转或自动往返反转启动控制回路调试：按下反转启动按钮 SB_3 或人为手动触碰一下行程开关 SQ_1，交流接触器 KM_2 线圈能得电吸合且自锁，说明手动反转或自动往返反转启动回路动作正常。

手动启动自动往返循环控制调试：手动启动时无论启动正转或反转均可，这里先按下手动正转启动按钮 SB_2，交流接触器 KM_1 线圈应得电吸合且自锁（说明正转运转），然后再人为触碰一下行程开关 SQ_1，这里 KM_1 线圈先断电释放（说明正转停止运转），与此同时，KM_2 线圈得电吸合且自锁（说明自动转为反转运转），再人为触碰一下行程开

关 SQ_2，这里 KM_2 线圈先断电释放（说明反转停止运转），与此同时，KM_1 线圈又得电吸合且自锁（说明又自动转为正转运转），再按下停止按钮 SB_1，KM_1 线圈断电释放。至此，整个自动往返循环控制回路调试结束。

注意：正转交流接触器 KM_1 或反转交流接触器 KM_2 线圈得电吸合自锁后，可人为任意手动触碰一下分别安装在拖板两端的极限行程开关 SQ_3 或 SQ_4，观察配电箱内的正转交流接触器 KM_1 或反转交流接触器 KM_2 线圈是否会断电释放，若线圈断电释放，说明极限行程开关 SQ_3、SQ_4 工作正常。

最后合上主回路断路器 QF_1 调试主回路，因主回路为常用的正反转电路，这里不再介绍。值得注意的是，电动机的转向要与行程开关配合得当，以免因电动机的转向不对而失控造成事故。

在使用前将热继电器 FR 电流调至 7A 左右。

常见故障及排除方法

（1）正转工作时（交流接触器 KM_1 线圈吸合工作），工作台向左移动到位时不停止运转也不换向，工作台移动至终端极限时才停止。此故障是行程开关 SQ_1 损坏或挡铁碰不到行程开关 SQ_1 所致。检查行程开关 SQ_1 及重调挡铁即可解决。

（2）正转工作时（交流接触器 KM_1 线圈吸合工作），工作台向左移动到位不停止运转也不换向，工作台直冲至终端不停机而造成事故。此故障的主要原因是挡铁松动碰不到行程开关 SQ_1、SQ_3；正转交流接触器 KM_1 铁心极面有油污造成延时释放；正转交流接触器 KM_1 机械部分卡住；正转交流接触器 KM_1 触点粘连。按故障原因检查故障部位及器件，更换并修复。

7.2 仅用一只行程开关实现自动往返控制电路

工作原理（图 7.6）

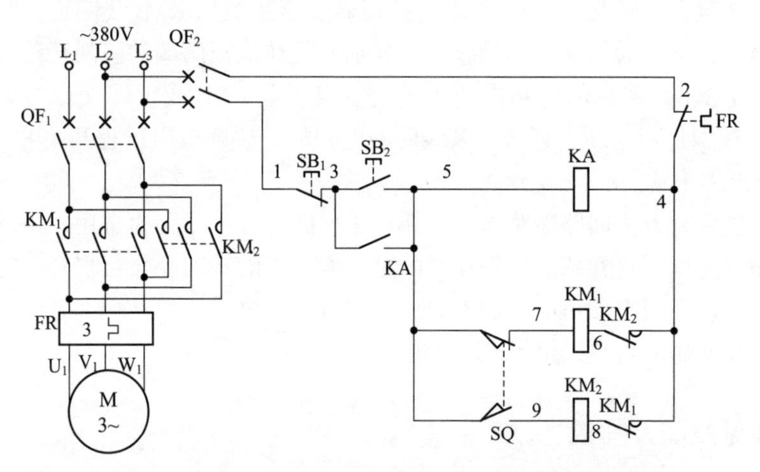

图 7.6　仅用一只行程开关实现自动往返控制电路原理图

首先，合上主回路断路器 QF_1、控制回路断路器 QF_2，为电路工作提供准备条件。

启动： 按下启动按钮 SB_2（3–5），中间继电器 KA 线圈得电吸合且 KA 常开触点（3–5）闭合自锁，为自动往返控制提供控制电源做准备。此时行程开关 SQ 的一组常闭触点（5–7）闭合，接通正转交流接触器 KM_1 线圈回路电源，KM_1 线圈得电吸合，KM_1 三相主触点闭合，电动机得电正转运转，拖动工作台向左移动。当工作台向左移动碰触到行程开关 SQ 时，SQ 动作转态，SQ 的一组常闭触点（5–7）断开，切断正转交流接触器 KM_1 线圈回路电源，KM_1 线圈断电释放，KM_1 三相主触点断开，电动机失电正转运转停止。与此同时，SQ 的另一组常开触点（5–9）闭合，接通反转交流接触器 KM_2 线圈回路电源，KM_2 线圈得电吸合，KM_2 三相主触点闭合，电动机得电反转运转，拖动工作台向右移动。当工作台向右移动碰触到行程开关 SQ 时，SQ 动作转态，SQ 触点恢复原始状态，此时 SQ 的一组常开触点（5–9）断开，切断反转交流接触

器 KM_2 线圈回路电源，KM_2 三相主触点断开，电动机失电反转运转停止，拖动工作台向右移动停止；而正转交流接触器 KM_1 线圈在行程开关 SQ 的另一组常闭触点（5-7）的作用下又重新得电吸合，KM_1 三相主触点闭合，电动机得电正转运转，又拖动工作台向左移动……如此这般循环下去。

停止： 按下停止按钮 SB_1（1-3），中间继电器 KA 线圈断电释放，KA 常开触点（3-5）断开，解除自锁，从而切断控制回路交流接触器 KM_1 或 KM_2 线圈回路电源，KM_1 或 KM_2 三相主触点断开，电动机失电停止运转。

电路布线图（图 7.7）

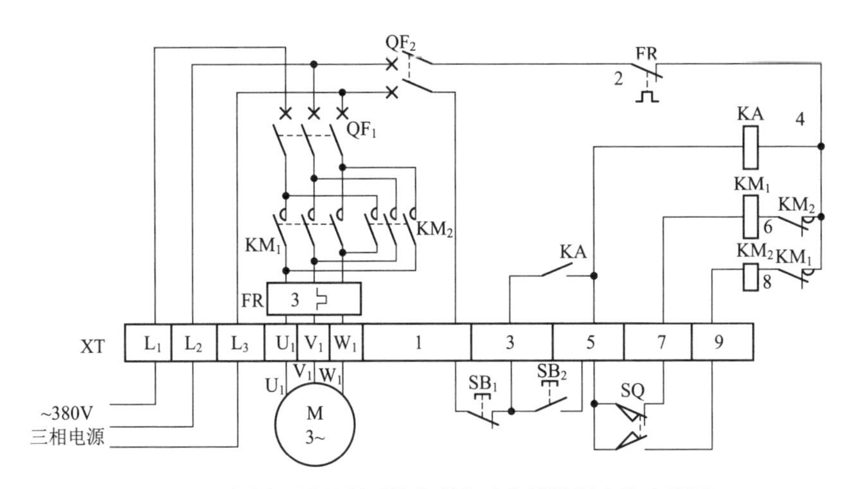

图 7.7 仅用一只行程开关实现自动往返控制电路布线图

从图 7.7 中可以看出，XT 为接线端子排，通过端子排 XT 来区分电气元件的安装位置，XT 的上方为放置在配电箱内底板上的电气元件，XT 的下方为外接或引至配电箱门面板上的电气元件。

从端子排 XT 上看，共有 11 个接线端子。其中，L_1、L_2、L_3 这 3 根线为由外引入配电箱的三相交流 380V 电源，并穿管引入；U_1、V_1、W_1 这 3 根线为电动机线，穿管接至电动机接线盒内的 U_1、V_1、W_1 上；1、3、5 这 3 根线为控制线，接至配电箱门面板上的按钮开关 SB_1、SB_2 上；5、7、9 这 3 根线为行程开关 SQ 的控制线，穿管接至行程开关 SQ 上。

电路接线图（图 7.8）

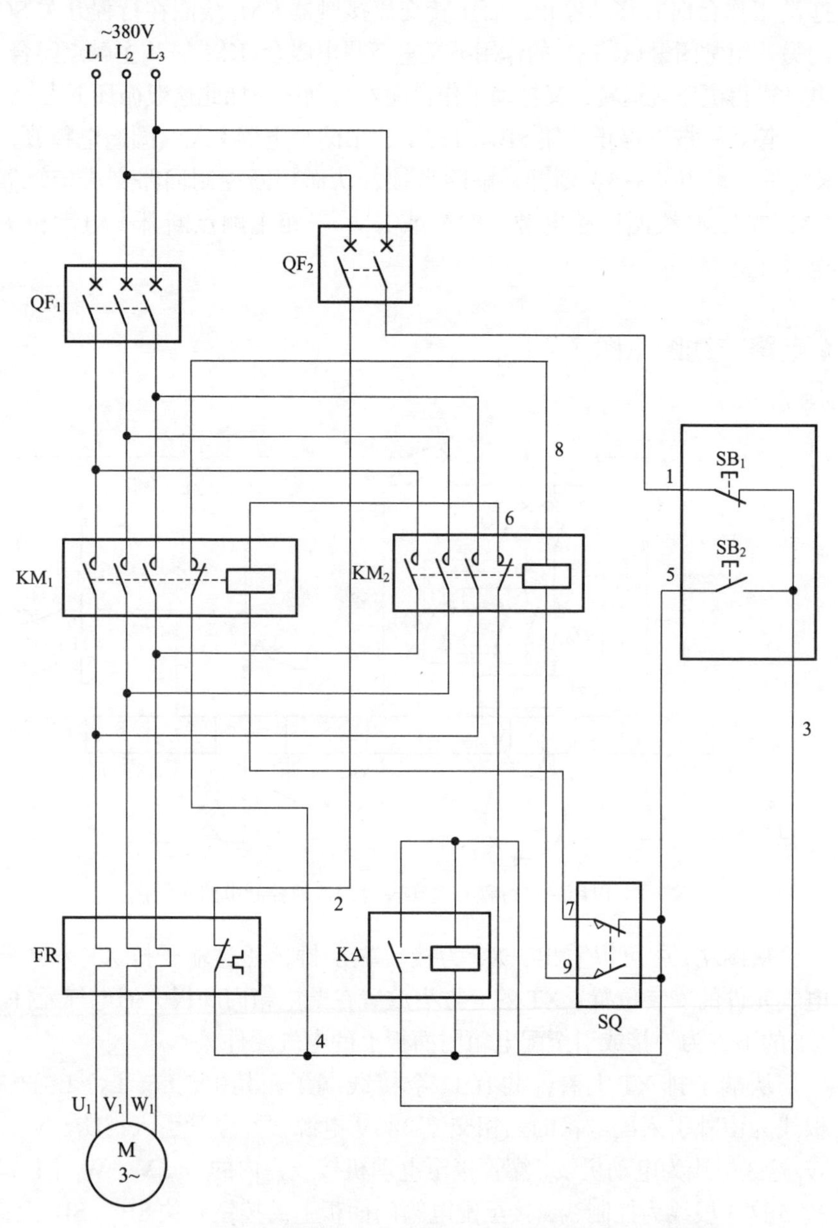

图 7.8 仅用一只行程开关实现自动往返控制电路实际接线

元器件安装排列图及端子图（图 7.9）

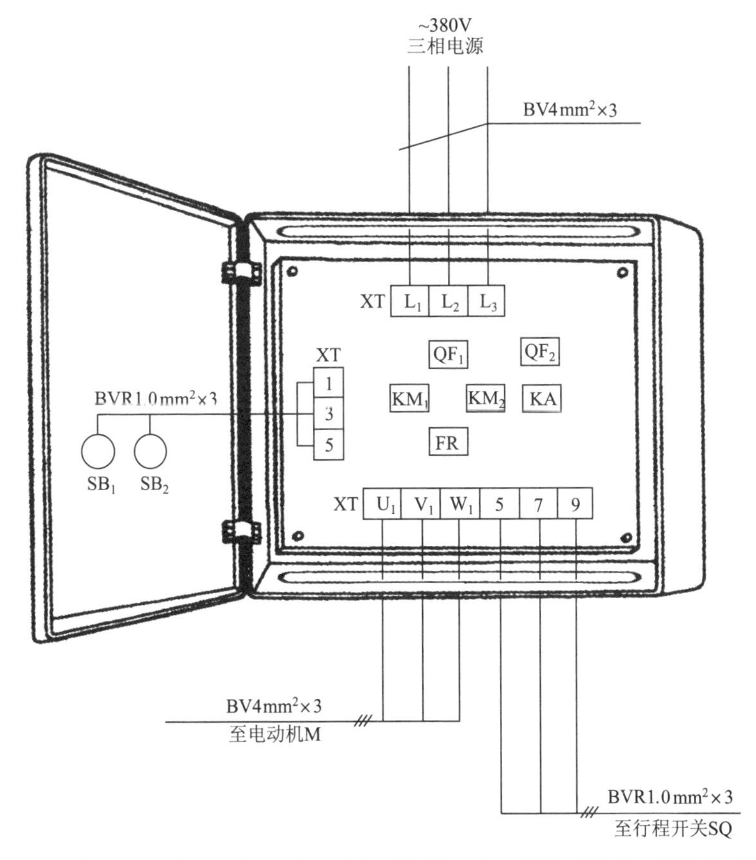

图 7.9 仅用一只行程开关实现自动往返控制电路元器件安装排列图及端子图

从图 7.9 中可以看出，断路器 QF_1、QF_2，交流接触器 KM_1、KM_2，中间继电器 KA，热继电器 FR 安装在配电箱内底板上；按钮开关 SB_1、SB_2 安装在配电箱门面板上。

通过端子 L_1、L_2、L_3 将三相交流 380V 电源接入配电箱中。

端子 U_1、V_1、W_1 接至电动机接线盒中的 U_1、V_1、W_1 上。

端子 1、3、5 将配电箱内的器件与配电箱门面板上的按钮开关 SB_1、SB_2 连接起来。

端子 5、7、9 接至行程开关 SQ 上。

按钮接线图（图 7.10）

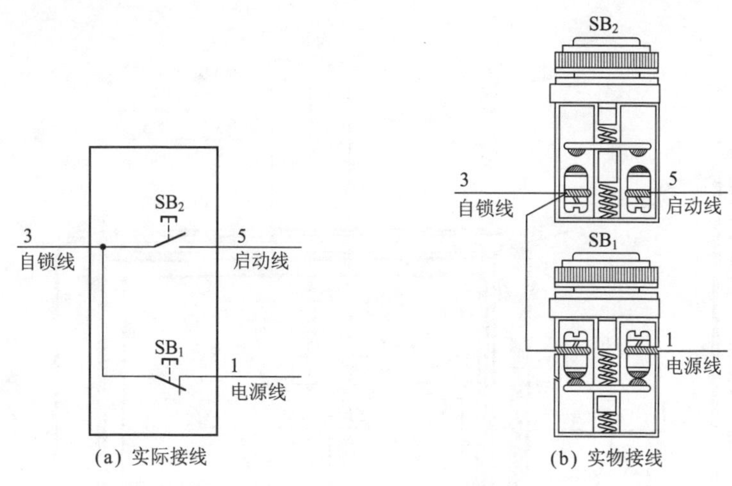

(a) 实际接线　　(b) 实物接线

图 7.10　仅用一只行程开关实现自动往返控制电路按钮接线

电气元件作用表（表 7.2）

表 7.2　**电气元件作用表**

符　号	名称、型号及规格	器件外形及相关部件介绍		作　用
QF_1	断路器 DZ108-63 16~25A，三极		三极断路器	主回路短路保护
QF_2	断路器 DZ47-63 6A，二极		二极断路器	控制回路短路保护

续表 7.2

符　号	名称、型号及规格	器件外形及相关部件介绍		作　用
KM_1	交流接触器 CDC10-20 线圈电压 380V		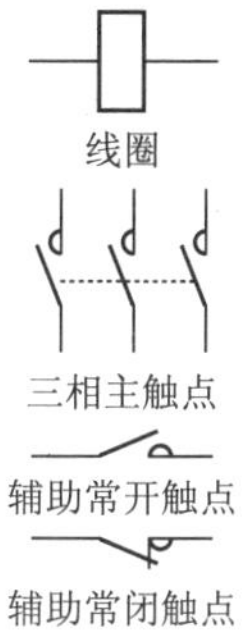 线圈 三相主触点 辅助常开触点 辅助常闭触点	控制电动机正转电源
KM_2				控制电动机反转电源
FR	热继电器 JR36-20 10~16A		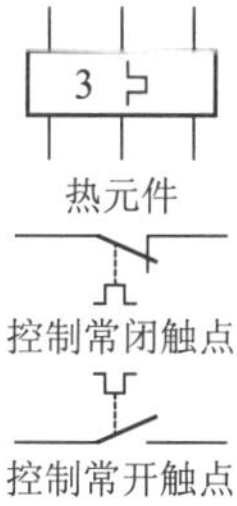 3 热元件 控制常闭触点 控制常开触点	电动机过载保护
SQ	行程开关 LX19-232		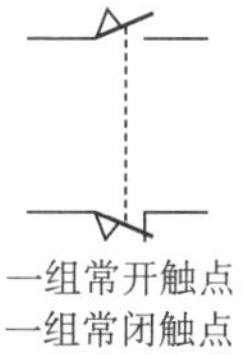 一组常开触点 一组常闭触点	正、反转自动转换
SB_1	按钮开关 LAY37		 常闭触点	停止电动机用
SB_2			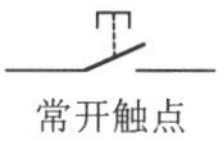 常开触点	启动电动机用

续表 7.2

符 号	名称、型号及规格	器件外形及相关部件介绍		作 用
KA	中间继电器 JZ7-44 线圈电压 380V		线圈 常开触点 常闭触点	控制回路电源准备
M	三相异步电动机 Y132M2-6 5.5kW，12.6A		M 3~	拖动

依据电气元件作用表给出的相关技术数据选择导线，本电路所配电动机型号为 Y132M2-6、功率为 5.5kW、电流为 12.6A。其电动机线 U_1、V_1、W_1 可选用 BV 4mm^2 导线；电源线 L_1、L_2、L_3 可选用 BV 4mm^2 导线；控制线 1、3、5、7、9 可选用 BVR 1.0mm^2 导线。

电路调试

断开主回路断路器 QF_1，合上控制回路断路器 QF_2，调试控制回路。

观察配电箱内电气元件的动作情况与外部行程开关的配合动作，以确定其动作是否正常。

首先按下启动按钮 SB_2，中间继电器 KA 线圈得电吸合且自锁，此时配电箱内中间继电器 KA、交流接触器 KM_1 线圈同时动作吸合，这时可通过外部行程开关来进行控制试验，用手将行程开关向相反的方向扳动一下，行程开关动作转态（注意此行程开关为双轮不能复位方式），此时观察配电箱内电气元件动作情况，应该是中间继电器 KA 线圈仍吸合着，交流接触器 KM_1 线圈断电释放，交流接触器 KM_2 线圈得电吸合动作，再将行程开关用手向相反的方向扳动一下，行程开关动作恢复原始状态，同时观察配电箱内电气元件动作情况，此时中间继电器 KA 线圈仍然吸合着，交流接触器 KM_2 线圈断电释放，交流接触器 KM_1 线圈得电又动作吸合了……如此这般循环下去。

按下停止按钮 SB_1，中间继电器 KA 以及交流接触器 KM_1 或 KM_2 线圈均断电释放。

通过以上调试，说明控制回路一切正常。再合上主回路断路器 QF_1 来调试主回路。

调试主回路时必须注意电动机的运转方向是否与行程开关的动作方向一致，而且碰块能触及行程开关 U 形轮珠上。

常见故障及排除方法

（1）交流接触器 KM_1 线圈得电吸合正常，电动机正转运转（拖板向左移动），但左边到位碰块碰到行程开关 SQ 时，交流接触器 KM_1 线圈断电释放，电动机停止工作，不能实现反转运转。此故障原因为行程开关 SQ 常开触点损坏；交流接触器 KM_1 互锁常闭触点损坏开路；交流接触器 KM_2 线圈断路等。若是行程开关 SQ 损坏，则需更换新品；若是交流接触 KM_1 互锁常闭触点损坏，则需更换常闭触点或更换同型号新品；若是交流接触器 KM_2 线圈断路，则需更换一只同型号的线圈。

（2）交流接触器 KM_1 线圈得电吸合正常，电动机正转运转（拖板向左移动），但左边到位后不能停止运转。此故障原因为行程开关 SQ 损坏，其常闭触点断不开；碰块松动碰不到行程开关；交流接触器 KM_1 铁心极面有油污造成释放缓慢或不释放；交流接触器 KM_1 触点粘连或机械部分卡住。若行程开关 SQ 损坏，则更换新品即可；若碰块松动碰不到行程开关，则需重新仔细调整并加以紧固；若是交流接触器 KM_1 铁心极面脏有油污，则将其拆开，用干布或细砂纸将动、静铁心极面处理干净；若是交流接触器 KM_1 触点粘连或者是机械部分卡住，则必须更换同型号新品。

（3）按下启动按钮 SB_2，手一松开电动机就停止运转（无论正转还是反转）。按住启动按钮 SB_2，观察配电箱内电气元件的动作情况，若中间继电器 KA 线圈不吸合则为 KA 线圈损坏；若 KA 线圈吸合则为 KA 自锁触点损坏。对于上述两种故障，必须更换中间继电器 KA。